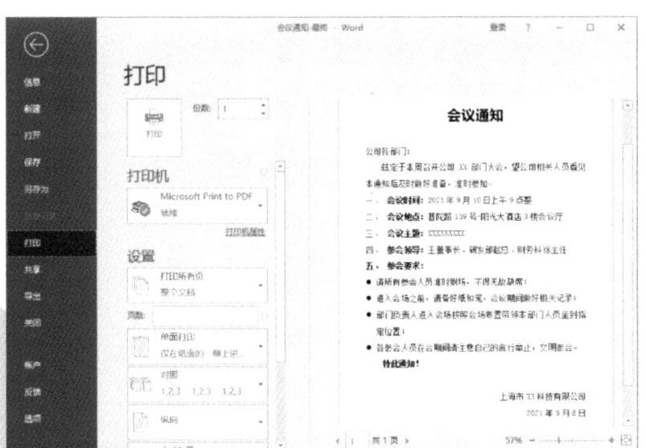

打印文档内容

制作收入证明文档

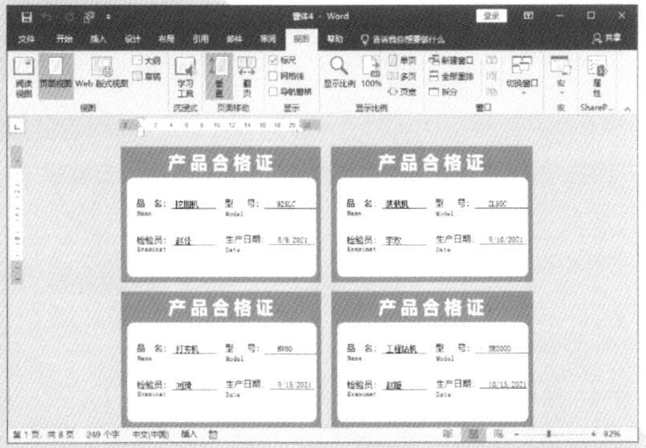

批量制作产品合格证

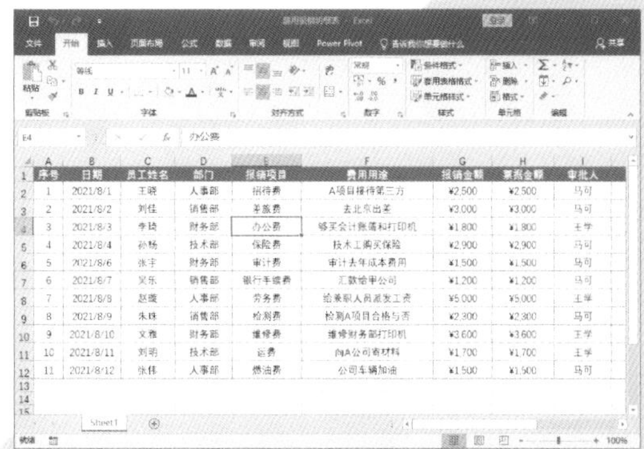

费用报销表格的创建

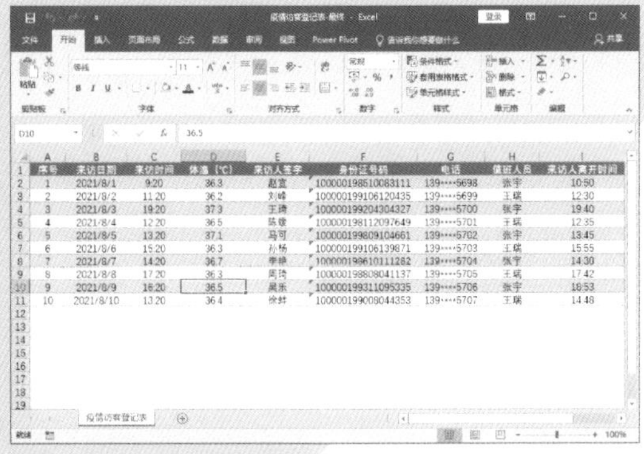

制作访客登记表

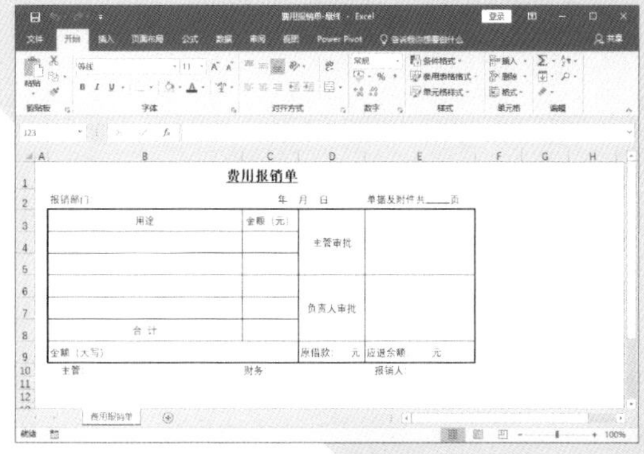

制作费用报销单

员工薪资表的制作

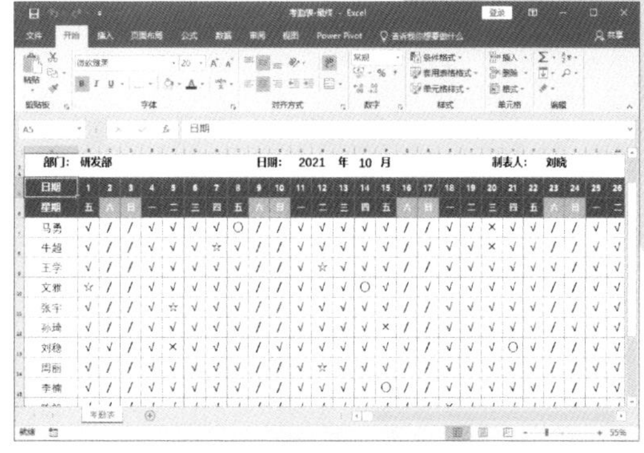

统计考勤表

入职培训演示文稿的制作

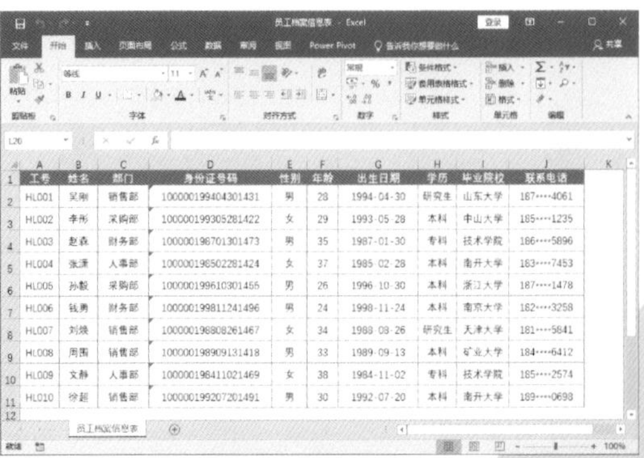

制作员工档案信息表

年终总结演示文稿的制作

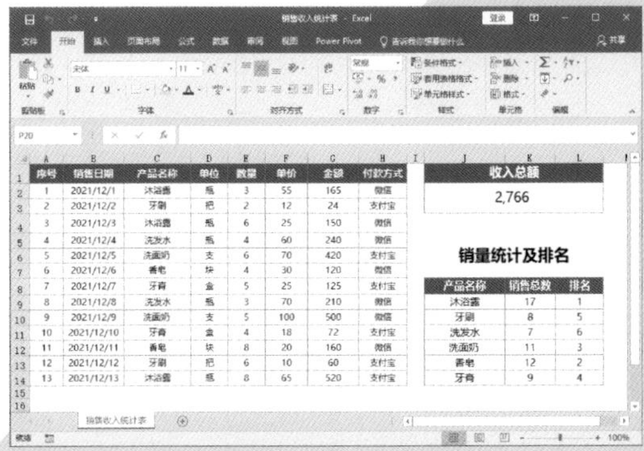

制作销售收入统计表

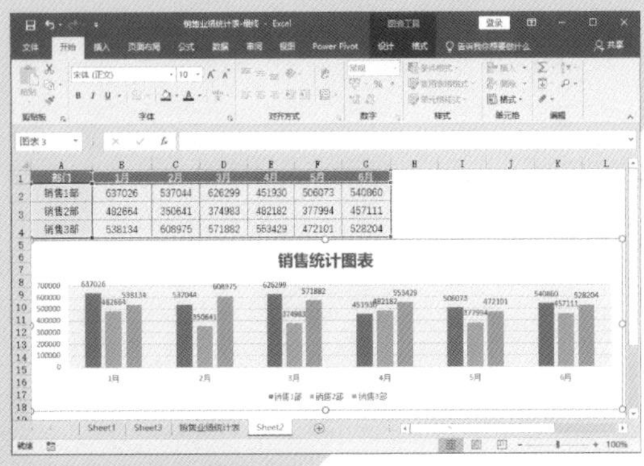

销售业绩统计表的制作

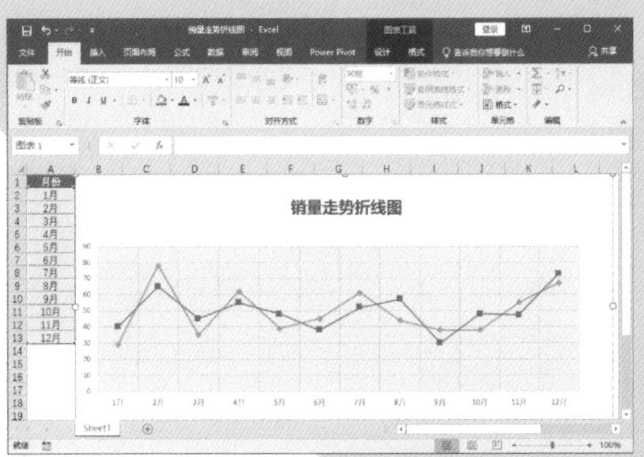

制作销量走势折线图

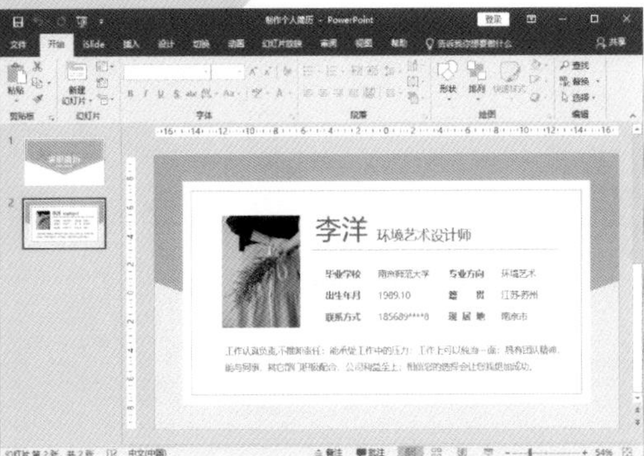

制作简历基本信息页

可行性研究报告的制作

新应用 真实战 全案例 信息技术应用新形态立体化丛书

办公自动化

应用
案例教程

主编 韩森 刘敏

副主编 郑利锋 张小敏

人 民 邮 电 出 版 社

北 京

图书在版编目（CIP）数据

办公自动化应用案例教程 : 视频指导版 / 韩森, 刘敏主编. -- 北京 : 人民邮电出版社, 2022.12
（新应用·真实战·全案例 : 信息技术应用新形态立体化丛书）
ISBN 978-7-115-59389-4

Ⅰ. ①办… Ⅱ. ①韩… ②刘… Ⅲ. ①办公自动化－应用软件－高等学校－教材 Ⅳ. ①TP317.1

中国版本图书馆CIP数据核字(2022)第096824号

内 容 提 要

本书以实际应用为写作目的，围绕办公自动化应用展开介绍，内容遵循由浅入深、从理论到实践的原则进行讲解。全书共 15 章，内容包括办公自动化概述、会议通知文档的制作、企业宣传文档的制作、招聘简章的制作、毕业论文的编排、费用报销表格的创建、员工薪资表的制作、销售业绩统计表的制作、入职培训演示文稿的制作、年终总结演示文稿的制作、常见办公软件的使用、网络办公的应用、信息安全与系统优化、常见办公设备的使用，以及综合案例——可行性研究报告的制作。本书在讲解理论知识的同时，介绍了大量的实操案例，以帮助读者更好地掌握所学知识并达到学以致用的目的。

本书适合作为普通高等学校办公自动化应用相关课程的教材，也可作为办公人员提高办公技能的参考书。

◆ 主　　编　韩　森　刘　敏
副 主 编　郑利锋　张小敏
责任编辑　许金霞
责任印制　王　郁　陈　犇

◆ 人民邮电出版社出版发行　　北京市丰台区成寿寺路 11 号
邮编　100164　　电子邮件　315@ptpress.com.cn
网址　https://www.ptpress.com.cn
廊坊市印艺阁数字科技有限公司印刷

◆ 开本：787×1092　1/16　　彩插：1
印张：14.75　　2022 年 12 月第 1 版
字数：469 千字　　2025 年 1 月河北第 5 次印刷

定价：69.80 元

读者服务热线：(010)81055256　印装质量热线：(010)81055316
反盗版热线：(010)81055315
广告经营许可证：京东市监广登字 20170147 号

前言

PREFACE

党的二十大报告指出：教育、科技、人才是全面建设社会主义现代化国家的基础性、战略性支撑。必须坚持科技是第一生产力、人才是第一资源、创新是第一动力。如今，以提高工作效率为目标的办公自动化技术已被广泛应用于各个领域。掌握丰富的计算机办公知识，正确、熟练地使用各种办公软件，是对每一位职场人士的基本要求。

针对当前职场对办公自动化的实际需求，我们组织了经验丰富的作者团队精心策划并编写了本书，旨在让不同岗位的职场人通过学习本书，能够独立解决日常办公的各种问题，从而快速掌握和提升计算机办公技能。

■ 本书特点

本书在结构安排及写作方式上具有以下几大特点。

（1）立足高校教学，实用性强

本书以高校教学需求为创作背景，结合全国计算机等级考试要求，以等级考试大纲为蓝本，对办公自动化技术进行了详细的讲解。本书以理论与实操相结合的方式，从易讲授、易学习的角度出发，帮助读者快速掌握办公软件的应用技能。

（2）结构合理紧凑，体例丰富

本书在每个章节中穿插了大量的实操案例，除第 15 章外，本书其余各章结尾处均安排了“上机演练”和“课后作业”的内容，其目的是帮助读者巩固本章所学，提高操作技能。书中还穿插了“办公秘技”和“新手误区”两个小栏目，以拓展读者的思维，使读者“知其然，也知其所以然”。

（3）案例贴近职场，实操性强

本书的实操案例均取自企业真实案例，且具有一定的代表性，旨在帮助读者学习相关理论知识后，能将知识点运用到实际操作中，既满足院校对办公自动化技术的教学需求，也符合企业对员工办公技能的要求。

■ 配套资源

本书配套以下资源。

（1）案例素材及教学课件

书中所有案例的素材及教学课件均可在人邮教育社区（www.ryjiaoyu.com）下载。

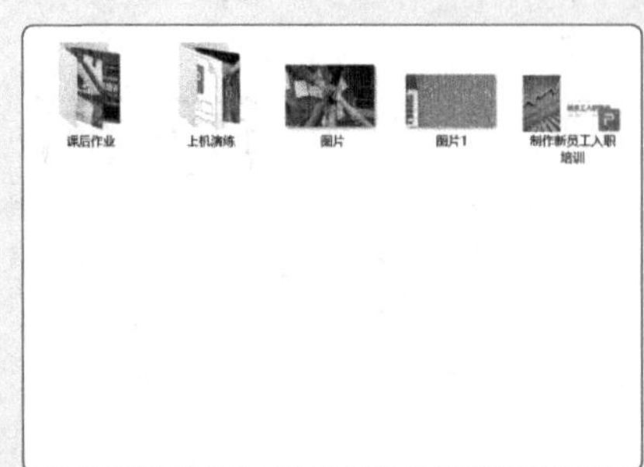

（2）视频演示

本书涉及的案例操作均配有高清视频讲解，读者只需扫描书中的二维码，便可以观看视频。

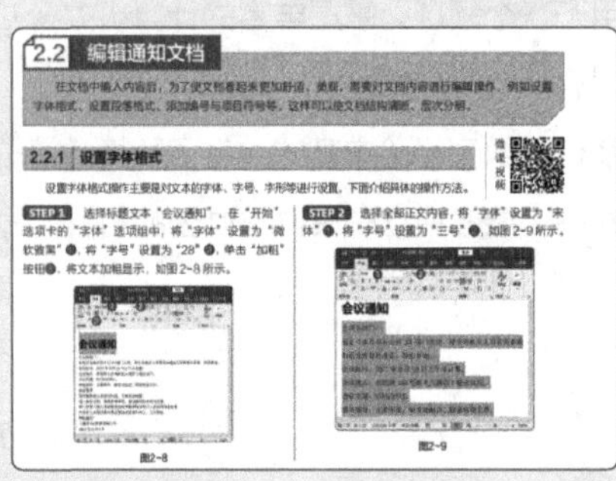

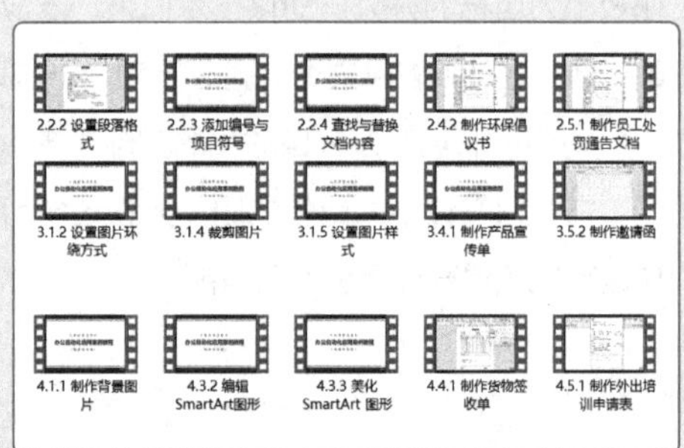

（3）相关资料

本书提供 30 套精品办公模板、300 个 GIF 操作技能演示、300 套常用办公模板、模拟试题、专题视频。

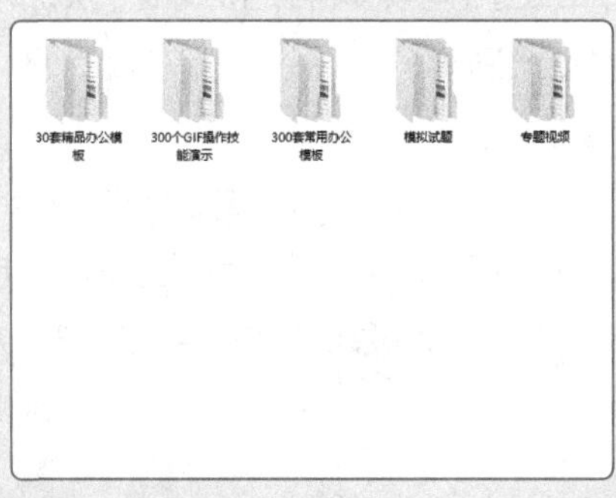

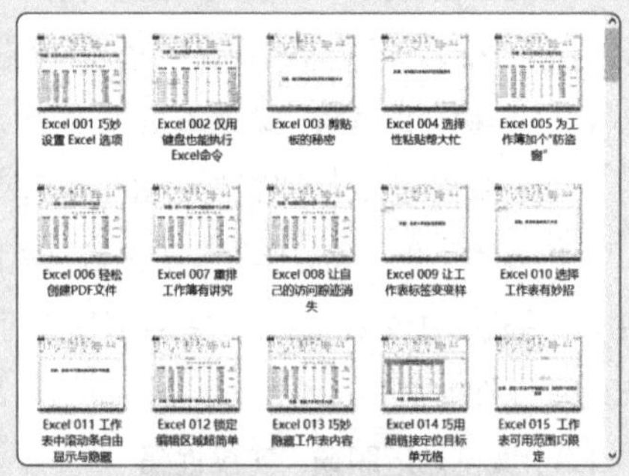

（4）作者在线答疑

作者团队具有丰富的实战经验，可以在线为读者答疑解惑。读者在学习过程中如有任何疑问，可加入 QQ 群（626446137）与作者交流。

作者

2022 年 10 月

CONTENTS 目录

第 12 章

网络办公的应用 173

第 13 章

信息安全与系统优化 188

第 14 章

第 15 章

第 1 章

办公自动化概述

随着科技的不断进步，办公的形式也从手动升级为自动，办公效率得到了进一步提升。本章将介绍有关办公自动化的基础知识，包括办公自动化的定义及特点、办公平台及常见办公软件的基础应用等。

1.1 办公自动化的定义和特点

计算机的普及使办公自动化成为现代化办公发展的必然趋势。无论从事哪一项工作，人们或多或少都需要了解一些办公自动化的知识，才能保障自己的工作正常、有序地开展。下面介绍办公自动化的定义及其特点，为实际操作奠定基础。

1.1.1 办公自动化的定义

办公自动化指的是利用先进的科学技术，将办公和计算机网络结合起来的一种新型办公模式。它不仅可以实现事务的自动化处理，而且可以极大提高工作效率。

在行政机关中，办公自动化被称为电子政务；在企事业单位中，其则被称为OA（Office Automation）。实现办公自动化可以优化现有的组织管理结构，调整管理体制，在提高效率的基础上，增强协同办公能力，强化决策的一致性，实现提高决策效能的目的。

1.1.2 办公自动化的特点

办公自动化可以解决人与办公设备之间的人机交互问题，从而提高办公人员的工作效率和质量，节约资源。如今，办公自动化基于互联网、计算机及数据库这三大核心技术的支持，已具有以下四大特点。

- 办公多媒体化：利用数字、文字、图形图像、音频/视频等各种多媒体技术，经过计算机综合处理，使人们能够通过视觉、听觉、触觉等多种方式获取并处理办公信息。
- 办公网络化：网络的应用改变了人们的生活方式，也改变了人们的工作方式；通过网络可连接到世界任何地区，从而实现信息的高速传播。
- 办公智能化：利用各种智能化操作，如文字识别、辅助决策等，可以轻松地处理烦琐的办公事务。
- 办公集成化：通过软/硬件及网络的集成、人与系统的集成和单一办公系统同社会公众信息系统的集成，组成了“无缝集成”的开放式系统。

1.2 常见办公平台和软件

使用办公自动化的必要条件是要有能够支持各类办公软件运行的操作系统，例如Windows系统、macOS、安卓系统、Linux系统等。下面以Windows 10为例，简单介绍办公平台及软件的基础知识。

1.2.1 办公自动化平台——Windows 10

熟悉操作系统是进行自动化办公操作的前提，读者应先掌握操作系统的基本操作。Windows系统是目前国内较为常用的办公平台，它包含Windows XP、Windows 7、Windows 8和Windows 10等多个版本，其中Windows 10为目前主流的操作系统。

1. Windows 10的启动与退出

Windows 10的启动需要在确保电源供电正常，各电源线、数据线及外设与硬件连接无误的基础上进行。按开机按钮，进入欢迎界面，输入登录账号及密码，单击进入桌面，如图1-1、图1-2所示。如果没有设置登录密码，系统会直接进入桌面。

微课视频

图1-1

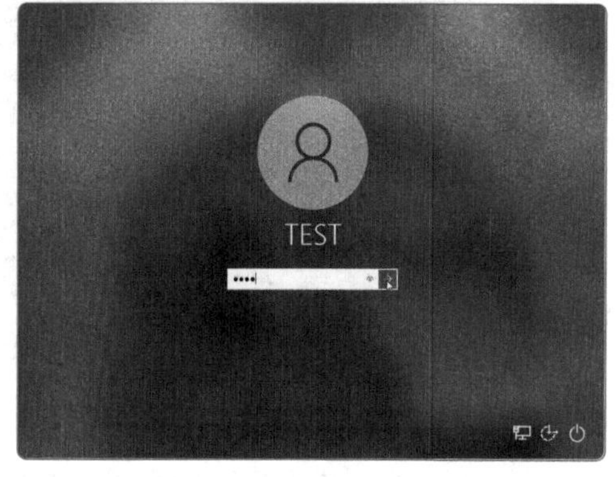

图1-2

在操作过程中，若用户临时有事需暂时离开。为了保证数据不被他人浏览或更改，可利用Windows 10的锁定功能，将桌面锁定。

单击任务栏中的“开始”菜单图标❶，在打开的“开始”菜单中选择用户头像❷，在打开的列表中选择“锁定”选项❸，如图1-3所示。系统会自动锁定桌面，并返回到账户登录界面。只有输入正确的登录密码或验证图片密码后，才可解锁并返回到桌面。

当需要退出Windows 10时，需单击任务栏中的“开始”菜单图标，在打开的“开始”菜单中单击“电源”选项，如图1-4所示。在打开的列表中选择“关机”选项即可退出Windows 10，如图1-5所示。

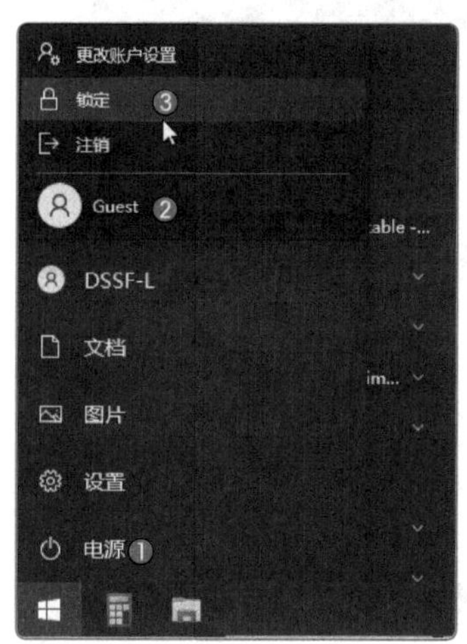

图1-3

图1-4

图1-5

新手误区

用户在进行关机操作前，需注意当前桌面中是否还有未保存的文件。如果有，请先将文件保存，退出软件后再关机。否则，一旦选择关机，系统会立刻进行注销操作，未保存的修改将会丢失。

2. 认识Windows 10的桌面

进入Windows 10后，屏幕上显示桌面。该桌面由桌面背景、桌面图标及任务栏3个部分组成。

- 桌面背景。桌面背景是计算机系统中显示的画面，图1-6所示是Windows 10默认的桌面背景。用户可根据自身喜好对桌面背景进行个性化设计，图1-7所示是内置的桌面背景。

图1-6

图1-7

- 桌面图标。桌面图标是打开应用程序的快捷途径。它默认显示在桌面左侧，包含“此电脑”图标、“网络”图标、“回收站”图标等。用户安装相应的软件程序后，该程序图标也会显示在桌面上，双击图标即可启动该软件，图1-8、图1-9所示是PowerPoint软件图标和启动界面。

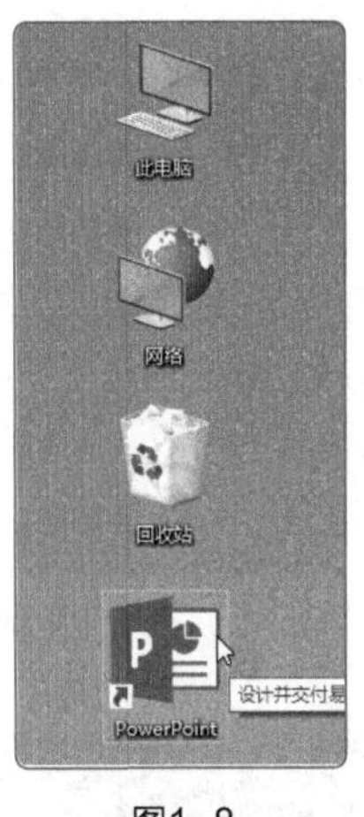

图1-8

图1-9

- 任务栏。任务栏默认位于桌面的底端，如图1-10所示。左侧为“开始”菜单及快捷工具。中间为软件快速启动区，用户单击相应的图标可以快速切换到对应的软件窗口；用户也可以使用拖曳的方法改变软件启动区图标的顺序。右侧是系统图标显示区，其中包括“网络状态”“系统音量”“时间和日期”等。

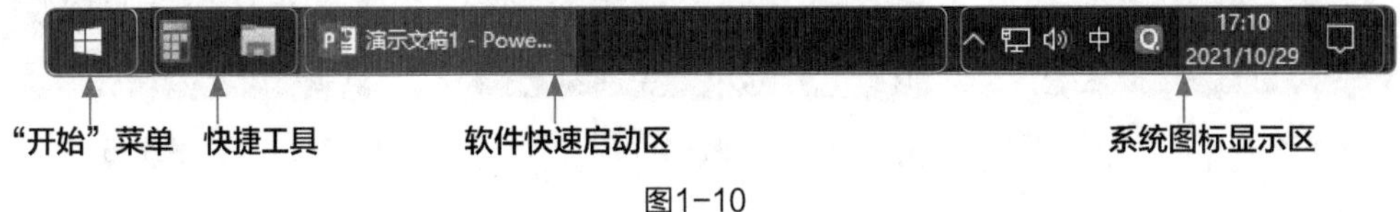

图1-10

1.2.2 Office 办公软件

办公自动化操作离不开办公软件的应用，较为常用的办公软件有两种：一种是微软Office，另一种是WPS Office。下面先对微软Office办公软件进行简单的介绍。

微软Office是微软公司推出的一款办公软件，其因方便友好的用户界面、稳定安全的文件格式、无缝高效的沟通协作功能受到了广大办公人员的青睐。微软Office包含多个组件，其中Word、Excel、PowerPoint组件较为常用。

1. Word组件

Word是一款功能强大的文档处理组件，它常用于文档的编排与制作，在职场中的使用率很高，几乎任何行业都需要用到它。行政文员需要用它来制作各类合同、各类规章制度文档，财务人员需要用它来制作各类数据分析报告文档，教师需要用它来制作各类教案及学术论文等。图1-11所示是用Word制作的文档。

用Word除了能够处理日常办公文档外，还能够制作一些特殊的文档，例如产品宣传画册、使用说明手册、各类奖状证书及邀请函等，图1-12所示是宣传册文档。此外，用户还能够使用Word对长篇文档进行编排、审核校对。总之，Word在文字处理方面表现得十分出色。

会议通知

公司各部门：

兹定于本周召开公司 XX 部门大会，望公司相关人员看见本通知后及时做好准备，准时参加。

一、 **会议时间：**2021 年 9 月 10 日上午 9 点整。

二、 **会议地点：**普陀路 139 号阳光大酒店 3 楼会议厅。

三、 **会议主题：**XXXXXXXXX。

四、 **参会领导：**王董事长、研发部赵总、财务科徐主任。

五、 **参会要求：**

- 请所有参会人员准时到场，不得无故缺席；
- 进入会场之前，请自备纸和笔，会议期间做好相关记录；
- 部门负责人进入会场，按照会场布置带领本部门人员坐到指定位置；
- 各参会人员在会议期间请注意自己的言行举止，文明参会。

特此通知！

上海市 XX 科技有限公司

2021 年 9 月 8 日

图1-11

图1-12

2. Excel组件

Excel是一款专门用于制作电子表格的组件，利用它除了能够制作出专业的报表外，还能够对报表中的数据进行各种复杂的统计、分析和计算，图1-13所示是员工考勤表。另外，利用Excel中的图表功能，可将各类报表以图形化的方式展现出来，让数据展现得更清晰、更直观，图1-14所示是年度个人消费情况分析图表。

日期	1	2	3	4	5	6	7	8	9	10	11	12	13	14	15	16	17	18	19	20	21	22	23	24	25	26	27	28	29	30	31
星期	四	五	六	日	一	二	三	四	五	六	日	一	二	三	四	五	六	日	一	二	三	四	五	六	日	一	二	三	四	五	六
孙悦	√	√	/	/	√	√	√	○	√	/	/	√	√	√	√	√	/	/	√	×	√	√	√	/	/	√	√	○	√	√	/
张函	√	√	/	/	√	√	☆	√	√	/	/	√	√	√	√	○	/	√	√	√	√	√	√	/	/	√	√	√	√	√	/
李梅	√	√	/	/	√	√	√	√	√	/	/	√	√	√	√	☆	/	/	√	√	√	√	√	√	/	√	√	√	√	√	/
刘红	√	√	/	/	√	√	√	√	×	/	/	√	√	○	√	√	/	√	√	√	√	√	√	/	/	√	×	√	√	○	√
徐蚌	√	○	/	/	☆	√	√	√	√	/	/	√	√	√	√	√	/	/	√	√	√	√	√	/	/	√	√	√	√	√	/
张星	√	√	/	/	√	√	√	√	√	/	/	√	√	√	×	√	/	/	√	√	√	√	√	/	√	√	√	√	√	√	/
刘雯	√	√	√	/	×	√	√	√	√	/	√	√	√	√	√	√	√	/	√	√	○	√	√	/	/	√	√	☆	√	√	/
王珂	√	√	/	/	√	√	√	√	√	/	/	☆	√	√	√	√	/	/	√	√	√	√	√	/	/	√	√	√	√	√	/
赵亮	√	√	/	/	√	√	√	√	√	/	/	√	√	√	○	√	/	/	√	√	√	√	☆	/	/	√	√	√	√	○	/
王晓	√	√	/	/	√	√	√	√	×	/	/	√	√	√	√	√	/	/	√	√	√	√	√	/	/	√	√	√	√	√	/
李明	√	√	/	√	√	√	√	√	√	/	/	√	√	√	√	☆	/	/	√	√	√	√	√	/	/	√	×	√	√	√	√

说明：上班√　休息/　迟到☆　旷工×　请假○

图1-13

3. PowerPoint组件

PowerPoint是一款用于制作演示文稿的办公组件，它可将文稿通过文字、图形图像、音频/视频、动画等形式展现出来。因为PowerPoint具有强大的表现力，所以受到了职场人士的青睐。图1-15所示是产品宣传演示文稿封面。

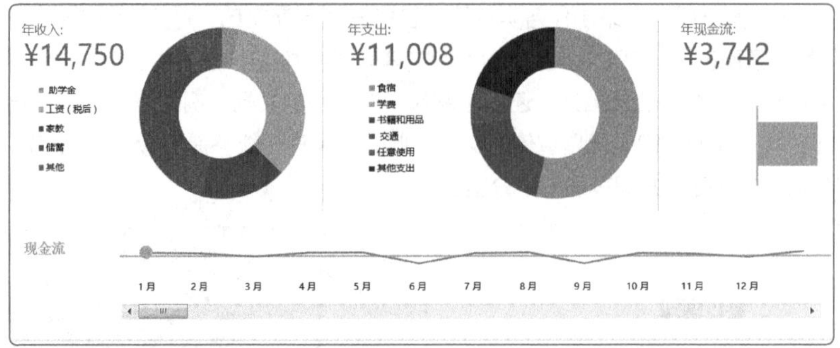

图1-14

图1-15

1.2.3 WPS Office 办公软件

以上介绍的是微软Office办公软件。接下来介绍第二款普及率很高的办公软件——WPS Office。

WPS Office（简称WPS）是由金山公司自主研发的一款办公软件。与微软Office相比，它具有内存占用率低、运行速度快、体积小、提供海量在线存储及文档模板下载功能、个人版永久免费等优势。从软件操作方面来说，其人性化、智能化的操作方式已逐渐被广大职场人所认可。无论是进行文档排版、数据分析，还是方案演示，它都能帮助用户高质量地完成。

此外，经过不断地更新，WPS Office陆续推出了一系列小工具，例如PDF阅读器、图片设计、表单设计、脑图、流程图等，实现了多款软件同时运行的效果。图1-16所示是用脑图设计制作的一张工作安排计划图。

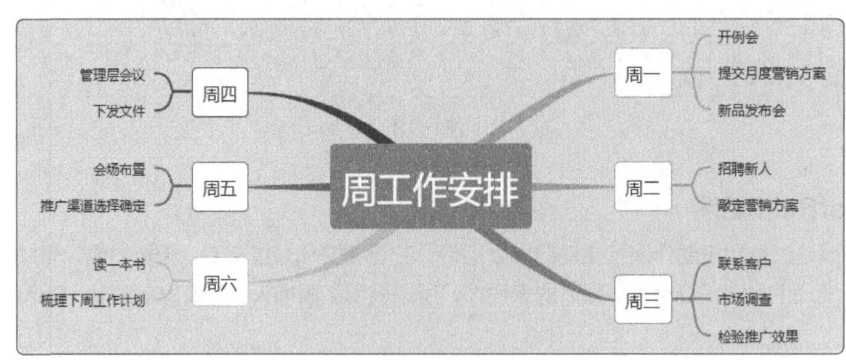

图1-16

1.3 上机演练

下面通过两个案例来介绍Windows 10的一些基本操作。例如，如何快速搜索指定文件，以及如何使用系统内置的截图工具快速截取桌面图像。

1.3.1 快速搜索指定文件

Windows 10提供了强大的搜索功能，能够帮助用户快速地搜索到某个指定的文件夹或文件。

STEP 1 当只知道文件所在的系统盘时，用户可直接打开对应系统盘，并在当前窗口右上角搜索栏中输入具体的文件名称或关键字，例如输入“项目进度”，如图 1-17 所示。

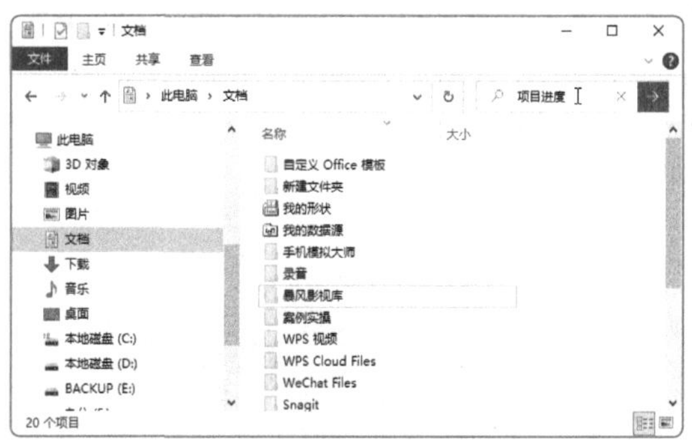

图1-17

STEP 2 单击右侧的搜索按钮，稍等片刻，系统会列出与输入内容匹配的文件列表，双击相应文件名即可打开对应文件，如图 1-18 所示。

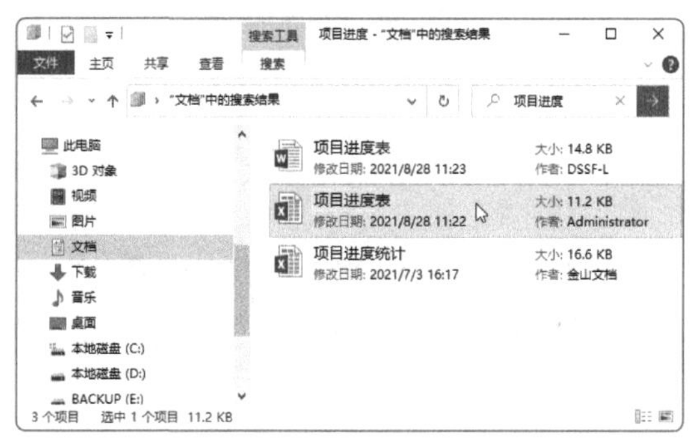

图1-18

STEP 3 当用户不确定文件所在的系统盘时，就需要进行全盘搜索。在“此电脑”窗口右上角搜索栏中输入具体的文件名称或关键字，单击右侧的“搜索”按钮，系统会进行全盘搜索并列出相关搜索结果，如图 1-19、图 1-20 所示。

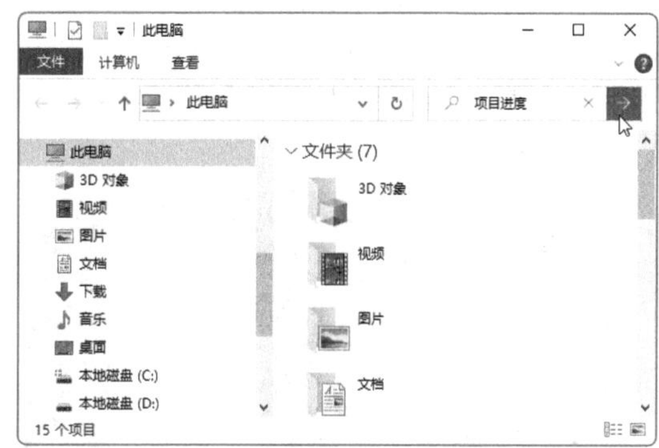

图1-19

图1-20

1.3.2 快速截取桌面图像

微课视频

如果没有安装QQ或其他截图工具，该如何进行截图呢？很简单，Windows 10自带截图工具，利用该工具可顺利进行截图操作。

STEP 1 单击“开始”菜单图标，在打开的“开始”菜单中选择“截图和草图”选项，启动该工具，如图1-21所示。

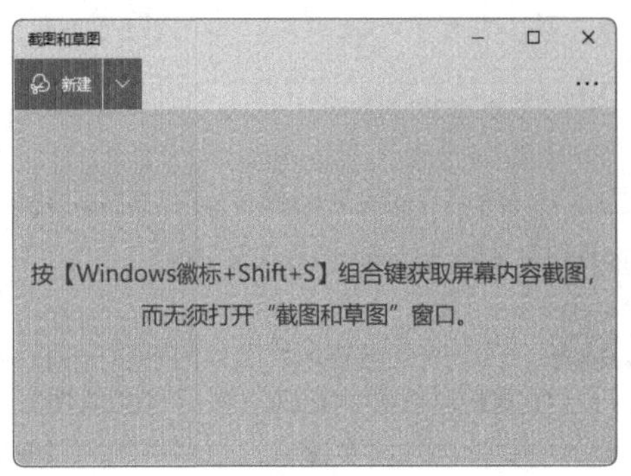

图1-21

STEP 2 单击“新建”按钮，打开截图工具栏，在此可选取截图形式。此处以选择矩形截图方式为例，按住鼠标左键拖动鼠标指针，框选屏幕截取范围，如图 1-22 所示。

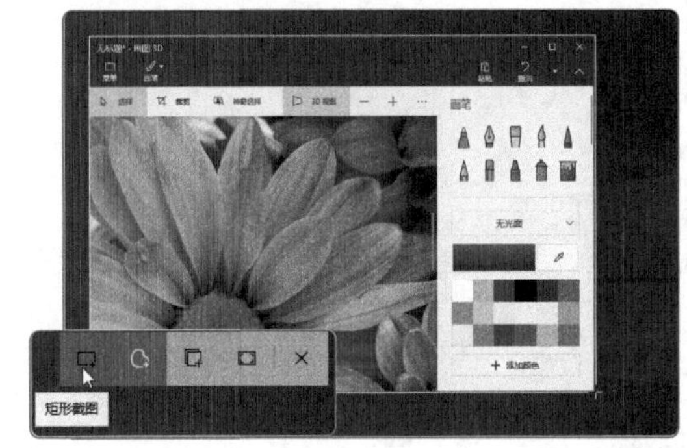

图1-22

STEP 3 选择好范围后可进行截图操作，截取的图片将显示在“截图和草图”窗口中，如图 1-23 所示。

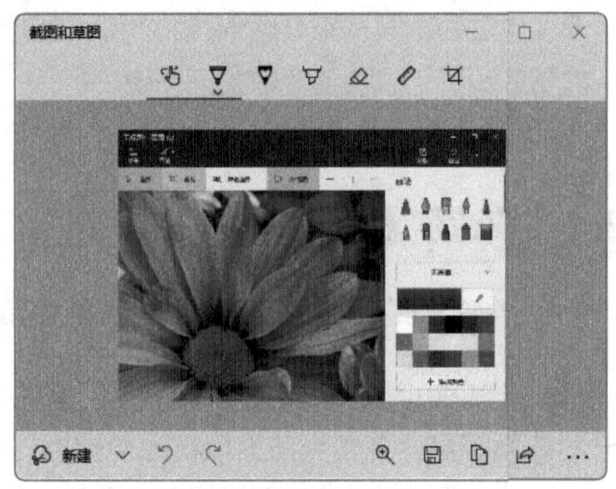

图1-23

STEP 4 此时可利用各种编辑按钮对当前的截图进行基本的编辑，如图 1-24 所示。单击“保存”按钮，可将截图保存。单击“复制”按钮，可对截图进行复制操作。

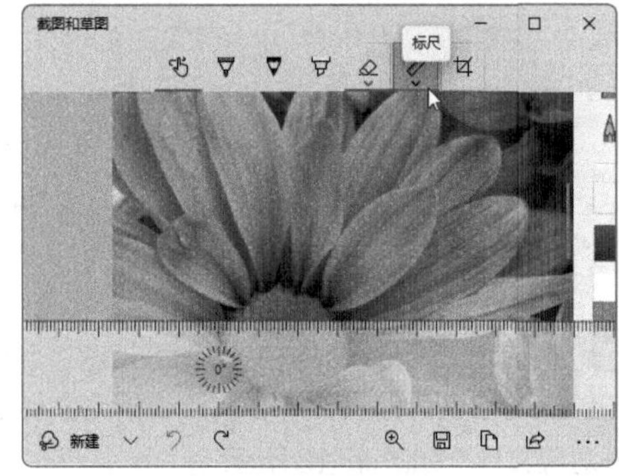

图1-24

1.4 课后作业

本章对办公自动化概念进行了简单介绍，同时也介绍了Windows 10的基本操作及常用办公软件的种类。为了帮助读者巩固和熟悉本章所学知识，本节安排了课后作业，读者需要独立完成。

1.4.1 查看文件大小

1. 项目需求

计算机系统盘存储空间有限，为了避免出现文件过大而无法存储的情况，用户需要随时查看文件的大小。

2. 项目分析

无论是应用程序，还是制作的各类文件，用户都可在其图标上右击，在弹出的快捷菜单中选择“属性”选项来查看当前文件的大小。

3. 项目效果

查看“项目进度统计”文件大小的效果如图1-25所示。

图1-25

1.4.2 将 PowerPoint 应用程序固定在任务栏中

微课视频

1. 项目需求

在日常工作中，经常要使用PowerPoint来制作各类演示文稿。为了操作方便，现将它固定在任务栏中，以便快速启动。

2. 项目分析

将应用程序固定在任务栏中的快速启动区域后，用户只需单击相应的程序图标即可启动相应程序。单击“开始”菜单图标打开“开始”菜单，在右侧磁贴列表中找到相应的程序图标，将其直接拖曳至任务栏中即可。

3. 项目效果

PowerPoint应用程序的固定效果如图1-26所示。

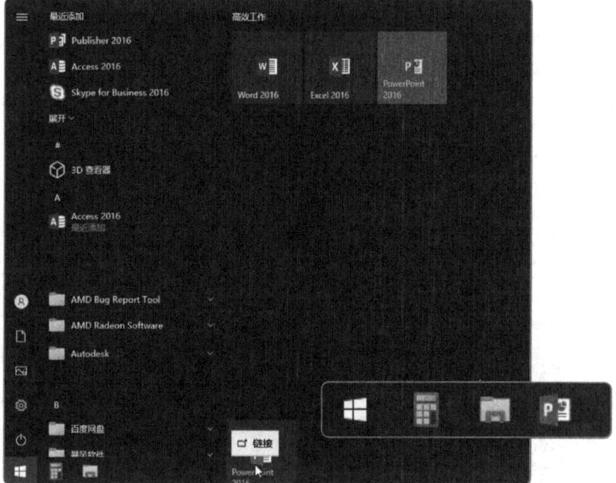

图1-26

第 2 章

会议通知文档的制作

本章主要介绍会议通知文档的制作。通过对本章的学习，读者可以利用 Word 新建和保存文档、输入文本内容、设置字体格式、设置段落格式、添加编号与项目符号、查找与替换文档内容、打印文档等，从而了解制作文档的基本操作和方法。

2.1 制作通知文档

使用Word制作会议通知文档，需要先新建和保存文档，再输入相关内容。下面介绍具体的操作步骤。

2.1.1 新建和保存文档

新建文档后，为了防止数据丢失，还需要对其进行保存。下面对新建和保存操作进行简单介绍。

STEP 1 启动 Word，在打开的界面中选择“空白文档”选项，如图 2-1 所示。

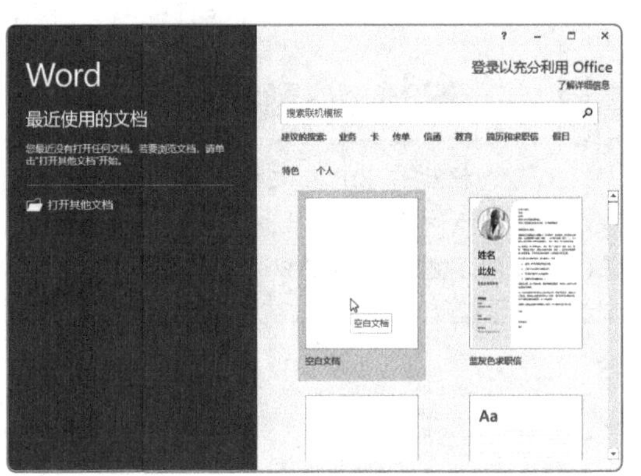

图2-1

STEP 2 创建一个名为“文档 1”的空白文档，如图 2-2 所示。

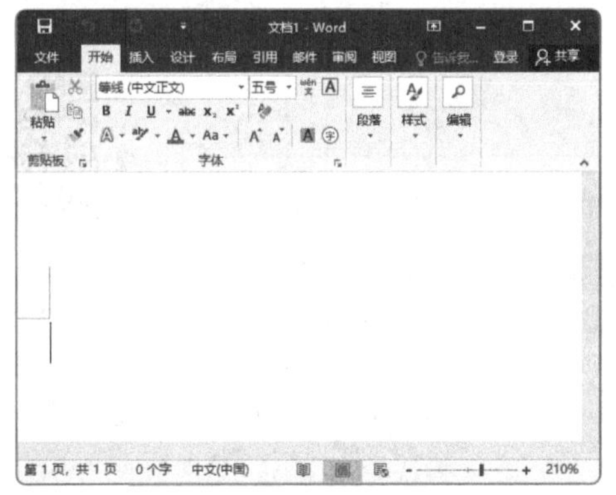

图2-2

STEP 3 单击“保存”按钮，或者单击“文件”菜单，选择“另存为”选项，在“另存为”界面中单击“浏览”按钮，如图 2-3 所示。

图2-3

STEP 4 在打开的“另存为”对话框中选择保存位置，在“文件名”文本框中输入“会议通知”，保持默认的“保存类型”设置，单击“保存”按钮保存文档，如图 2-4 所示。

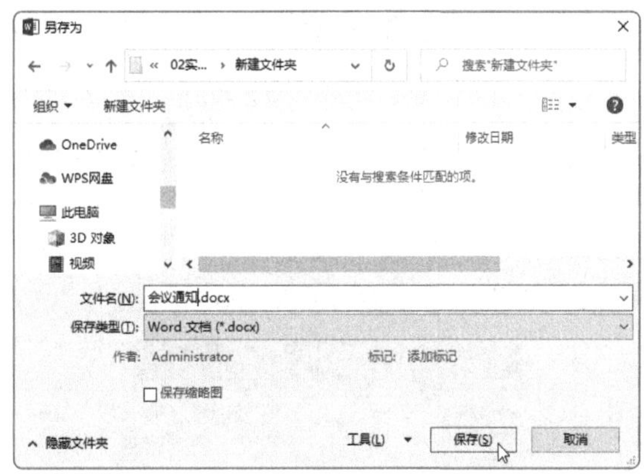

图2-4

2.1.2 输入文本内容

在文档中输入文本的方法很简单，只需要单击文档编辑区，待出现闪烁的光标“|”，即可在该位置输入文本。下面介绍具体的操作方法。

STEP 1 在“会议通知”文档中单击插入光标，输入标题“会议通知”，如图 2-5 所示。

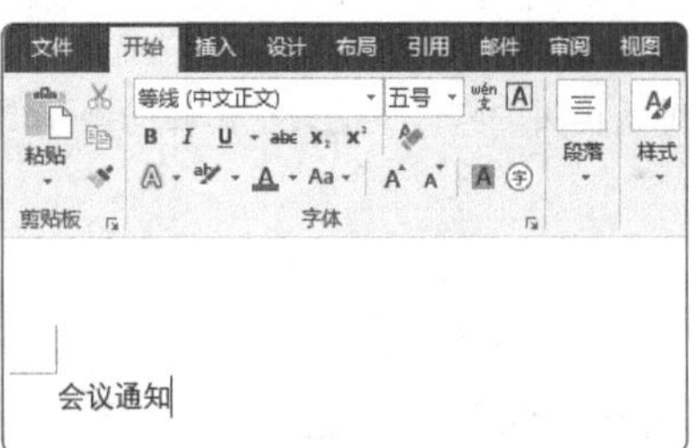

图2-5

STEP 2 按【Enter】键换行，输入“公司各部门：”，如图 2-6 所示。

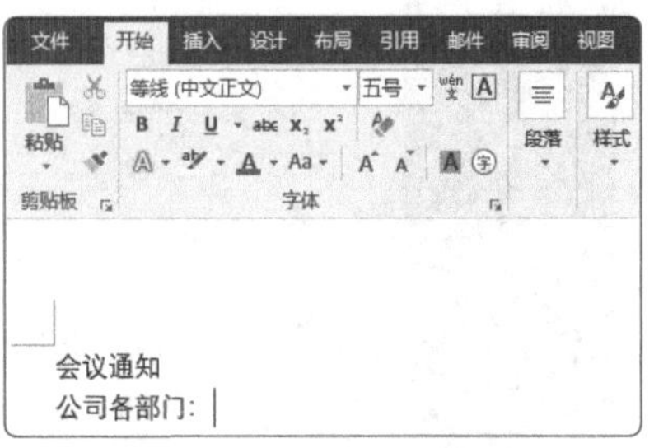

图2-6

STEP 3 按照相同的方法，在文档中输入其他内容，如图 2-7 所示。

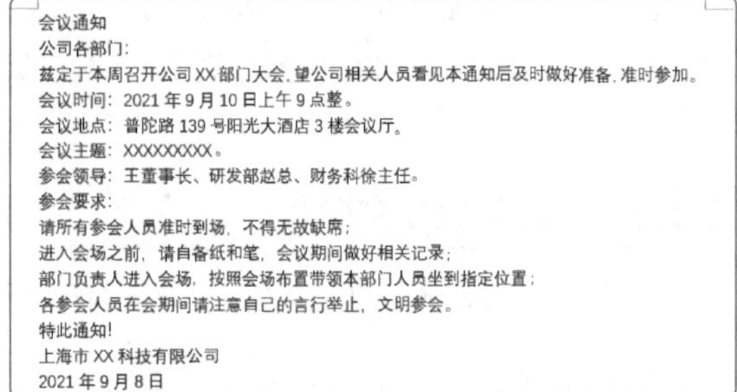

会议通知
公司各部门：
兹定于本周召开公司 XX 部门大会，望公司相关人员看见本通知后及时做好准备，准时参加。
会议时间：2021 年 9 月 10 日上午 9 点整。
会议地点：普陀路 139 号阳光大酒店 3 楼会议厅。
会议主题：XXXXXXXXX。
参会领导：王董事长、研发部赵总、财务科徐主任。
参会要求：
请所有参会人员准时到场，不得无故缺席；
进入会场之前，请自备纸和笔，会议期间做好相关记录；
部门负责人进入会场，按照会场布置带领本部门人员坐到指定位置；
各参会人员在会期间请注意自己的言行举止，文明参会。
特此通知！
上海市 XX 科技有限公司
2021 年 9 月 8 日

图2-7

办公秘技

保存文档后，用户在文档中输入新的内容或进行编辑操作时，需要单击“保存”按钮或按【Ctrl+S】组合键及时保存，以避免内容丢失。

2.2 编辑通知文档

在文档中输入内容后，为了使文档看起来更加舒适、美观，用户需要对文档内容进行编辑操作，例如设置字体格式、设置段落格式、添加编号与项目符号等，这样可以使文档结构清晰、层次分明。

2.2.1 设置字体格式

微课视频

设置字体格式操作主要是对文本的字体、字号、字形等进行设置，下面介绍具体的操作方法。

STEP 1 选择标题文本“会议通知”，在“开始”选项卡的“字体”选项组中，将“字体”设置为“微软雅黑”❶，将“字号”设置为“28”❷，单击“加粗”按钮❸，将文本加粗显示，如图 2-8 所示。

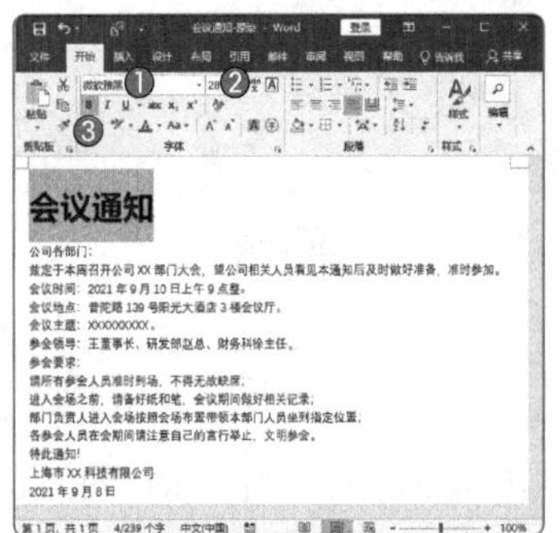

图2-8

STEP 2 选择全部正文内容，将“字体”设置为“宋体”❶，将“字号”设置为“三号”❷，如图 2-9 所示。

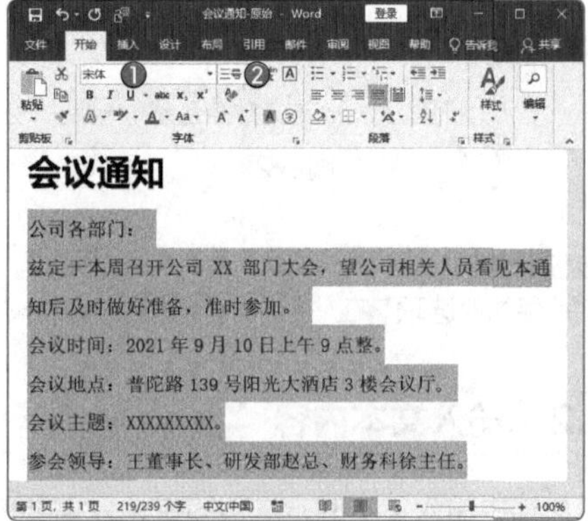

图2-9

STEP 3 选择“会议时间：”“会议地点：”“会议主题：”“参会领导：”“参会要求：”“特此通知！”文本，将其设置为加粗显示，如图 2-10 所示。

办公秘技

在设置文档格式时，用户可使用快捷键来操作，从而提高制作效率。按【Ctrl+B】组合键，加粗文本；按【Ctrl+E】组合键，文本居中对齐；按【Ctrl+Shift+>】组合键，增大字号；按【Ctrl+Shift+<】组合键，减小字号。

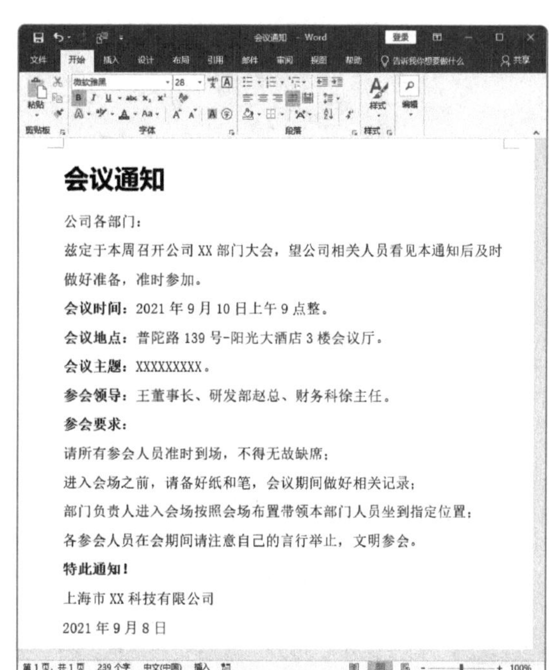

图2-10

2.2.2 设置段落格式

微课视频

设置段落格式操作主要是对文本的对齐方式、段前间距、段后间距、行距等进行设置，下面介绍具体的操作方法。

STEP 1 选择标题文本“会议通知”❶，在“开始”选项卡中单击“段落”选项组右下方的对话框启动器按钮❷，如图 2-11 所示。

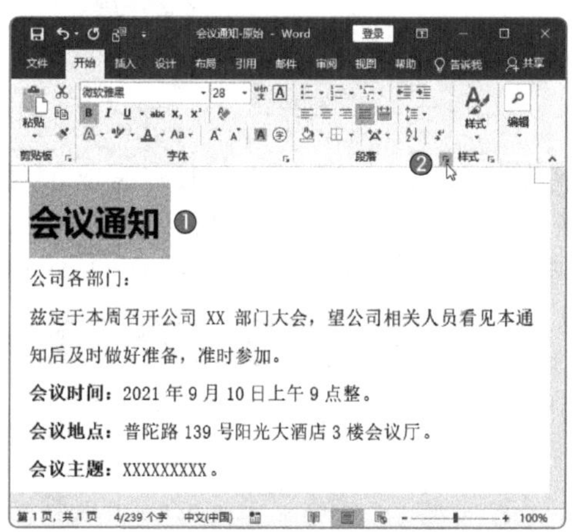

图2-11

STEP 2 在“段落”对话框的“缩进和间距”选项卡中，将“对齐方式”设置为“居中”❶，将“段后”间距设置为“1.5 行”❷，如图 2-12 所示。单击“确定”按钮。

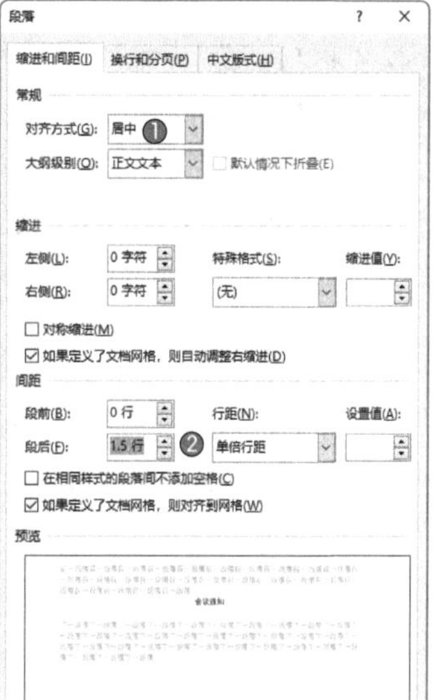

图2-12

STEP 3 选择全部正文内容，打开“段落”对话框，将“行距”设置为“1.5 倍行距”，如图 2-13 所示。

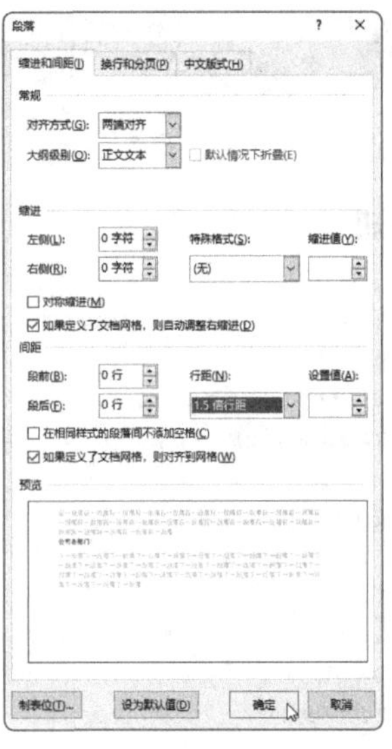

图2-13

STEP 4 选择文本，打开“段落”对话框，将“特殊格式”设置为“首行缩进”，将“缩进值”设置为“2字符”，如图2-14所示。

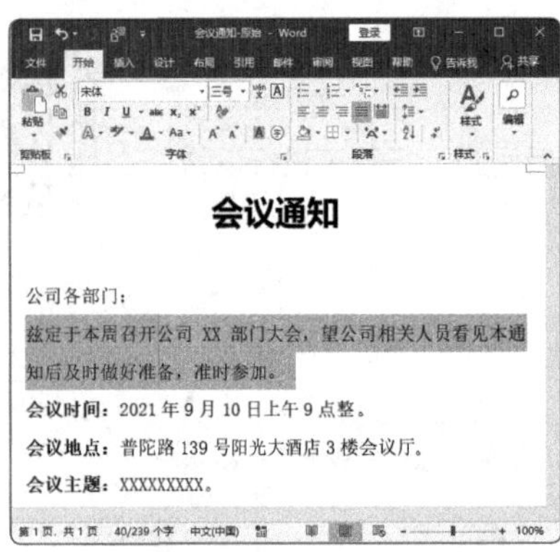

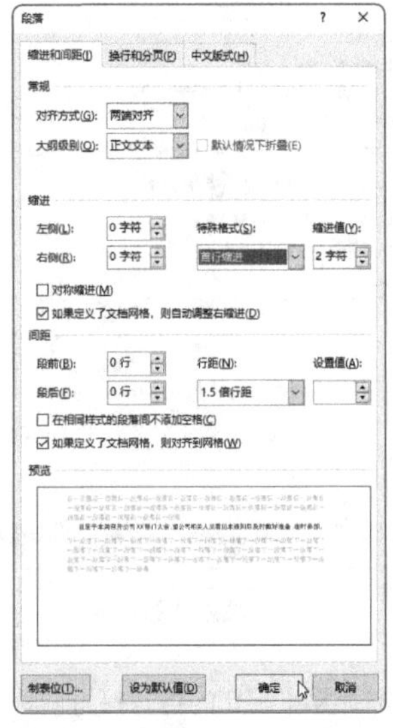

图2-14

STEP 5 按照 **STEP 4** 所述方法，将“特此通知！”文本的格式设置为“首行缩进”“2字符”，效果如图2-15所示。

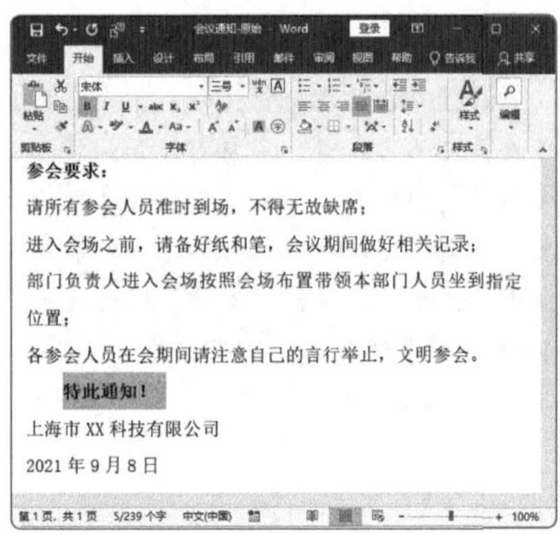

图2-15

STEP 6 选择公司名和最后的日期文本，在“开始”选项卡中，单击“右对齐”按钮，将其设置为靠右对齐，如图2-16所示。

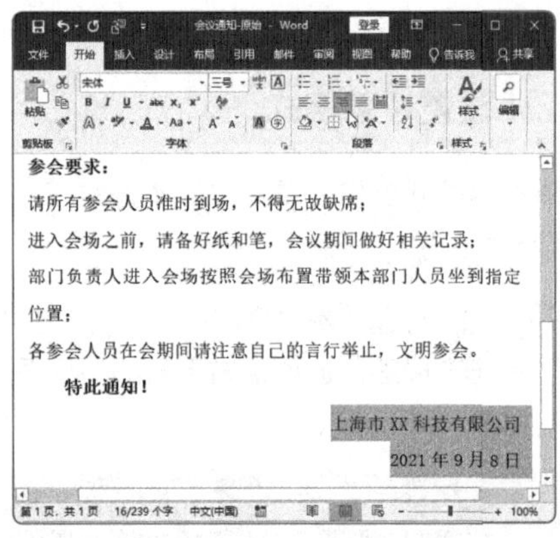

图2-16

STEP 7 选择“上海市XX科技有限公司”文本❶，打开“段落”对话框，将“段前”间距设置为“2行”❷，如图2-17所示。最终效果如图2-18所示。

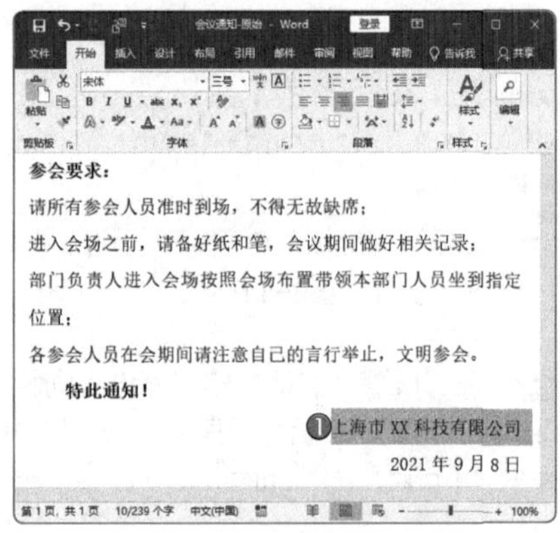

图2-17

图2-17（续）

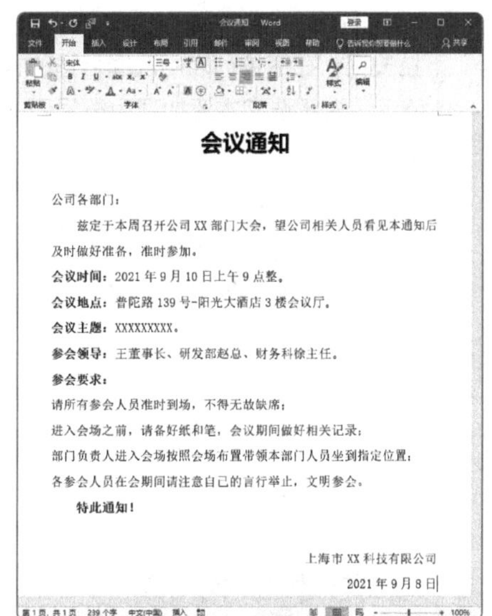

图2-18

2.2.3 添加编号与项目符号

微课视频

为段落添加编号或项目符号可以使文档内容的层次结构更清晰、更有条理。下面介绍具体的操作方法。

STEP 1 选择文本，在“开始”选项卡中单击“编号”下拉按钮，在下拉列表中选择合适的编号样式，如图2-19所示。为所选文本添加编号后的效果如图2-20所示。

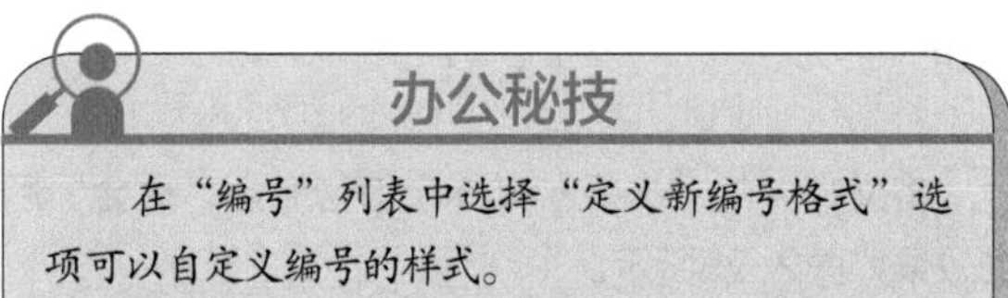

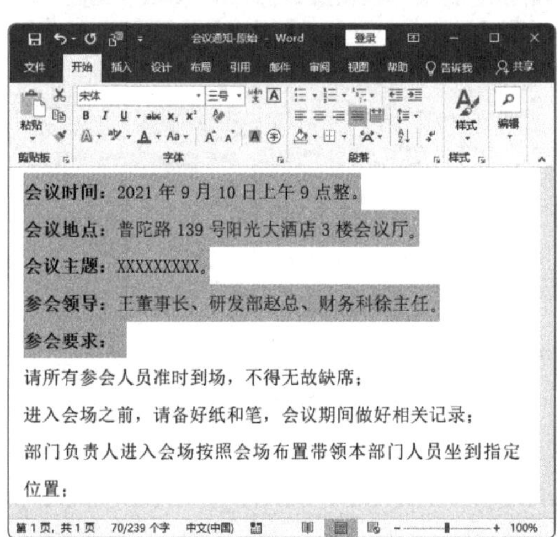

图2-19

图2-19（续）

公司各部门：

兹定于本周召开公司 XX 部门大会，望公司相关人员看见本通知后及时做好准备，准时参加。

一、 **会议时间：**2021 年 9 月 10 日上午 9 点整。

二、 **会议地点：**普陀路 139 号阳光大酒店3楼会议厅。

三、 **会议主题：**XXXXXXXXX。

四、 **参会领导：**王董事长、研发部赵总、财务科徐主任。

五、 **参会要求：**

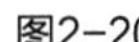

图2-20

STEP 2 选择文本，在“开始”选项卡中单击“项目符号”下拉按钮，在下拉列表中选择合适的样式，如图 2-21 所示。为所选文本添加项目符号后的效果如图 2-22 所示。

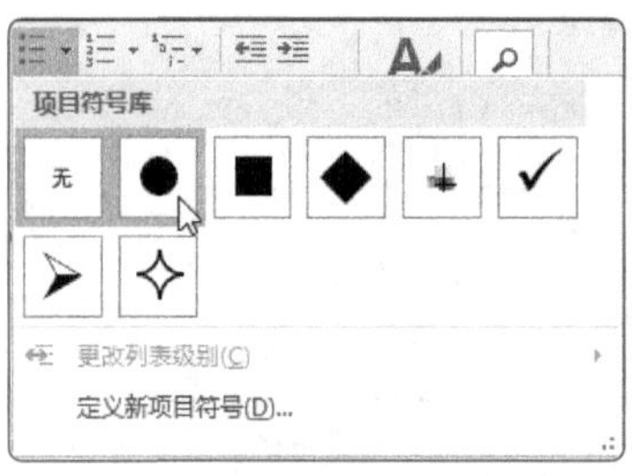

图2-21

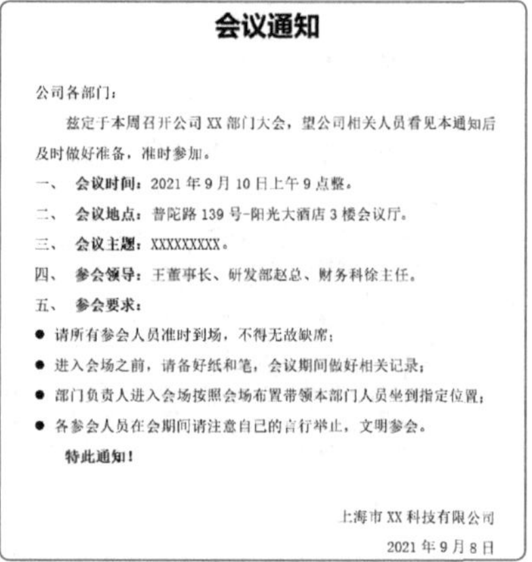

会议通知

公司各部门：

兹定于本周召开公司 XX 部门大会，望公司相关人员看见本通知后及时做好准备，准时参加。

一、 **会议时间：**2021 年 9 月 10 日上午 9 点整。

二、 **会议地点：**普陀路 139 号-阳光大酒店 3 楼会议厅。

三、 **会议主题：**XXXXXXXXX。

四、 **参会领导：**王董事长、研发部赵总、财务科徐主任。

五、 **参会要求：**

- 请所有参会人员准时到场，不得无故缺席；
- 进入会场之前，请备好纸和笔，会议期间做好相关记录；
- 部门负责人进入会场按照会场布置带领本部门人员坐到指定位置；
- 各参会人员在会期间请注意自己的言行举止，文明参会。

特此通知！

上海市 XX 科技有限公司

2021 年 9 月 8 日

图2-22

2.2.4 查找与替换文档内容

当文档中存在大量相同的错误文本时，使用“查找和替换”功能可以进行批量修改。下面介绍如何将文档中的“参汇”批量修改为“参会”。

STEP 1 在“开始”选项卡中单击“编辑”下拉按钮后选择“替换”选项，如图 2-23 所示。

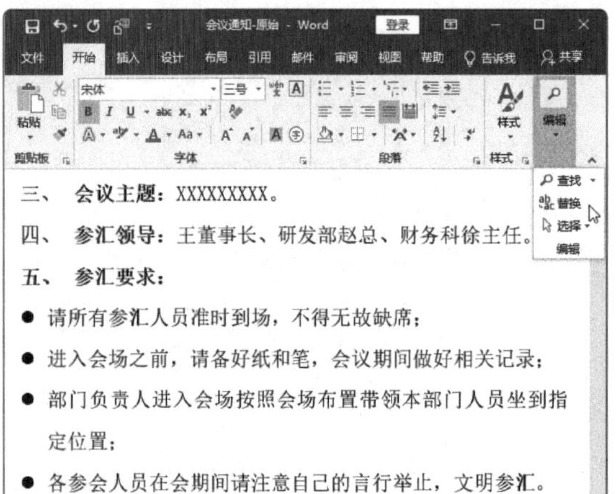

图2-23

STEP 2 在“查找和替换”对话框的“查找内容”文本框中输入“参汇”❶，在“替换为”文本框中输入“参会”❷，单击“全部替换”按钮❸，替换完成会打开提示对话框，单击“确定”按钮❹，如图 2-24 所示。

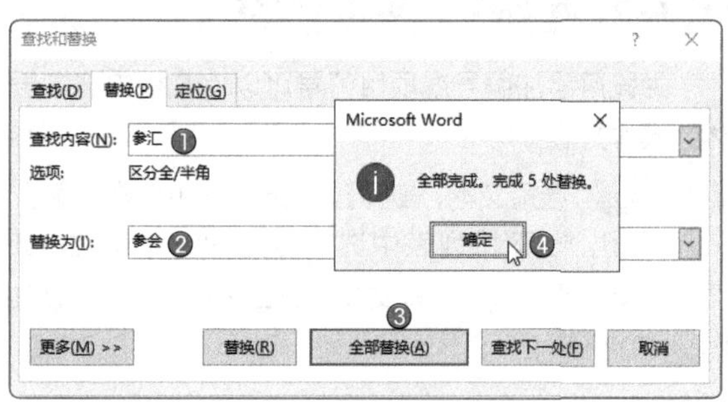

图2-24

将文档中的“参汇”文本全部替换为“参会”后的效果如图2-25所示。

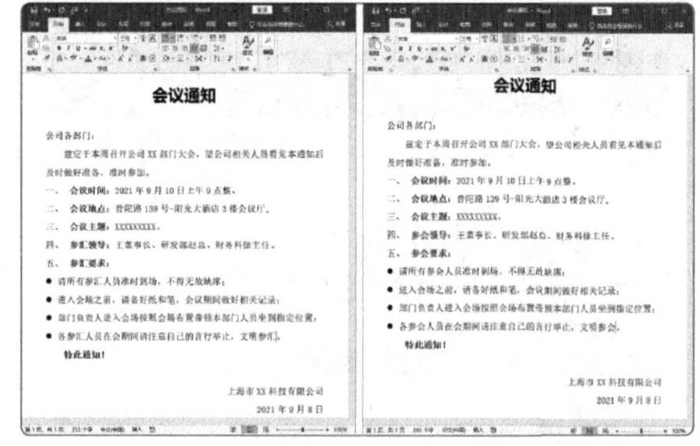

图2-25

办公秘技

如果读者想要将查找的文本突出显示出来，则在“开始”选项卡中单击“编辑”下拉按钮后单击“查找”下拉按钮，在下拉列表中选择“高级查找”选项，打开“查找和替换”对话框，在“查找内容”文本框中输入“参汇”，单击“阅读突出显示”下拉按钮，在下拉列表中选择“全部突出显示”选项，即可将文档中的“参汇”文本全部突出显示出来，效果如图2-26所示。

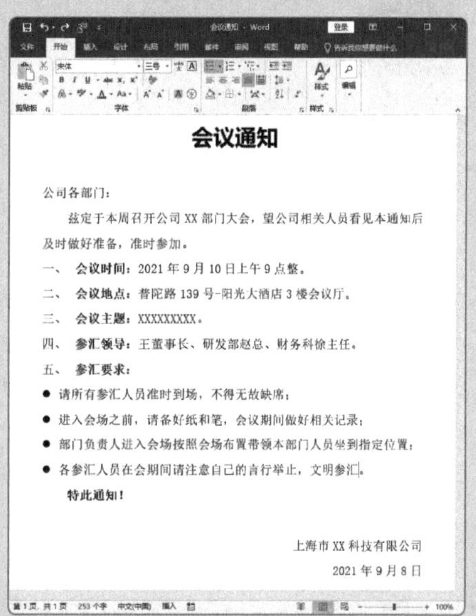

图2-26

2.3 打印文档内容

制作好会议通知文档后，为了方便传阅，我们需要将其以纸质的形式打印出来。在打印之前，需要先对文档的页面进行设置，然后预览并打印。下面介绍具体的操作步骤。

2.3.1 设置页边距

页边距是页面的边线到文字的距离，分为上、下、左、右页边距。页边距的值越小，这段距离就越短。下面介绍如何设置页边距。

STEP 1 单击“文件”菜单，选择“打印”选项❶，在“打印”界面中单击“正常边距”下拉按钮❷，如图 2-27 所示。

STEP 2 在下拉列表中选择内置的页边距选项，如图 2-28 所示；或者在下拉列表中选择“自定义边距”选项，打开“页面设置”对话框，在“页边距”选项卡中可以设置上、下、左、右页边距，如图 2-29 所示。

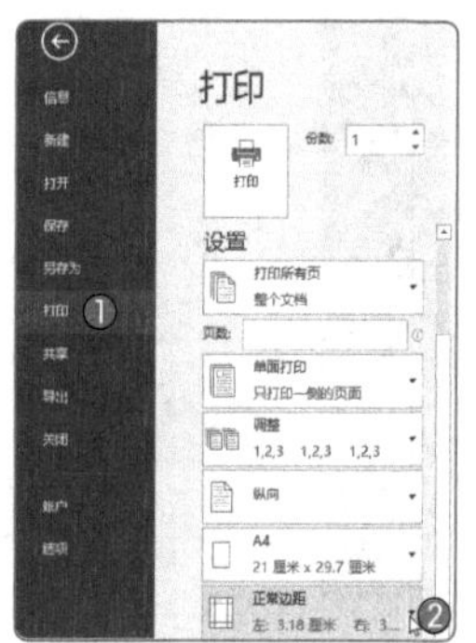

图2-27

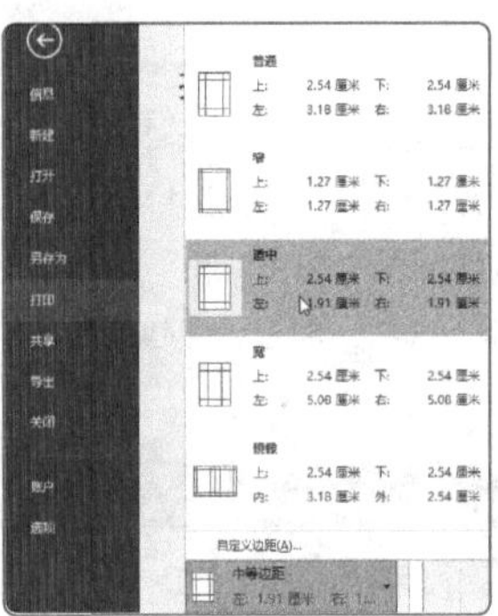

图2-28

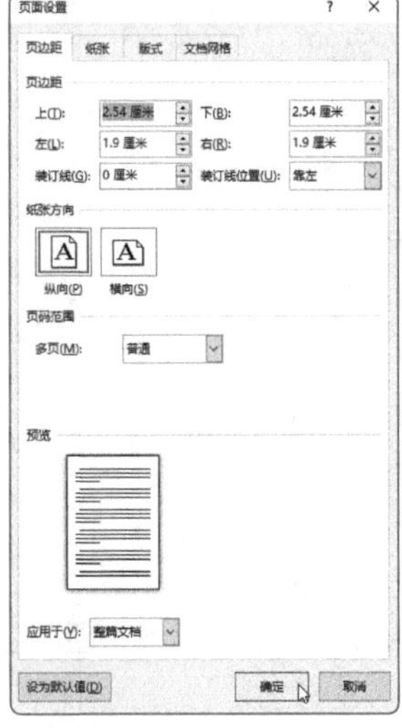

图2-29

办公秘技

在“布局”选项卡中单击“页边距”下拉按钮也可以设置页边距，如图2-30所示。

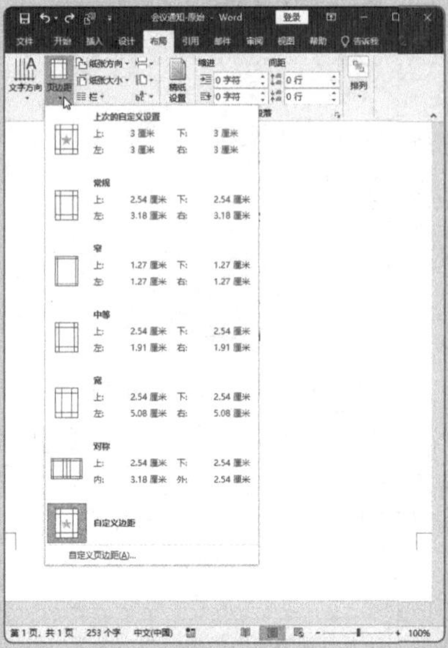

图2-30

2.3.2 设置纸张大小

Word默认的纸张大小为A4，用户可以根据需要自定义纸张大小，下面介绍具体的操作方法。

STEP 1 单击“文件”菜单，选择“打印”选项，在“打印”界面中单击“纸张大小”下拉按钮，在下拉列表中选择“其他纸张大小”选项，如图2-31所示。

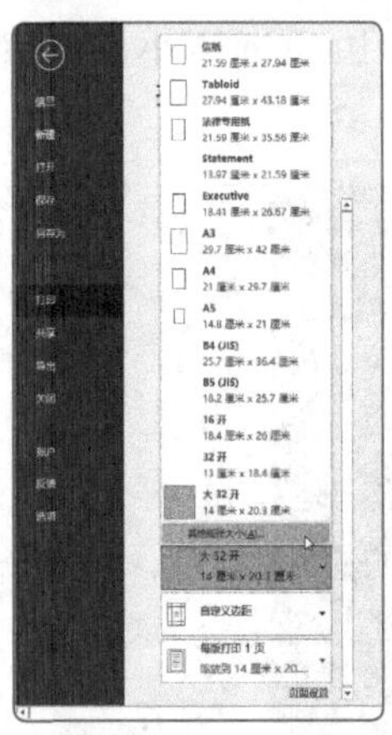

图2-31

STEP 2 在“页面设置”对话框“纸张”选项卡中的“纸张大小”选项组的下拉列表中选择“自定义大小”选项，并设置“宽度”和“高度”值，如图2-32所示。

图2-32

2.3.3 设置打印份数

用户可以根据需要将会议通知文档打印多份，下面介绍具体的操作方法。

单击“文件”菜单，选择“打印”选项，在“打印”界面的“份数”数值框中输入需要打印的份数，如图2-33所示。

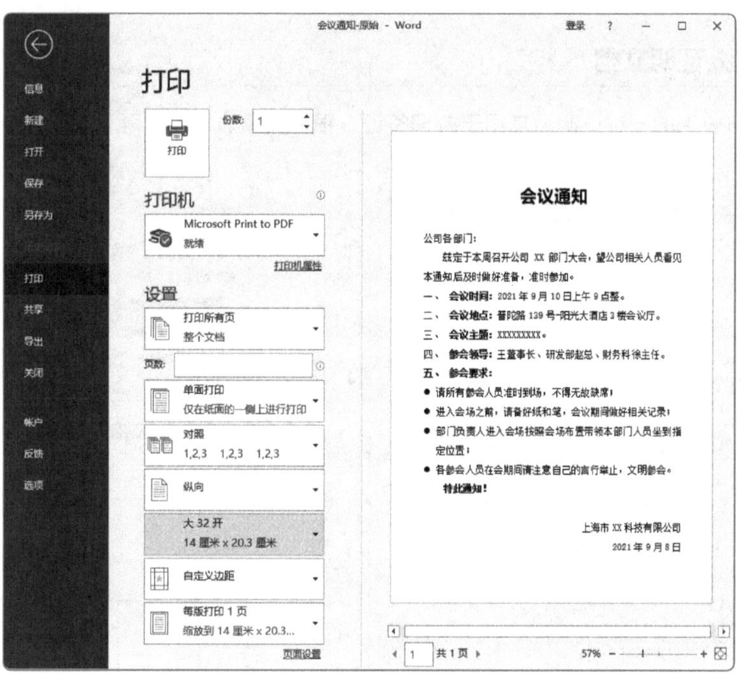

图2-33

2.3.4 打印预览和打印

设置好打印页面后，用户可以先预览打印效果，再对文档进行打印。下面介绍具体的操作方法。

STEP 1 单击“文件”菜单，选择“打印”选项，在“打印”界面的右侧可预览打印效果，如图2-34所示。

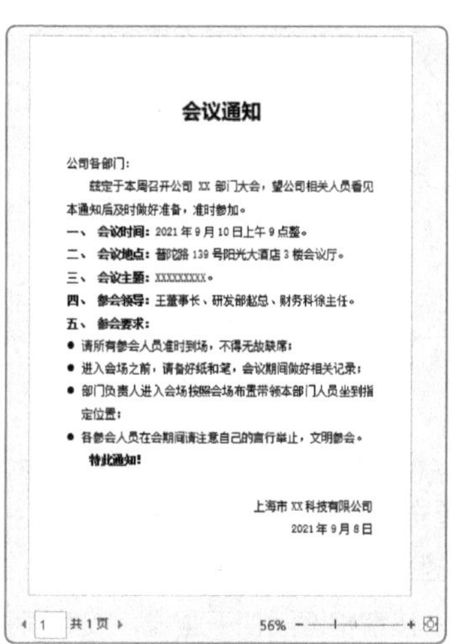

图2-34

STEP 2 单击“打印”按钮，如图2-35所示，即可将文档打印出来。

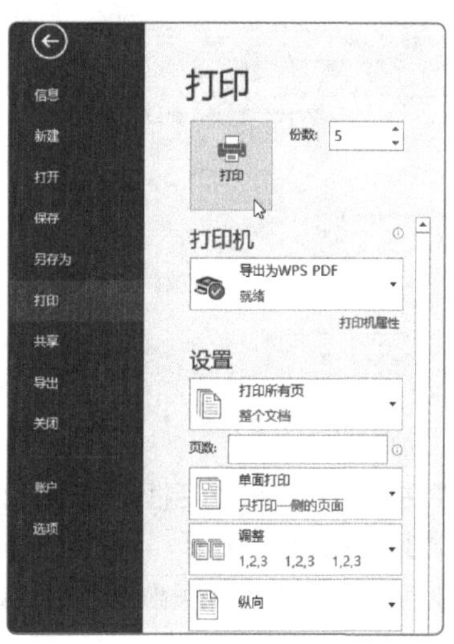

图2-35

2.4 上机演练

本节介绍如何使用Word的一些基本操作制作收入证明文档和环保倡议书。

2.4.1 制作收入证明文档

收入证明是经济收入的一种证明，常用于办理签证、银行贷款、信用卡等。下面介绍如何制作收入证明文档。

STEP 1 在文件夹中单击鼠标右键，在弹出的快捷菜单中选择“新建”命令，并从其级联菜单中选择“Microsoft Word 文档”命令，如图 2-36 所示。

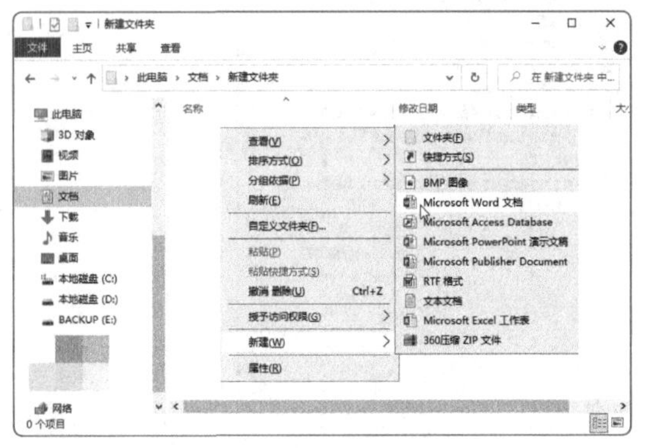

图2-36

STEP 2 新建一个空白文档并命名为“收入证明”，将其打开，在“布局”选项卡中单击“页面设置”选项组右下方的对话框启动器按钮，如图 2-37 所示。

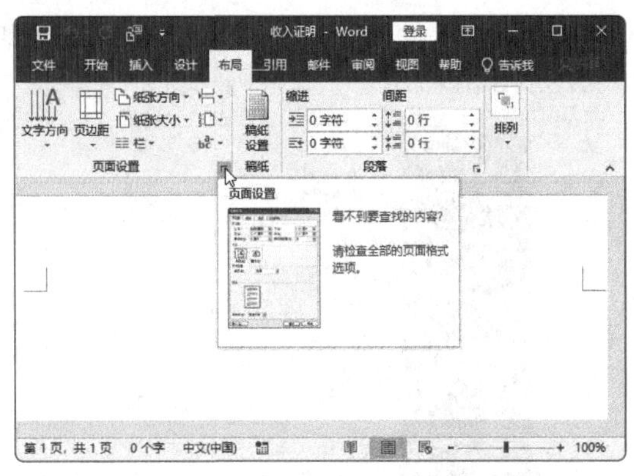

图2-37

STEP 3 在“页面设置”对话框的“纸张”选项卡中，将“纸张大小”设置为“16 开”，如图 2-38 所示。

STEP 4 在文档中输入相关内容，效果如图 2-39 所示。

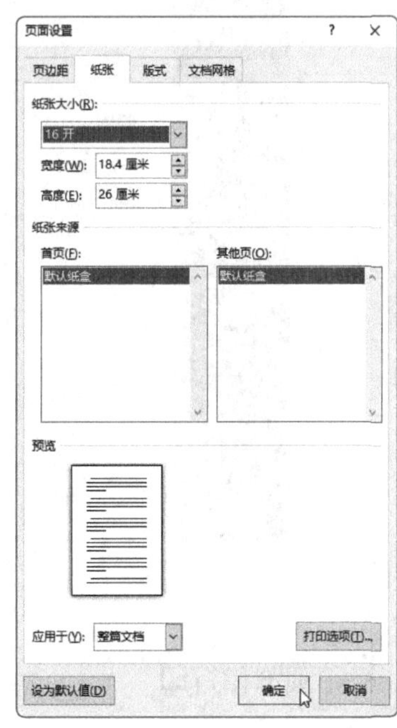

图2-38

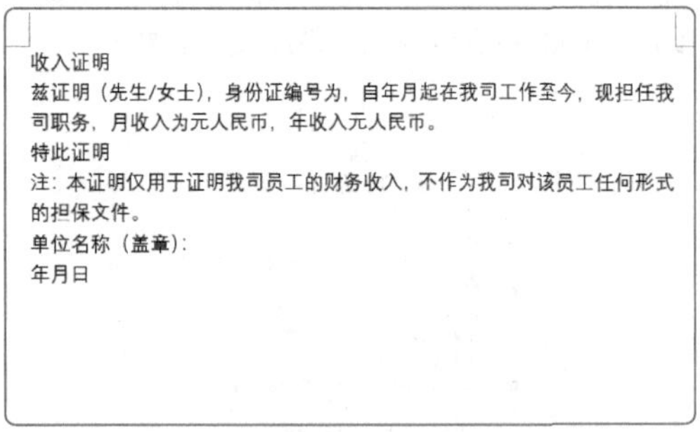

收入证明
兹证明（先生/女士），身份证编号为，自年月起在我司工作至今，现担任我司职务，月收入为元人民币，年收入元人民币。
特此证明
注：本证明仅用于证明我司员工的财务收入，不作为我司对该员工任何形式的担保文件。
单位名称（盖章）：
年月日

图2-39

STEP 5 将光标插入“兹证明”文本后面，在“开始”选项卡中单击“下画线”下拉按钮，在下拉列表中选择合适的线型，如图 2-40 所示。

STEP 6 按空格键添加下画线，按照同样的方法，在其他文本后面添加下画线，效果如图 2-41 所示。

收入证明

兹证明（先生/女士），身份证编号为，自年月起在我司工作至今，现担任我司职务，月收入为元人民币，年收入元人民币。

特此证明

注：本证明仅用于证明我司员工的财务收入，不作为我司对该员工任何形式的担保文件。

单位名称（盖章）：

年月日

图2-40

收入证明

兹证明__________（先生/女士），身份证编号为______________，自_____年____月起在我司工作至今，现担任我司_______职务，月收入为_______元人民币，年收入_______元人民币。

特此证明

注：本证明仅用于证明我司员工的财务收入，不作为我司对该员工任何形式的担保文件。

单位名称（盖章）：

____年___月__日

图2-41

STEP 7 选择标题文本“收入证明”，将“字体”设置为“微软雅黑”，将“字号”设置为“28”，加粗显示，将“对齐方式”设置为“居中”，将“段后”间距设置为“2 行”，如图 2-42 所示。

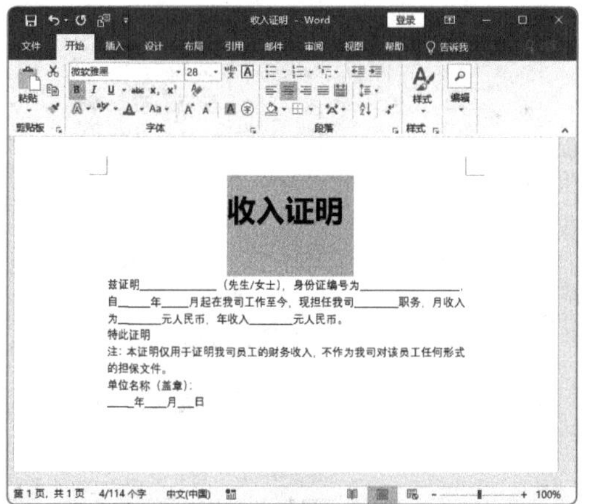

图2-42

STEP 8 选择正文内容，将“字体”设置为“宋体”，将“字号”设置为“四号”，将“特殊格式”设置为“首行缩进”，将“缩进值”设置为“2 字符”，将“行距”设置为“2 倍行距”，如图 2-43 所示。

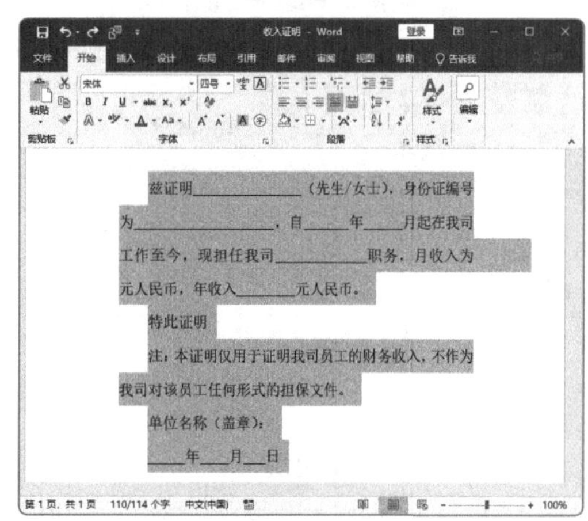

图2-43

STEP 9 选择结尾文本，将“对齐方式”设置为“右对齐”，将“段前”间距设置为“2 行”，效果如图 2-44 所示。

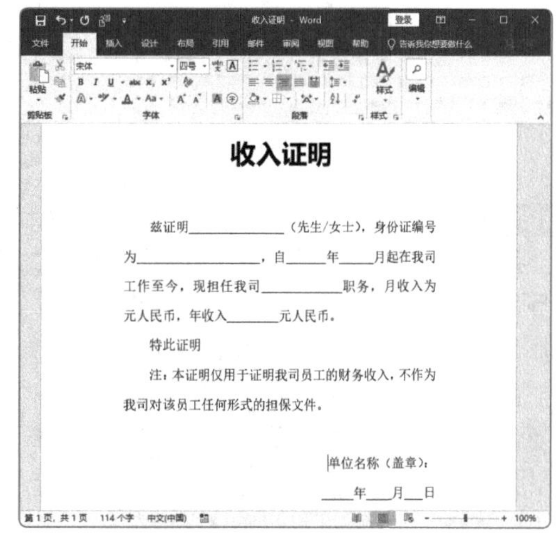

图2-44

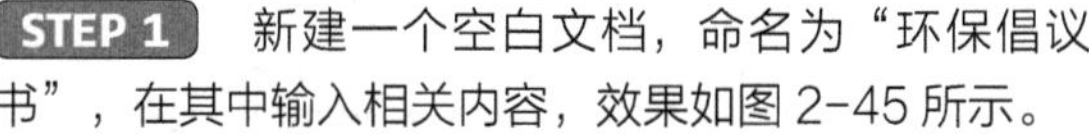

2.4.2 制作环保倡议书

倡议书是一种号召性的专用书信。而环保倡议书用于号召大众保护环境、爱护地球。下面介绍如何制作环保倡议书。

STEP 1 新建一个空白文档，命名为“环保倡议书”，在其中输入相关内容，效果如图 2-45 所示。

STEP 2 选择标题“倡议书”，将“字体”设置为“微软雅黑”，将“字号”设置为“三号”，加粗显示，将“对齐方式”设置为“居中”，将“段前”和“段后”间距设置为“1 行”，效果如图 2-46 所示。

倡议书
环境是我们人类及自然界所有生物赖以生存的基础。爱护地球、维护生态、保护环境是每一个公民义不容辞的责任。然而，环境保护是一项系统工程，需要大家的参与和配合，需要你我他的共同努力。因此，我提出倡议:
大力宣传、普及环境保护知识，提高广大公众的环保意识，结合与环境有关的纪念日，在社区及公共场所宣传环保，参与社区的环保实践和监督。
从我做起，从现在做起，从身边小事做起，提倡绿色生活，节约资源，减少污染，回收资源，绿色消费，支持环保，不乱扔垃圾，不随地吐痰。
积极、认真搞好居住社区、公共场所的绿化、净化，清除或有效控制日常生活中产生的污染，对环境少一份破坏，多一份关爱，共建绿色家园。
全面提高环境与发展意识，树立正确的环境价值观和环境道德风尚，负起环保责任，促进社会、经济和环境的可持续发展，努力学习环保知识。
认真贯彻国家方针政策、法律法规，为改善人类居住环境做出实质性的贡献，积极从事和广泛参与改善人类居住环境工作。
地球是茫茫宇宙间已知的唯一一艘载有生命的“航船”，人类是这艘船上的乘客。当船舱漏水的时候，谁能说拯救地球与我无关?面对地球生态环境日益恶化的现实，任何一个有良知的人都会明白:保护环境、拯救地球，是我们人类共同的责任。
新的世纪，我们渴望干净的地球，渴望健康的生命，渴望环保的家园，渴望绿色、健康、卫生的社区遍地开花…… 。伟大的事业，需要伟大的创造。让我们这群新世纪的见证者义不容辞地承担起各自的使命，共创绿色环保、健康卫生的新社会。我们相信，总有那么一天，绿色环保社区将会在全国的每一个角落闪烁醉人的光!

图2-45

倡议书

环境是我们人类及自然界所有生物赖以生存的基础。爱护地球、维护生态、保护环境是每一个公民义不容辞的责任。然而，环境保护是一项系统工程，需要大家的参与和配合，需要你我他的共同努力。因此，我提出倡议:
大力宣传、普及环境保护知识，提高广大公众的环保意识，结合与环境有关的纪念日，在社区及公共场所宣传环保，参与社区的环保实践和监督。
从我做起，从现在做起，从身边小事做起，提倡绿色生活，节约资源，减少污染，回收资源，绿色消费，支持环保，不乱扔垃圾，不随地吐痰。
积极、认真搞好居住社区、公共场所的绿化、净化，清除或有效控制日常生活中产生的污染，对环境少一份破坏，多一份关爱，共建绿色家园。
全面提高环境与发展意识，树立正确的环境价值观和环境道德风尚，负起环保责任，促进社会、经济和环境的可持续发展，努力学习环保知识。
认真贯彻国家方针政策、法律法规，为改善人类居住环境做出实质性的贡献，积极从事和广泛参与改善人类居住环境工作。
地球是茫茫宇宙间已知的唯一一艘载有生命的“航船”，人类是这艘船上的乘客。当船舱漏水的时候，谁能说拯救地球与我无关?面对地球生态环境日益恶化的现实，任何一个有良知的人都会明白:保护环境、拯救地球，是我们人类共同的责任。

图2-46

STEP 3 选择正文内容，将“字体”设置为“宋体”，将“字号”设置为“小四”，将“行距”设置为“1.5倍行距”，设置“特殊格式”为“首行缩进”，设置“缩进值”为“2字符”，效果如图2-47所示。

环境是我们人类及自然界所有生物赖以生存的基础。爱护地球、维护生态、保护环境是每一个公民义不容辞的责任。然而，环境保护是一项系统工程，需要大家的参与和配合，需要你我他的共同努力。因此，我提出倡议:
大力宣传、普及环境保护知识，提高广大公众的环保意识，结合与环境有关的纪念日，在社区及公共场所宣传环保，参与社区的环保实践和监督。
从我做起，从现在做起，从身边小事做起，提倡绿色生活，节约资源，减少污染，回收资源，绿色消费，支持环保，不乱扔垃圾，不随地吐痰。
积极、认真搞好居住社区、公共场所的绿化、净化，清除或有效控制日常生活中产生的污染，对环境少一份破坏，多一份关爱，共建绿色家园。
全面提高环境与发展意识，树立正确的环境价值观和环境道德风尚，负起环保责任，促进社会、经济和环境的可持续发展，努力学习环保知识。
认真贯彻国家方针政策、法律法规，为改善人类居住环境做出实质性的贡献，积极从事和广泛参与改善人类居住环境工作。

图2-47

STEP 4 选择段落，在“开始”选项卡中单击“编号”下拉按钮，从下拉列表中选择合适的编号样式，如图2-48所示。

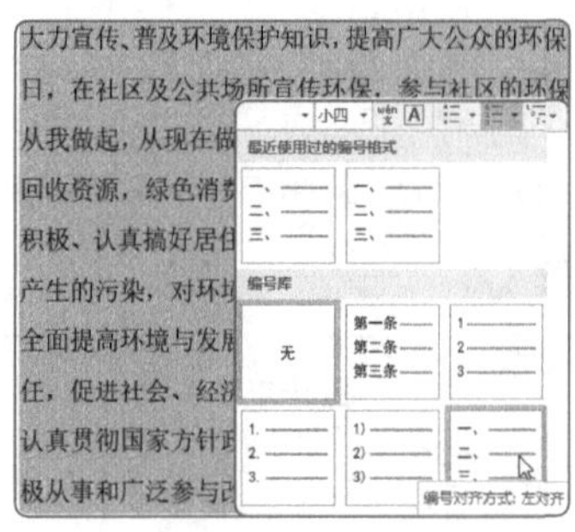

图2-48

STEP 5 选择添加的编号后，在弹出的快捷菜单中选择“调整列表缩进”命令，如图2-49所示。

STEP 6 在打开的“调整列表缩进量”对话框中，设置“文本缩进”与“编号之后”后，单击“确定”按钮，如图2-50所示。

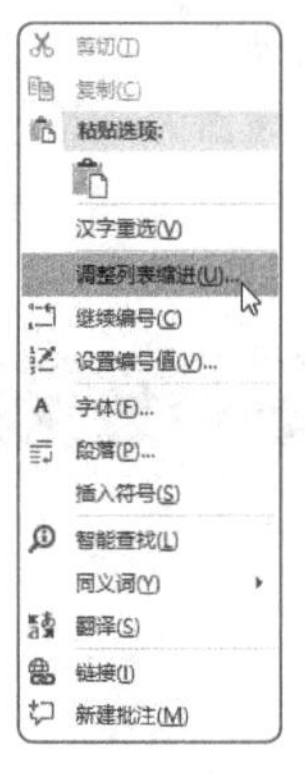

图2-49

调整列表缩进量 ? ×
编号位置(P): 0 厘米
文本缩进(I): 0 厘米
编号之后(W): 不特别标注
制表位添加位置(B): 0.74 厘米
确定 取消

图2-50

设置完成后，环保倡议书的效果如图2-51所示。

倡议书

环境是我们人类及自然界所有生物赖以生存的基础。爱护地球、维护生态、保护环境是每一个公民义不容辞的责任。然而，环境保护是一项系统工程，需要大家的参与和配合，需要你我他的共同努力。因此，我提出倡议:
一、大力宣传、普及环境保护知识，提高广大公众的环保意识，结合与环境有关的纪念日，在社区及公共场所宣传环保，参与社区的环保实践和监督。
二、从我做起，从现在做起，从身边小事做起，提倡绿色生活，节约资源，减少污染，回收资源，绿色消费，支持环保，不乱扔垃圾，不随地吐痰。
三、积极、认真搞好居住社区、公共场所的绿化、净化，清除或有效控制日常生活中产生的污染，对环境少一份破坏，多一份关爱，共建绿色家园。
四、全面提高环境与发展意识，树立正确的环境价值观和环境道德风尚，负起环保责任，促进社会、经济和环境的可持续发展，努力学习环保知识。
五、认真贯彻国家方针政策、法律法规，为改善人类居住环境做出实质性的贡献，积极从事和广泛参与改善人类居住环境工作。
地球是茫茫宇宙间已知的唯一一艘载有生命的“航船”，人类是这艘船上的乘客。当船舱漏水的时候，谁能说拯救地球与我无关?面对地球生态环境日益恶化的现实，任何一个有良知的人都会明白:保护环境、拯救地球，是我们人类共同的责任。
新的世纪，我们渴望干净的地球，渴望健康的生命，渴望环保的家园，渴望绿色、健康、卫生的社区遍地开花…… 伟大的事业，需要伟大的创造。让我们这群新世纪的见证者义不容辞地承担起各自的使命，共创绿色环保、健康卫生的新社会。我们相信，总有那么一天，绿色环保社区将会在全国的每一个角落闪烁醉人的光!

图2-51

2.5 课后作业

本章对一些常见文档的制作方法进行了简单介绍，包括文档的新建、保存、编辑、打印等操作。下面通过制作员工处罚通告文档和红头文件帮助读者巩固本章知识点。

2.5.1 制作员工处罚通告文档

微课视频

1. 项目需求

如果公司员工犯了情节较严重的错误，为了以示警诫，公司需要发布一个员工处罚通告。

2. 项目分析

制作员工处罚通告文档需要用到新建文档、输入文本、设置字体格式、段落格式、添加编号等知识点。

3. 项目效果

员工处罚通告文档制作完成后的效果如图2-52所示。

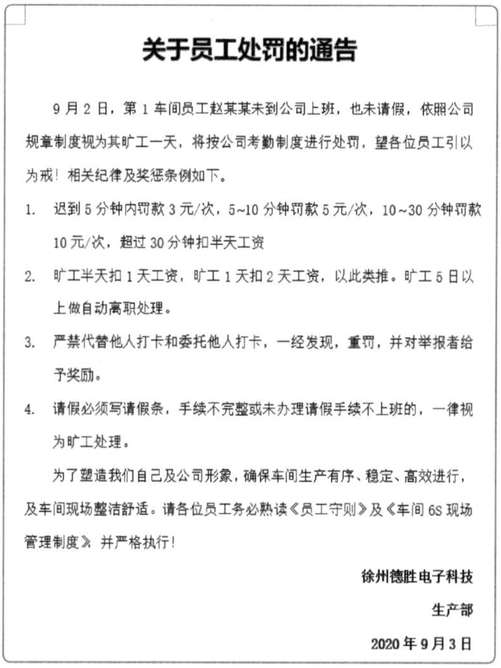

关于员工处罚的通告

9 月 2 日，第 1 车间员工赵某某未到公司上班，也未请假，依照公司规章制度视为其旷工一天，将按公司考勤制度进行处罚，望各位员工引以为戒！相关纪律及奖惩条例如下。

1. 迟到 5 分钟内罚款 3 元/次，5~10 分钟罚款 5 元/次，10~30 分钟罚款 10 元/次，超过 30 分钟扣半天工资
2. 旷工半天扣 1 天工资，旷工 1 天扣 2 天工资，以此类推。旷工 5 日以上做自动离职处理。
3. 严禁代替他人打卡和委托他人打卡，一经发现，重罚，并对举报者给予奖励。
4. 请假必须写请假条，手续不完整或未办理请假手续不上班的，一律视为旷工处理。

为了塑造我们自己及公司形象，确保车间生产有序、稳定、高效进行，及车间现场整洁舒适。请各位员工务必熟读《员工守则》及《车间 6S 现场管理制度》并严格执行！

徐州德胜电子科技

生产部

2020 年 9 月 3 日

图2-52

2.5.2 制作红头文件

1. 项目需求

政府机关在发布措施、指示、命令等非立法性文件时，需要用到红头文件。

2. 项目分析

制作红头文件涉及设置字体格式、设置段落格式等知识点的使用。

3. 项目效果

红头文件制作完成后的效果如图2-53所示。

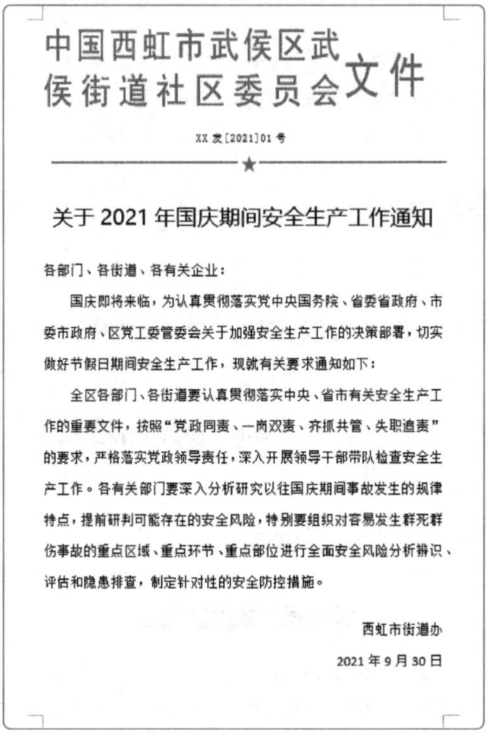

中国西虹市武侯区武侯街道社区委员会文件

XX发[2021]01号

★

关于2021年国庆期间安全生产工作通知

各部门、各街道、各有关企业：

国庆即将来临，为认真贯彻落实党中央国务院、省委省政府、市委市政府、区党工委管委会关于加强安全生产工作的决策部署，切实做好节假日期间安全生产工作，现就有关要求通知如下：

全区各部门、各街道要认真贯彻落实中央、省市有关安全生产工作的重要文件，按照“党政同责、一岗双责、齐抓共管、失职追责”的要求，严格落实党政领导责任，深入开展领导干部带队检查安全生产工作。各有关部门要深入分析研究以往国庆期间事故发生的规律特点，提前研判可能存在的安全风险，特别要组织对容易发生群死群伤事故的重点区域、重点环节、重点部位进行全面安全风险分析辨识、评估和隐患排查，制定针对性的安全防控措施。

西虹市街道办

2021年9月30日

图2-53

第 3 章

企业宣传文档的制作

本章主要介绍企业宣传文档的制作。通过对本章的学习，读者可以在文档中使用图片、形状、文本框，并进行相应的编辑操作，掌握美化文档的操作方法，能制作图文并茂的文档。

3.1 在文档中应用图片

制作企业宣传文档时，往往需要插入图片进行辅助说明。本节对图片的插入、编辑、优化等操作进行介绍。

3.1.1 插入图片

插入图片的方法很简单，只需单击“图片”按钮就可以将图片插入文档中。下面介绍具体的操作方法。

STEP 1 新建一个空白文档并命名为“公司简介”，打开该文档，在“插入”选项卡中单击“图片”按钮，如图 3-1 所示。

图3-1

STEP 2 在打开的“插入图片”对话框中选择需要的图片❶，单击“插入”按钮❷，如图 3-2 所示。

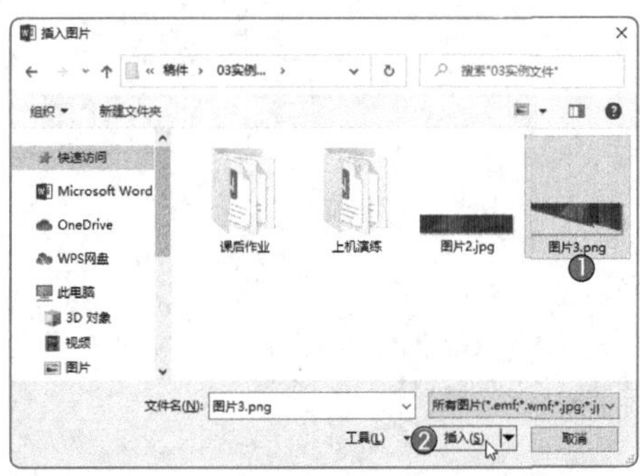

图3-2

将所选图片插入文档中的效果如图3-3所示。

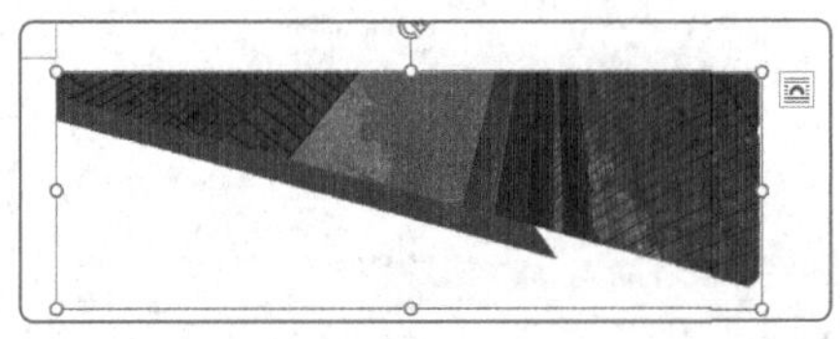

图3-3

3.1.2 设置图片环绕方式

微课视频

插入图片后，图片以“嵌入型”方式显示在文档中，用户可以根据需要设置图片的环绕方式。下面介绍具体的操作方法。

STEP 1 选择图片，在“图片工具 - 格式”选项卡中单击“环绕文字”下拉按钮❶，在下拉列表中选择“衬于文字下方”选项❷，如图 3-4 所示。

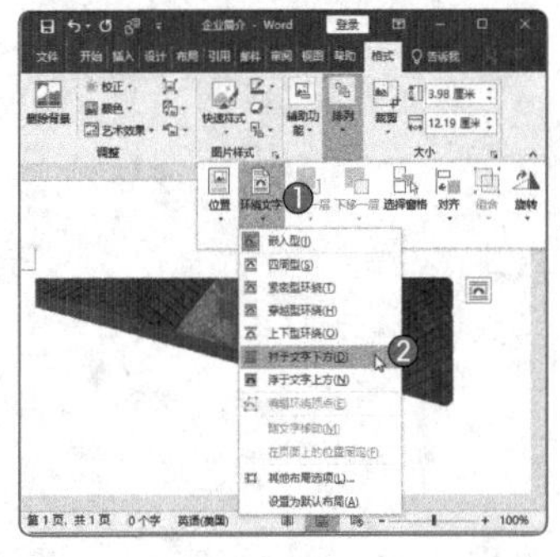

图3-4

STEP 2 此时，可以将图片拖至任意位置，如图 3-5 所示。

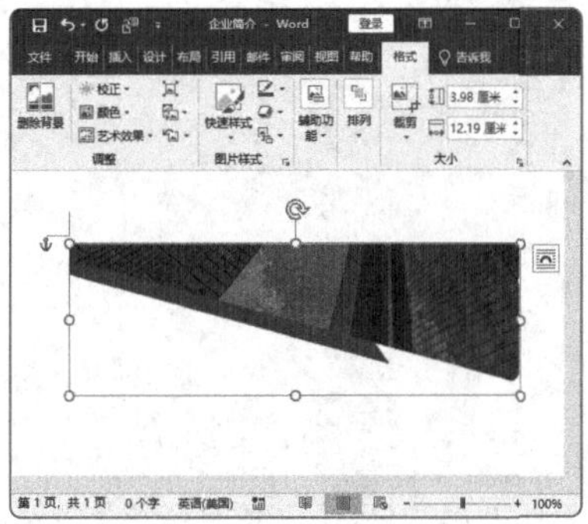

图3-5

3.1.3 调整图片大小

插入的图片尺寸通常不符合要求，用户需要对图片的大小进行调整。下面介绍具体的操作方法。

STEP 1 选择图片，将鼠标指针移至图片右下角的控制点上，鼠标指针变为“↘”形状，如图 3-6 所示。

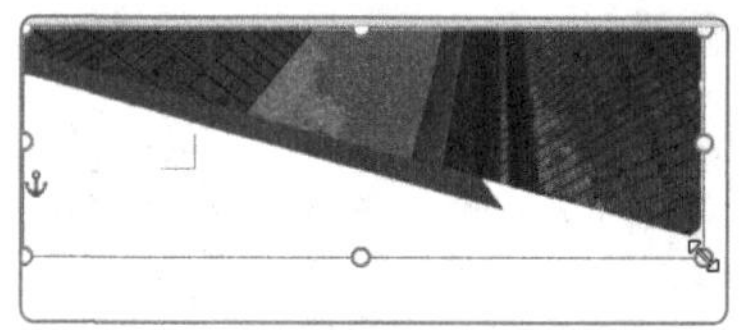

图3-6

STEP 2 按住鼠标左键，拖动鼠标指针即可调整图片的大小，如图 3-7 所示。

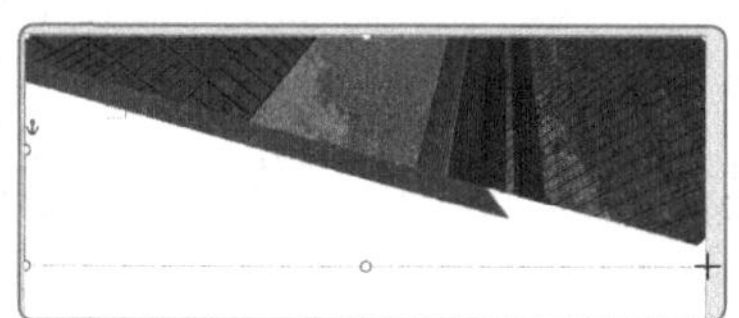

图3-7

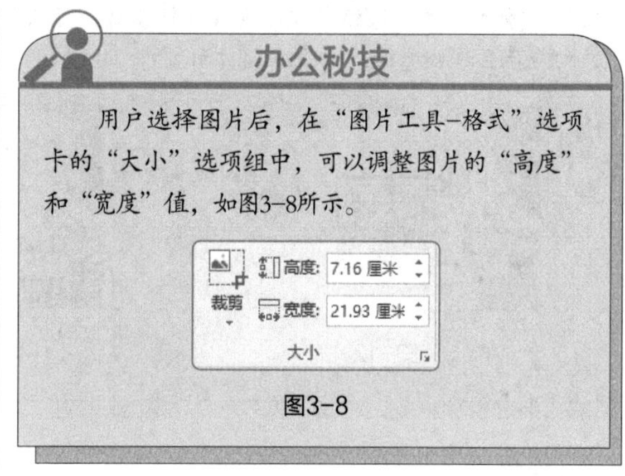

3.1.4 裁剪图片

微课视频

用户可以通过“裁剪”功能将图片多余的部分裁剪掉，或将图片裁剪成一定的形状。下面介绍具体的操作方法。

STEP 1 在文档中插入两张图片，选择其中一张图片，在“图片工具－格式”选项卡中单击“裁剪”下拉按钮❶，在下拉列表中选择“裁剪为形状”选项❷，并从其子列表中选择“六边形”选项❸，如图 3-9 所示。将图片裁剪成六边形的效果如图 3-10 所示。

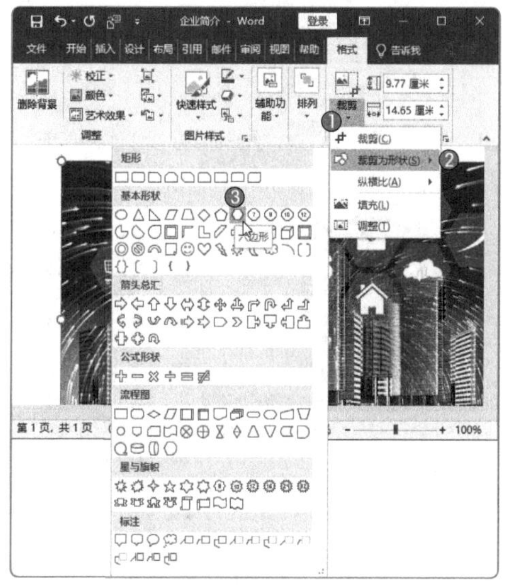

图3-9

图3-10

STEP 2 按照同样的方法，裁剪另一张图片，效果如图 3-11 所示。

图3-11

第3章 企业宣传文档的制作

办公秘技

选择图片后，单击“裁剪”按钮，图片周围会出现8个裁剪点，将鼠标指针移至任意裁剪点上，如图3-12所示。按住鼠标左键，拖动鼠标指针即可设置裁剪区域，如图3-13所示。按【Enter】键即可将图片的灰色区域裁剪掉，如图3-14所示。

图3-12

图3-13

图3-14

3.1.5 设置图片样式

微课视频

为了使图片看起来更加美观，我们需要对图片的边框和效果进行设置。下面介绍具体的操作方法。

STEP 1 选择图片，在“图片工具 - 格式”选项卡中单击“图片边框”下拉按钮❶，在下拉列表中选择合适的颜色❷，如图 3-15 所示。

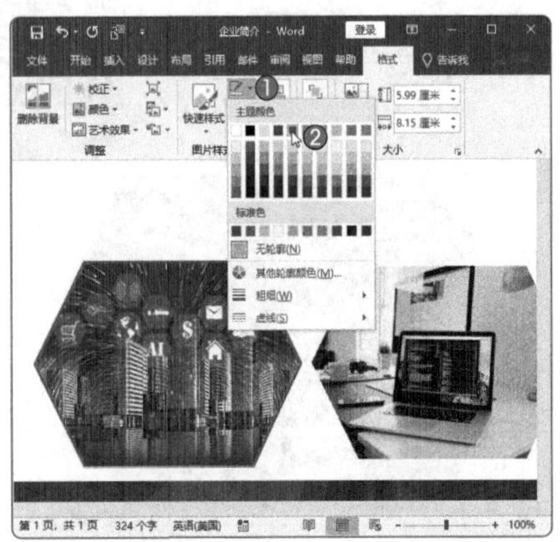

图3-15

STEP 2 单击“图片边框”下拉按钮❶，在下拉列表中选择“粗细”选项❷，并从其子列表中选择“2.25 磅”选项❸，如图 3-16 所示。

STEP 3 单击“图片效果”下拉按钮❶，在下拉列表中选择“阴影”选项❷，并从其子列表中选择合适的阴影效果❸，如图 3-17 所示。

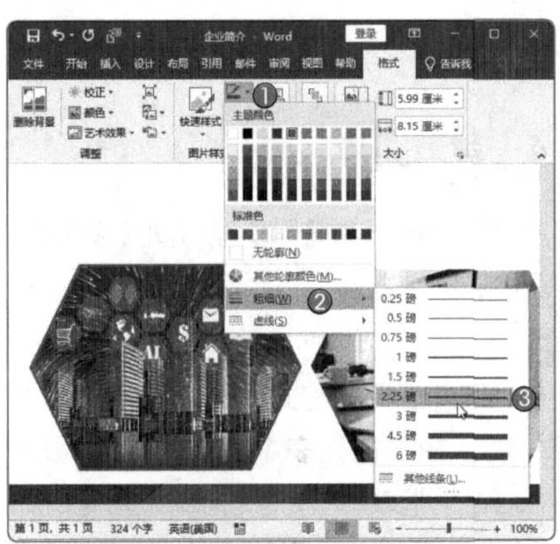

图3-16

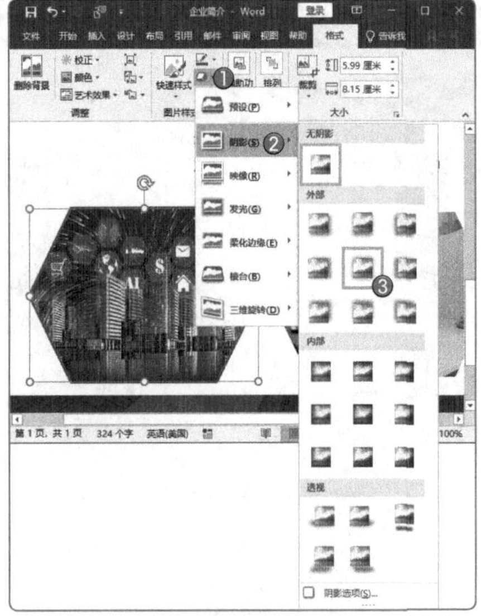

图3-17

STEP 4 按照上述方法，设置另一张图片的样式，效果如图 3-18 所示。

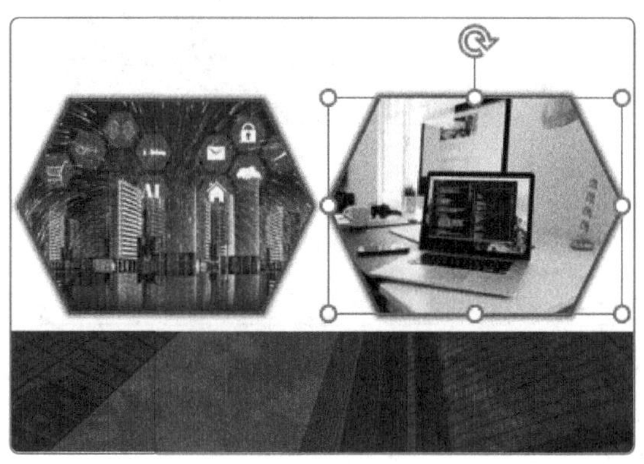

图3-18

办公秘技

在"图片工具-格式"选项卡中单击"图片样式"选项组的"其他"下拉按钮，从下拉列表中选择内置的样式，可以快速为图片设置样式，如图3-19所示。

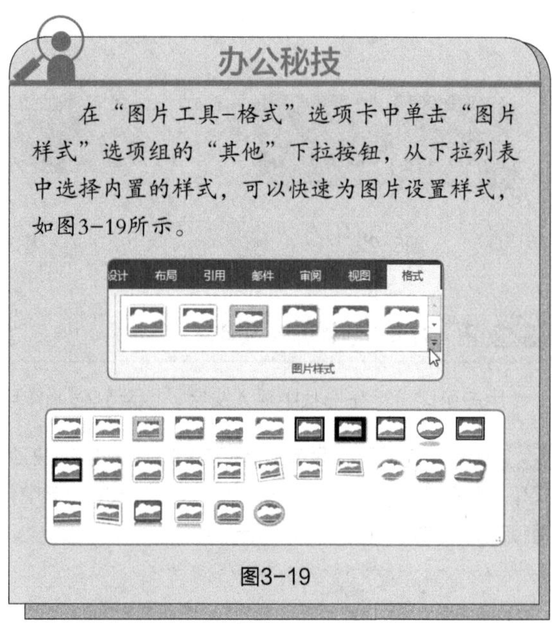

图3-19

3.2 在文档中应用形状

在企业宣传文档中，可以使用形状来突出重要内容，或将形状作为装饰，以美化文档。下面介绍如何在文档中应用形状。

3.2.1 插入并编辑形状

插入形状后，可以通过拖动控制点更改形状的角度。下面介绍具体的操作方法。

STEP 1 在"插入"选项卡中单击"形状"下拉按钮，在下拉列表中选择"圆角矩形"选项，如图 3-20 所示。

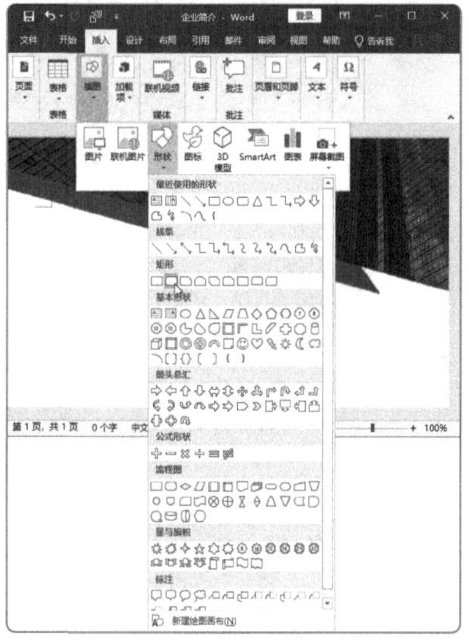

图3-20

STEP 2 待鼠标指针变为"十"字形时，按住鼠标左键，拖动鼠标指针绘制圆角矩形，如图 3-21 所示。

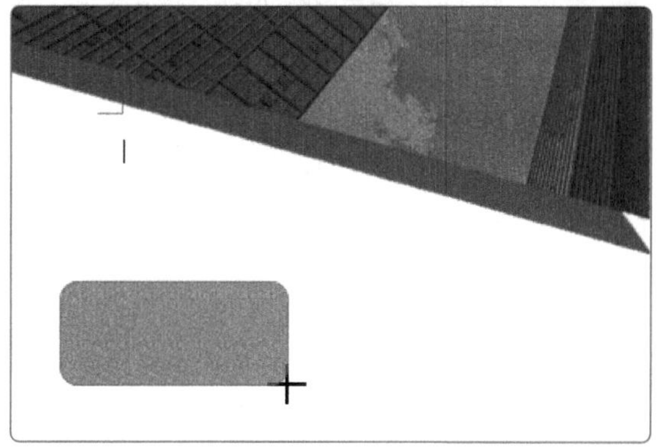

图3-21

STEP 3 绘制好形状后，将鼠标指针移至黄色控制点上，如图 3-22 所示。拖动鼠标指针，如图 3-23 所示，调整圆角矩形的角度，如图 3-24 所示。

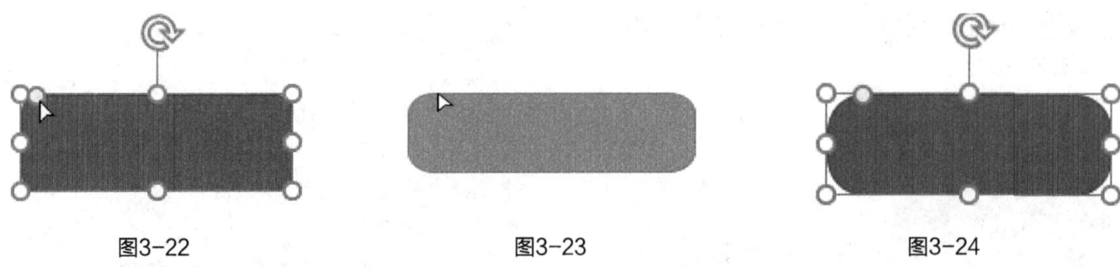

图3-22　　图3-23　　图3-24

3.2.2 在形状中输入文字

用户可以直接在形状中输入文字，以起到强调作用。下面介绍具体的操作方法。

STEP 1 选择形状后单击鼠标右键，从弹出的快捷菜单中选择“添加文字”命令，将光标插入圆角矩形中，直接输入文本，如图 3-25 所示。

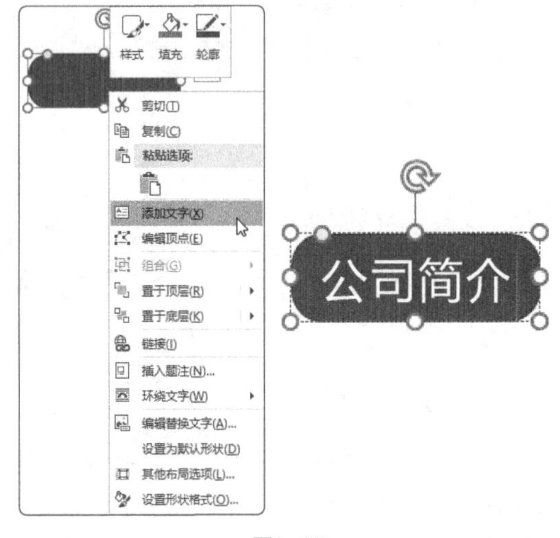

图3-25

STEP 2 选择形状后单击鼠标右键，从弹出的快捷菜单中选择“设置形状格式”命令，如图 3-26 所示。

图3-26

STEP 3 在打开的“设置形状格式”窗格中选择“布局属性”选项卡，选择“文本框”选项，将“左边距”“右边距”“上边距”“下边距”设置为“0 厘米”，如图 3-27 所示。

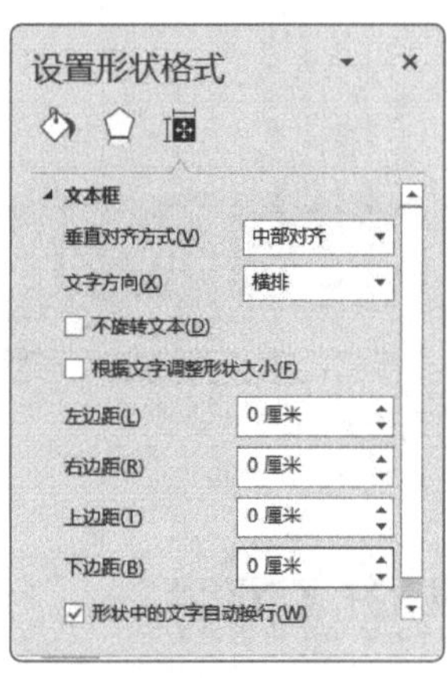

图3-27

调整后的形状的文本效果如图3-28所示。

图3-28

3.2.3 设置形状样式

用户可以对形状的填充颜色和轮廓进行设置，使其看起来更加美观。下面介绍具体的操作方法。

STEP 1 选择形状，在“绘图工具 - 格式”选项卡中单击“形状填充”下拉按钮，在下拉列表中选择合适的填充颜色，如图 3-29 所示。

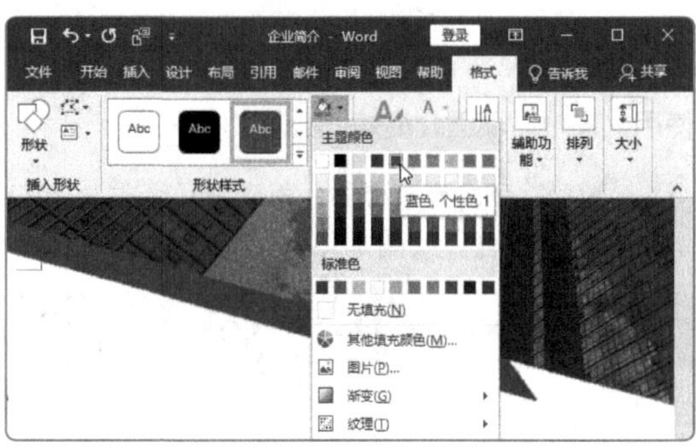

图3-29

STEP 2 单击“形状轮廓”下拉按钮，在下拉列表中选择“无轮廓”选项，如图 3-30 所示。

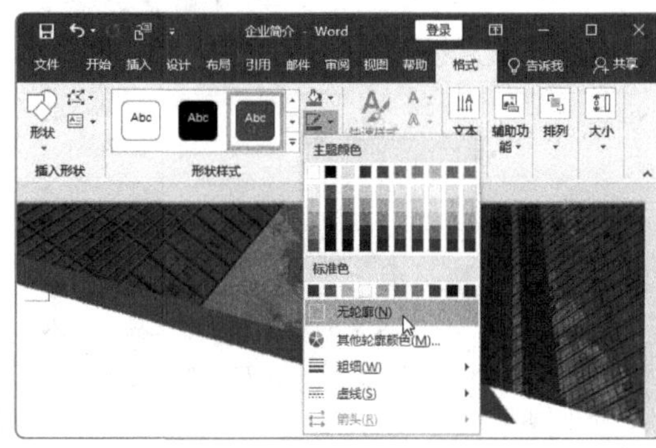

图3-30

STEP 3 单击“形状效果”下拉按钮❶，在下拉列表中选择“预设”选项❷，并从其子列表中选择“预设 2”选项❸，如图 3-31 所示。

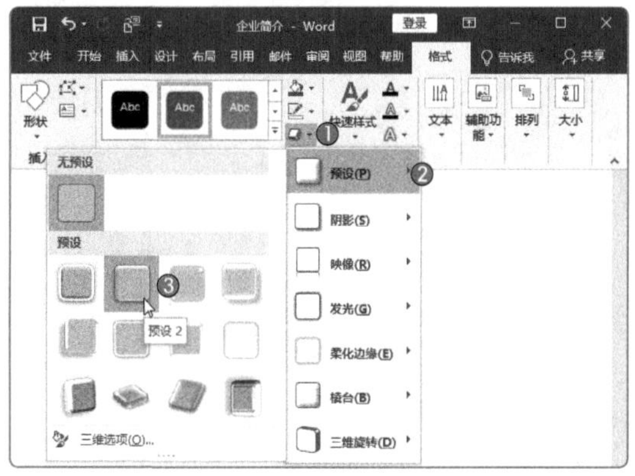

图3-31

STEP 4 按照上述方法，绘制燕尾形，并对其进行复制，设置形状样式，效果如图 3-32 所示。

图3-32

办公秘技

选择所有燕尾形，单击鼠标右键，在弹出的快捷菜单中选择“组合”命令，并在其级联菜单中选择“组合”命令，如图3-33所示，可以将所选形状组合成一个图形，效果如图3-34所示。

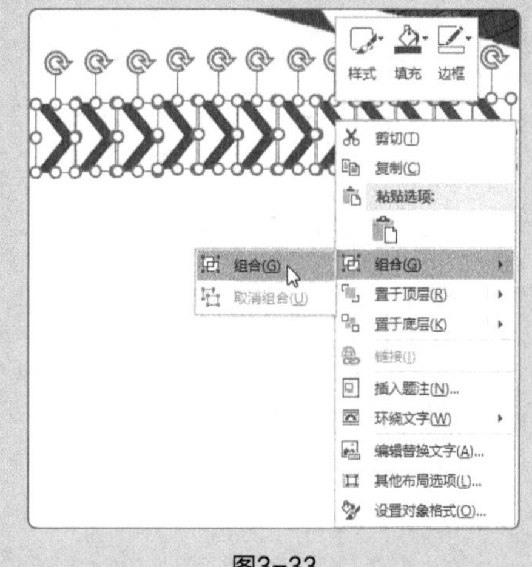

图3-33

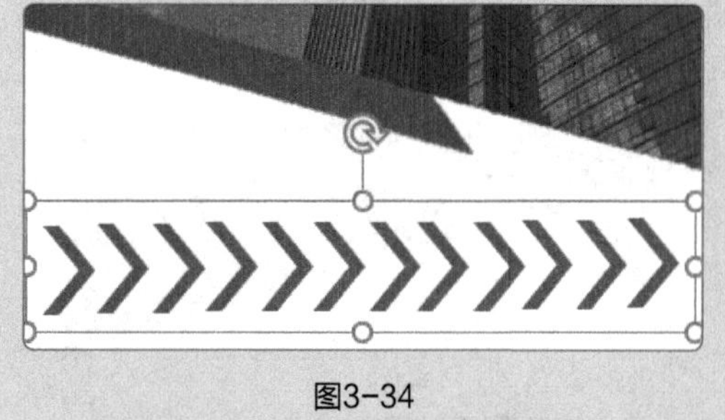

图3-34

第 3 章 企业宣传文档的制作

3.3 在文档中应用文本框

在企业宣传文档中，使用文本框可以灵活地对文字进行排版。下面介绍如何插入文本框并设置文本框样式。

3.3.1 插入文本框

用户如果想要在文档页面的任意位置输入文本，则可以使用文本框。下面介绍如何插入文本框。

STEP 1 在“插入”选项卡中单击“文本框”下拉按钮❶，在下拉列表中选择“绘制文本框”选项❷，如图 3-35 所示。

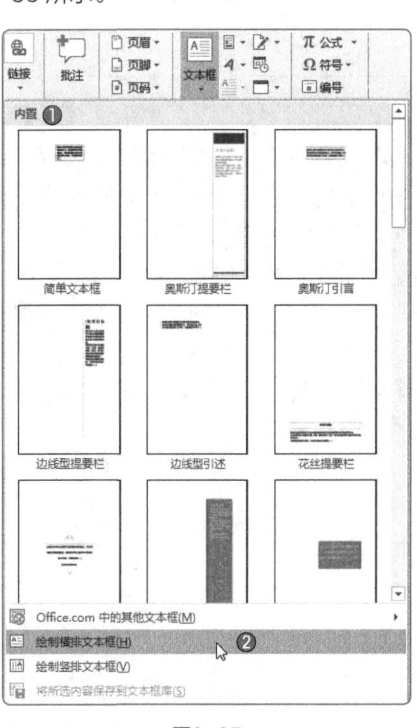

图3-35

STEP 2 待鼠标指针变为“十”字形时，按住鼠标左键，拖动鼠标指针，在页面合适位置绘制文本框，如图 3-36 所示。

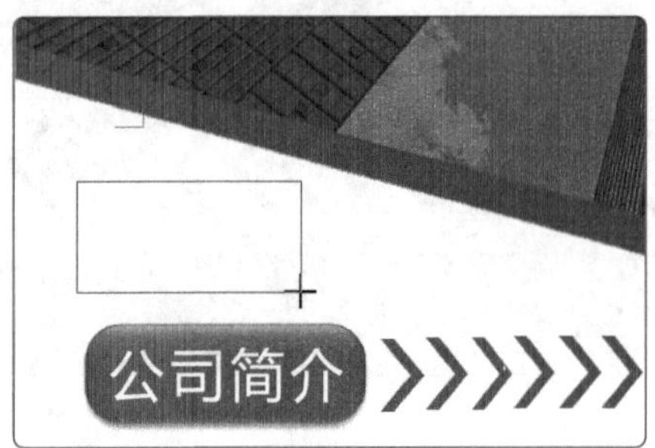

图3-36

STEP 3 绘制好文本框后，单击将光标插入文本框中，输入相关内容，如图 3-37 所示。

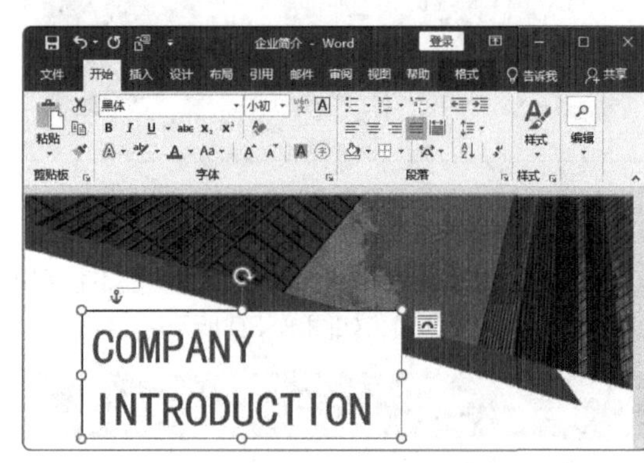

图3-37

办公秘技

用户如果想要输入竖排文字，则可以在“文本框”下拉列表中选择“绘制竖排文本框”选项，效果如图3-38所示。

图3-38

3.3.2 设置文本框样式

绘制的文本框默认带有黑色边框和白色填充，用户可以根据需要设置文本框的样式，下面介绍具体的操作方法。

STEP 1 选择文本框，在“绘图工具 - 格式”选项卡中单击“形状填充”下拉按钮，在下拉列表中选择“无填充颜色”选项，如图 3-39 所示。

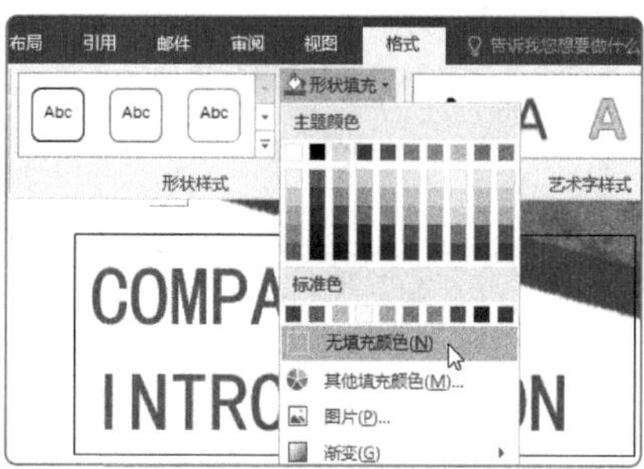

图3-39

STEP 2 单击“形状轮廓”下拉按钮，在下拉列表中选择“无轮廓”选项，如图 3-40 所示。文本框的填充颜色和轮廓被去除后的效果如图 3-41 所示。

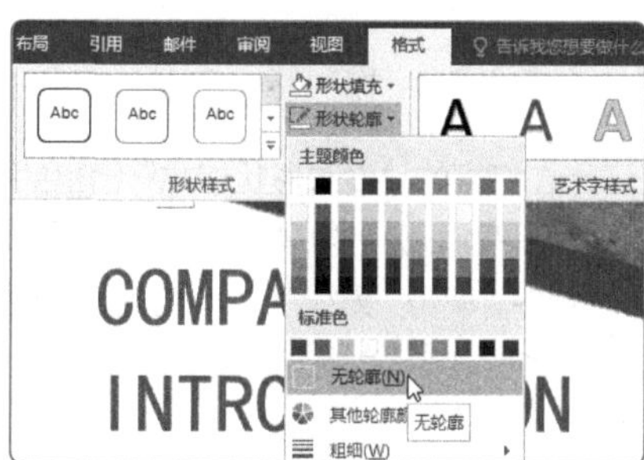

图3-40

图3-41

STEP 3 按照同样的方法，在文档页面的其他位置绘制文本框，并输入相关文本内容和插入二维码图片，完成企业宣传文档的制作，如图 3-42 所示。

图3-42

3.4 上机演练

本节将介绍如何使用图片、形状和文本框功能来制作产品宣传单和企业招聘海报。

3.4.1 制作产品宣传单

微课视频

为了提高产品的知名度，公司通常需要制作产品宣传单来宣传公司产品。下面介绍如何制作产品宣传单。

STEP 1 新建一个空白文档并命名为“产品宣传单”。打开该文档，插入一张图片，并对图片进行裁剪，设置环绕方式为“衬于文字下方”，调整图片的大小，将其移至页面上方，效果如图 3-43 所示。

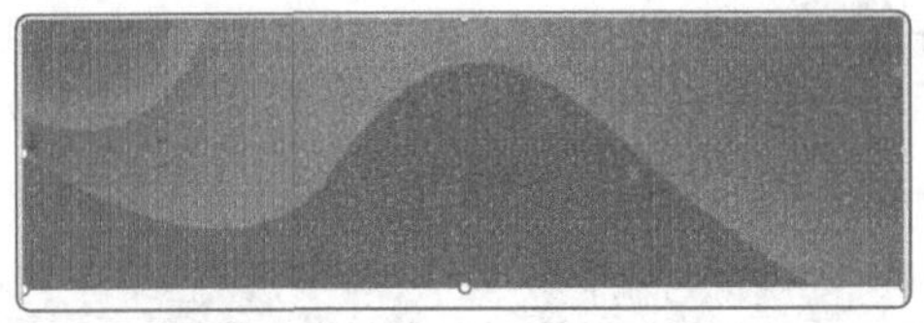

图3-43

STEP 2 绘制直线并设置直线的形状样式，将直线组合在一起，并移至图片上方合适位置，效果如图 3-44 所示。

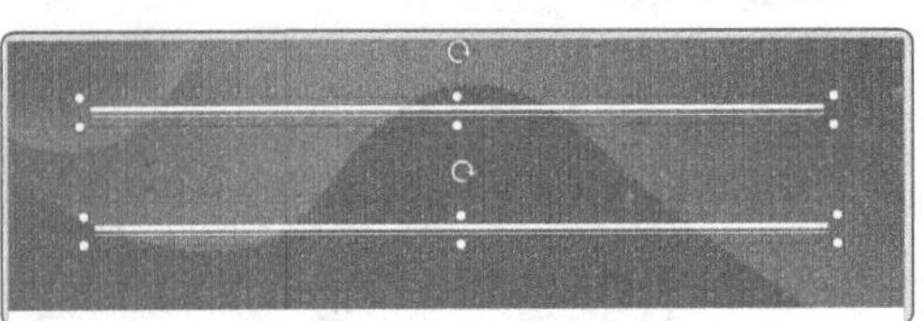

图3-44

STEP 3 绘制文本框并输入相关内容，再插入文本图片，并将其放置到合适位置，效果如图 3-45 所示。

图3-45

STEP 4 绘制“圆角矩形”，在其中输入文字。设置圆角矩形的填充颜色、轮廓和效果，效果如图 3-46 所示。

图3-46

STEP 5 绘制文本框，输入相关内容并设置文本框的填充颜色、轮廓和效果，效果如图 3-47 所示。

STEP 6 绘制矩形后单击鼠标右键，在弹出的快捷菜单中选择“设置形状格式”命令，如图 3-48 所示。

图3-47

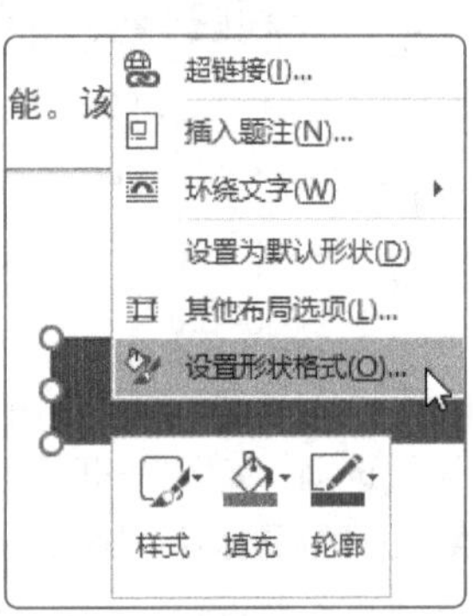

图3-48

STEP 7 在打开的“设置形状格式”窗格的“填充”栏中，设置“渐变填充”“角度”“渐变光圈”“颜色”，在“线条”栏中，单击“无线条”单选按钮，如图 3-49 所示。

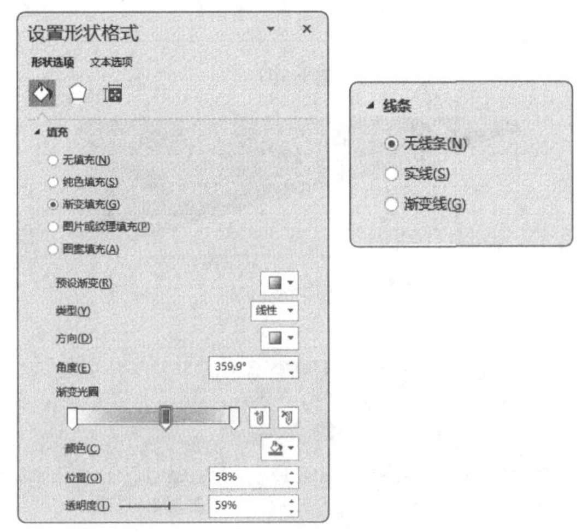

图3-49

STEP 8 在矩形中输入文本并插入图片，按照同样的方法，绘制其他两个矩形，效果如图 3-50 所示。

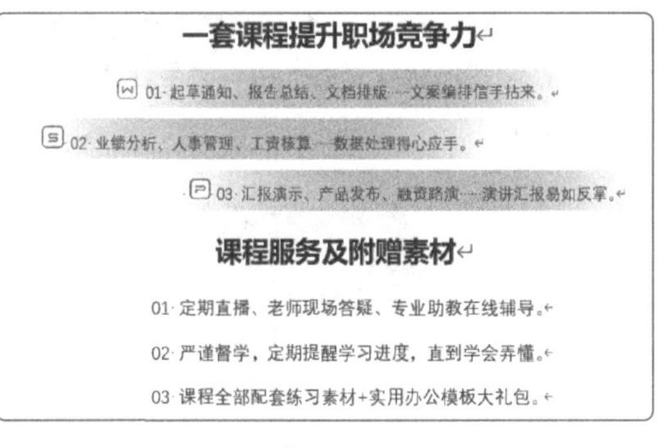

图3-50

STEP 9 继续绘制矩形并在矩形中输入内容，插入二维码图片，完成产品宣传单的制作，如图3-51所示。

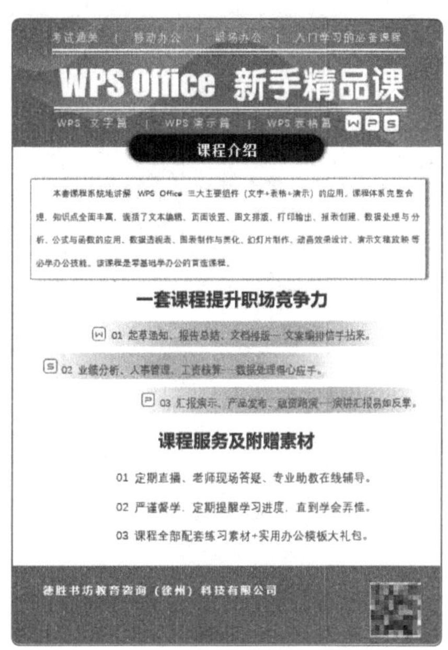

图3-51

3.4.2 制作企业招聘海报

企业招聘海报用于显示公司招聘岗位信息，是企业招聘人才的途径。下面介绍如何制作企业招聘海报。

STEP 1 新建空白文档并命名为“招聘海报”。打开该文档，在“设计”选项卡中单击“页面颜色”下拉按钮，在下拉列表中选择“填充效果”选项，如图3-52所示。

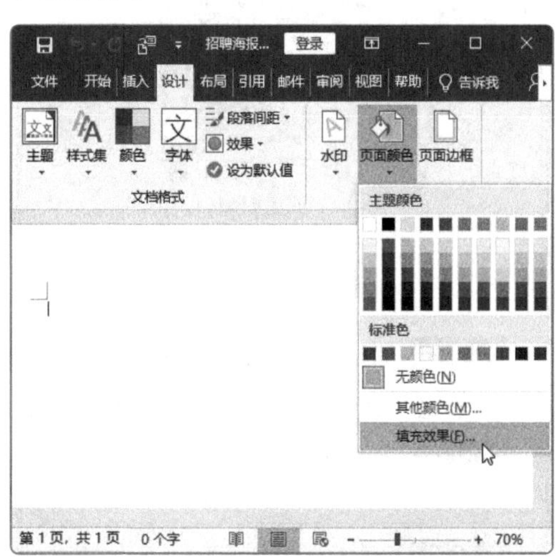

图3-52

STEP 2 在打开的“填充效果”对话框的“图案”选项卡中选择合适的图案，并设置“前景”和“背景”颜色，如图3-53所示，单击“确定”按钮。

STEP 3 在“设计”选项卡中单击“页面边框”按钮，打开“边框和底纹”对话框，在“设置”栏中选择“方框”选项，并设置边框的“样式”“颜色”“宽度”，单击“选项”按钮，如图3-54所示。

STEP 4 在打开的“边框和底纹选项”对话框中设置上、下、左、右边距，单击“确定”按钮，如图3-55所示，为页面添加边框。

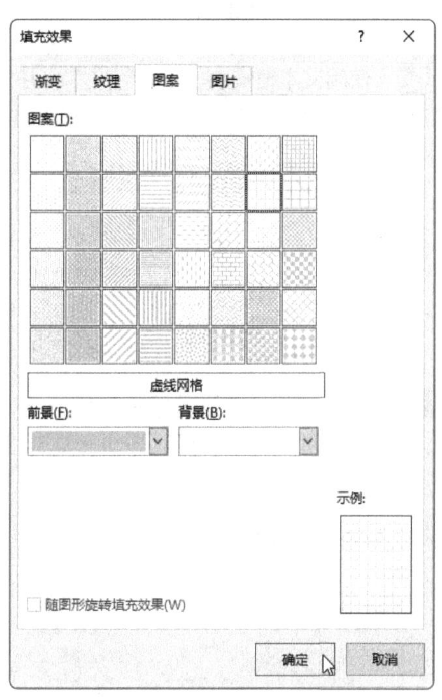

图3-53

图3-54

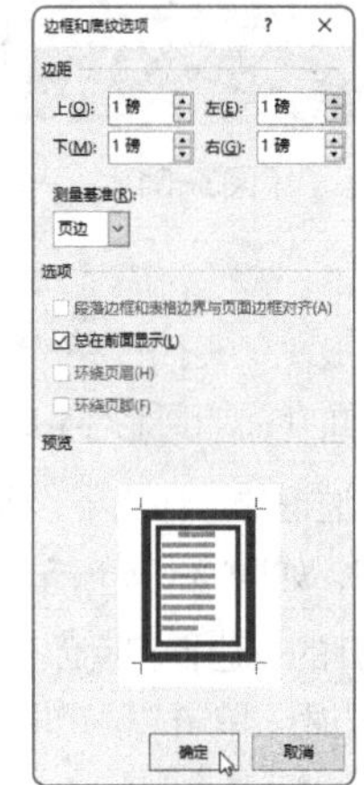

图3-55

STEP 5 使用文本框输入“招聘”文本，并设置文本的填充颜色、轮廓和效果，如图 3-56 所示。

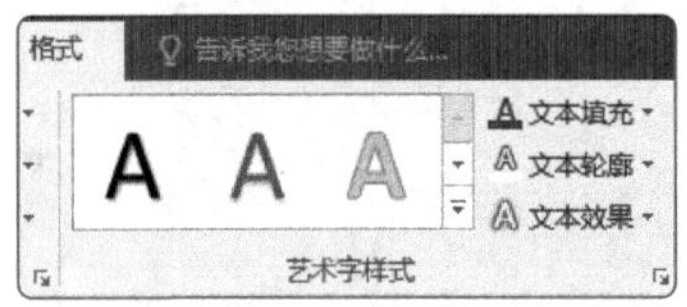

图3-56

STEP 6 插入图片，并设置图片环绕方式，调整图片大小，更改图片颜色，将其移至合适位置，如图 3-57 所示。

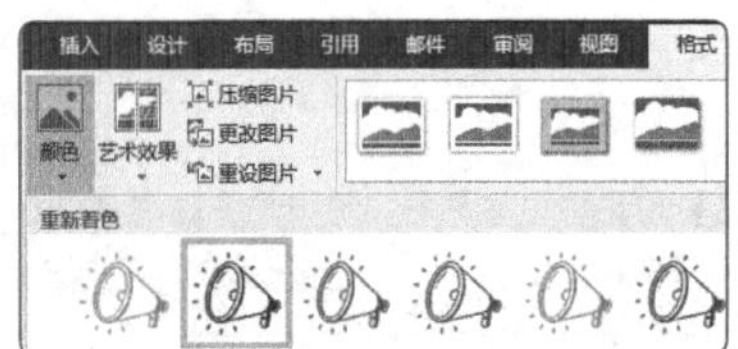

图3-57

STEP 7 绘制直线和三角形，将直线设置为“置于底层”，设置形状样式后，将其移至合适位置，如图 3-58 所示。

图3-58

STEP 8 使用文本框输入内容，并放置在“招聘”文本下方，如图 3-59 所示。

图3-59

STEP 9 使用形状和文本框制作招聘岗位信息，完成招聘海报的制作，效果如图 3-60 所示。

图3-60

3.5 课后作业

本章对常规文档的制作方法进行了简单介绍，其中包括图片、形状、文本框等功能的应用。下面通过制作预防肺炎宣传海报及邀请函帮助读者巩固本章知识点。

3.5.1 制作宣传海报

1. 项目需求

为了普及预防肺炎的相关知识或进行公益宣传，现需要制作宣传海报，以便达到更好的宣传效果。

2. 项目分析

制作宣传海报需要用到页面颜色、页面边框、文本框、形状、图片等知识点。

3. 项目效果

宣传海报文档制作完成后的效果如图3-61所示。

图3-61

3.5.2 制作邀请函

微课视频

1. 项目需求

通常在商务活动、婚礼、社交活动等场合，需要用到邀请函。使用邀请函，能让活动显得更加正式、庄重。

2. 项目分析

制作邀请函需要用到页面颜色、图片、形状、文本框等知识点。

3. 项目效果

邀请函制作完成后的效果如图3-62所示。

邀请函

尊敬的__________先生/女士：

您好！为了感谢您长期以来对我公司的大力支持，现诚挚邀请您参加我公司"2021 年终工作总结表彰暨 2021 年终盛典"活动及晚宴。

恭请光临！

时间：2022 年 1 月 1 日　14:00～18:00

地点：某某国际大酒店三楼

联系电话：188 8888 8888

图3-62

第 4 章

招聘简章的制作

本章主要介绍招聘简章的制作。通过对本章的学习，读者可以在文档中插入艺术字、插入并编辑表格、使用 SmartArt 图形制作流程图，使文档页面更加丰富、多彩，版式更加灵活。

4.1 制作文档标题

制作招聘简章的标题需要使用图片、形状、艺术字等，下面介绍具体的操作步骤。

4.1.1 制作背景图片

微课视频

在文档中插入图片后，我们可以使用形状作为蒙版，以达到弱化背景图片的效果。下面介绍具体的操作方法。

STEP 1 新建空白文档并命名为“招聘简章”。打开该文档，插入一张图片，将图片环绕方式设置为“衬于文字下方”，并对其进行裁剪，如图 4-1 所示。

图4-1

STEP 2 调整图片大小并将其移至页面上方。绘制一个和图片一样大小的矩形后单击鼠标右键，在弹出的快捷菜单中选择“设置形状格式”命令❶，打开“设置形状格式”窗格，在“填充”选项中单击“纯色填充”单选按钮❷，将“颜色”设置为“白色”❸，将“透明度”设置为“42”❹，在“线条”选项中，单击“无线条”单选按钮❺，如图 4-2 所示。

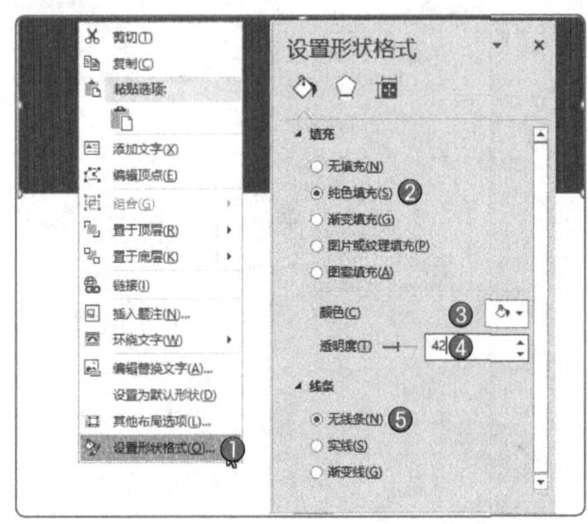

图4-2

此时，矩形呈现半透明状态，制作的具有蒙版效果的背景图片如图4-3所示。

图4-3

4.1.2 插入艺术字

使用艺术字可以起到美化标题的作用，并达到强烈、醒目的效果；插入艺术字后，用户还可以对艺术字的字体、字号、文本轮廓等进行更改。下面介绍具体的操作方法。

STEP 1 在“插入”选项卡中单击“艺术字”下拉按钮❶，在下拉列表中选择需要的艺术字样式❷，如图 4-4 所示。

STEP 2 在图片上方插入一个艺术字文本框，如图 4-5 所示。

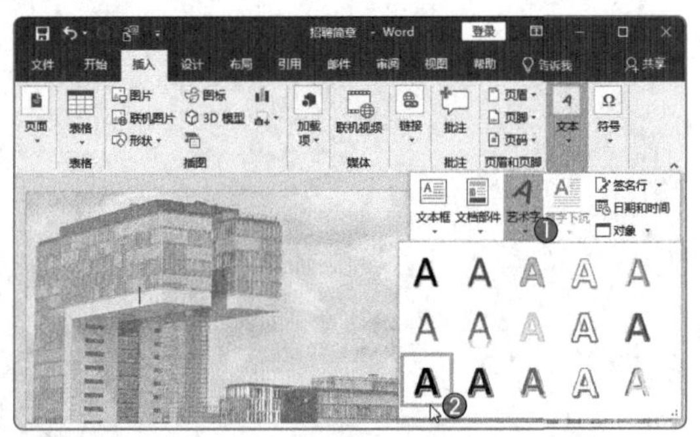

图4-4

图4-5

STEP 3 在文本框中输入文字“德胜电子科技有限公司徐州创业园”，如图 4-6 所示。

图4-6

STEP 4 选中文本框，将“字体”设置为“黑体”❶，将“字号”设置为“30”❷，单击“字体”选项组右下方的对话框启动器按钮❸，如图 4-7 所示。

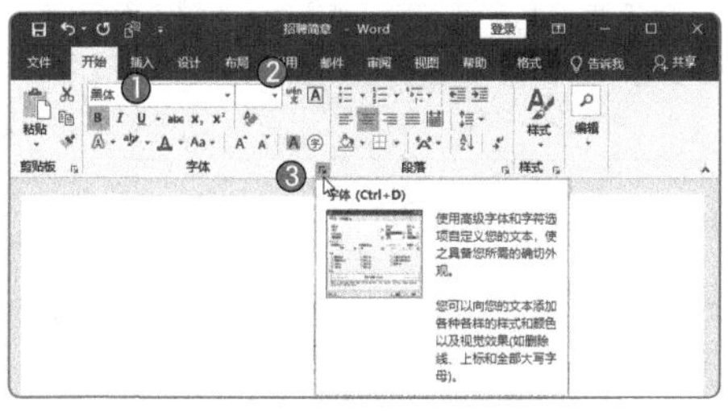

图4-7

STEP 5 在打开的“字体”对话框的“高级”选项卡中，将“间距”设置为“加宽”❶，将“磅值”设置为“2 磅”❷，如图 4-8 所示，单击“确定”按钮。

图4-8

STEP 6 按照上述方法，插入艺术字“招聘简章”，并将“字体”设置为“微软雅黑”，将“字号”设置为“75”，如图 4-9 所示。

图4-9

STEP 7 选择“招聘简章”文本框，在“绘图工具－格式”选项卡中单击“文本轮廓”下拉按钮，在下拉列表中选择“粗细”选项，并从其子列表中选择“2.25 磅”选项，如图 4-10 所示，更改艺术字的文本轮廓。

图4-10

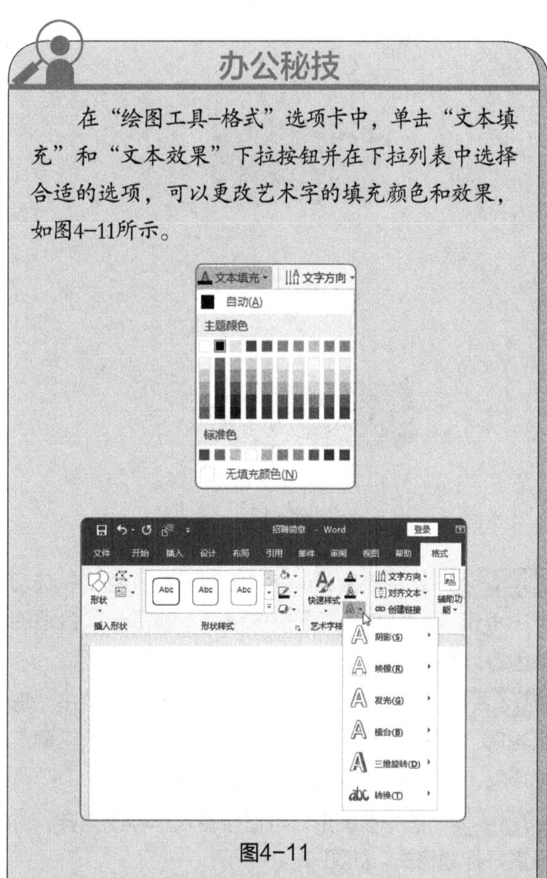

办公秘技

在“绘图工具–格式”选项卡中，单击“文本填充”和“文本效果”下拉按钮并在下拉列表中选择合适的选项，可以更改艺术字的填充颜色和效果，如图4-11所示。

图4-11

4.1.3 插入图形

在文档中为了突出显示特殊文本内容，我们可将其用图形来美化。下面利用图形来制作招聘简章中小标题。

STEP 1 在“插入”选项卡中单击“形状”下拉按钮❶，从下拉列表中选择“箭头，五边形”形状❷，如图 4-12 所示。

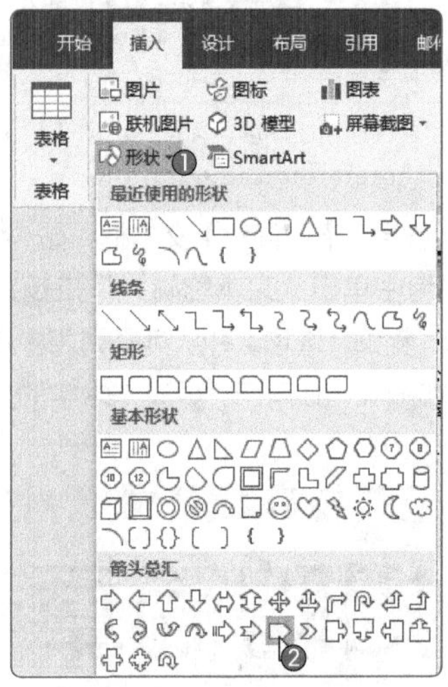

图4-12

STEP 2 在文档合适位置，拖曳鼠标绘制该形状，如图 4-13 所示。

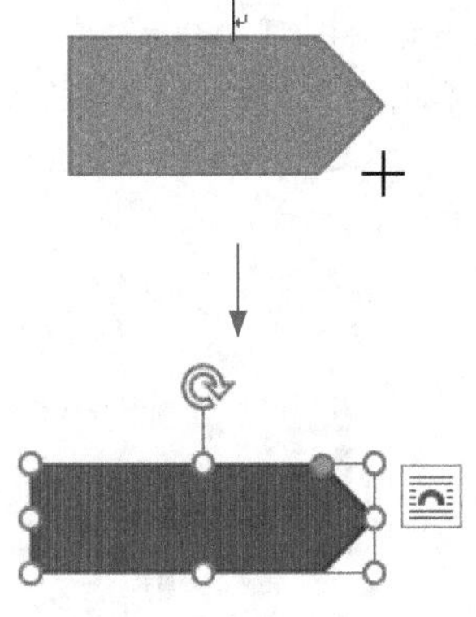

图4-13

STEP 3 选中该形状，在“绘图工具－格式”选项卡中单击“形状填充”下拉按钮❶，选择一款合适的颜色❷，更改当前形状的颜色，如图 4-14 所示。

STEP 4 在“绘图工具－格式”选项卡中单击“形状轮廓”下拉按钮❶，从下拉列表中选择“无轮廓”选项❷，隐藏图形的轮廓，如图 4-15 所示。

STEP 5 选中该图形，可直接输入小标题内容，并设置好标题格式，如图 4-16 所示。

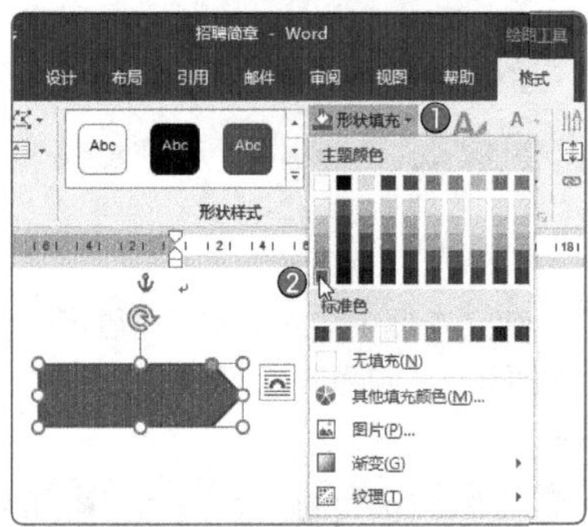

图4-14

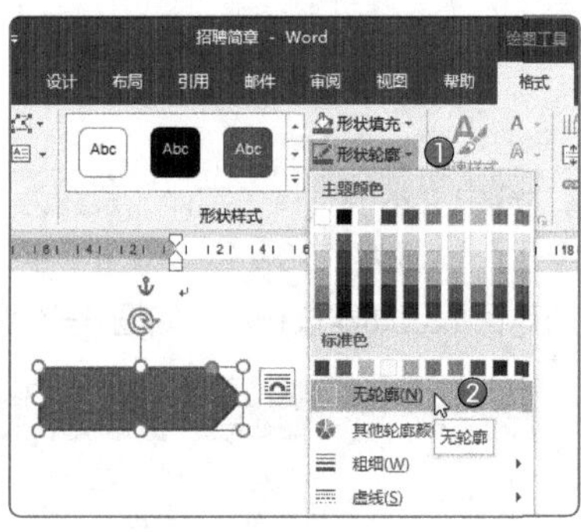

图4-15

图4-16

STEP 6 复制该图形至其他位置，并根据需要更改其标题内容，如图 4-17 所示。

图4-17

4.2 在文档中应用表格

在文档中，使用表格展示内容可以使内容更加直观、更具有逻辑，用户还可以对表格进行编辑和美化，使其看起来更加美观。下面介绍具体的操作步骤。

4.2.1 插入表格

插入表格的方法很简单，用户可以通过对话框插入表格，下面介绍具体的操作方法。

STEP 1 绘制一个文本框，将“形状填充”设置为“无填充颜色”，将“形状轮廓”设置为“无轮廓”，单击将光标插入文本框中，如图 4-18 所示。

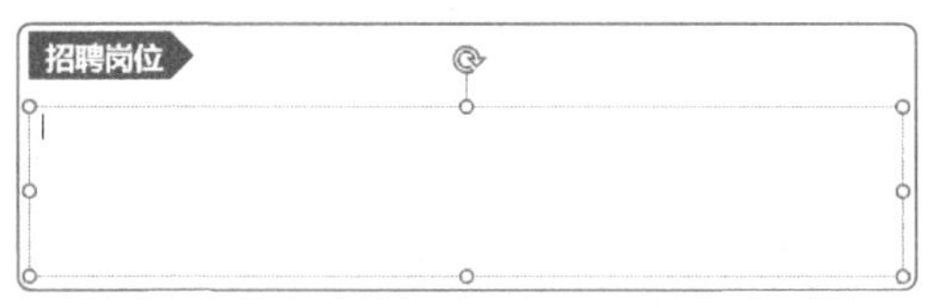

图4-18

STEP 2 在“插入”选项卡中单击“表格”下拉按钮，在下拉列表中选择“插入表格”选项，如图 4-19 所示。

图4-19

STEP 3 在打开的“插入表格”对话框的“列数”和“行数”数值框中输入需要插入的列数与行数，单击“确定”按钮，如图 4-20 所示。

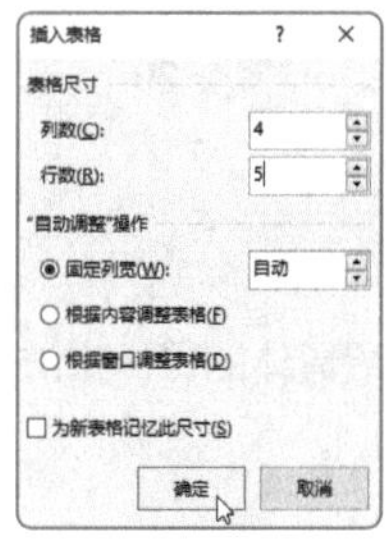

图4-20

插入的5行4列表格如图4-21所示。

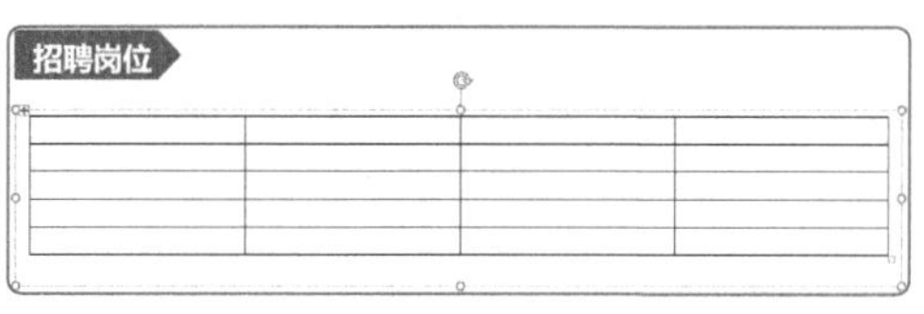

图4-21

办公秘技

用户在“表格”下拉列表中，可以通过移动鼠标指针选取需要的行列数，如图4-22所示；或者选择“绘制表格”选项，手动绘制表格，如图4-23所示。

图4-22

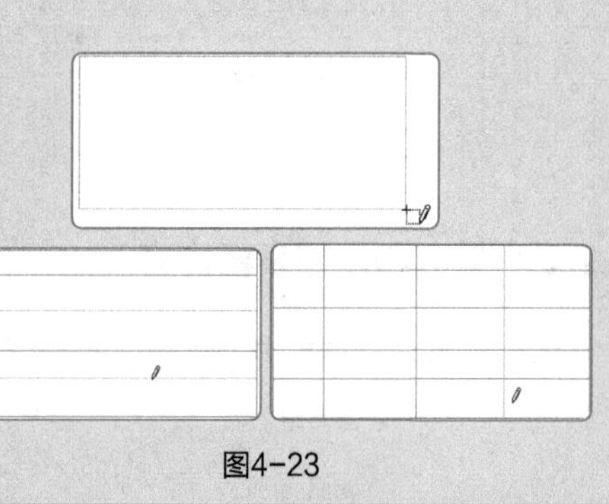

图4-23

4.2.2 编辑表格

在文档中插入表格后，用户可以根据需要调整表格的行高、列宽，合并单元格等，下面介绍具体的操作方法。

STEP 1 将鼠标指针移至表格第 1 行分割线上，当鼠标指针变为“÷”形状时，按住鼠标左键，上下拖动鼠标指针，调整行高，如图 4-24 所示。

图4-24

STEP 2 选择剩余 4 行，在“表格工具 - 布局”选项卡中，将“高度”设置为“0.6 厘米”，统一设置行高，如图 4-25 所示。

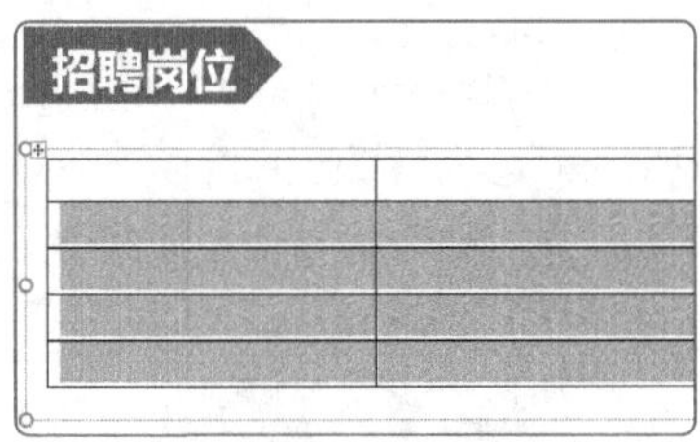

图4-25

STEP 3 将鼠标指针移至表格第 1 列分隔线上，当鼠标指针变为“+||+”形状时，按住鼠标左键，左右拖动鼠标指针，调整列宽，如图 4-26 所示。

图4-26

STEP 4 将光标插入第 2 列中，在“表格工具 - 布局”选项卡中，将“宽度”设置为“3 厘米”，调整第 2 列的列宽，如图 4-27 所示。

图4-27

STEP 5 选择两个单元格，在“表格工具 - 布局”选项卡中单击“合并单元格”按钮，如图 4-28 所示，将两个单元格合并成一个。

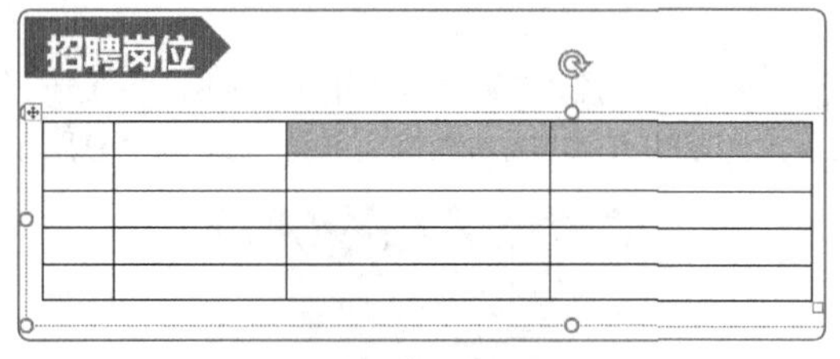

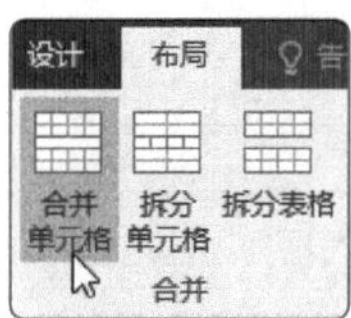

图4-28

STEP 6 按照同样的方法，合并其他单元格，并适当调整列宽，效果如图 4-29 所示。

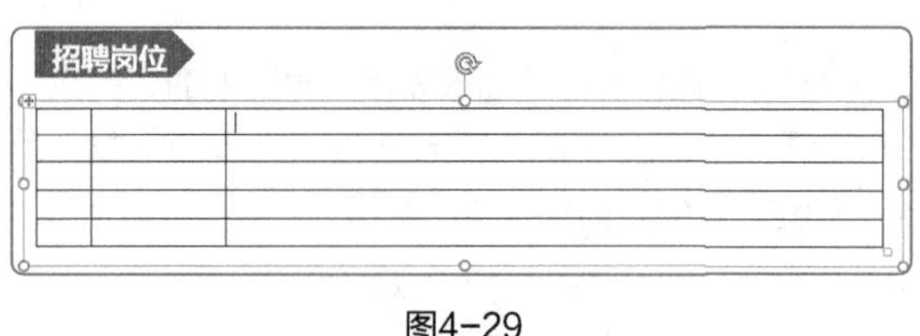

图4-29

第 4 章 招聘简章的制作

4.2.3 输入和设置表格内容

在表格中输入内容后，用户需要设置字体格式和文本对齐方式，下面介绍具体的操作方法。

STEP 1 单击将光标插入单元格中并输入表头，将“字体”设置为“黑体”，将“字号”设置为“11”，加粗显示，如图 4-30 所示。

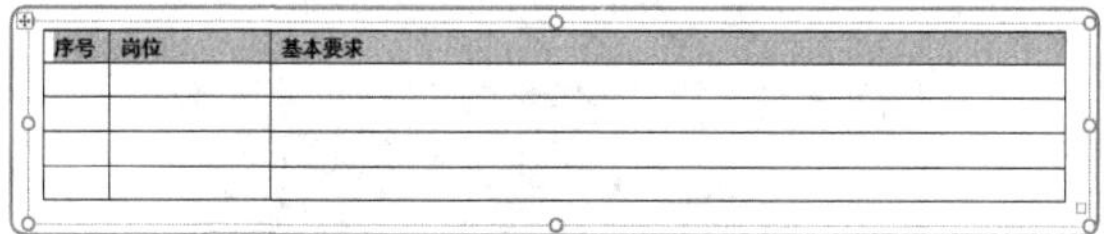

序号	岗位	基本要求

图4-30

STEP 2 选择单元格，如图 4-31 所示。在“开始”选项卡中单击“编号”下拉按钮❶，在下拉列表中选择“编号对齐方式：左对齐”选项❷，如图 4-32 所示，可以快速在单元格中输入序号，如图 4-33 所示。

图4-31

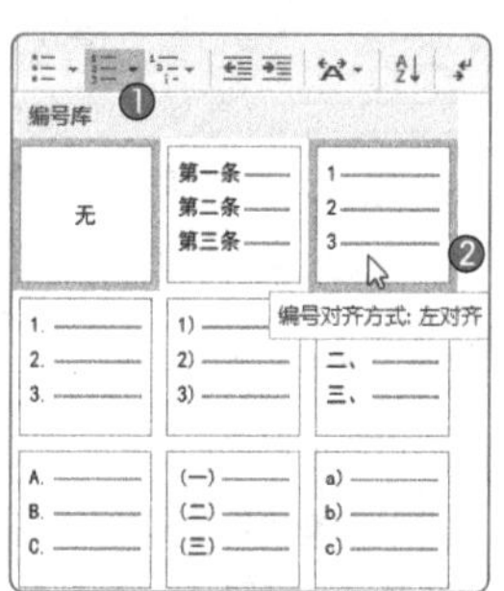

图4-32

序号	岗位	基本要求
1		
2		
3		
4		

图4-33

新手误区

通过“编号”功能输入的序号，不能更改数字的对齐方式。如果用户想要更改对齐方式，建议手动输入序号。

STEP 3 在其他单元格中输入“岗位”和“基本要求”信息，并将“字体”设置为“宋体”，将“字号”设置为“11”，如图 4-34 所示。

序号	岗位	基本要求
1	市场总监	本科及以上学历，5 年以上经验，男女不限，有较强的团队意识。
2	部门经理	本科及以上学历，3 年以上经验，服从公司管理，有上进心。
3	销售经理	本科及以上学历，5 年以上经验，有较强的责任心和工作压力承受能力。
4	客服经理	本科及以上学历，2 年以上经验，形象气质佳，有上进心。

图4-34

STEP 4 全选表格，在“表格工具 - 布局”选项卡的“对齐方式”选项组中单击“水平居中”按钮，将文本设置为水平居中，如图 4-35 所示。

序号	岗位	基本要求
1	市场总监	本科及以上学历，5 年以上经验，男女不限，有较强的团队意识。
2	部门经理	本科及以上学历，3 年以上经验，服从公司管理，有上进心。
3	销售经理	本科及以上学历，5 年以上经验，有较强的责任心和工作压力承受能力。
4	客服经理	本科及以上学历，2 年以上经验，形象气质佳，有上进心。

图4-35

STEP 5 选择单元格，在“对齐方式”选项组中单击“中部两端对齐”按钮，更改文本的对齐方式，如图 4-36 所示。

序号	岗位	基本要求
1	市场总监	本科及以上学历，5 年以上经验，男女不限，有较强的团队意识。
2	部门经理	本科及以上学历，3 年以上经验，服从公司管理，有上进心。
3	销售经理	本科及以上学历，5 年以上经验，有较强的责任心和工作压力承受能力。
4	客服经理	本科及以上学历，2 年以上经验，形象气质佳，有上进心。

图4-36

办公秘技

选择行，在“表格工具–布局”选项卡中单击“在上方插入”或“在下方插入”按钮，可以在所选行的上方或下方添加新行。选择列，单击“在左侧插入”或“在右侧插入”按钮，可以在所选列的左侧或右侧添加新列，如图4-37所示。

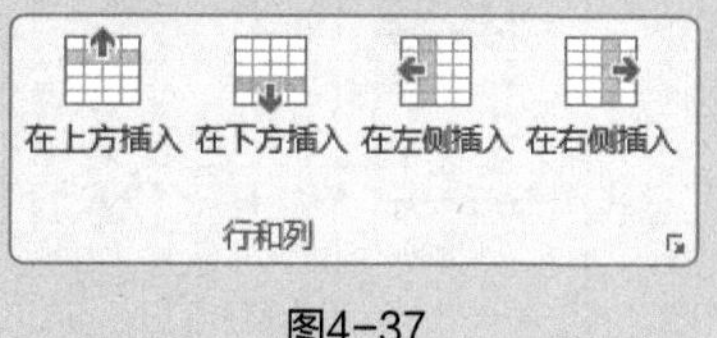

图4-37

4.2.4 美化表格

为了使表格看起来更美观，用户可以设置表格的样式，下面介绍具体的操作方法。

STEP 1 选择表格，在“表格工具 - 设计”选项卡中单击“边框”下拉按钮❶，在下拉列表中选择“无框线”选项❷，如图 4-38 所示。

图4-38

STEP 2 单击“笔样式”下拉按钮❶，在下拉列表中选择合适的边框线型❷，如图 4-39 所示。

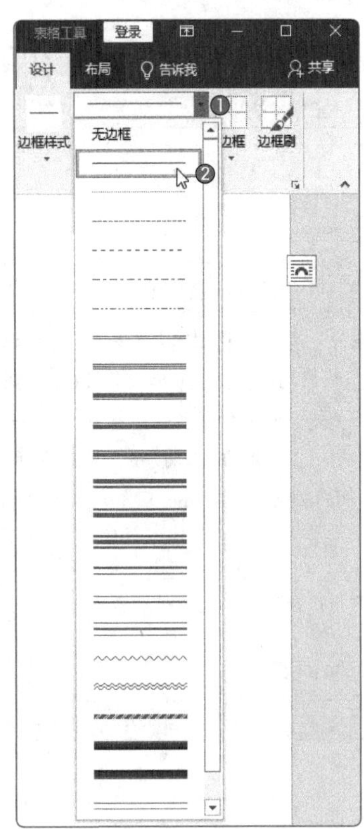

图4-39

STEP 3 单击“笔划粗细”下拉按钮❶，在下拉列表中选择“2.25 磅”选项❷，如图 4-40 所示。

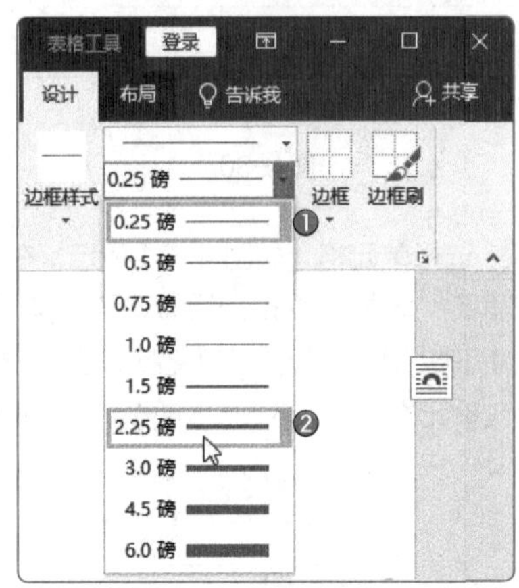

图4-40

STEP 4 单击“笔颜色”下拉按钮❶，在下拉列表中选择“白色，背景 1”选项❷，如图 4-41 所示。

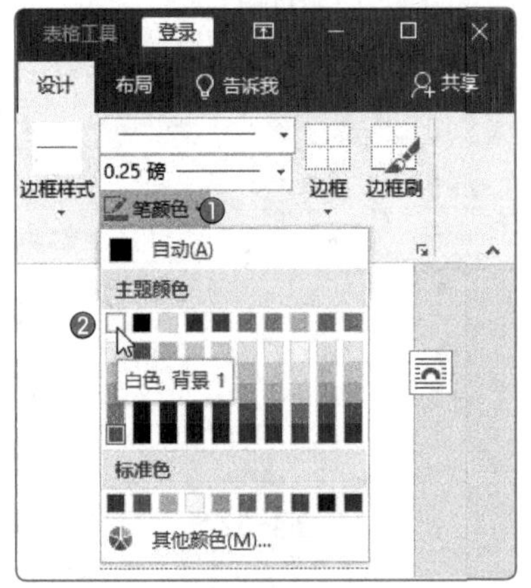

图4-41

STEP 5 鼠标指针变为铅笔形状，在表格的边框上单击或按住鼠标左键并拖动鼠标指针，将设置的边框样式应用至表格的边框上，如图 4-42 所示。

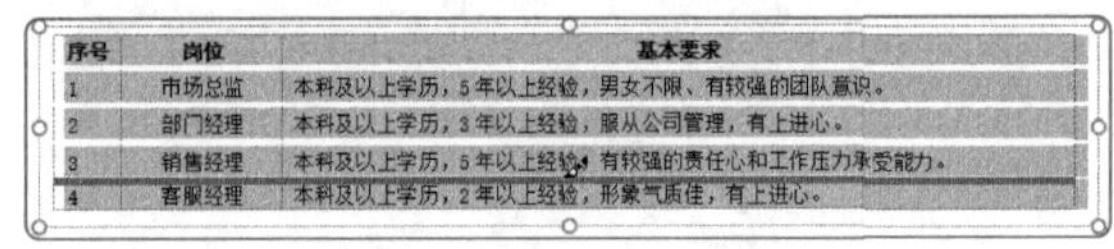

序号	岗位	基本要求
1	市场总监	本科及以上学历，5年以上经验，男女不限，有较强的团队意识。
2	部门经理	本科及以上学历，3年以上经验，服从公司管理，有上进心。
3	销售经理	本科及以上学历，5年以上经验，有较强的责任心和工作压力承受能力。
4	客服经理	本科及以上学历，2年以上经验，形象气质佳，有上进心。

图4-42

STEP 6 按照上述方法，再次设置边框样式，并将其应用至表格的边框上，效果如图 4-43 所示。

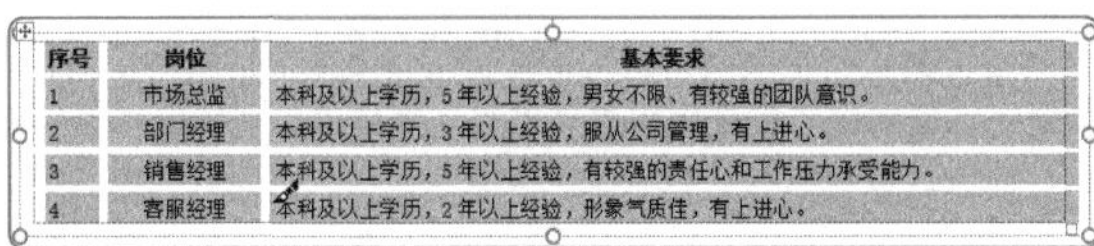

序号	岗位	基本要求
1	市场总监	本科及以上学历，5年以上经验，男女不限，有较强的团队意识。
2	部门经理	本科及以上学历，3年以上经验，服从公司管理，有上进心。
3	销售经理	本科及以上学历，5年以上经验，有较强的责任心和工作压力承受能力。
4	客服经理	本科及以上学历，2年以上经验，形象气质佳，有上进心。

图4-43

STEP 7 选择单元格，在“表格工具 - 设计”选项卡中单击“底纹”下拉按钮，在下拉列表中选择合适的底纹颜色，如图 4-44 所示。

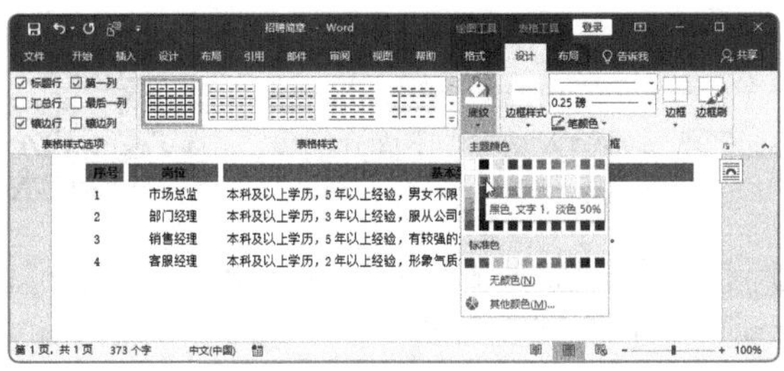

图4-44

STEP 8 按照同样的方法，为其他单元格添加底纹颜色，并更改文本颜色，效果如图 4-45 所示。

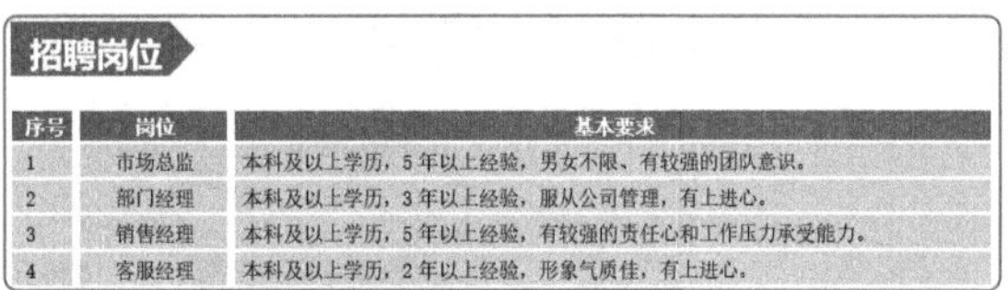

招聘岗位

序号	岗位	基本要求
1	市场总监	本科及以上学历，5年以上经验，男女不限，有较强的团队意识。
2	部门经理	本科及以上学历，3年以上经验，服从公司管理，有上进心。
3	销售经理	本科及以上学历，5年以上经验，有较强的责任心和工作压力承受能力。
4	客服经理	本科及以上学历，2年以上经验，形象气质佳，有上进心。

图4-45

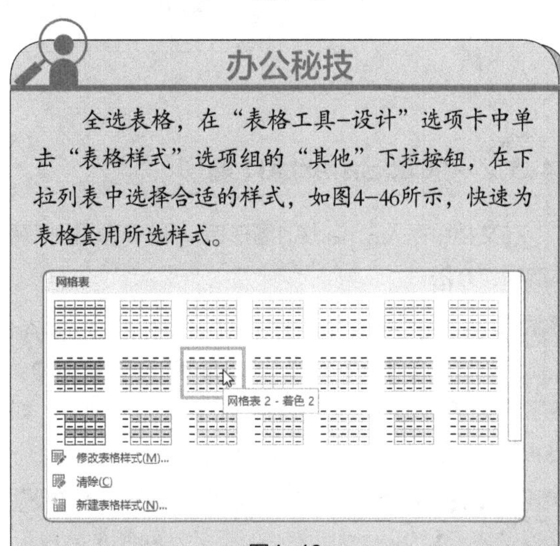

办公秘技

全选表格，在“表格工具–设计”选项卡中单击“表格样式”选项组的“其他”下拉按钮，在下拉列表中选择合适的样式，如图4-46所示，快速为表格套用所选样式。

图4-46

4.3 在文档中应用流程图

除了使用形状制作流程图外，用户也可以利用SmartArt图形制作流程图，并进行相关编辑和美化。下面介绍具体的操作步骤。

4.3.1 插入 SmartArt 图形

用户通过单击“SmartArt”按钮就可以在文档中插入相关图形，下面介绍具体的操作方法。

STEP 1 绘制一个文本框，单击将光标插入文本框中，在“插入”选项卡中单击“SmartArt”按钮，如图 4-47 所示。

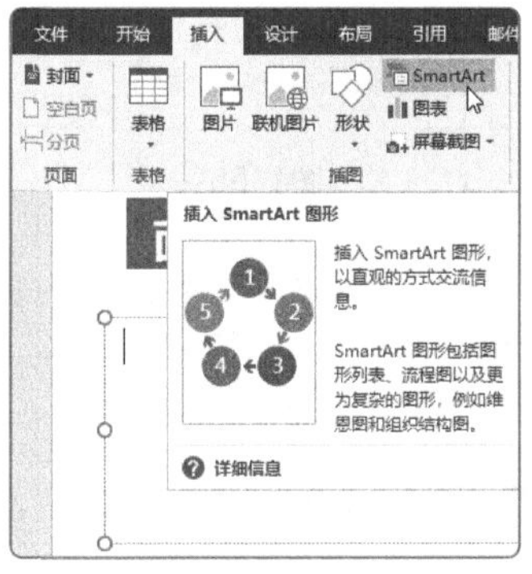

图4-47

STEP 2 在打开的“选择 SmartArt 图形”对话框中选择“流程”选项❶，并在右侧选择“基本流程”选项❷，单击“确定”按钮❸，如图 4-48 所示。

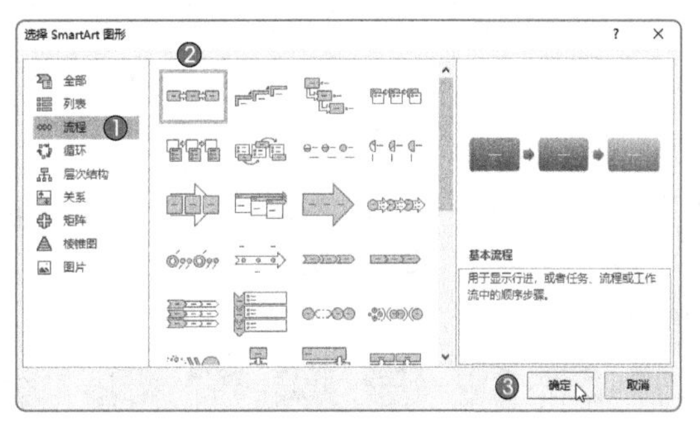

图4-48

在文档中插入一个基本流程图的效果如图4-49所示。

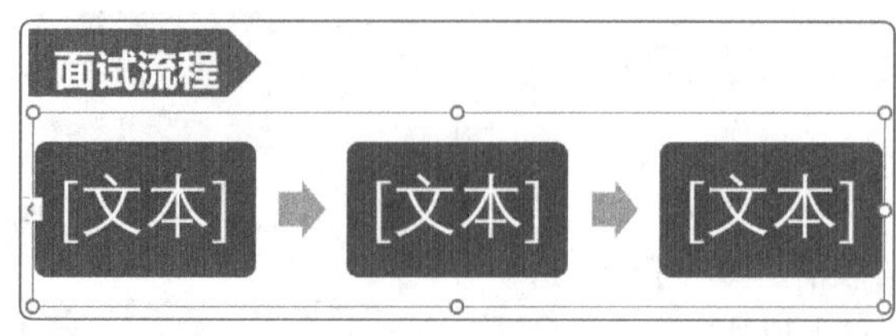

图4-49

4.3.2 编辑 SmartArt 图形

微课视频

在文档中插入SmartArt图形后，用户可以根据需要添加形状，并输入文本。下面介绍具体的操作方法。

STEP 1 选择SmartArt图形中的形状❶，在“SmartArt工具－设计”选项卡中单击“添加形状”下拉按钮❷，在下拉列表中选择“在后面添加形状”选项❸，如图 4-50 所示，效果如图 4-51 所示。

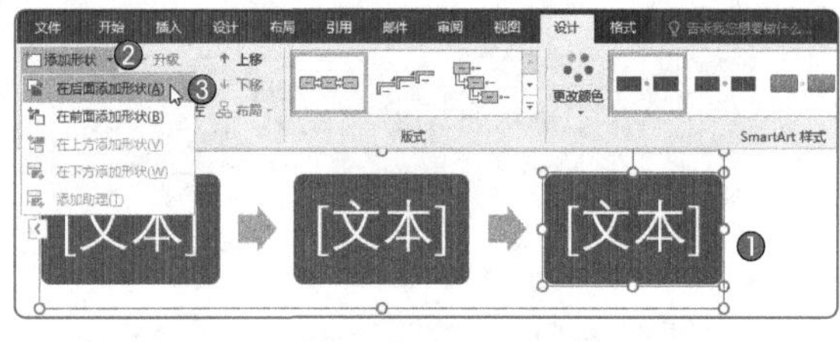

图4-50

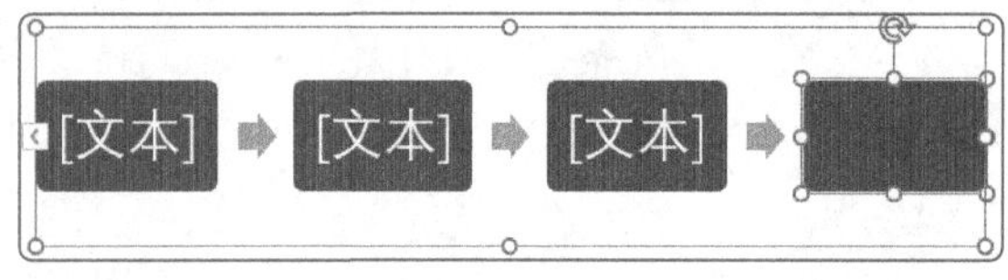

图4-51

STEP 2 按照上述方法添加多个形状，并调整流程图的大小，效果如图 4-52 所示。

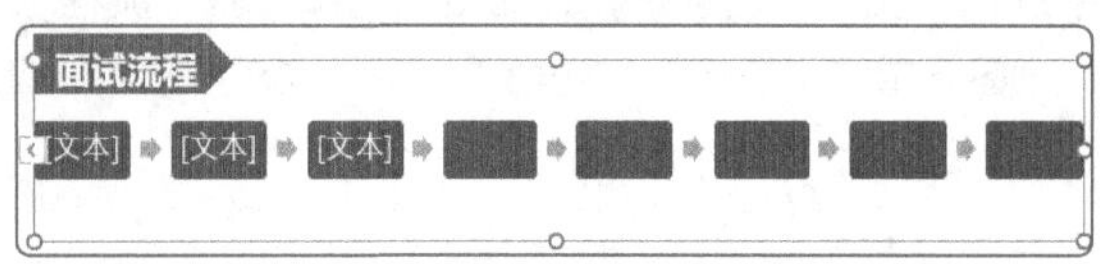

图4-52

STEP 3 单击将光标插入带有“文本”字样的形状中，输入文本内容，如图 4-53 所示。

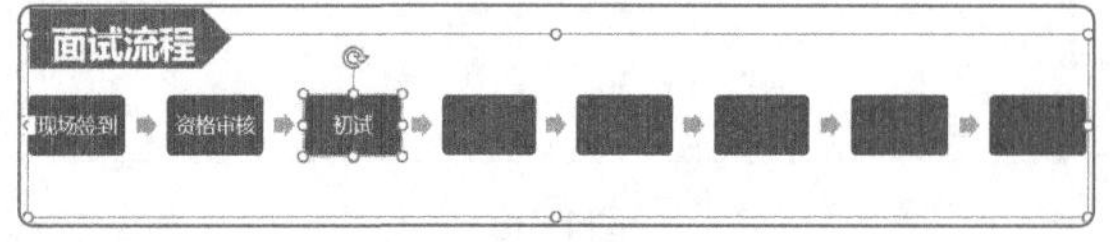

图4-53

STEP 4 选择形状，在“SmartArt 工具－设计”选项卡中单击“文本窗格”按钮，如图 4-54 所示。

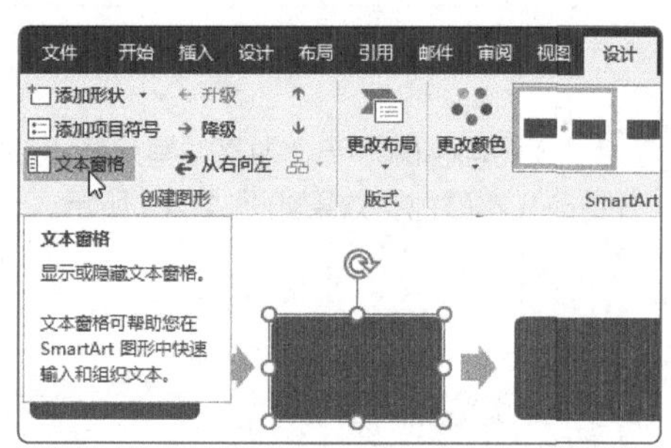

图4-54

STEP 5 在打开的“在此处键入文字”窗格中，将光标插入文本框中，输入相关内容，如图 4-55 所示。

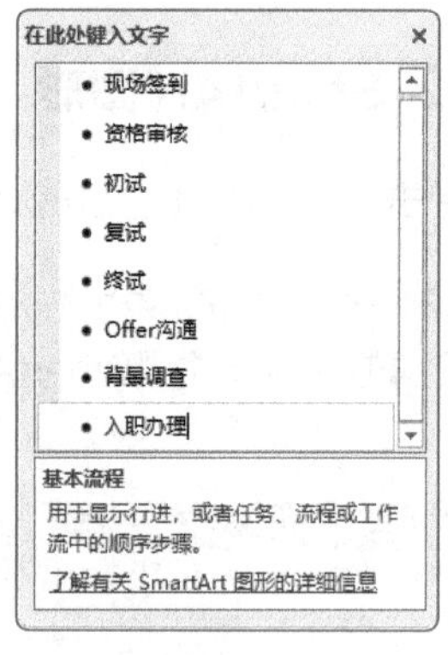

图4-55

STEP 6 在所有形状中输入文字内容，效果如图 4-56 所示。

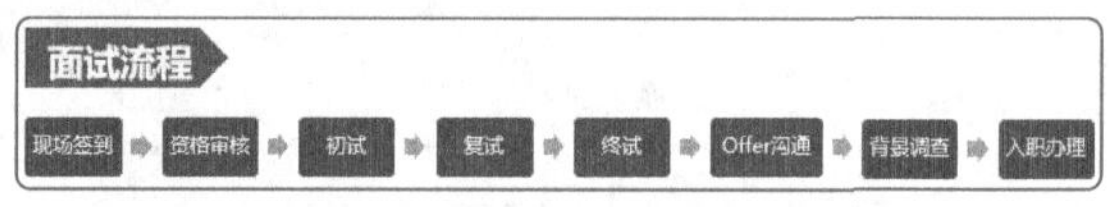

图4-56

4.3.3 美化 SmartArt 图形

用户可以通过更改SmartArt图形的颜色和样式来美化SmartArt图形，下面介绍具体的操作方法。

STEP 1 选择图形，在“SmartArt 工具 - 设计”选项卡中单击“更改颜色”下拉按钮❶，在下拉列表中选择合适的颜色❷，如图 4-57 所示，更改 SmartArt 图形的颜色。

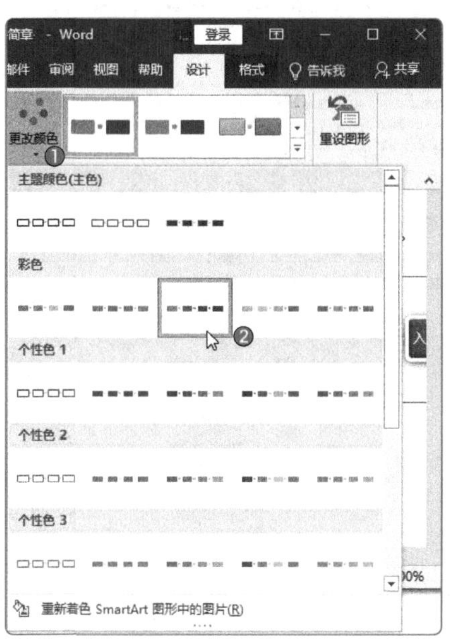

图4-57

STEP 2 选择形状，在“SmartArt 工具 - 格式”选项卡中单击“形状填充”下拉按钮❶，在下拉列表中选择合适的颜色❷，如图 4-58 所示，单独更改形状的颜色。

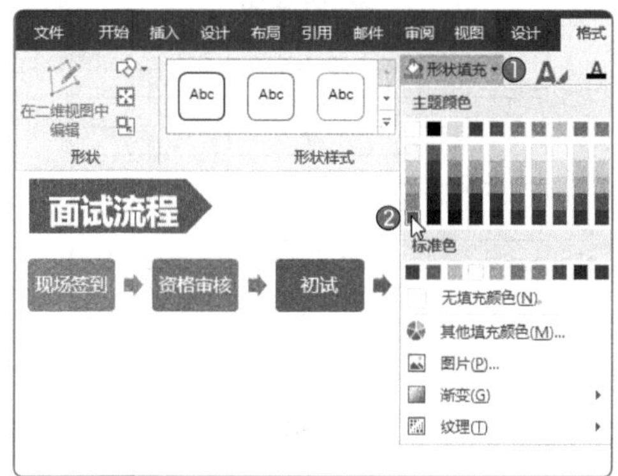

图4-58

STEP 3 按照上述方法，完成图形颜色的更改，效果如图 4-59 所示。

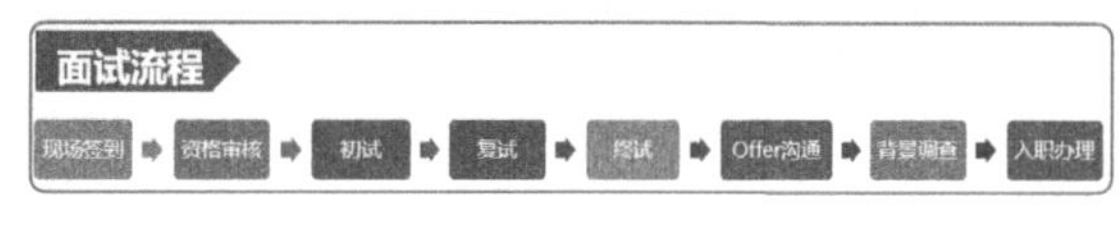

图4-59

STEP 4 选择图形，在“SmartArt 工具 - 格式”选项卡中单击“形状效果”下拉按钮❶，在下拉列表中选择“预设”选项❷，并从其子列表中选择“预设 1”选项❸，如图 4-60 所示，效果如图 4-61 所示。

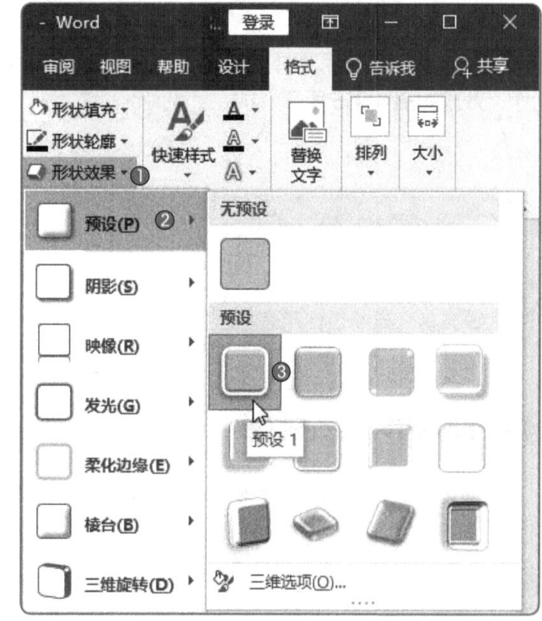

图4-60

图4-61

办公秘技

在“SmartArt工具–设计”选项卡中单击“SmartArt样式”选项组的“其他”下拉按钮，在下拉列表中选择合适的样式，如图4-62所示，可以快速更改图形的样式。

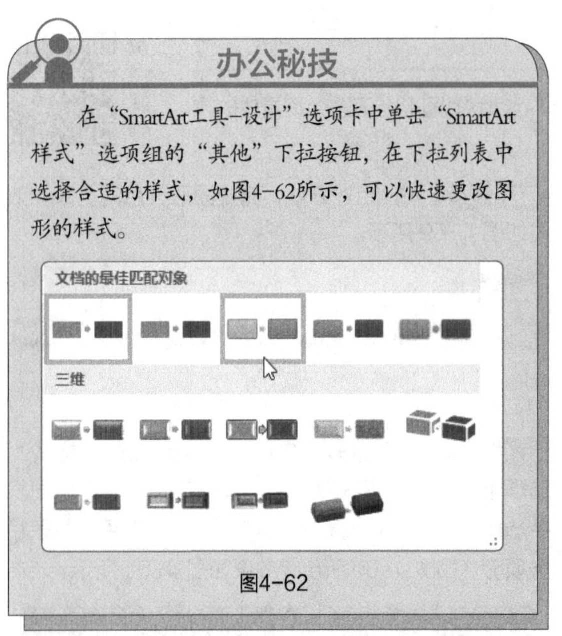

图4-62

STEP 5 使用形状和文本框功能，完成招聘简章的制作，效果如图 4-63 所示。

序号	岗位	基本要求
1	市场总监	本科及以上学历，5年以上经验，男女不限，有较强的团队意识。
2	部门经理	本科及以上学历，3年以上经验，服从公司管理，有上进心。
3	销售经理	本科及以上学历，5年以上经验，有较强的责任心和工作压力承受能力。
4	客服经理	本科及以上学历，2年以上经验，形象气质佳，有上进心。

图4-63

4.4 上机演练

本节将介绍通过使用表格制作货物签收单和简历。

4.4.1 制作货物签收单

微课视频

货物签收单是证明运输方确实把货品运到目的地的证明文件。下面介绍如何制作货物签收单。

STEP 1 新建一个空白文档并命名为“货物签收单”。打开该文档，输入标题“货物签收单”，如图4-64所示。

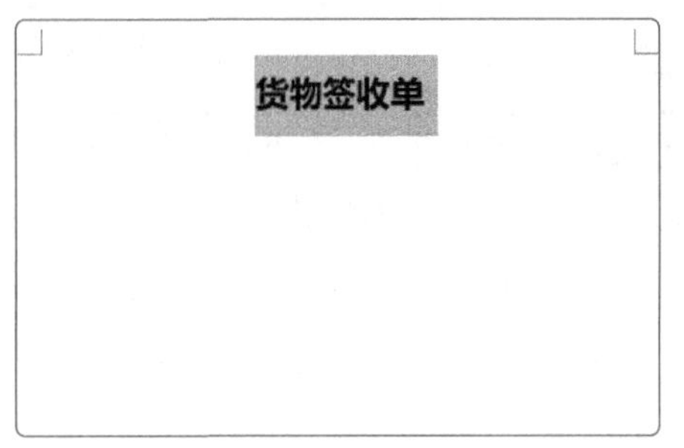

图4-64

STEP 2 在文档中插入 12 行 6 列的表格，如图 4-65 所示。

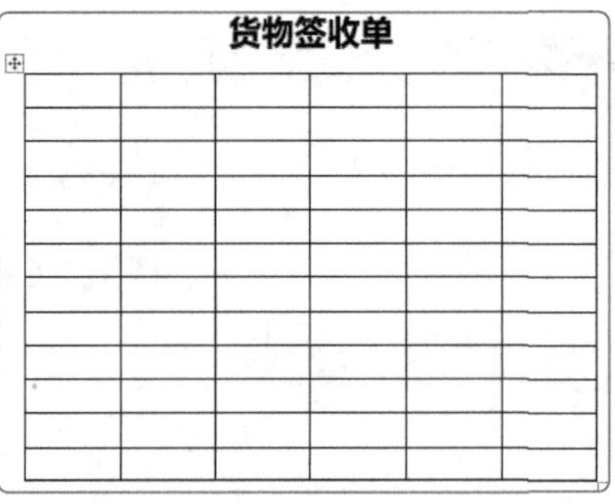

图4-65

STEP 3 调整表格的行高和列宽，并合并需要合并的单元格，如图 4-66 所示。

STEP 4 在单元格中输入文本内容，并设置文本字体及对齐方式，如图 4-67 所示。

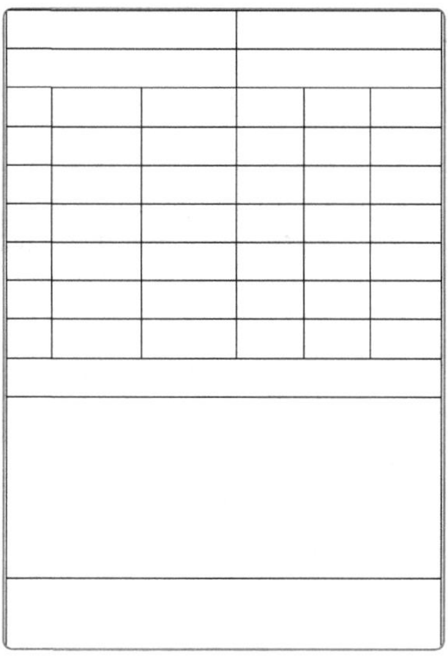

图4-66

客户名称：			合同号：		
客户地址：			供货日期：		
编号	产品名称	产品规格	数量	单价	金额
1	电脑	台	3	2500	
2	扫描仪	台	1	800	
3	打印机	台	2	1500	
4	空调	台	2	2000	
5	饮水机	台	3	600	
6	投影仪	台	1	3500	
合计金额（大写）：					
1.货物包装完整性　是（ ）　否（ ） 2.货物数量　是（ ）　否（ ）					
签收人：			签收日期：		

图4-67

STEP 5 将光标插入单元格中，在“表格工具 - 布局”选项卡中单击“公式”按钮，如图 4-68 所示，打开“公式”对话框，如图 4-69 所示。

编号	产品名称	产品规格	数量	单价	金额
1	电脑	台	3	2500	
2	扫描仪	台	1	800	
3	打印机	台	2	1500	
4	空调	台	2	2000	
5	饮水机	台	3	600	

图4-68

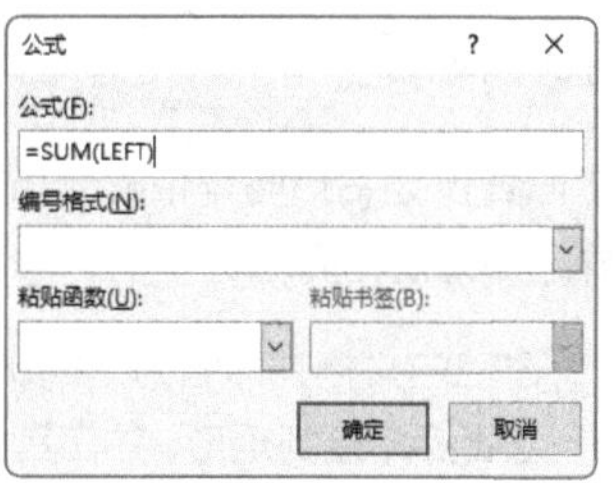

图4-69

STEP 6 删除“公式”文本框中默认显示的公式，单击“粘贴函数”下拉按钮，在下拉列表中选择“PRODUCT”选项，如图 4-70 所示。

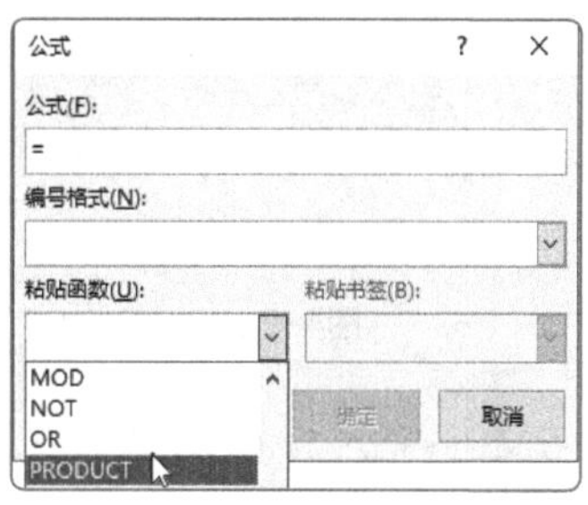

图4-70

STEP 7 在 PRODUCT() 函数的括号中输入“LEFT”，并将“编号格式”设置为“0”，单击“确定”按钮，如图 4-71 所示。

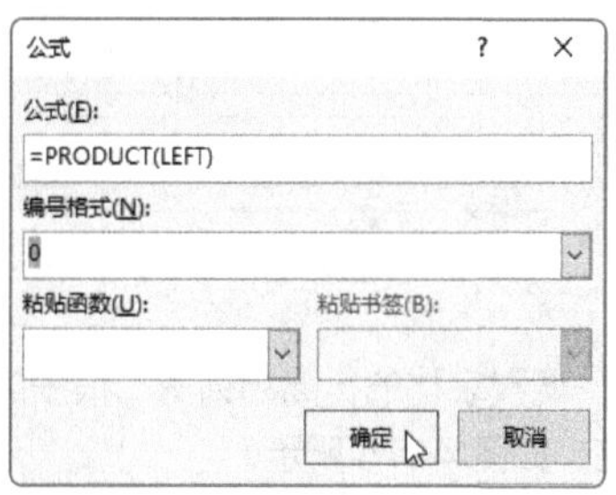

图4-71

STEP 8 计算出“金额”后按【F4】键，将公式复制到其他单元格中，如图 4-72 所示。

编号	产品名称	产品规格	数量	单价	金额
1	电脑	台	3	2500	7500
2	扫描仪	台	1	800	800
3	打印机	台	2	1500	3000
4	空调	台	2	2000	4000
5	饮水机	台	3	600	1800
6	投影仪	台	1	3500	3500

图4-72

4.4.2 制作简历

简历是求职者投递给招聘单位的一份简要介绍，包含自己的基本信息：姓名、学历、毕业院校、民族、籍贯等。下面介绍如何制作简历。

STEP 1 新建空白文档并命名为“简历”。打开该文档，设置好页边距后，绘制矩形，并在其中输入文字，如图 4-73 所示。

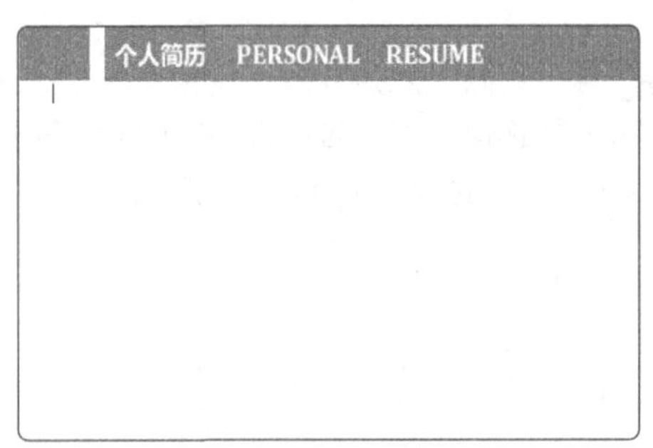

图4-73

STEP 2 在文档中插入 17 行 3 列的表格，如图 4-74 所示。

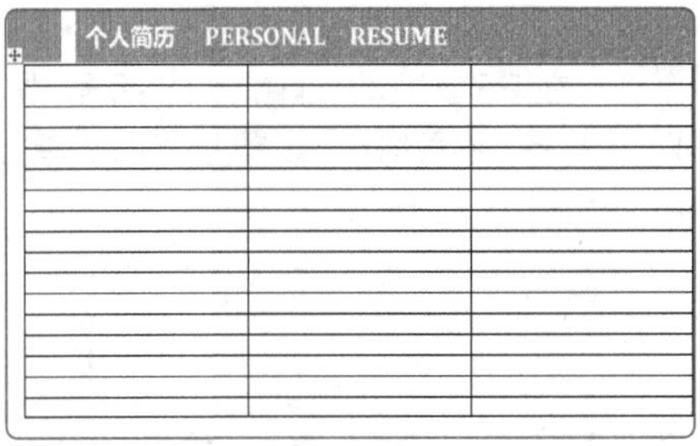

图4-74

STEP 3 调整表格的行高和列宽，根据需要合并或拆分单元格，如图 4-75 所示。

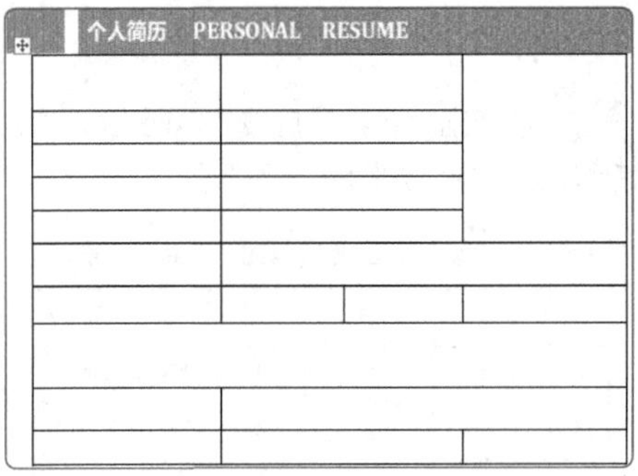

图4-75

STEP 4 在单元格中输入相关内容，并设置文本字体及对齐方式，如图 4-76 所示。

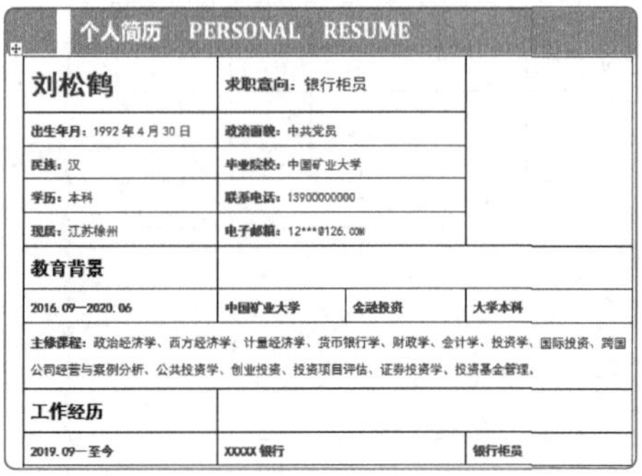

图4-76

STEP 5 设置表格的边框样式为“无框线”，并将其应用至表格的边框上，如图 4-77 所示。

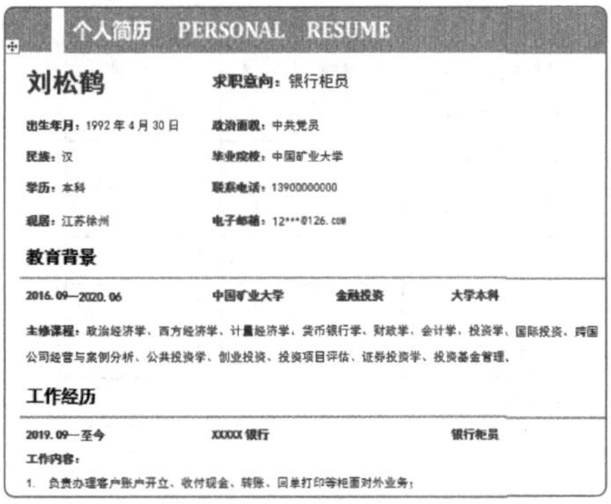

图4-77

STEP 6 为“教育背景”“工作经历”“奖项技能”“自我评价”文本所在单元格设置底纹颜色，并更改字体的颜色，在单元格中插入相关图片，效果如图 4-78 所示。

图4-78

STEP 7 在单元格中插入个人照片，调整图片的大小，如图4-79所示，完成简历文档的制作。

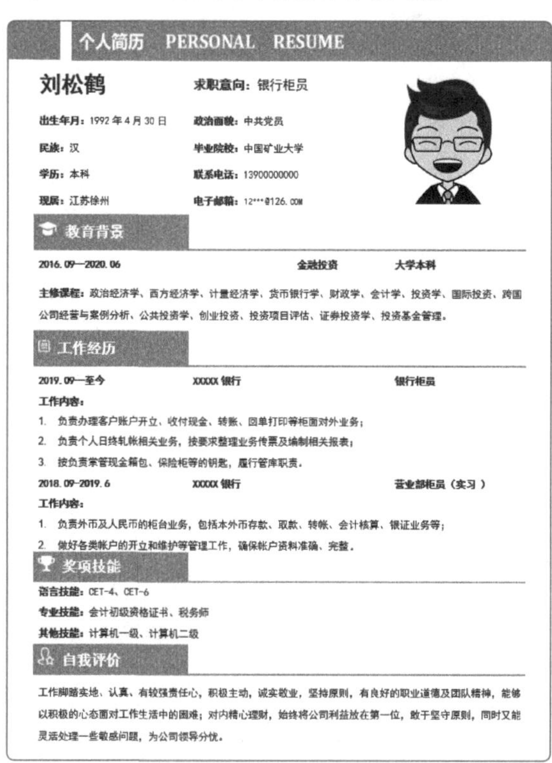

个人简历　PERSONAL　RESUME

刘松鹤　　**求职意向：**银行柜员

出生年月：1992年4月30日　　**政治面貌：**中共党员

民族：汉　　**毕业院校：**中国矿业大学

学历：本科　　**联系电话：**13900000000

现居：江苏徐州　　**电子邮箱：**12***@126.COM

教育背景

2016.09—2020.06　　**金融投资**　　**大学本科**

主修课程：政治经济学、西方经济学、计量经济学、货币银行学、财政学、会计学、投资学、国际投资、跨国公司经营与案例分析、公共投资学、创业投资、投资项目评估、证券投资学、投资基金管理。

工作经历

2019.09—至今　　**XXXXX银行**　　**银行柜员**

工作内容：

1. 负责办理客户账户开立、收付现金、转账、回单打印等柜面对外业务；
2. 负责个人日终轧帐相关业务，按要求整理业务传票及编制相关报表；
3. 按负责掌管现金箱包、保险柜等的钥匙，履行管库职责。

2018.09-2019.6　　**XXXXX银行**　　**营业部柜员（实习）**

工作内容：

1. 负责外币及人民币的柜台业务，包括本外币存款、取款、转帐、会计核算、银证业务等；
2. 做好各类帐户的开立和维护等管理工作，确保帐户资料准确、完整。

奖项技能

语言技能：CET-4、CET-6

专业技能：会计初级资格证书、税务师

其他技能：计算机一级、计算机二级

自我评价

工作脚踏实地、认真、有较强责任心，积极主动，诚实敬业，坚持原则，有良好的职业道德及团队精神，能够以积极的心态面对工作生活中的困难；对内精心理财，始终将公司利益放在第一位，敢于坚守原则，同时又能灵活处理一些敏感问题，为公司领导分忧。

图4-79

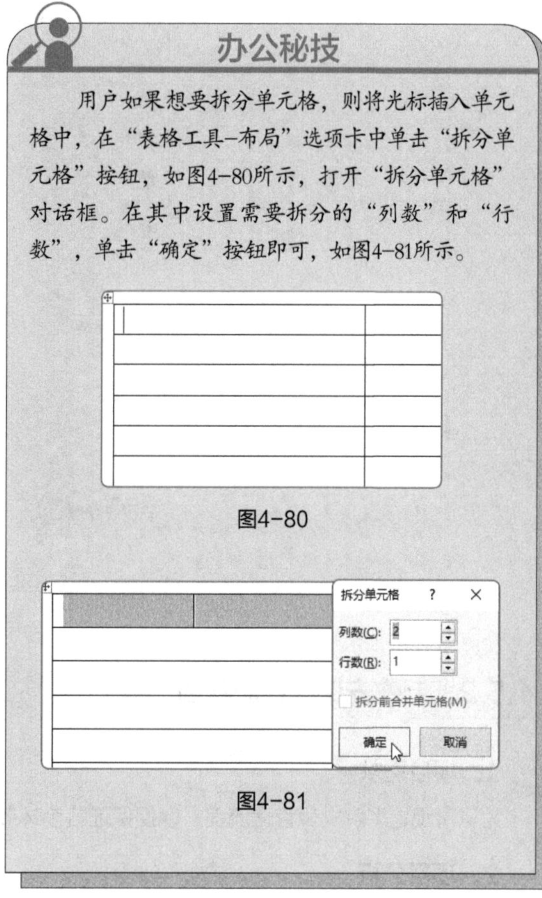

办公秘技

用户如果想要拆分单元格，则将光标插入单元格中，在“表格工具-布局”选项卡中单击“拆分单元格”按钮，如图4-80所示，打开“拆分单元格”对话框。在其中设置需要拆分的“列数”和“行数”，单击“确定”按钮即可，如图4-81所示。

图4-80

图4-81

4.5 课后作业

本章介绍了表格及流程图在文档中的基本应用。下面通过制作外出培训申请表及安保管理流程图帮助读者巩固本章知识点。

4.5.1 制作外出培训申请表

1. 项目需求

为了提高专业知识或自身的技能，员工可以申请外出培训，因此需要提交外出培训申请表。

2. 项目分析

制作外出培训申请表需要用到设置行高与列宽、合并单元格、设置表格样式等知识点。

3. 项目效果

外出培训申请表制作完成后的效果如图4-82所示。

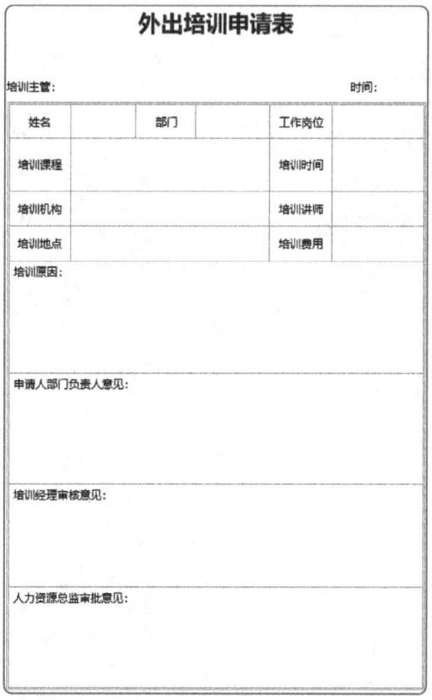

外出培训申请表

培训主管：　　　　　　　　　　　　时间：

姓名		部门		工作岗位	
培训课程				培训时间	
培训机构				培训讲师	
培训地点				培训费用	
培训原因：					
申请人部门负责人意见：					
培训经理审核意见：					
人力资源总监审批意见：					

图4-82

4.5.2 制作安保管理流程图

1. 项目需求

为了直观地了解安保管理流程，以便保证各个环节的正常运行，公司需要制作安保管理流程图。

2. 项目分析

制作安保管理流程图需要用到表格、形状等知识点。

3. 项目效果

安保管理流程图制作完成后的效果如图4-83所示。

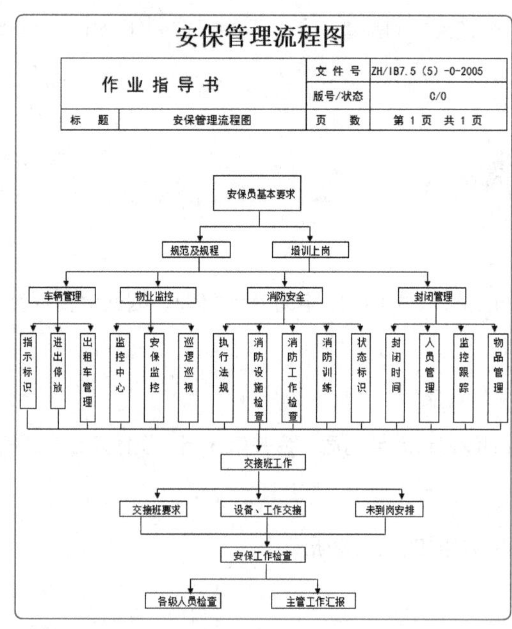

图4-83

第 5 章

毕业论文的编排

本章主要介绍毕业论文的编排。通过对本章的学习，读者可以在文档中应用样式、插入页眉与页脚、提取目录、批注或修订文档、对文档进行保护等，可以掌握快速排版的方法，提高文档的编辑效率。

5.1 应用文档样式

在毕业论文中使用样式，可以快速为标题设置字体格式和段落格式，并且避免对内容进行重复的操作。

5.1.1 新建样式

Word中内置了多种标题样式，例如，标题1、标题2、标题等。用户除了可以为标题直接套用内置的样式外，还可以新建样式，下面介绍具体的操作方法。

STEP 1 打开“毕业论文”文档，选择标题“1 绪论”，在“开始”选项卡中单击“样式”选项组的“其他”下拉按钮，在下拉列表中选择“创建样式”选项，如图5-1所示。

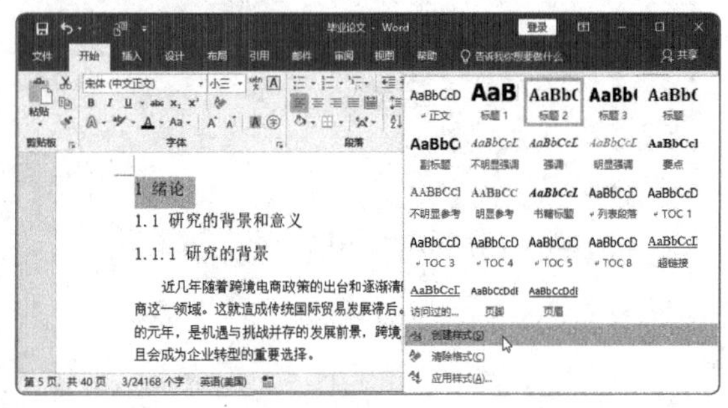

图5-1

STEP 2 在打开的“根据格式设置创建新样式”对话框，将“名称”设置为“标题样式”❶，单击“修改”按钮❷，打开对话框，从中设置“样式类型”“样式基准”“后续段落样式”，单击“格式”下拉按钮❸，在下拉列表中选择“字体”选项❹，如图5-2所示。

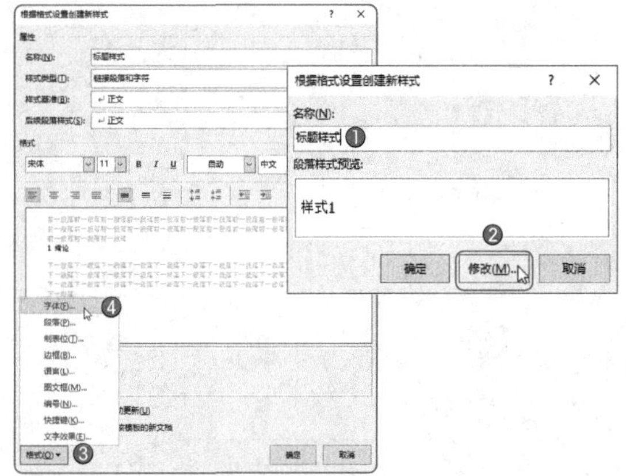

图5-2

STEP 3 在打开的“字体”对话框中，将“中文字体”设置为“黑体”❶，将“字形”设置为“加粗”❷，将“字号”设置为“三号”❸，如图5-3所示，单击“确定”按钮，返回“根据格式设置创建新样式”对话框。

STEP 4 单击“格式”下拉按钮，在下拉列表中选择“段落”选项，打开“段落”对话框，将“对齐方式”设置为“居中”❶，将“大纲级别”设置为“1级”❷，将“段前”和“段后”间距设置为“0.5行”❸，将“行距”设置为“固定值”，将“设置值”设置为“20磅”❹，如图5-4所示，单击“确定”按钮。

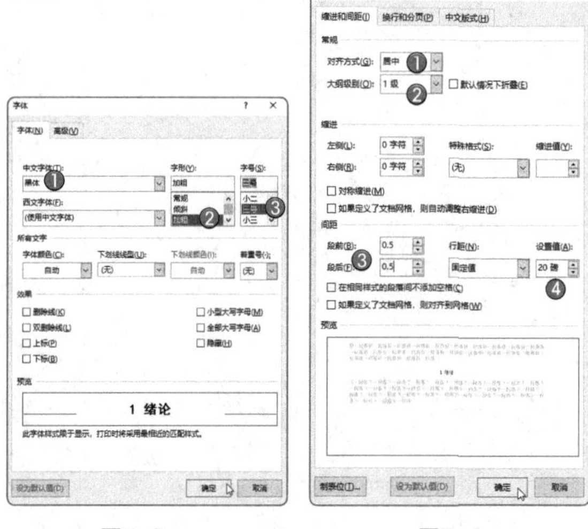

图5-3　　图5-4

此时，所选标题应用了创建的标题样式，效果如图5-5所示。

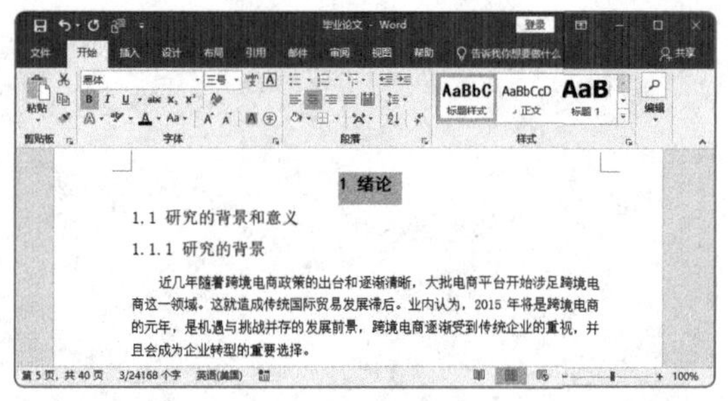

图5-5

5.1.2 应用样式

论文中需要为同一级标题应用相同的样式，因此，用户可以直接套用创建的样式。下面介绍具体的操作方法。

STEP 1 选择其他一级标题，如图 5-6 所示。在“开始”选项卡的“样式”选项组中选择“标题样式”选项，如图 5-7 所示。为所选标题应用该样式的效果如图 5-8 所示。

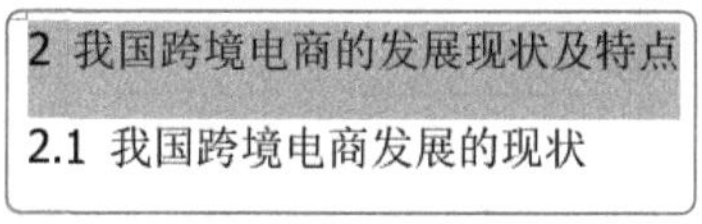

2 我国跨境电商的发展现状及特点

2.1 我国跨境电商发展的现状

图5-6

图5-7

2 我国跨境电商的发展现状及特点

2.1 我国跨境电商发展的现状

图5-8

STEP 2 按照上述方法，为论文中的其余一级标题、二级标题和三级标题应用样式，效果如图 5-9 所示。

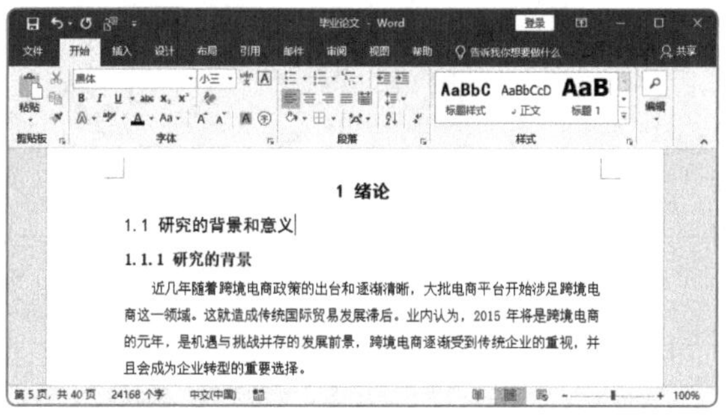

图5-9

办公秘技

用户为标题套用内置的样式后，若修改了样式的字体格式和段落格式，如图5-10所示，可以在样式上单击鼠标右键，从弹出的快捷菜单中选择“更新 标题3以匹配所选内容”命令，如图5-11所示，将套用了标题3样式的标题统一更改为修改后的样式。

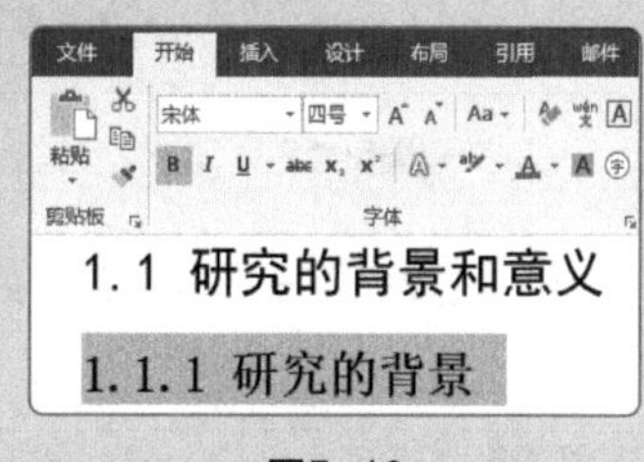

图5-10

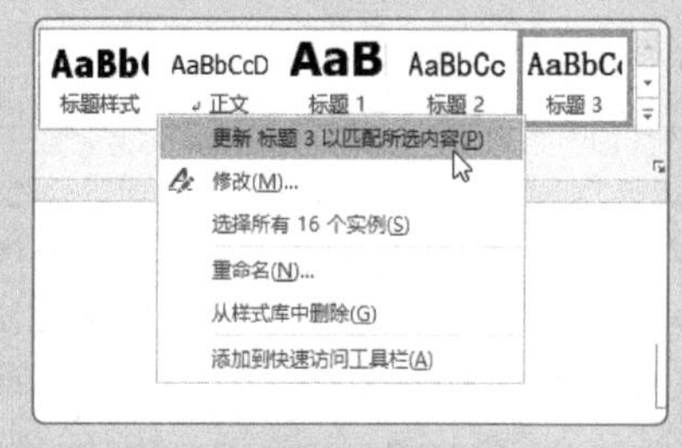

图5-11

5.2 设计文档版面

在论文中，通常需要插入页眉、页码或者将目录提取出来。下面介绍具体的操作步骤。

5.2.1 在页眉中插入 Logo

如果要在论文“摘要”页的页眉中插入学校的Logo图片，用户需要进行以下操作。

STEP 1 将光标插入“摘要”页结尾位置❶，在“布局”选项卡中单击“分隔符”下拉按钮❷，在下拉列表中选择“分节符 - 下一页”选项❸，如图 5-12 所示，效果如图 5-13 所示。

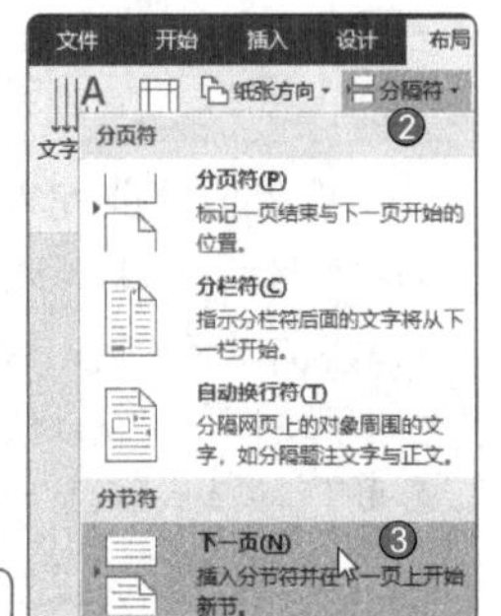

图5-12

STEP 2 在结尾位置插入一个分节符，如图 5-13 所示。

关键词：我国；跨境电子商务；发展问题……分节符(下一页)……

图5-13

办公秘技

在“开始”选项卡中单击“显示/隐藏编辑标记”按钮，可以将“分节符（下一页）”标记显示或隐藏，如图5-14所示。

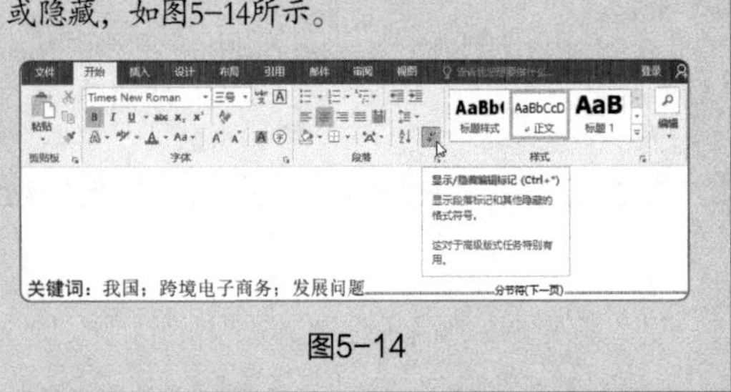

图5-14

STEP 3 在“插入”选项卡中单击“页眉”下拉按钮❶，在下拉列表中选择“编辑页眉”选项❷，如图 5-15 所示，进入页眉编辑状态。

STEP 4 将光标插入“摘要”页的页眉位置❶，在“页眉和页脚工具 - 设计”选项卡中单击“图片”按钮❷，如图 5-16 所示。

STEP 5 在打开的“插入图片”对话框中选择 Logo 图片❶，单击“插入”按钮❷，如图 5-17 所示，将图片插入页眉中。

STEP 6 调整图片的大小，并将其放置到合适位置，如图 5-18 所示。

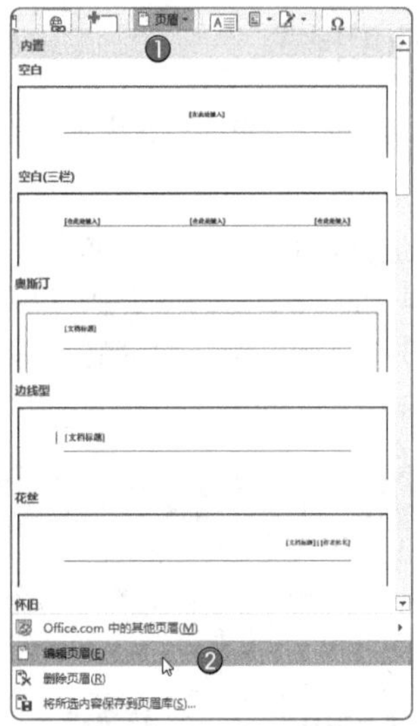

图5-15

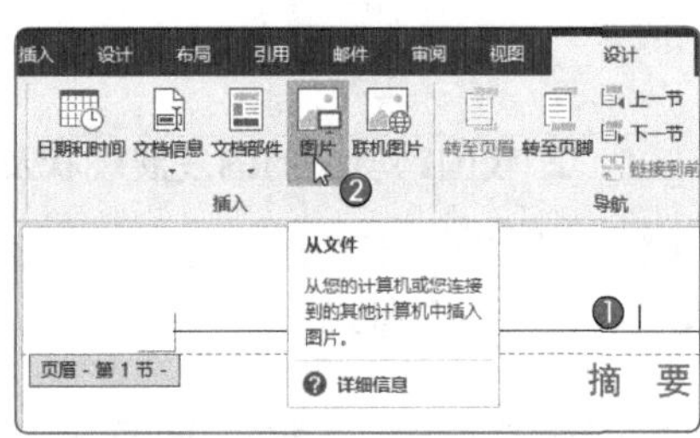

图5-16

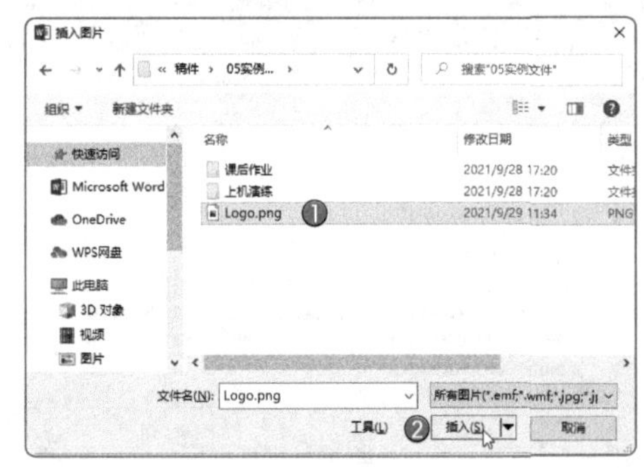

图5-17

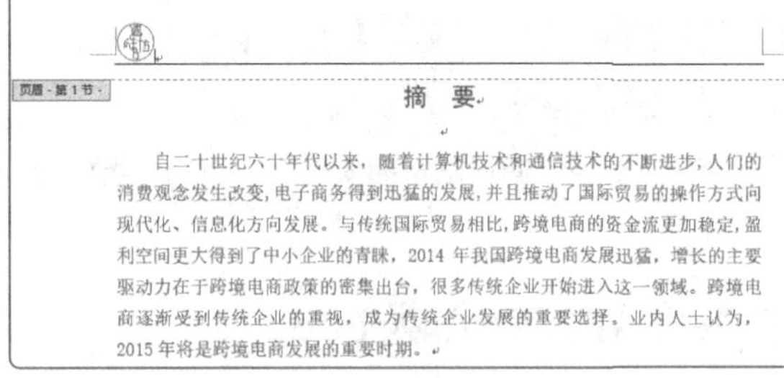

图5-18

第5章 毕业论文的编排

STEP 7 将光标插入下一页页眉中，在“页眉和页脚工具-设计”选项卡中单击“链接到前一条页眉”按钮，如图 5-19 所示，取消其选中状态。

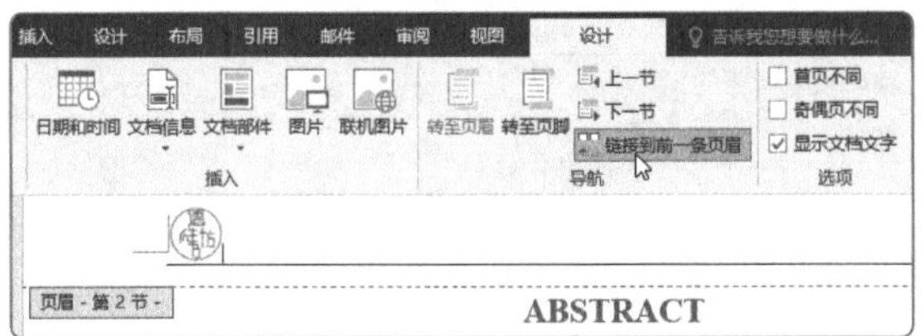

图5-19

STEP 8 将该页眉中的 Logo 图片删除，单击“关闭页眉和页脚”按钮，退出编辑状态即可，如图 5-20 所示。

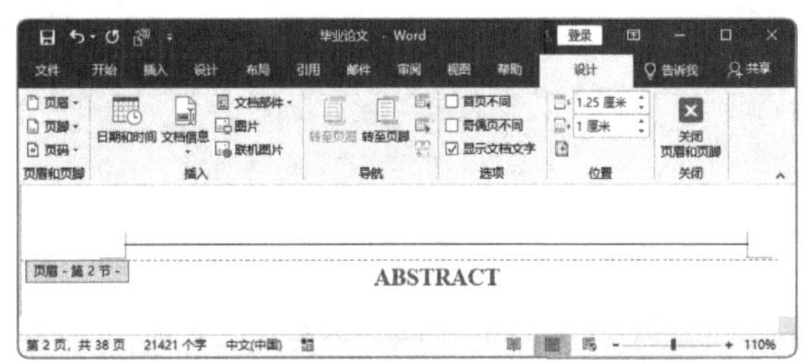

图5-20

5.2.2 设置奇偶页不同的页眉

通常在论文中，奇数页的页眉显示章标题，偶数页的页眉显示论文名称。下面介绍具体的设置方法。

STEP 1 将光标插入“ABSTRACT”页结尾位置，插入“分节符（下一页）”，如图 5-21 所示。

ABSTRACT

Since the 1960s, with advance in computer technology and communication technology, the concept of people's consumption are getting changes, e-commerce has been developed rapidly, and promotes the operation of international trade to the development of a modern, information-oriented. Compared with the traditional trade, cross-border e-commerce has more stable cash flow and the space of profit, which is popular in small and medium enterprise .in 2014, cross-border e-commerce in china is developing rapidly, the main driving force of growth lies in the introduction of intensive cross-border e-commerce policy, many traditional companies have started to enter this field. The cross-border e-commerce have got attention of traditional enterprise,and become an important choice for traditional enterprise development. the industry believes in 2015,will be an important period for cross-border e-commerce development.

Keywords: cross-border e-commerce; china; the problem of developmen

分节符(下一页)

图5-21

STEP 2 在“绪论”页面上方双击，进入页眉编辑状态，在“页眉和页脚工具-设计”选项卡中勾选“奇偶页不同”复选框，如图 5-22 所示。

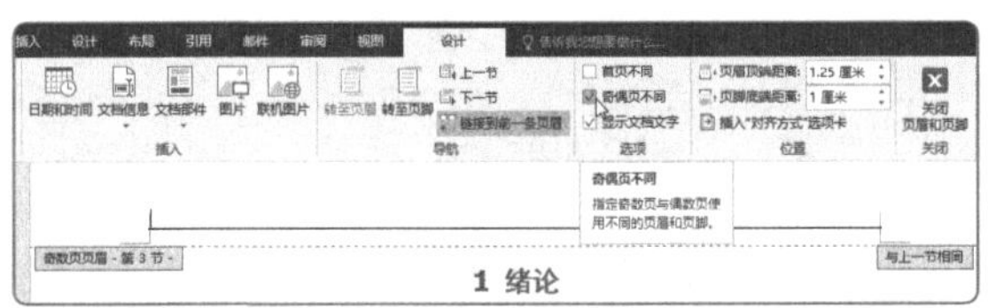

图5-22

STEP 3 将光标插入奇数页页眉中❶，取消“链接到前一条页眉”按钮的选中状态❷，单击“文档部件”下拉按钮❸，在下拉列表中选择“域”选项❹，如图 5-23 所示。

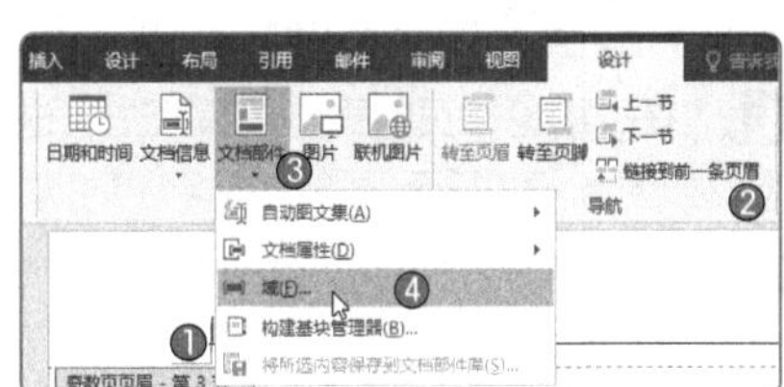

图5-23

STEP 4 在打开的“域”对话框的“类别”下拉列表框中选择“链接和引用”选项❶，在“域名”列表框中选择“StyleRef”选项❷，在“样式名”列表框中选择“标题样式”选项❸，如图 5-24 所示，单击“确定”按钮❹。

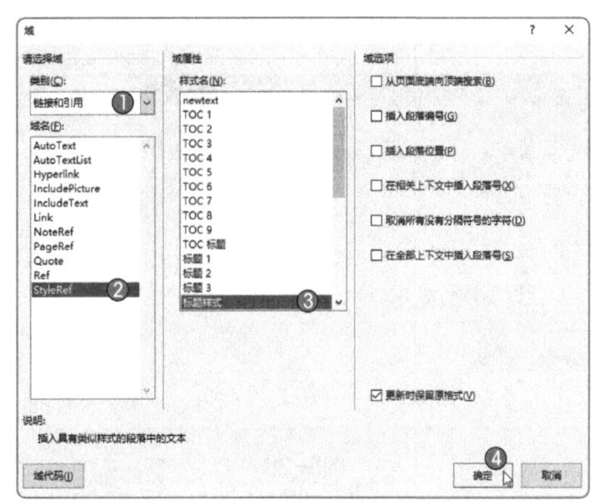

图5-24

新手误区

由于论文中的章标题（也就是一级标题）应该应用标题样式，因此“样式名”选择“标题样式”，而不是“标题1”。

STEP 5 在奇数页页眉中显示章标题后，根据需要设置章标题的字体格式和段落格式，如图 5-25 所示。

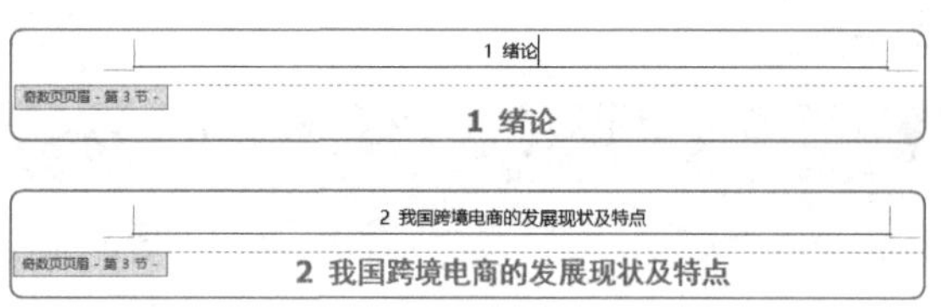

图5-25

STEP 6 将光标插入偶数页页眉中，取消“链接到前一条页眉”按钮的选中状态，输入论文名称，并设置字体格式和段落格式，如图 5-26 所示。单击“关闭页眉和页脚”按钮，退出编辑状态。

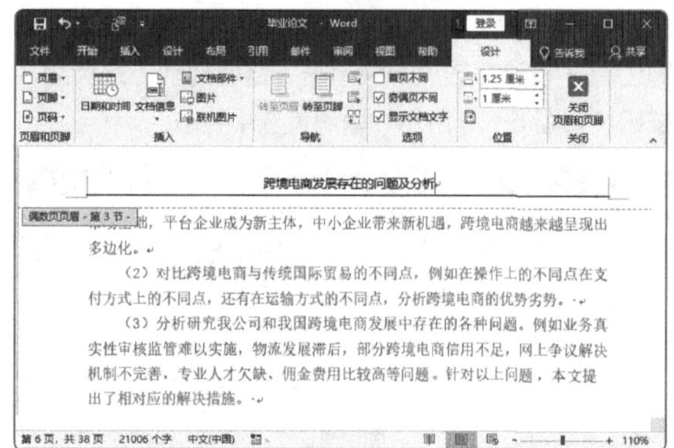

图5-26

5.2.3 插入页码

论文的页脚位置需要添加页码，下面介绍如何在指定位置插入页码。

STEP 1 在“绪论”页的页脚位置双击，进入页脚编辑状态，如图 5-27 所示。

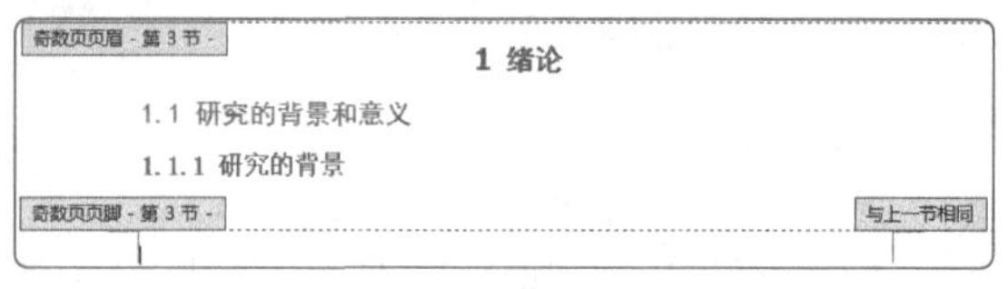

图5-27

STEP 2 将光标插入奇数页页脚中❶，取消“链接到前一条页眉”按钮的选中状态❷，单击“页码”下拉按钮❸，在下拉列表中选择“设置页码格式”选项❹，如图 5-28 所示。

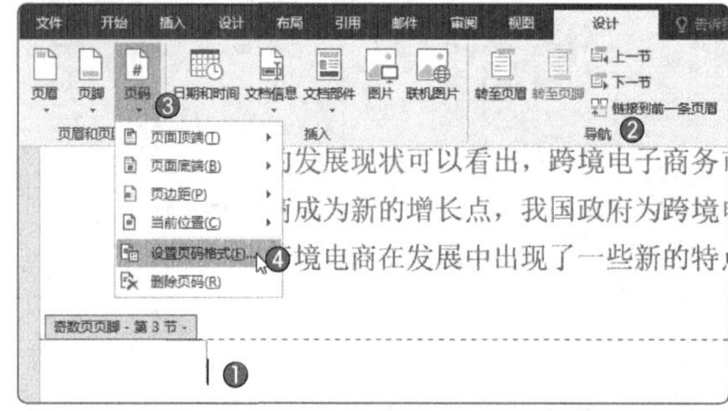

图5-28

STEP 3 在打开的“页码格式”对话框中设置“编号格式”，单击“起始页码”单选按钮并在后面的数值框中输入“1”，单击“确定”按钮，如图 5-29 所示。

STEP 4 单击“页码”下拉按钮❶，在下拉列表中选择“页面底端”选项❷，并从其子列表中选择“普通数字 2”选项❸，在“绪论”页的页脚位置插入页码“1”❹，如图 5-30 所示。

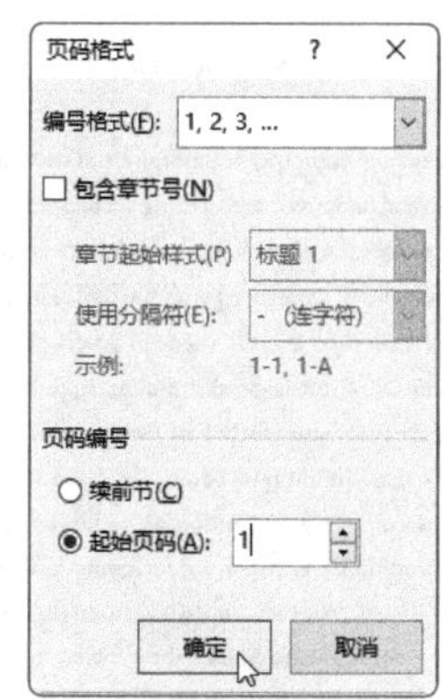

图5-29

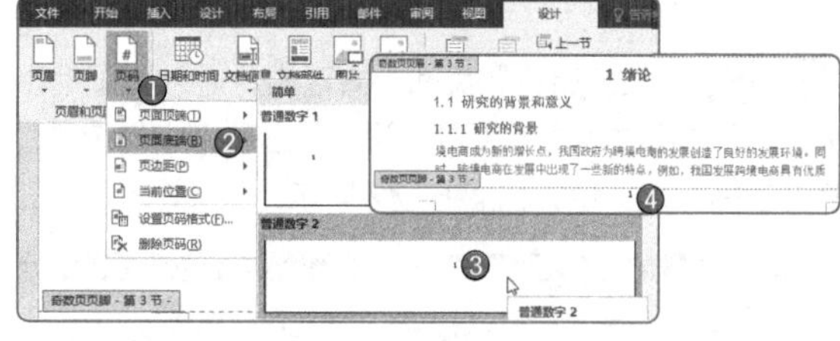

图5-30

STEP 5 将光标插入偶数页页脚位置❶，取消“链接到前一条页眉”按钮的选中状态❷，如图 5-31 所示。

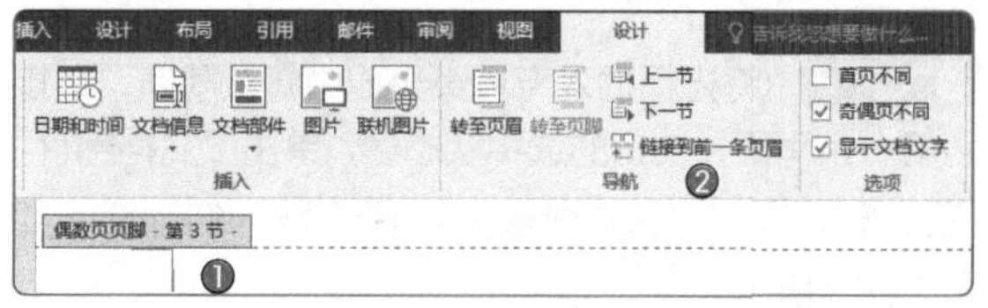

图5-31

STEP 6 单击“页码”下拉按钮❶，在下拉列表中选择“页面底端”选项❷，并从其子列表中选择“普通数字 2”选项❸，如图 5-32 所示。在偶数页页脚中插入页码“2”，如图 5-33 所示。单击“关闭页眉和页脚”按钮，退出编辑状态。最终效果如图 5-34 所示。

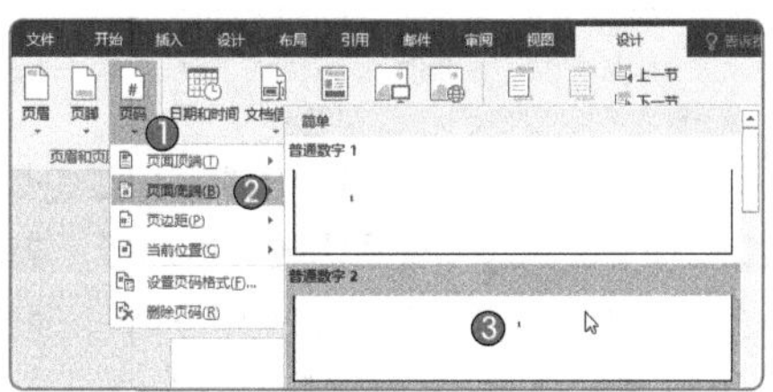

图5-32

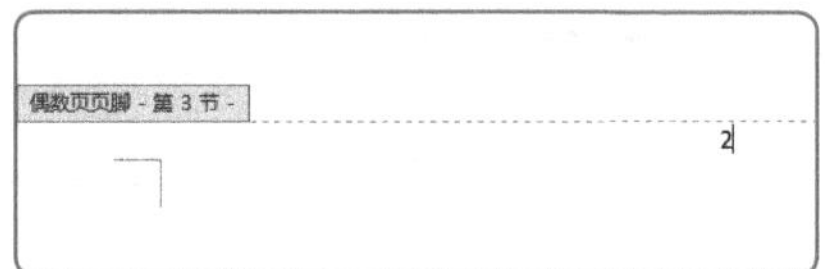

图5-33

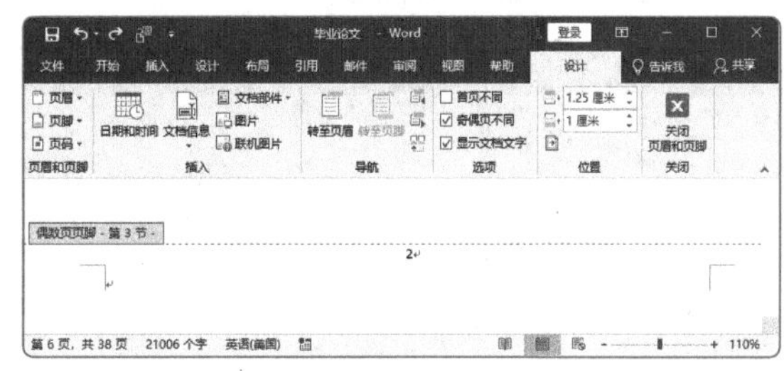

图5-34

5.2.4 提取目录

为了方便浏览论文内容，用户需要将论文的目录提取出来。下面介绍如何快速提取目录。

STEP 1 在“绪论”页前面插入一页空白页，将光标插入空白页中，在“引用”选项卡中单击“目录”下拉按钮，在下拉列表中选择“自动目录 1”选项，如图 5-35 所示。

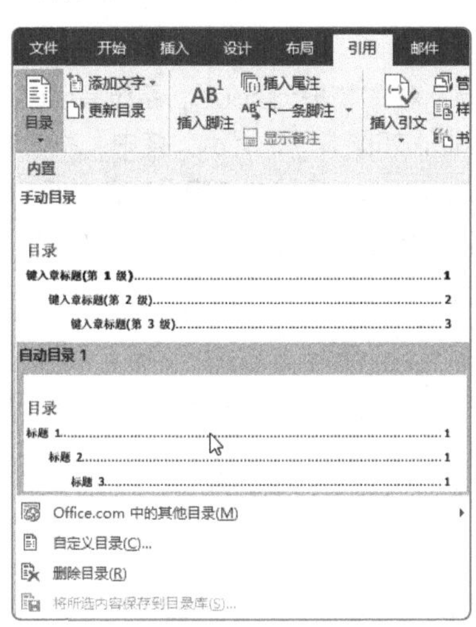

图5-35

STEP 2 将论文的目录提取出来后，设置目录的字体格式，如图 5-36 所示。

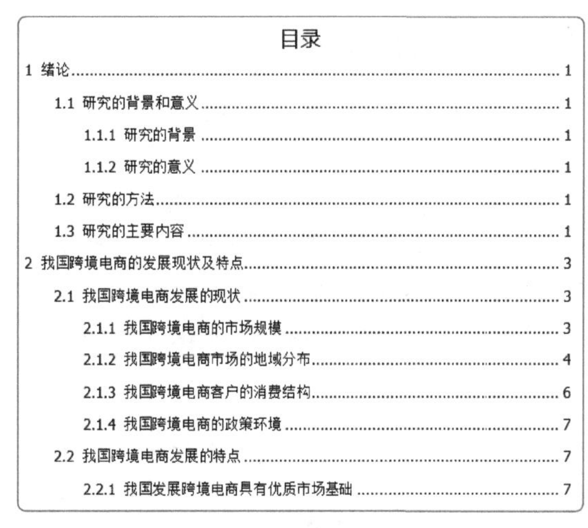

目录

1 绪论 1
1.1 研究的背景和意义 1
1.1.1 研究的背景 1
1.1.2 研究的意义 1
1.2 研究的方法 1
1.3 研究的主要内容 1
2 我国跨境电商的发展现状及特点 3
2.1 我国跨境电商发展的现状 3
2.1.1 我国跨境电商的市场规模 3
2.1.2 我国跨境电商市场的地域分布 4
2.1.3 我国跨境电商客户的消费结构 6
2.1.4 我国跨境电商的政策环境 7
2.2 我国跨境电商发展的特点 7
2.2.1 我国发展跨境电商具有优质市场基础 7

图5-36

新手误区

在提取目录之前，用户必须对标题设置样式或大纲级别，否则无法自动提取目录。

5.3 添加批注与修订

为了确保论文的准确性，用户通常需要对论文进行审阅，例如批注和修订文档。下面介绍具体的操作步骤。

5.3.1 批注文档

微课视频

检查文档时，如果需要对文档中的某些内容提出意见或建议，则可以为其添加批注。下面介绍具体的操作方法。

STEP 1 选择文本，在“审阅”选项卡中单击“新建批注”按钮，如图5-37所示。

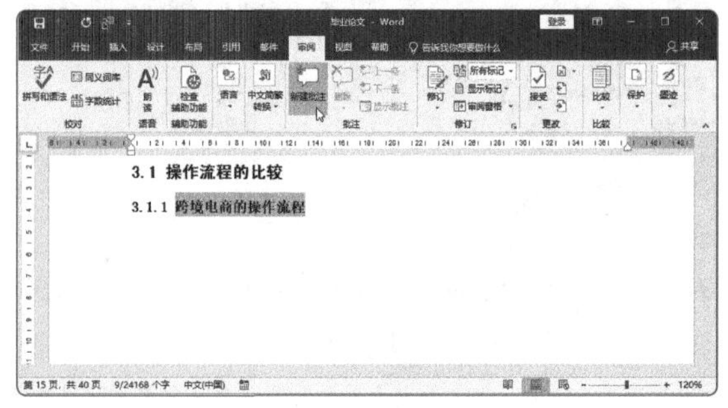

图5-37

STEP 2 文档的右侧会出现批注框，在批注框中输入相关内容即可，如图5-38所示。

3.1 操作流程的比较
3.1.1 跨境电商的操作流程
苏州雅思特婚纱礼服有限公司在敦煌网平台上的操作流程如下所示。
首先在网站上寻找图片，婚纱礼服还有伴娘装一定要是近期出来的，这样
能保持图片的更新，还有跟随潮流。

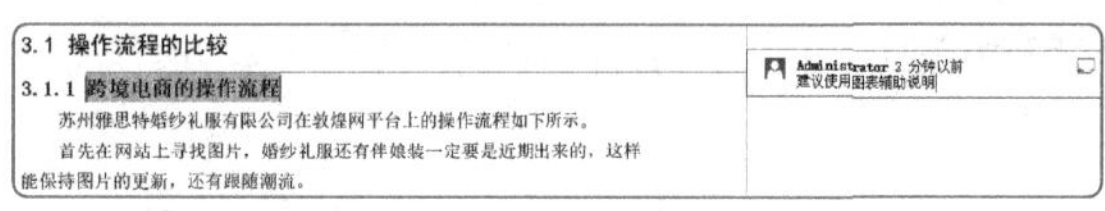

图5-38

STEP 3 如果想要删除批注，用户可以单击“删除”下拉按钮，在下拉列表中根据需要进行选择，或者单击“上一条”按钮与“下一条”按钮，一个个地查看批注信息进行删除，如图5-39所示。

引用
邮件
审阅
视图
新建批注
删除
上一条
下一条
显示批注
修订
所有标记
显示标记
审阅窗格
删除(D)
删除所有显示的批注(A)
删除文档中的所有批注(O)

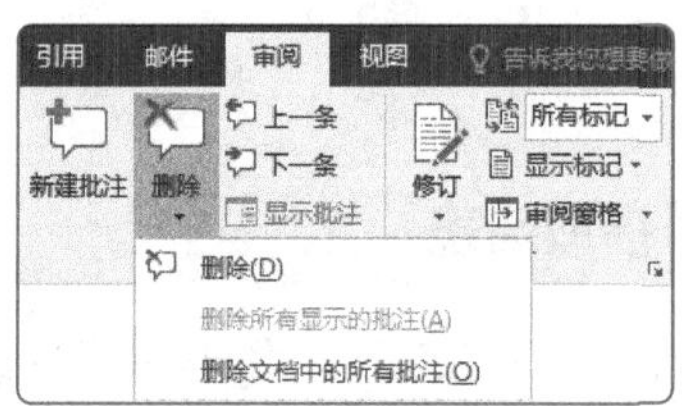

图5-39

5.3.2 修订文档

在查阅他人文档时，如果发现文档中有需要修改的地方，则可以使用“修订”功能进行修改。下面介绍具体的操作方法。

STEP 1 打开论文，在“审阅”选项卡中单击“修订”按钮，使其呈现被选中状态，在文档中对文本进行修改、删除和添加操作，如图5-40所示。

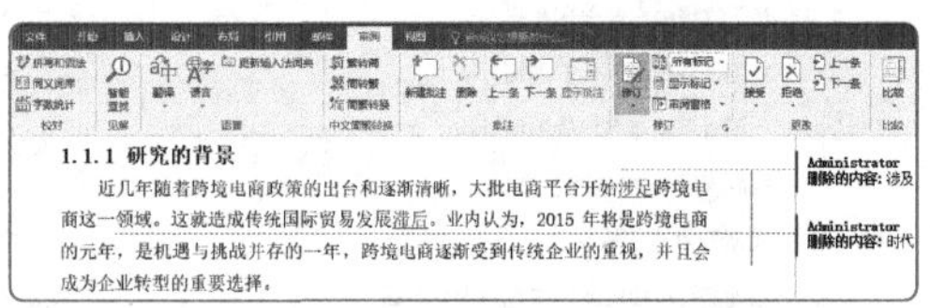

图5-40

STEP 2 如果想要更改修订标记的显示方式，用户可以单击“显示标记”下拉按钮❶，在下拉列表中选择“批注框”选项❷，并从其子列表中选择“以嵌入方式显示所有修订”选项❸，如图5-41所示。

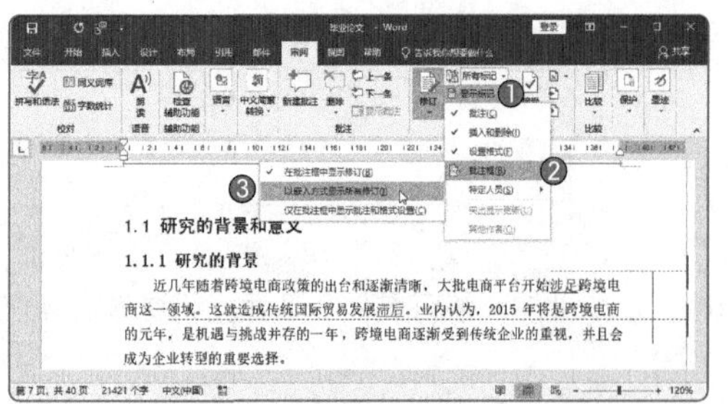

图5-41

STEP 3 对文本进行修改后，系统会以嵌入方式显示修订标记，如图5-42所示。其中，添加的内容会变色并添加下画线；删除的内容会变色并添加删除线；修改的内容会显示先删除后添加的格式标记。

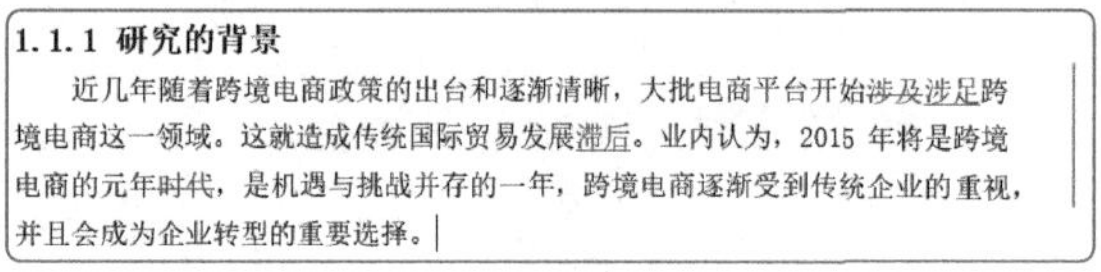

1.1.1 研究的背景
近几年随着跨境电商政策的出台和逐渐清晰，大批电商平台开始涉及涉足跨境电商这一领域。这就造成传统国际贸易发展滞后。业内认为，2015 年将是跨境电商的元年时代，是机遇与挑战并存的一年，跨境电商逐渐受到传统企业的重视，并且会成为企业转型的重要选择。

图5-42

新手误区

当用户不需要修订文档时，要取消“修订”按钮的选中状态，否则文档会一直处于修订状态。

第5章 毕业论文的编排

办公秘技

用户如果接受修订，则单击“接受”下拉按钮，在下拉列表中根据需要进行选择，如图5-43所示。用户如果拒绝修订，则单击“拒绝”下拉按钮，在下拉列表中根据需要进行选择，如图5-44所示。

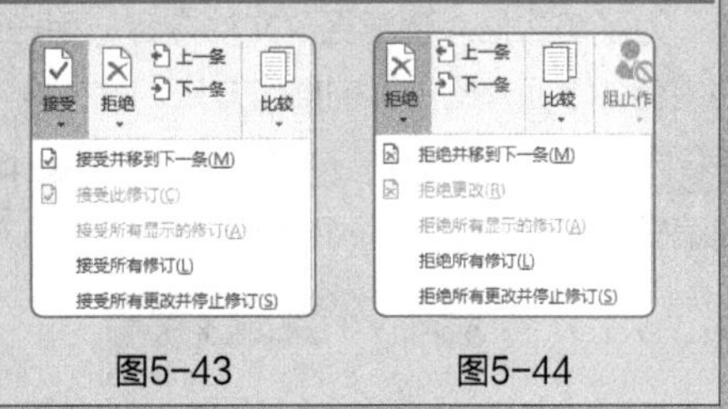

图5-43　图5-44

5.4 对文档进行保护

对于一些重要的文档，用户可以对其进行保护，防止他人随意盗用文档内容。下面介绍具体的操作步骤。

5.4.1 加密文档

微课视频

用户可以为论文设置打开密码，只有输入正确的密码才能将其打开。下面介绍具体的操作方法。

STEP 1 单击“文件”菜单，选择“信息”选项❶，并在右侧单击“保护文档”下拉按钮❷，在下拉列表中选择“用密码进行加密”选项❸，如图 5-45 所示。

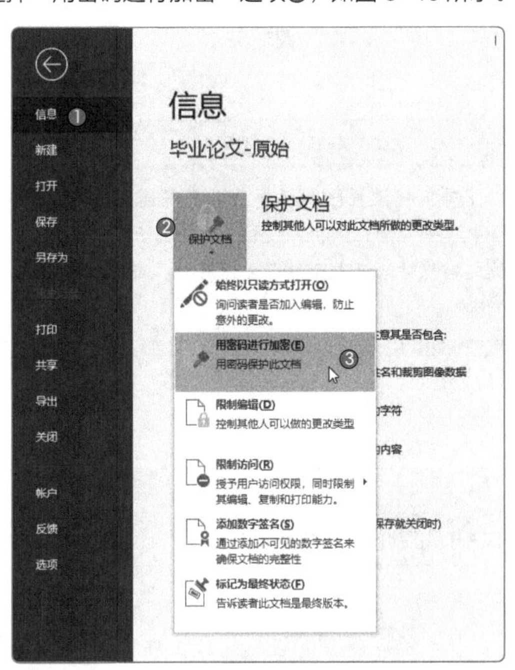

图5-45

STEP 2 在打开的“加密文档”对话框的“密码”文本框中输入“123”❶，单击“确定”按钮❷，在打开的“确认密码”对话框中重新输入密码后单击“确定”按钮，如图 5-46 所示。

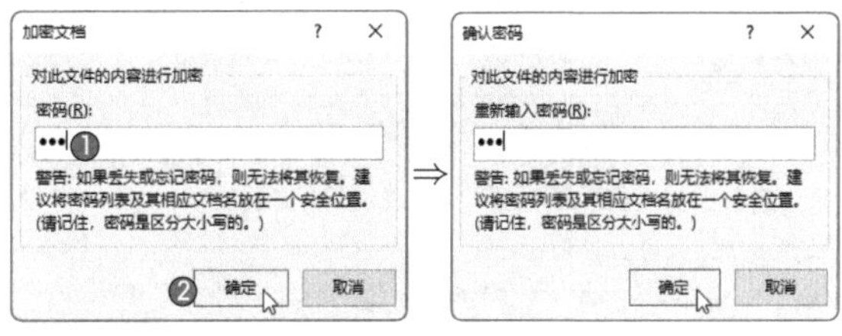

图5-46

STEP 3 保存文档后再次打开该文档，会打开“密码”对话框，只有输入正确的密码才能将其打开，如图 5-47 所示。

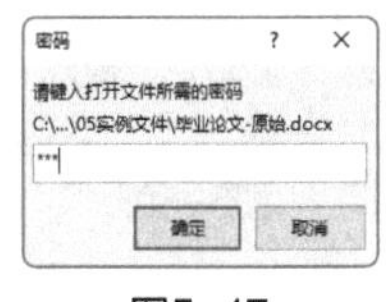

图5-47

办公秘技

用户如果想要取消设置的打开密码，则需要再次打开“加密文档”对话框，从中删除密码，如图5-48所示。

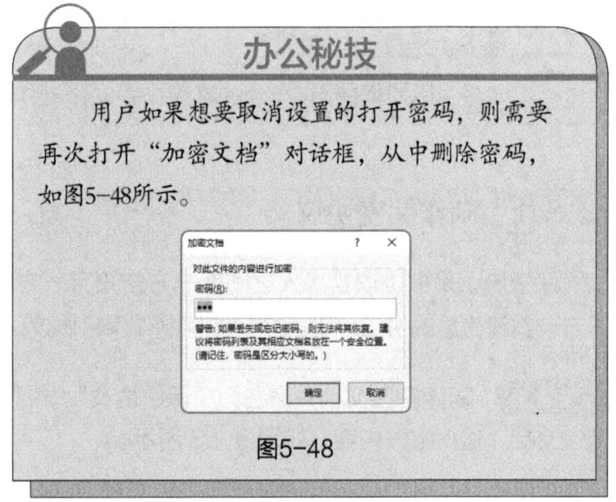

图5-48

5.4.2 设置文档权限

为了防止他人随意更改文档内容，用户可以设置文档的编辑权限，使他人只能查看文档内容，不能修改文档内容。下面介绍具体的操作方法。

STEP 1 打开论文，在“审阅”选项卡中单击“限制编辑”按钮，如图 5-49 所示。

图5-49

STEP 2 在打开的“限制编辑”窗格中勾选“仅允许在文档中进行此类型的编辑”复选框❶，并在下方的下拉列表框中选择“不允许任何更改（只读）”选项❷，单击“是，启动强制保护”按钮❸，如图 5-50 所示。

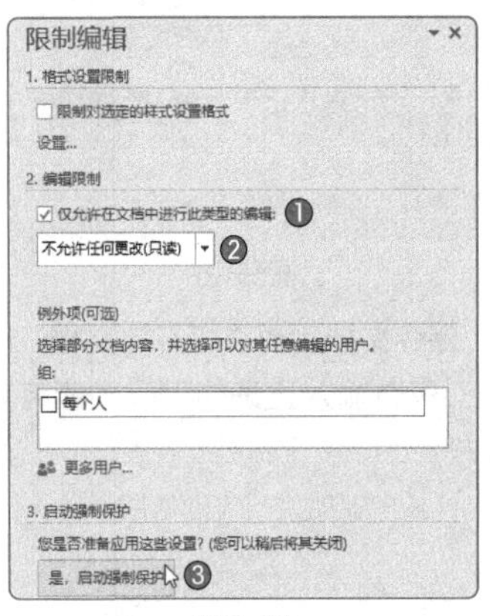

图5-50

STEP 3 在打开的“启动强制保护”对话框的“新密码”文本框中输入“123”，并确认新密码，单击“确定”按钮，如图 5-51 所示。

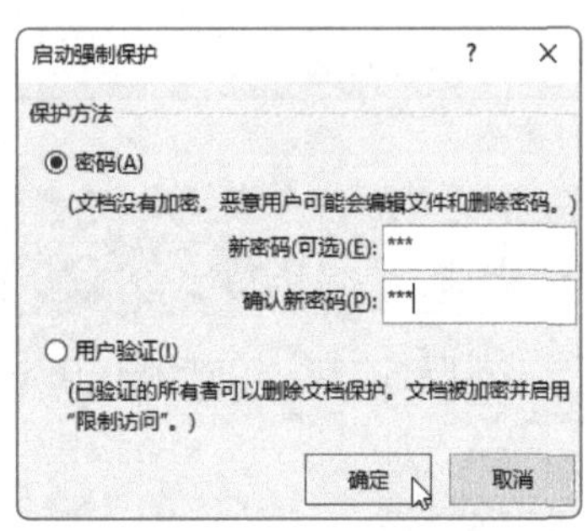

图5-51

此时删除或修改文档中的内容，系统在文本下方弹出提示内容——“由于所选内容已被锁定，您无法进行此更改”，如图5-52所示。

由于所选内容已被锁定，您无法进行此更改。

图5-52

办公秘技

对文档设置限制编辑后，在“限制编辑”窗格中单击“停止保护”按钮，并在打开的“取消保护文档”对话框中输入设置的密码，可以取消限制编辑。

5.5 上机演练

本节将介绍如何使用Word的高级排版操作制作保密协议和批量制作产品合格证。

5.5.1 制作保密协议

微课视频

保密协议是指协议当事人之间就一方告知另一方的书面或口头信息，约定不得向任何第三方披露该信息的协议。下面介绍如何制作保密协议。

STEP 1 新建空白文档并命名为“保密协议”。打开该文档，输入相关内容，如图 5-53 所示。

STEP 2 设置文本内容的字体格式和段落格式，并添加下画线，如图 5-54 所示。

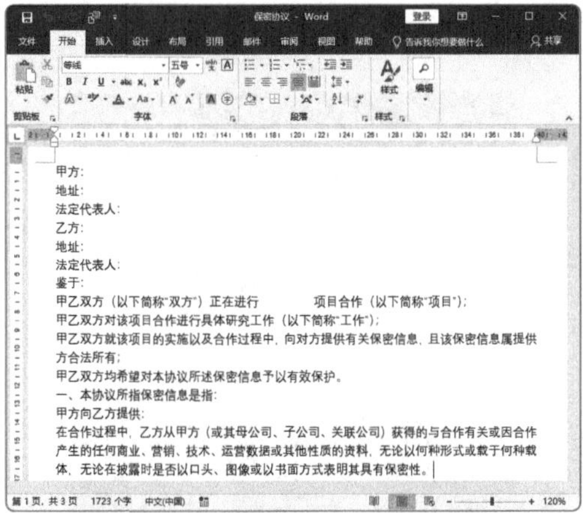

图5-53

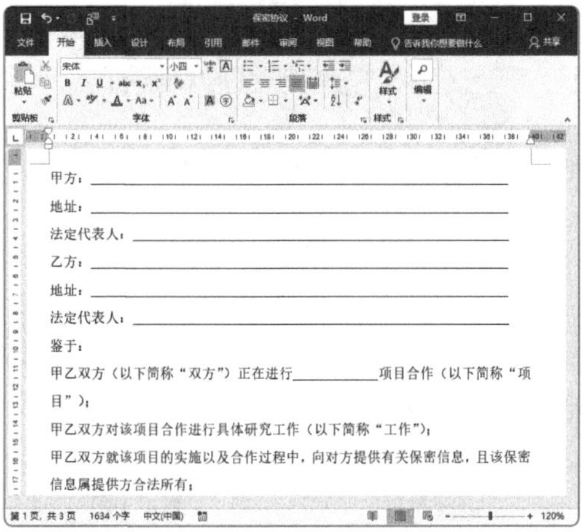

图5-54

STEP 3 选择文本，为其添加编号，如图5-55所示。

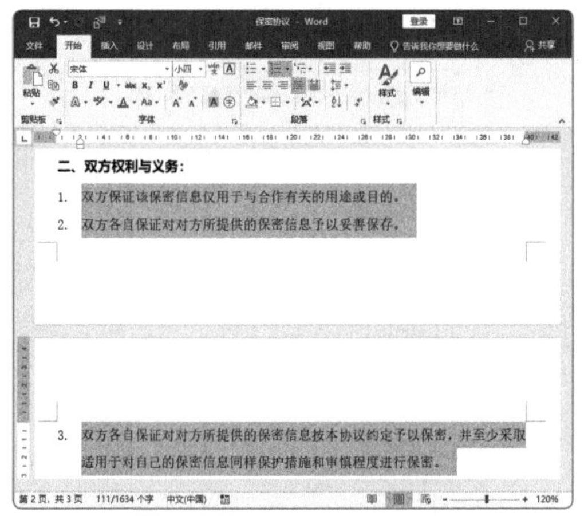

图5-55

STEP 4 选择其他文本，为其添加项目符号，如图5-56所示。

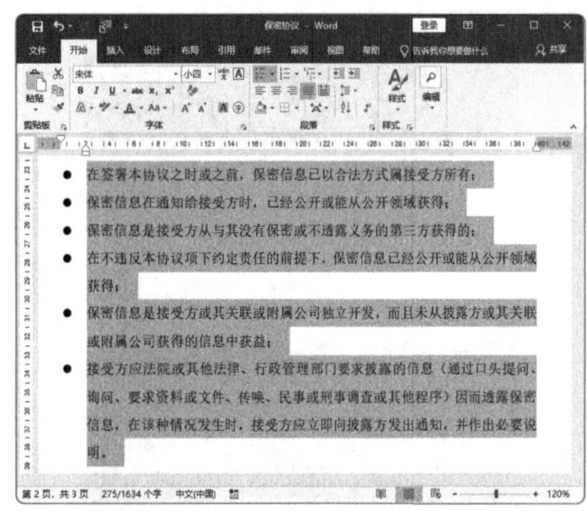

图5-56

STEP 5 在“插入”选项卡中单击“页码”下拉按钮，在下拉列表中选择“页面底端”选项，并从其子列表中选择“普通数字2”选项，如图5-57所示，为文档添加页码。

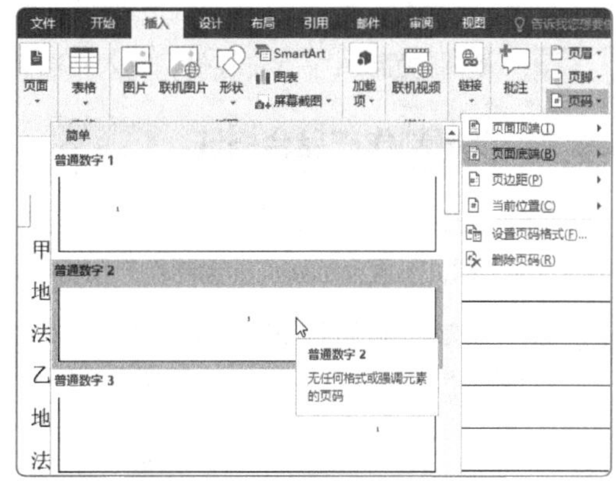

图5-57

STEP 6 在“插入”选项卡中单击“封面”下拉按钮，在下拉列表中选择合适的封面样式，如图5-58所示。在文档中插入封面页后的效果如图5-59所示。

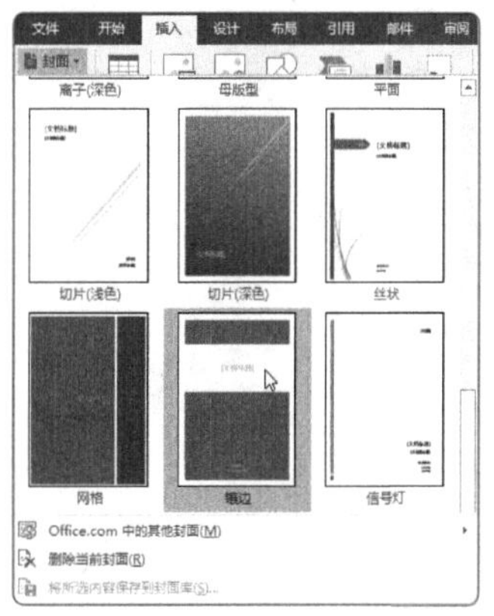

图5-58

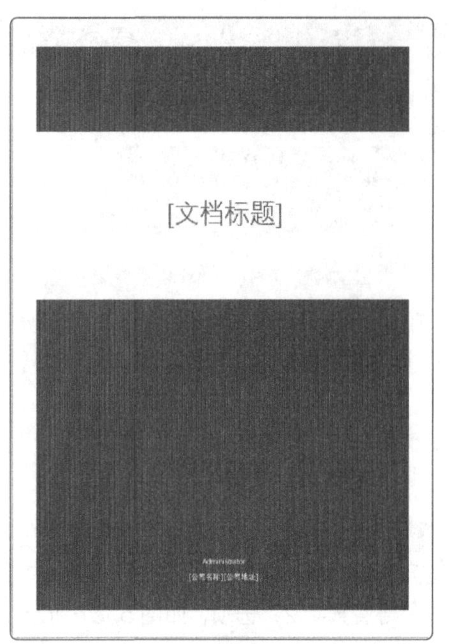

图5-59

STEP 7 删除封面页中多余的控件，输入文档标题“保密协议”，完成保密协议的制作，如图 5-60 所示。

图5-60

5.5.2 批量制作产品合格证

产品合格证是指生产者为表明出厂的产品经质量检验合格，附于产品或者产品包装上的合格证书、合格标签或者合格印章。下面介绍如何批量制作产品合格证。

STEP 1 新建一个空白文档并命名为“产品合格证”。打开该文档，设置“页边距”，如图 5-61 所示。再设置“纸张”，如图 5-62 所示。

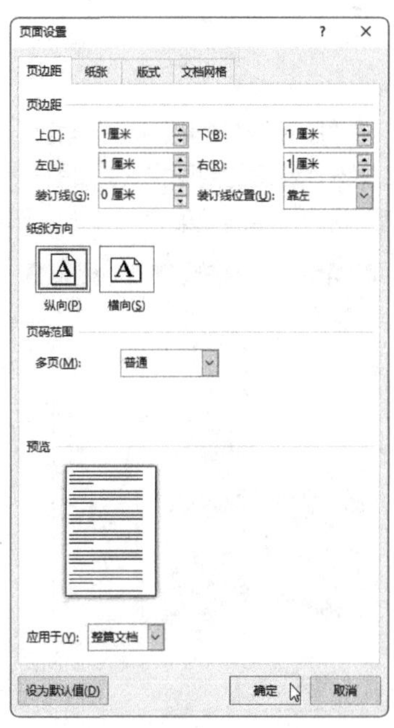

图5-61

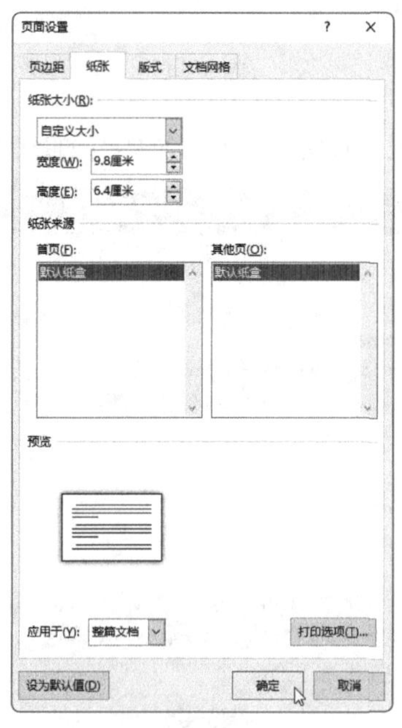

图5-62

STEP 2 使用形状和文本框制作一个“产品合格证”模板，如图 5-63 所示。

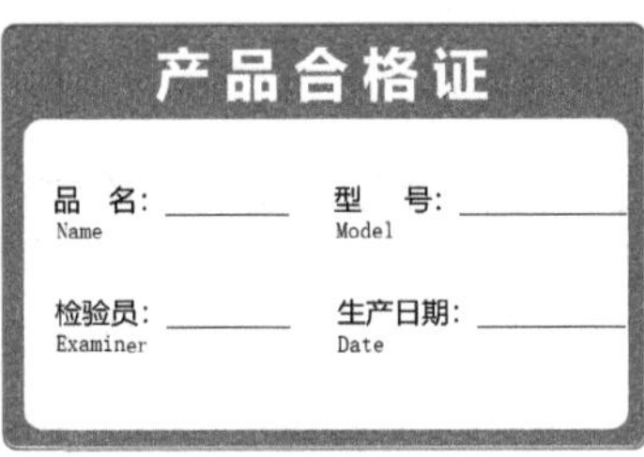

图5-63

STEP 3 在Excel工作表中输入“品名”“型号”“检验员”“生产日期”信息，如图5-64所示。

	A	B	C	D
1	品名	型号	检验员	生产日期
2	挖掘机	925LC	赵佳	2021/8/9
3	装载机	ZL50C	李欢	2021/9/10
4	打夯机	HW60	刘琦	2021/9/15
5	工程钻机	SR200D	赵璇	2021/10/15
6	泥浆泵	3LN	王晓	2021/10/18
7	布料机	HGY15	徐蚌	2021/10/25
8	电焊机	BX3-300	孙杨	2021/11/1
9	全站仪	GTS-602	周红	2021/11/17

图5-64

STEP 4 打开“产品合格证”文档，在“邮件”选项卡中单击“选择收件人”下拉按钮，在下拉列表中选择“使用现有列表”选项，如图5-65所示。

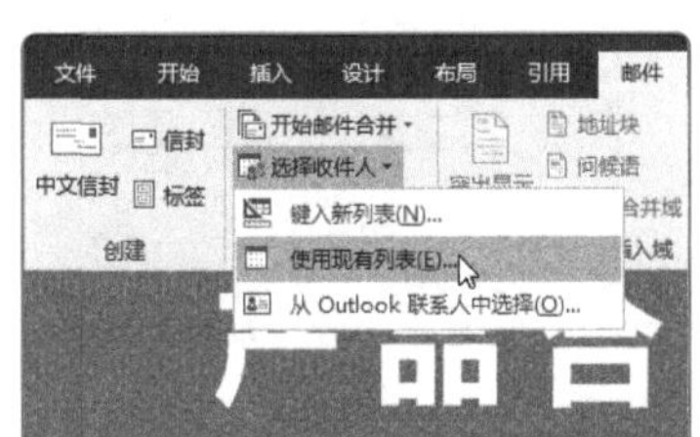

图5-65

STEP 5 在打开的“选取数据源”对话框中选择“信息”表格，单击“打开”按钮，如图5-66所示，打开“选择表格”对话框，直接单击“确定”按钮，将“信息”数据源导入文档中。

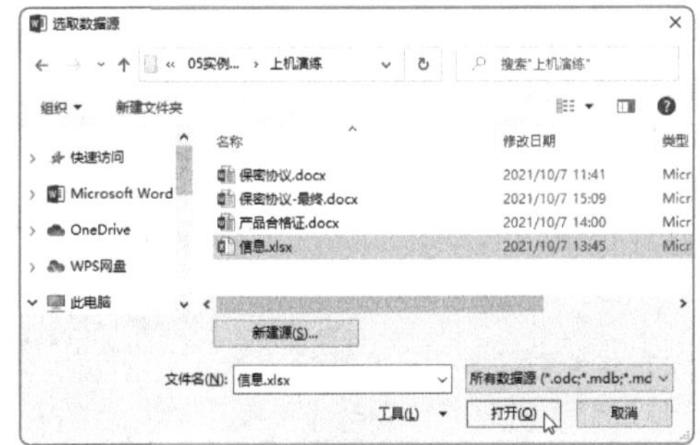

图5-66

STEP 6 将光标插入“品名”文本后面，在“邮件”选项卡中单击“插入合并域”下拉按钮，在下拉列表中选择“品名”选项，如图5-67所示。

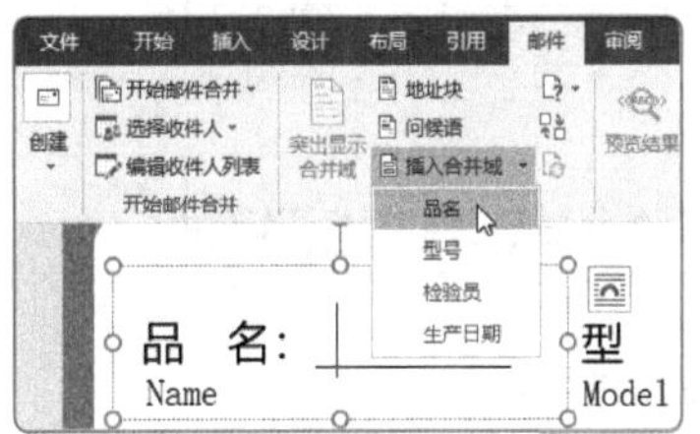

图5-67

STEP 7 按照同样的方法，插入“型号”“检验员”“生产日期”的域，并设置字体格式，如图5-68所示。

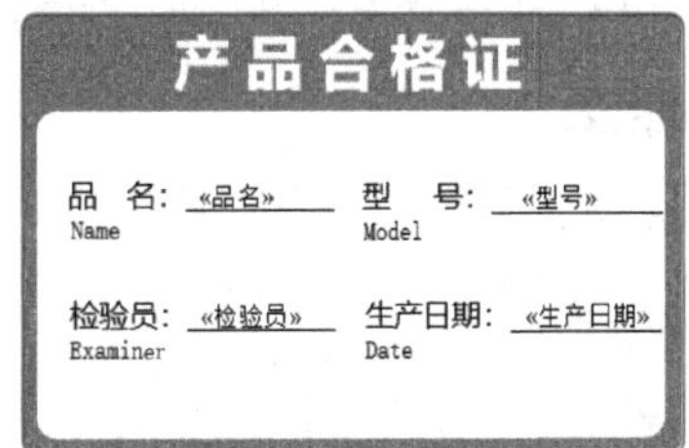

图5-68

STEP 8 在“邮件”选项卡中单击“完成并合并”下拉按钮，在下拉列表中选择“编辑单个文档”选项，打开“合并到新文档”对话框，单击“全部”单选按钮，如图5-69所示。单击“确定”按钮，效果如图5-70所示。

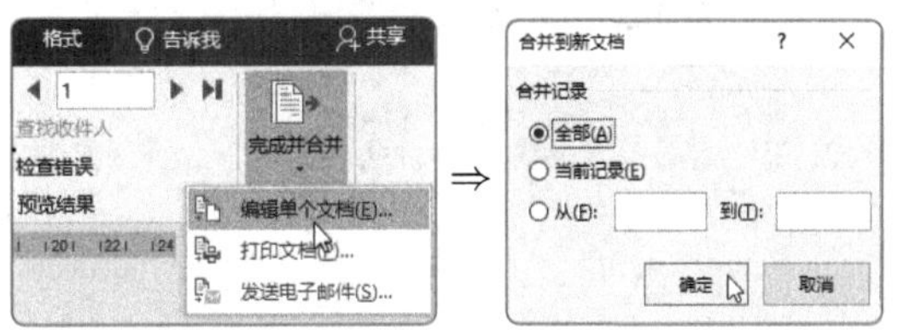

图5-69

图5-70

5.6 课后作业

本章介绍了长文档编排的一些基本操作。下面通过对新员工培训手册及市场调查报告两份文档进行编排制作，帮助读者巩固本章知识点。

5.6.1 制作新员工培训手册

1. 项目需求

为了使新员工明确自身工作职责和内容、了解企业文化等，公司需要制作新员工培训手册，对员工进行培训、考核。

2. 项目分析

制作新员工培训手册需要用到插入封面、插入页眉、插入页码、提取目录等操作技巧。

3. 项目效果

新员工培训手册制作完成后的效果如图5-71所示。

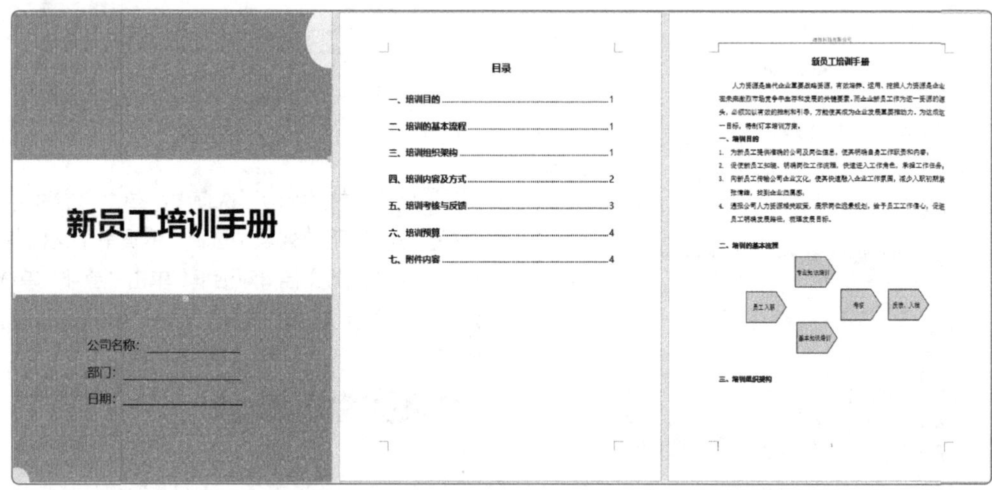

图5-71

5.6.2 制作市场调查报告

1. 项目需求

为了帮助企业了解、掌握市场的现状和趋势，增强企业在市场经济大潮中的应变能力和竞争能力，从而有效地促进经营管理水平的提高，现需要制作市场调查报告。

2. 项目分析

制作市场调查报告涉及插入封面、插入页码、插入表格等操作技巧。

3. 项目效果

市场调查报告制作完成后的效果如图5-72所示。

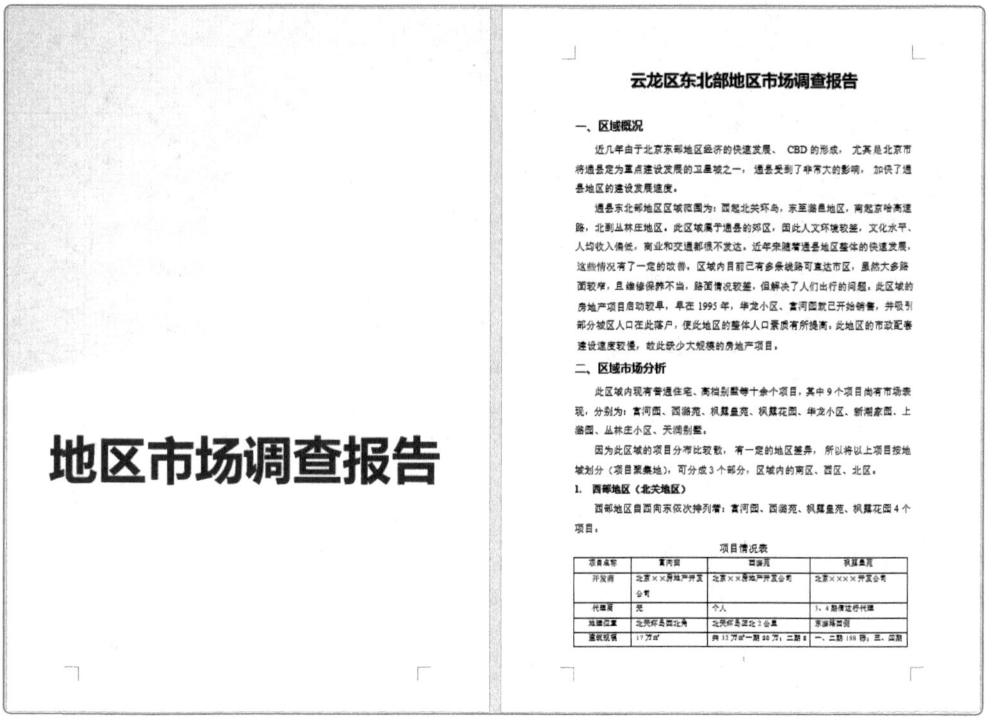

地区市场调查报告

云龙区东北部地区市场调查报告

一、区域概况

近几年由于北京东部地区经济的快速发展、 CBD 的形成， 尤其是北京市将通县定为重点建设发展的卫星城之一， 通县受到了非常大的影响， 加快了通县地区的建设发展速度。

通县东北部地区区域范围为：西起北关环岛，东至潞邑地区，南起京哈高速路，北到丛林庄地区。此区域属于通县的郊区，因此人文环境较差，文化水平、人均收入偏低，商业和交通都很不发达。近年来随着通县地区整体的快速发展，这些情况有了一定的改善。区域内目前已有多条线路可直达市区，虽然大多路面较窄，且维修保养不当，路面情况较差，但解决了人们出行的问题。此区域的房地产项目启动较早，早在 1995 年，华龙小区、富河园就已开始销售，并吸引部分城区人口在此落户，使此地区的整体人口素质有所提高。此地区的市政配套建设速度较慢，故此缺少大规模的房地产项目。

二、区域市场分析

此区域内现有普通住宅、高档别墅等十余个项目，其中 9 个项目尚有市场表现，分别为：富河园、西潞苑、枫露皇苑、枫露花园、华龙小区、新潮家园、上潞园、丛林庄小区、天润别墅。

因为此区域的项目分布比较散， 有一定的地区差异， 所以将以上项目按地域划分（项目聚集地），可分成 3 个部分，区域内的南区、西区、北区。

1. 西部地区（北关地区）

西部地区自西向东依次排列着：富河园、西潞苑、枫露皇苑、枫露花园 4 个项目。

项目情况表

项目名称	富河园	西潞苑	枫露皇苑
开发商	北京××房地产开发公司	北京××房地产开发公司	北京××××开发公司
代理商	无	个人	3、4 期情达行代理
地理位置	北关环岛西北角	北关环岛正北 2 公里	东潞路西侧
建筑规模	17 万m²	共 33 万m²一期 20 万；二期 8	一、二期 158 栋；三、四期

1

图5-72

第6章

费用报销表格的创建

本章主要介绍费用报销明细表的制作。通过对本章的学习，读者可以利用 Excel 创建工作簿与工作表、对单元格格式进行调整、拆分和冻结工作表、对工作表进行保护、打印工作表等，掌握工作表的基本操作。

6.1 创建工作簿与工作表

制作费用报销明细表首先需要创建工作簿，然后在工作表中输入相关数据。下面介绍具体的操作步骤。

6.1.1 新建工作簿和工作表

默认情况下，工作簿中只有一个工作表，用户可以根据需要新建工作表。

STEP 1 启动 Excel，在打开的界面中选择“空白工作簿”选项，如图 6-1 所示。

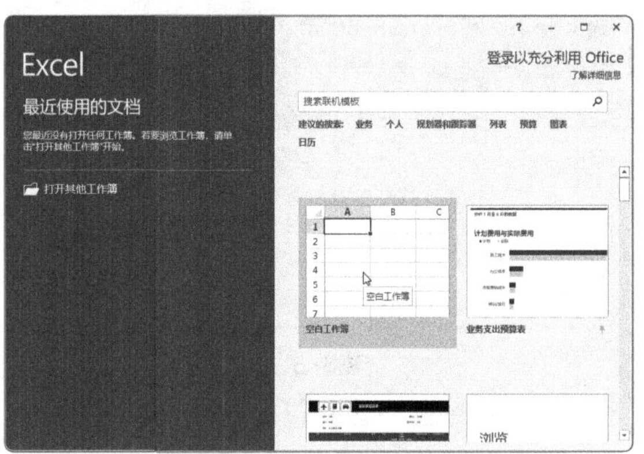

图6-1

STEP 2 创建一个名为“工作簿 1”的空白工作簿，如图 6-2 所示。

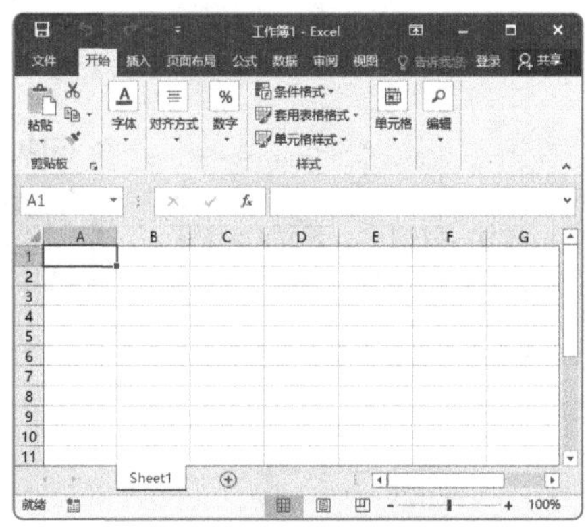

图6-2

办公秘技

除了创建空白工作簿外，用户还可以创建模板工作簿。打开Excel界面，在“搜索联机模板”搜索框中输入关键词❶，如图6-3所示，按【Enter】键，搜索出相关模板，在需要的模板上方单击❷即可创建模板工作簿，如图6-4所示。

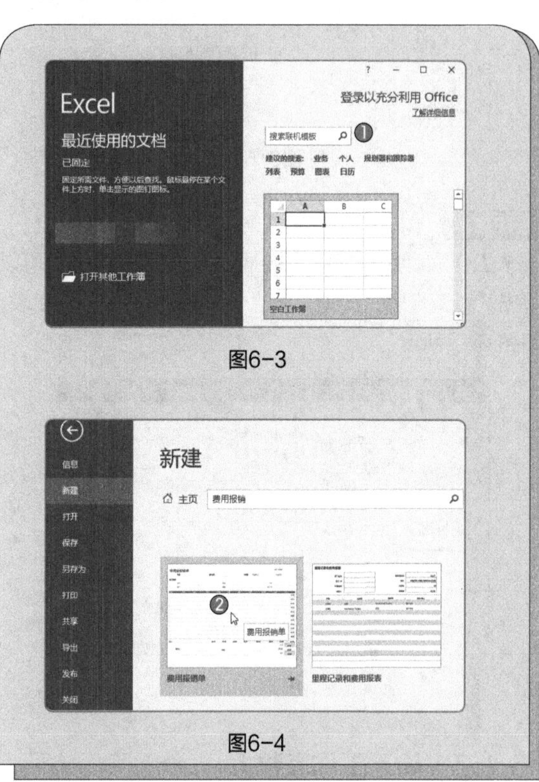

图6-3

图6-4

STEP 3 单击“文件”菜单，选择“另存为”选项❶，在“另存为”界面中单击“浏览”按钮❷，如图6-5所示。

图6-5

STEP 4 在打开的“另存为”对话框中选择保存位置并输入“文件名”，单击“保存”按钮保存文件，如图 6-6 所示。

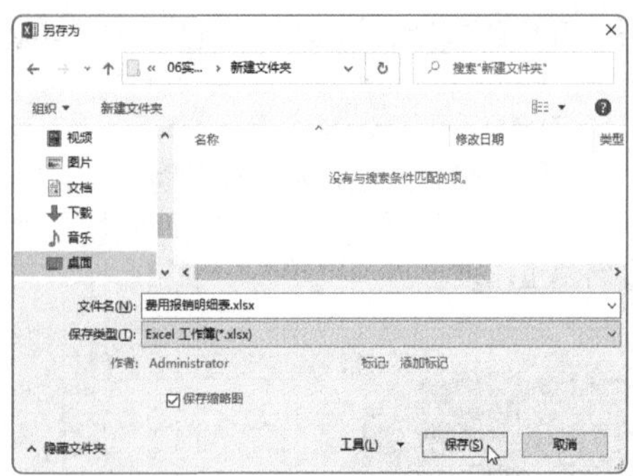

图6-6

STEP 5 创建的空白工作簿中默认只有“Sheet1”一个工作表，用户如果想要插入一个新工作表，可以单击“新工作表”按钮，新建一个“Sheet2”工作表，如图 6-7 所示。

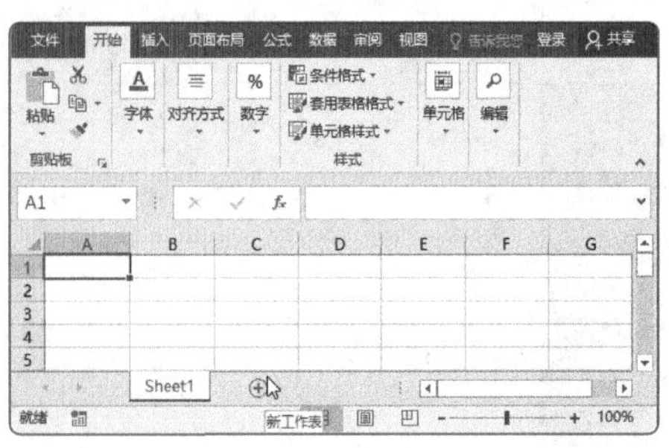

图6-7

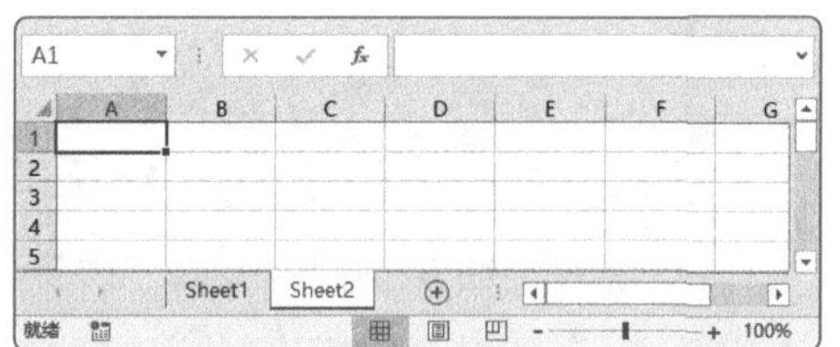

图6-7（续）

办公秘技

用户如果想要删除新建的工作表，则在工作表上单击鼠标右键，在弹出的快捷菜单中选择“删除”命令即可，如图6-8所示。

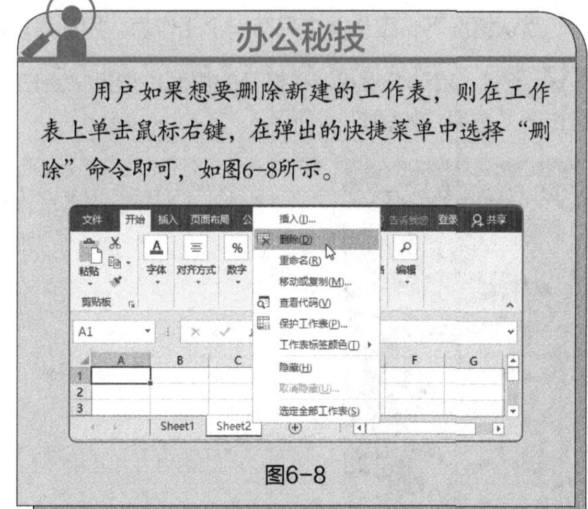

图6-8

6.1.2 输入工作表数据

在工作表中需要输入各种类型的数据，这看似很简单，其实也要讲究技巧。下面介绍具体的方法。

STEP 1 在工作表中输入列标题，如图 6-9 所示。

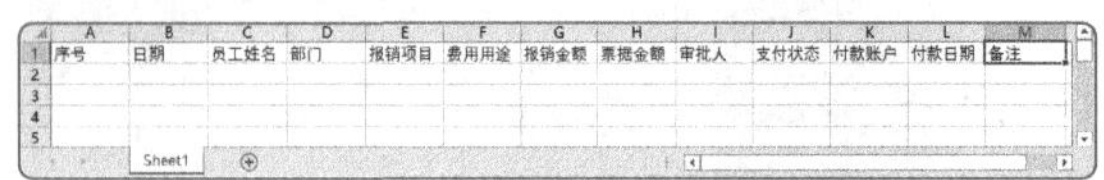

图6-9

STEP 2 选择 A2 单元格，输入“1”，将鼠标指针移至该单元格右下角，如图 6-10 所示。按住鼠标左键，向下拖动鼠标指针至 A12 单元格，并单击“自动填充选项”按钮，从弹出的列表中单击“填充序列”单选按钮，快速输入“序号”，如图 6-11 所示。

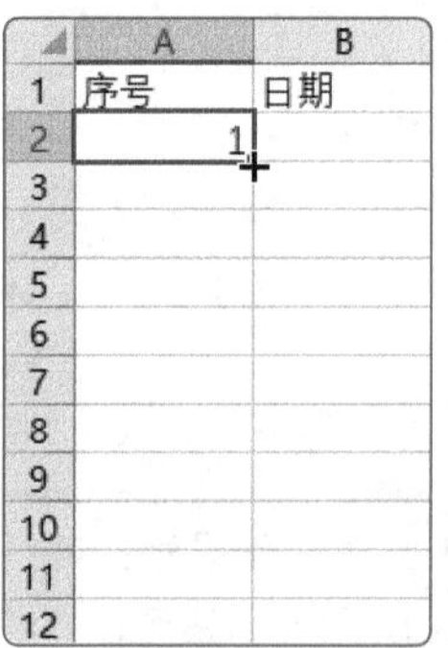

图6-10

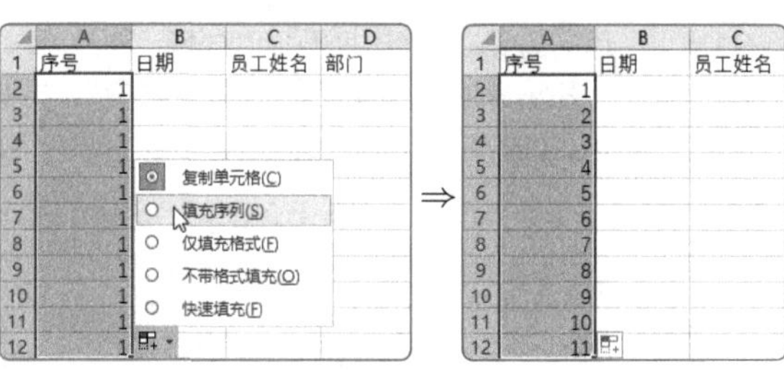

图6-11

STEP 3 输入“日期”和“员工姓名”，如图 6-12 所示。

序号	日期	员工姓名	部门
1	2021/8/1	王晓	
2	2021/8/2	刘佳	
3	2021/8/3	李琦	
4	2021/8/4	孙杨	
5	2021/8/6	张宇	
6	2021/8/7	吴乐	
7	2021/8/8	赵璇	
8	2021/8/9	朱珠	
9	2021/8/10	文雅	
10	2021/8/11	刘明	
11	2021/8/12	张伟	

图6-12

STEP 4 选择 D2:D12 单元格区域，在“数据”选项卡中单击“数据验证”按钮，如图 6-13 所示。

序号	日期	员工姓名	部门
1	2021/8/1	王晓	
2	2021/8/2	刘佳	
3	2021/8/3	李琦	
4	2021/8/4	孙杨	
5	2021/8/6	张宇	
6	2021/8/7	吴乐	
7	2021/8/8	赵璇	

数据验证

从规则列表中进行选择以限制可以在单元格中输入的数据类型。

例如，您可以提供一个值列表(例如，1、2 和 3)，或者仅允许输入大于 1000 的有效数字。

详细信息

图6-13

STEP 5 在打开的“数据验证”对话框的“设置”选项卡中将“允许”设置为“序列”❶，在“来源”文本框中输入“人事部,销售部,财务部,技术部”❷，单击“确定”按钮❸，如图 6-14 所示。

STEP 6 选择 D2 单元格，单击其右侧的下拉按钮，在下拉列表中选择“人事部”选项，如图 6-15 所示，即可将“人事部”输入单元格中。

新手误区

在“来源”文本框中输入的“人事部”“销售部”“财务部”“技术部”之间一定要用英文逗号隔开。

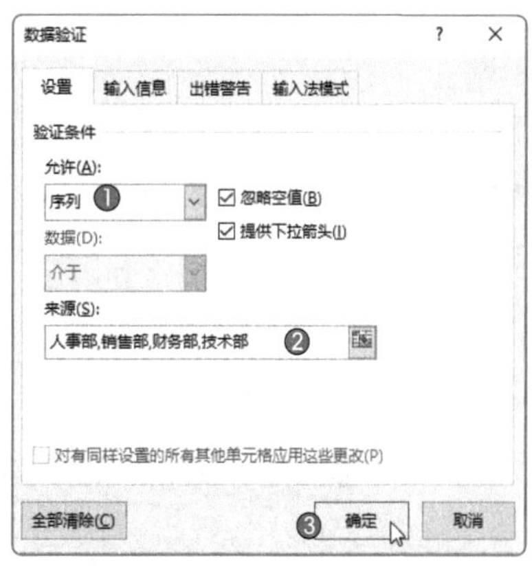

图6-14

序号	日期	员工姓名	部门	报销项目
1	2021/8/1	王晓		
2	2021/8/2	刘佳	人事部	
3	2021/8/3	李琦	销售部	
4	2021/8/4	孙杨	财务部	
5	2021/8/6	张宇	技术部	
6	2021/8/7	吴乐		
7	2021/8/8	赵璇		
8	2021/8/9	朱珠		
9	2021/8/10	文雅		
10	2021/8/11	刘明		
11	2021/8/12	张伟		

图6-15

STEP 7 按照上述方法完成“部门”信息的输入，接着输入“报销项目”“费用用途”“报销金额”“票据金额”信息，如图 6-16 所示。

序号	日期	员工姓名	部门	报销项目	费用用途	报销金额	票据金额	审批人	支付状态
1	2021/8/1	王晓	人事部	招待费	A项目接待第三方	2500	2500		
2	2021/8/2	刘佳	销售部	差旅费	去北京出差	3000	3000		
3	2021/8/3	李琦	财务部	办公费	购买会计账簿和打印机	1800	1800		
4	2021/8/4	孙杨	技术部	保险费	技术工购买保险	2900	2900		
5	2021/8/6	张宇	财务部	审计费	审计去年成本费用	1500	1500		
6	2021/8/7	吴乐	销售部	银行手续费	汇款给甲公司	1200	1200		
7	2021/8/8	赵璇	人事部	劳务费	给兼职人员派发工资	5000	5000		
8	2021/8/9	朱珠	销售部	检测费	检测A项目合格与否	2300	2300		
9	2021/8/10	文雅	财务部	维修费	维修财务部打印机	3600	3600		
10	2021/8/11	刘明	技术部	运费	向A公司寄材料	1700	1700		
11	2021/8/12	张伟	人事部	燃油费	公司车辆加油	1500	1500		

图6-16

STEP 8 按住【Ctrl】键选择 I2、I3、I5、I6、I7、I9、I12 单元格，在“编辑栏”中输入“马可”，如图 6-17 所示，按【Ctrl+Enter】组合键，在所选单元格中输入相同内容，如图 6-18 所示。

I12 马可

费用用途	报销金额	票据金额	审批人
A项目接待第三方	2500	2500	
去北京出差	3000	3000	
购买会计账簿和打印机	1800	1800	
技术工购买保险	2900	2900	
审计去年成本费用	1500	1500	
汇款给甲公司	1200	1200	
给兼职人员派发工资	5000	5000	
检测A项目合格与否	2300	2300	
维修财务部打印机	3600	3600	
向A公司寄材料	1700	1700	
公司车辆加油	1500	1500	马可

图6-17

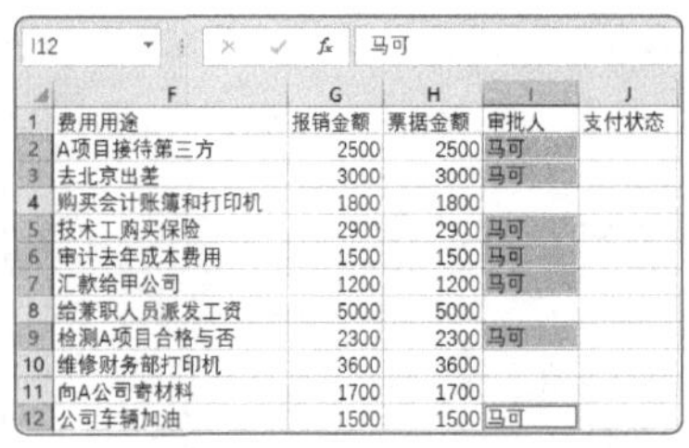

	F	G	H	I	J
1	费用用途	报销金额	票据金额	审批人	支付状态
2	A项目接待第三方	2500	2500	马可	
3	去北京出差	3000	3000	马可	
4	购买会计账簿和打印机	1800	1800		
5	技术工购买保险	2900	2900	马可	
6	审计去年成本费用	1500	1500	马可	
7	汇款给甲公司	1200	1200	马可	
8	给兼职人员派发工资	5000	5000		
9	检测A项目合格与否	2300	2300	马可	
10	维修财务部打印机	3600	3600		
11	向A公司寄材料	1700	1700		
12	公司车辆加油	1500	1500	马可	

图6-18

STEP 9 按照 **STEP 8** 所述方法，完成“审批人”信息的输入，并输入“支付状态”“付款账户”“付款日期”信息，如图6-19所示。

图6-19

6.2 对单元格格式进行调整

在工作表中输入数据后，需要对数据的单元格格式进行调整，例如设置字体格式、设置对齐方式、设置数字格式、设置行高和列宽、设置边框和底纹等。

6.2.1 设置单元格格式

微课视频

单元格格式包括数字格式、字体格式、对齐方式等，下面介绍如何设置“费用报销明细表”的单元格格式。

STEP 1 选择G2:H12单元格区域，按【Ctrl+1】组合键打开“设置单元格格式”对话框，在“数字”选项卡的“分类”列表框中选择“货币”选项❶，并将“小数位数”设置为“0”❷，在“货币符号（国家/地区）”下拉列表框中选择“¥”❸，单击“确定”按钮，如图6-20所示。为“报销金额”和“票据金额”列添加货币符号的效果如图6-21所示。

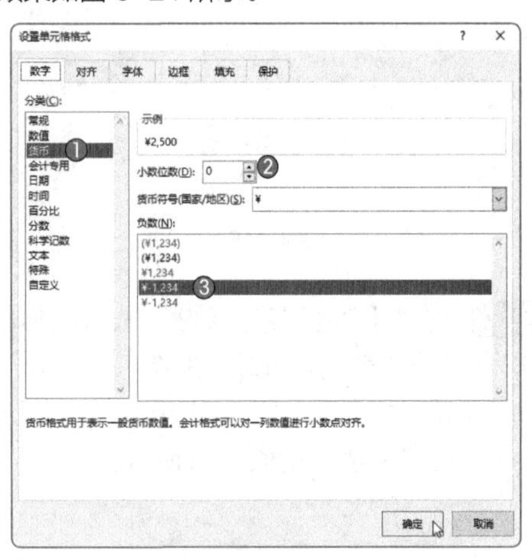

图6-20

	F	G	H	I
1	费用用途	报销金额	票据金额	审批人
2	A项目接待第三方	¥2,500	¥2,500	马可
3	去北京出差	¥3,000	¥3,000	马可
4	购买会计账簿和打印机	¥1,800	¥1,800	王学
5	技术工购买保险	¥2,900	¥2,900	马可
6	审计去年成本费用	¥1,500	¥1,500	马可
7	汇款给甲公司	¥1,200	¥1,200	马可
8	给兼职人员派发工资	¥5,000	¥5,000	王学
9	检测A项目合格与否	¥2,300	¥2,300	马可
10	维修财务部打印机	¥3,600	¥3,600	王学
11	向A公司寄材料	¥1,700	¥1,700	王学
12	公司车辆加油	¥1,500	¥1,500	马可

图6-21

STEP 2 选择A1:M1单元格区域，在“开始”选项卡中，将“字体”设置为“等线”，将“字号”设置为“12”，加粗显示，如图6-22所示。

图6-22

STEP 3 选择A1:M12单元格区域，在“开始”选项卡中，将“对齐方式”设置为“垂直居中”和“居中”对齐，如图6-23所示。

图6-23

6.2.2 设置单元格行高和列宽

为了方便阅读，用户可以根据单元格中的内容调整单元格的行高和列宽，下面介绍具体的操作方法。

STEP 1 选择第 2 ~ 12 行，单击鼠标右键，从弹出的快捷菜单中选择“行高”命令①，打开“行高”对话框，在“行高”文本框中输入“20”②，单击“确定”按钮③，如图 6-24 所示，统一调整第 2 ~ 12 行的行高。

图6-24

STEP 2 将鼠标指针移至 A 列右侧的分隔线上，当鼠标指针变为“✛”形状时，按住鼠标左键，拖动鼠标指针，如图 6-25 所示，调整 A 列的列宽。

图6-25

STEP 3 按照上述方法，调整其他列的列宽，效果如图 6-26 所示。

图6-26

6.2.3 设置单元格边框和底纹

为单元格设置边框和底纹既能起到美化表格的作用，又可以使数据看起来更加清晰、直观。下面介绍如何为“费用报销明细表”的单元格设置边框和底纹。

STEP 1 选择 A1:M12 单元格区域，按【Ctrl+1】组合键打开“设置单元格格式”对话框，在“边框”选项卡中，选择线条样式①，设置线条颜色②，单击“内部”按钮和“外边框”按钮③，如图 6-27 所示。单击“确定”按钮，将设置的边框样式应用至所选表格的内边框和外边框上，如图 6-27 所示。

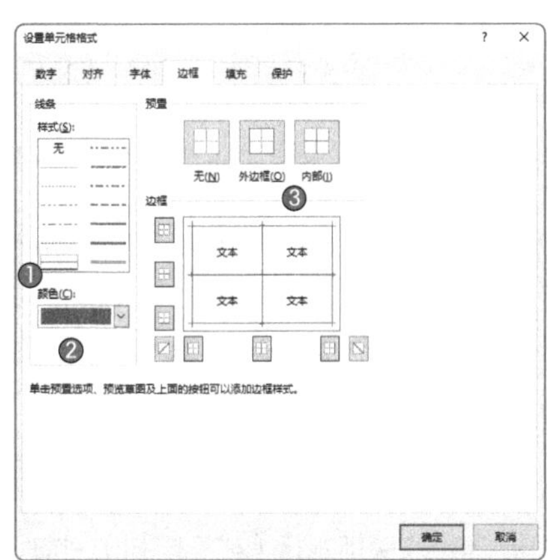

图6-27

STEP 2 选择 A1:M1 单元格区域，按【Ctrl+1】组合键打开“设置单元格格式”对话框，在“填充”选项卡中选择合适的背景色①，单击“确定”按钮②，如图 6-28 所示，为所选单元格区域设置底纹颜色。

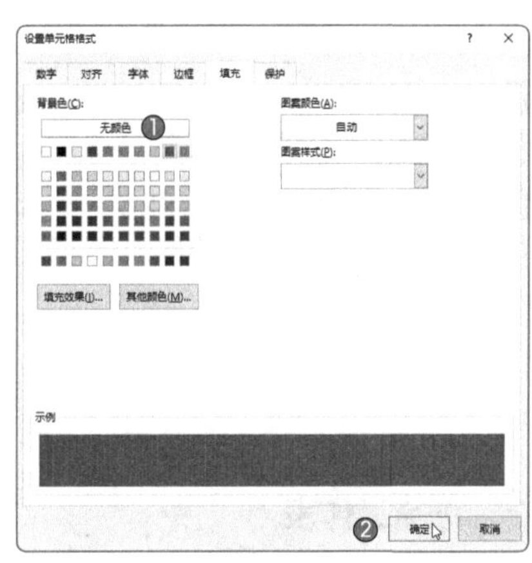

图6-28

STEP 3 将 A1:M1 单元格区域中的字体颜色更改为白色，效果如图 6-29 所示。

序号	日期	员工姓名	部门	报销项目	费用用途	报销金额	票据金额	审批人	支付状态	付款账户	付款日期	备注
1	2021/8/1	王晓	人事部	招待费	A项目接待第三方	¥2,500	¥2,500	马可	已支付	11022444	2021/9/1	
2	2021/8/2	刘佳	销售部	差旅费	去北京出差	¥3,000	¥3,000	马可	已支付	11022445	2021/9/2	
3	2021/8/3	李琦	财务部	办公费	购买会计账簿和打印机	¥1,800	¥1,800	王学	未支付			
4	2021/8/4	孙杨	技术部	保险费	技术工购买保险	¥2,900	¥2,900	马可	已支付	11022447	2021/9/4	
5	2021/8/6	张宇	财务部	审计费	审计去年成本费用	¥1,500	¥1,500	马可	已支付	11022449	2021/9/6	
6	2021/8/7	吴乐	销售部	银行手续费	汇款给甲公司	¥1,200	¥1,200	马可	已支付	11022450	2021/9/7	
7	2021/8/8	赵璇	人事部	劳务费	给兼职人员派发工资	¥5,000	¥5,000	王学	已支付	11022451	2021/9/8	
8	2021/8/9	朱珠	销售部	检测费	检测A项目合格与否	¥2,300	¥2,300	马可	未支付			
9	2021/8/10	文雅	财务部	维修费	维修财务部打印机	¥3,600	¥3,600	王学	已支付	11022453	2021/9/10	
10	2021/8/11	刘明	技术部	运费	向A公司寄材料	¥1,700	¥1,700	王学	未支付			
11	2021/8/12	张伟	人事部	燃油费	公司车辆加油	¥1,500	¥1,500	马可	已支付	11022455	2021/9/12	

图6-29

6.3 拆分和冻结工作表

当工作表中的数据过多时，为了方便查看数据，可以对工作表进行拆分和冻结。下面介绍具体的操作步骤。

6.3.1 拆分工作表

拆分工作表就是将现有窗口拆分为多个大小可调的窗格，用户可以同时查看工作表中分隔较远的部分。

STEP 1 选择单元格，在“视图”选项卡中单击“拆分”按钮❶，将当前工作表沿着选中的单元格的左边框和上边框的方向拆分为 4 个窗格❷，如图 6-30 所示。

序号	日期	员工姓名	部门	报销项目	费用用途	报销金额	票据金额
1	2021/8/1	王晓	人事部	招待费	A项目接待第三方	¥2,500	¥2,500
2	2021/8/2	刘佳	销售部	差旅费	去北京出差	¥3,000	¥3,000
3	2021/8/3	李琦	财务部	办公费	购买会计账簿和打印机	¥1,800	¥1,800
4	2021/8/4	孙杨	技术部	保险费	技术工购买保险	¥2,900	¥2,900
5	2021/8/6	张宇	财务部	审计费	审计去年成本费用	¥1,500	¥1,500

图6-30

图6-31

STEP 2 拖动右侧的垂直滚动条和下方的水平滚动条来调整各个窗格的显示内容，如图 6-31 所示。

STEP 3 将鼠标指针停在拆分线上，按住鼠标左键，可以拖动鼠标指针调节窗格的大小，如图 6-32 所示。

图6-32

办公秘技

当需要取消窗格拆分时，再次单击“拆分”按钮即可。

6.3.2 冻结工作表

对于比较复杂的大型表格，用户可能需要在滚动浏览表格时固定显示表头标题行（或标题列），此时，使用“冻结窗格”命令可以实现该效果。

STEP 1 在“视图”选项卡中单击“冻结窗格”下拉按钮❶，在下拉列表中选择“冻结首行”选项❷，如图6-33所示。向下查看数据时，第1行一直保持可见状态，如图6-34所示。

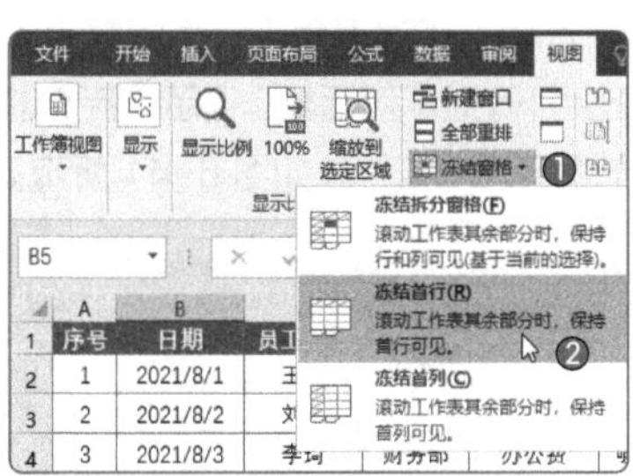

图6-33

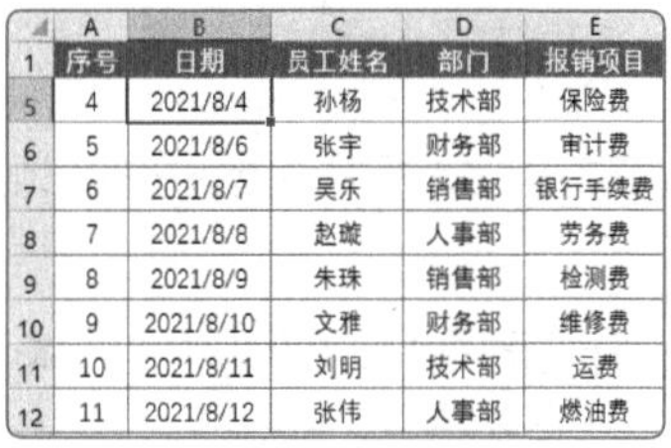

	A	B	C	D	E
1	序号	日期	员工姓名	部门	报销项目
5	4	2021/8/4	孙杨	技术部	保险费
6	5	2021/8/6	张宇	财务部	审计费
7	6	2021/8/7	吴乐	销售部	银行手续费
8	7	2021/8/8	赵璇	人事部	劳务费
9	8	2021/8/9	朱珠	销售部	检测费
10	9	2021/8/10	文雅	财务部	维修费
11	10	2021/8/11	刘明	技术部	运费
12	11	2021/8/12	张伟	人事部	燃油费

图6-34

STEP 2 如果在“冻结窗格”下拉列表中选择“冻结首列”选项，则向右查看数据时，A列始终保持可见状态，如图6-35所示。

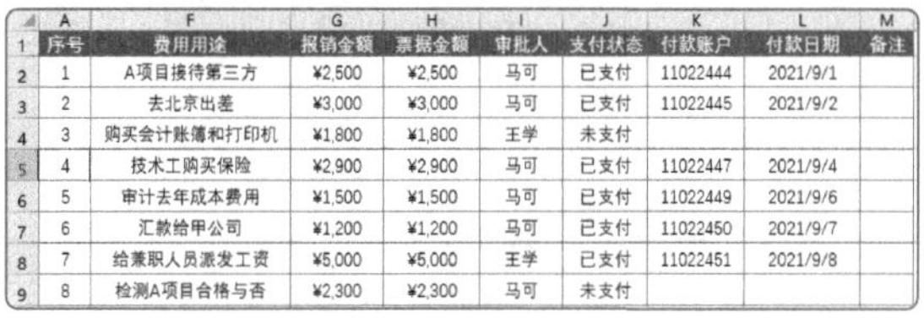

	A	F	G	H	I	J	K	L	M
1	序号	费用用途	报销金额	票据金额	审批人	支付状态	付款账户	付款日期	备注
2	1	A项目接待第三方	¥2,500	¥2,500	马可	已支付	11022444	2021/9/1	
3	2	去北京出差	¥3,000	¥3,000	马可	已支付	11022445	2021/9/2	
4	3	购买会计账簿和打印机	¥1,800	¥1,800	王学	未支付			
5	4	技术工购买保险	¥2,900	¥2,900	马可	已支付	11022447	2021/9/4	
6	5	审计去年成本费用	¥1,500	¥1,500	马可	已支付	11022449	2021/9/6	
7	6	汇款给甲公司	¥1,200	¥1,200	马可	已支付	11022450	2021/9/7	
8	7	给兼职人员派发工资	¥5,000	¥5,000	王学	已支付	11022451	2021/9/8	
9	8	检测A项目合格与否	¥2,300	¥2,300	马可	未支付			

图6-35

6.4 对工作表进行保护

为了防止他人随意更改或查看工作表中的内容，用户可以对其进行保护。下面介绍具体的操作步骤。

6.4.1 设置工作簿密码

用户可以为工作簿设置密码，此后只有输入正确的密码，才能打开工作簿。下面介绍具体的操作方法。

STEP 1 单击“文件”菜单，选择“信息”选项❶，在“信息”界面中单击“保护工作簿”下拉按钮❷，在下拉列表中选择“用密码进行加密”选项❸，如图6-36所示。

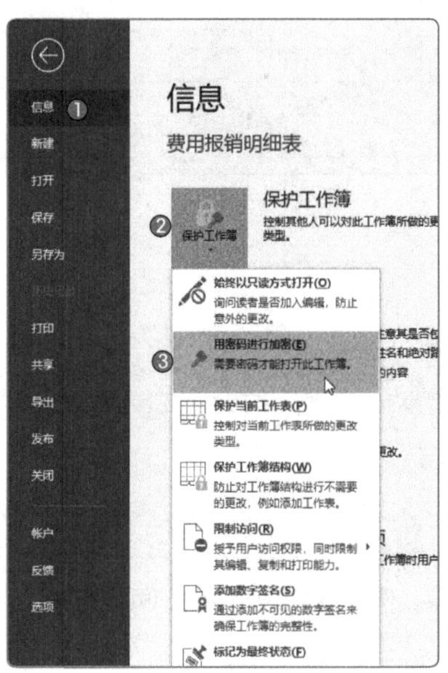

图6-36

STEP 2 在打开的“加密文档”对话框中，在“密码”文本框中输入“123”，单击“确定”按钮，打开“确认密码”对话框，重新输入密码，单击“确定”按钮，如图6-37所示。

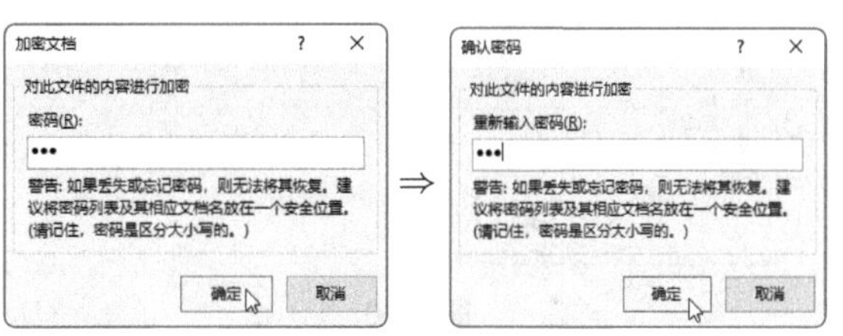

图6-37

STEP 3 保存工作簿后，再次打开该工作簿，会打开“密码”对话框，如图6-38所示，用户只有输入正确的密码，才能打开工作簿。

图6-38

第6章 费用报销表格的创建

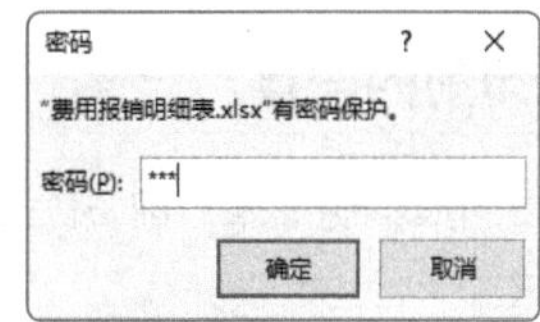

6.4.2 设置工作表编辑权限

用户如果希望他人拥有查看表格的权限，但不能修改表格，可以通过“保护工作表”命令进行设置。

STEP 1 在“审阅”选项卡中单击“保护工作表”按钮，如图6-39所示。

图6-39

STEP 2 在打开的“保护工作表”对话框的“取消工作表保护时使用的密码”文本框中输入密码“123”❶，在“允许此工作表的所有用户进行”列表框中，取消所有选项的勾选❷，单击“确定”按钮❸，打开“确认密码”对话框，在“重新输入密码”文本框中输入“123”❹，单击“确定”按钮，如图6-40所示。

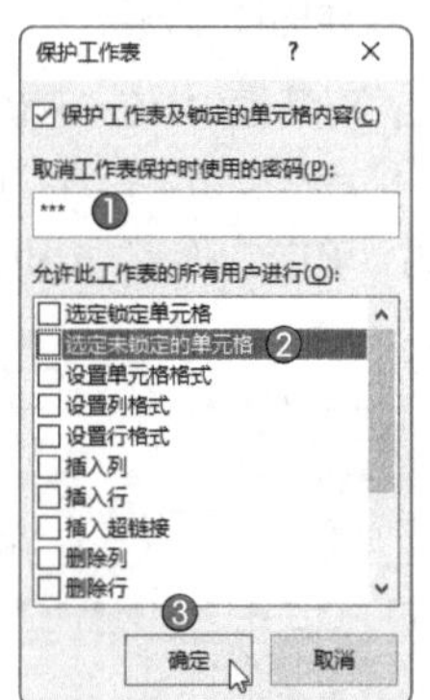

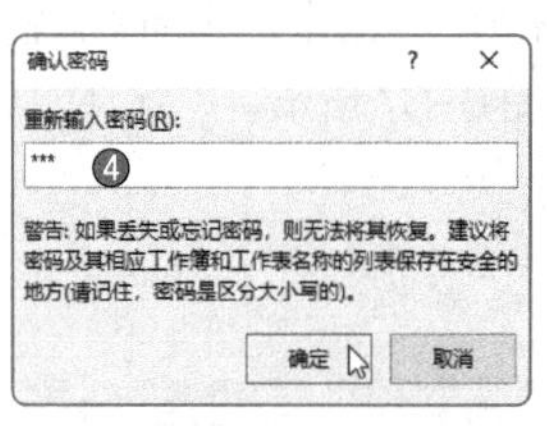

图6-40

STEP 3 此时，无法选中表格中的数据。如果修改数据，系统会打开提示对话框，提示“若要进行更改，请取消工作表保护……”，如图6-41所示。

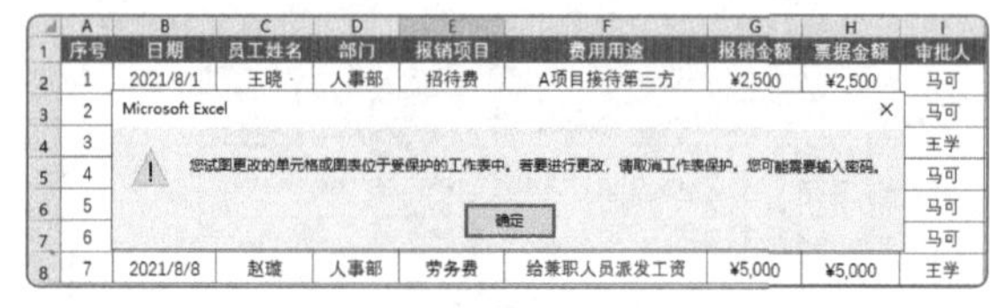

图6-41

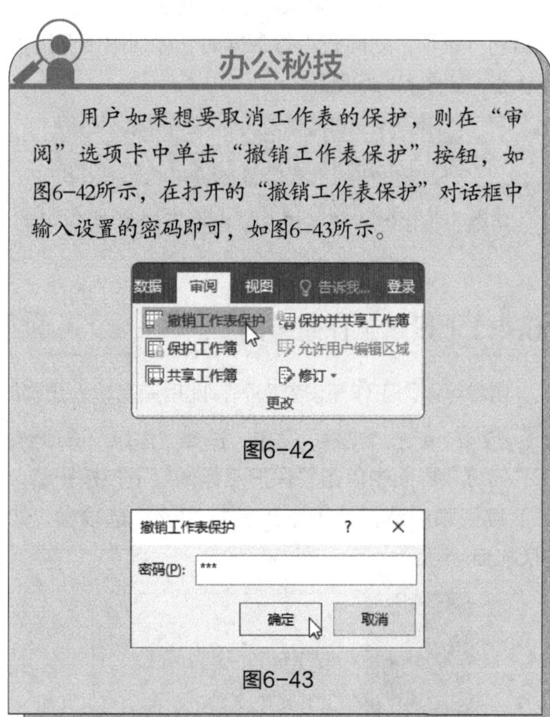

办公秘技

用户如果想要取消工作表的保护，则在“审阅”选项卡中单击“撤销工作表保护”按钮，如图6-42所示，在打开的“撤销工作表保护”对话框中输入设置的密码即可，如图6-43所示。

图6-42

图6-43

6.5 打印工作表

制作好“费用报销明细表”后，用户通常需要将其以纸质的形式打印出来。下面介绍具体的操作步骤。

6.5.1 打印前的设置

在打印“费用报销明细表”前，需要对工作表的页面进行设置，例如设置纸张方向、页边距等。下面介绍具体的操作方法。

STEP 1 在“页面布局”选项卡中单击“页边距”下拉按钮①，在下拉列表中选择“自定义边距”选项②，如图 6-44 所示。

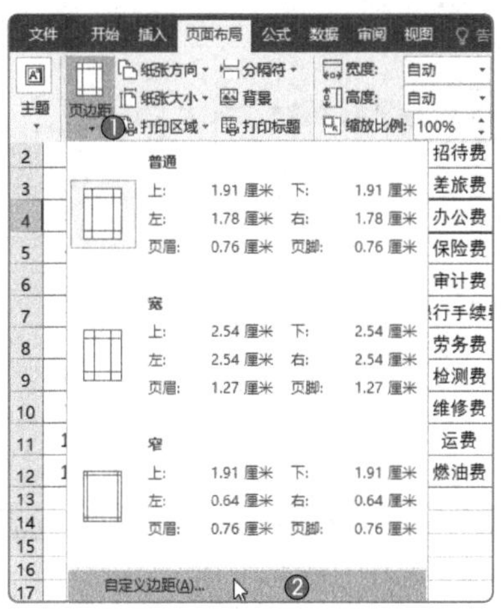

图6-44

STEP 2 在打开的“页面设置”对话框的“页边距”选项卡中，将“上”“下”“左”“右”页边距设置为“1”，单击“确定”按钮，如图 6-45 所示。

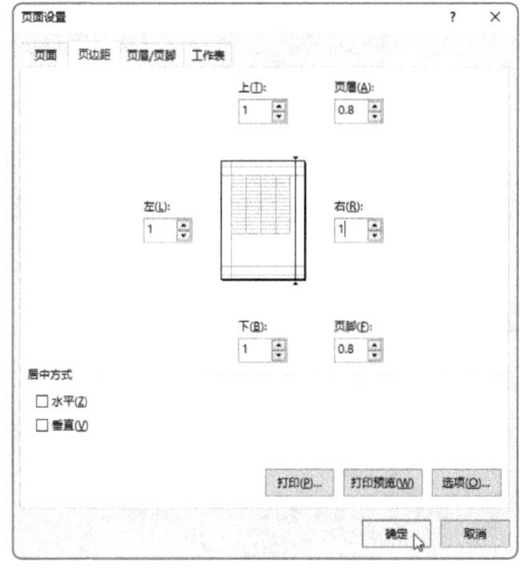

图6-45

STEP 3 单击“纸张方向”下拉按钮，在下拉列表中选择“横向”选项，如图 6-46 所示。最终效果如图 6-47 所示。

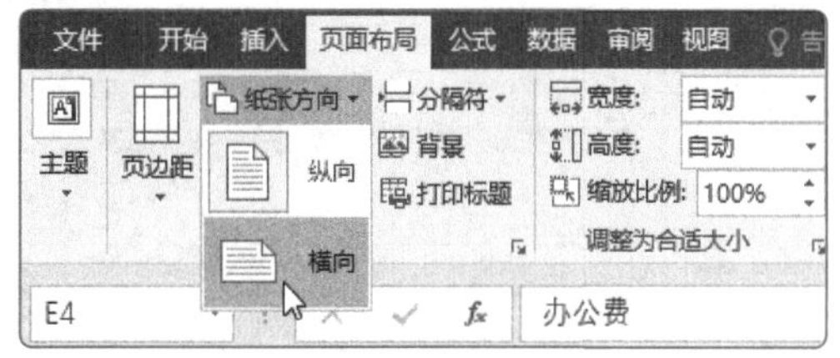

图6-46

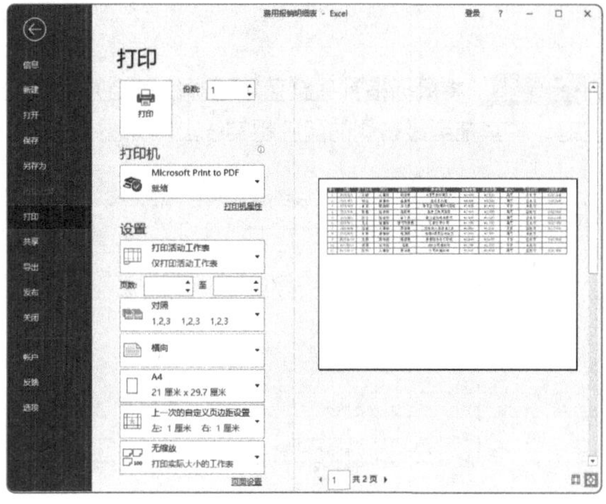

图6-47

6.5.2 分页预览

使用“分页预览”的视图模式可以很方便地显示当前工作表的打印区域及分页设置，下面介绍具体的操作方法。

STEP 1 在“视图”选项卡中单击“分页预览”按钮，进入分页预览模式，如图 6-48 所示。

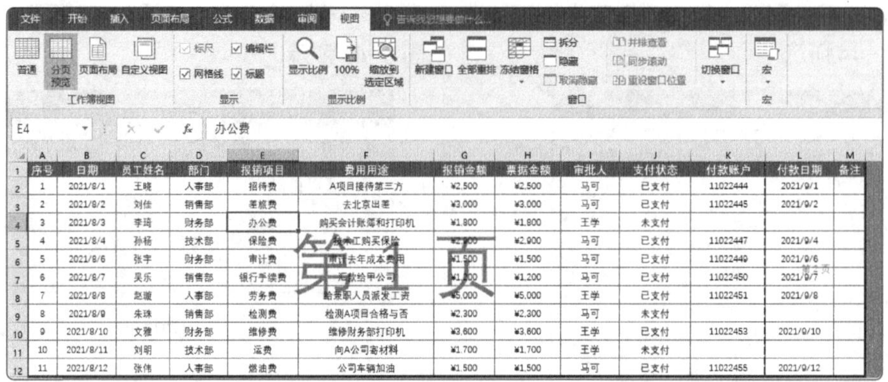

序号	日期	员工姓名	部门	报销项目	费用用途	报销金额	票据金额	审批人	支付状态	付款账户	付款日期	备注
1	2021/8/1	王晓	人事部	招待费	A项目接待第三方	¥2,500	¥2,500	马可	已支付	11022444	2021/9/1	
2	2021/8/2	刘佳	销售部	差旅费	去北京出差	¥3,000	¥3,000	马可	已支付	11022445	2021/9/2	
3	2021/8/3	李琦	财务部	办公费	购买会计账簿和打印机	¥1,800	¥1,800	王学	未支付			
4	2021/8/4	孙杨	技术部	保险费	为员工购买保险	¥2,900	¥2,900	马可	已支付	11022447	2021/9/4	
5	2021/8/6	张宇	财务部	审计费	审计去年成本费用	¥1,500	¥1,500	马可	已支付	11022449	2021/9/6	
6	2021/8/7	吴乐	销售部	银行手续费	汇款给甲公司	¥1,200	¥1,200	马可	已支付	11022450	2021/9/7	
7	2021/8/8	赵媛	人事部	劳务费	给兼职人员派发工资	¥5,000	¥5,000	王学	已支付	11022451	2021/9/8	
8	2021/8/9	朱珠	销售部	检测费	检测A项目合格与否	¥2,300	¥2,300	马可	未支付			
9	2021/8/10	文雅	财务部	维修费	维修财务部打印机	¥3,600	¥3,600	王学	已支付	11022453	2021/9/10	
10	2021/8/11	刘明	技术部	运费	向A公司寄材料	¥1,700	¥1,700	王学	未支付			
11	2021/8/12	张伟	人事部	燃油费	公司车辆加油	¥1,500	¥1,500	马可	已支付	11022455	2021/9/12	

图6-48

STEP 2 将鼠标指针移至蓝色粗虚线的上方，当鼠标指针变为黑色双向箭头时，如图 6-49 所示，按住鼠标左键，将其拖至最右侧的蓝色粗实线上，如图 6-50 所示。

报销金额	票据金额	审批人	支付状态	付款账户	付款日期	备注
¥2,500	¥2,500	马可	已支付	11022444	2021/9/1	
¥3,000	¥3,000	马可	已支付	11022445	2021/9/2	
¥1,800	¥1,800	王学	未支付			
¥2,900	¥2,900	马可	已支付	11022447	2021/9/4	
¥1,500	¥1,500	马可	已支付	11022449	2021/9/6	
¥1,200	¥1,200	马可	已支付	11022450	2021/9/7	
¥5,000	¥5,000	王学	已支付	11022451	2021/9/8	
¥2,300	¥2,300	马可	未支付			
¥3,600	¥3,600	王学	已支付	11022453	2021/9/10	
¥1,700	¥1,700	王学	未支付			
¥1,500	¥1,500	马可	已支付	11022455	2021/9/12	

图6-49

支付状态	付款账户	付款日期	备注
已支付	11022444	2021/9/1	
已支付	11022445	2021/9/2	
未支付			
已支付	11022447	2021/9/4	
已支付	11022449	2021/9/6	
已支付	11022450	2021/9/7	
已支付	11022451	2021/9/8	
未支付			
已支付	11022453	2021/9/10	
未支付			
已支付	11022455	2021/9/12	

图6-50

STEP 3 此时，表格的所有列都显示打印在“第 1 页”上，单击“普通”按钮，退出“分页预览” 视图模式，如图 6-51 所示。

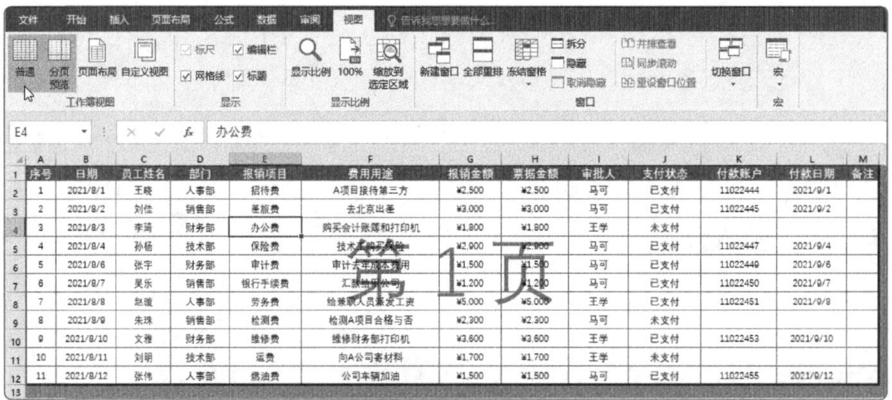

序号	日期	员工姓名	部门	报销项目	费用用途	报销金额	票据金额	审批人	支付状态	付款账户	付款日期	备注
1	2021/8/1	王晓	人事部	招待费	A项目接待第三方	¥2,500	¥2,500	马可	已支付	11022444	2021/9/1	
2	2021/8/2	刘佳	销售部	差旅费	去北京出差	¥3,000	¥3,000	马可	已支付	11022445	2021/9/2	
3	2021/8/3	李琦	财务部	办公费	购买会计账簿和打印机	¥1,800	¥1,800	王学	未支付			
4	2021/8/4	孙杨	技术部	保险费	为员工购买保险	¥2,900	¥2,900	马可	已支付	11022447	2021/9/4	
5	2021/8/6	张宇	财务部	审计费	审计去年成本费用	¥1,500	¥1,500	马可	已支付	11022449	2021/9/6	
6	2021/8/7	吴乐	销售部	银行手续费	汇款给甲公司	¥1,200	¥1,200	马可	已支付	11022450	2021/9/7	
7	2021/8/8	赵媛	人事部	劳务费	给兼职人员派发工资	¥5,000	¥5,000	王学	已支付	11022451	2021/9/8	
8	2021/8/9	朱珠	销售部	检测费	检测A项目合格与否	¥2,300	¥2,300	马可	未支付			
9	2021/8/10	文雅	财务部	维修费	维修财务部打印机	¥3,600	¥3,600	王学	已支付	11022453	2021/9/10	
10	2021/8/11	刘明	技术部	运费	向A公司寄材料	¥1,700	¥1,700	王学	未支付			
11	2021/8/12	张伟	人事部	燃油费	公司车辆加油	¥1,500	¥1,500	马可	已支付	11022455	2021/9/12	

图6-51

办公秘技

表格中蓝色的粗虚线为自动分页符，它是Excel根据打印区域和页面范围自动设置的分页标志。在虚线左侧的表格区域中，显示“第1页”灰色水印，表示这块区域内容将被打印在第1页纸上；而虚线右侧的表格区域显示为“第2页”，表示这块区域内容将被打印在第2页纸上。

6.5.3 打印表格

设置好打印页面后，用户可以将表格打印出来，下面介绍具体的操作方法。

单击“文件”菜单，选择“打印”选项，在“打印”界面中可以预览设置的打印效果，如图6-52所示。设置好打印份数后单击“打印”按钮，即可对表格进行打印。

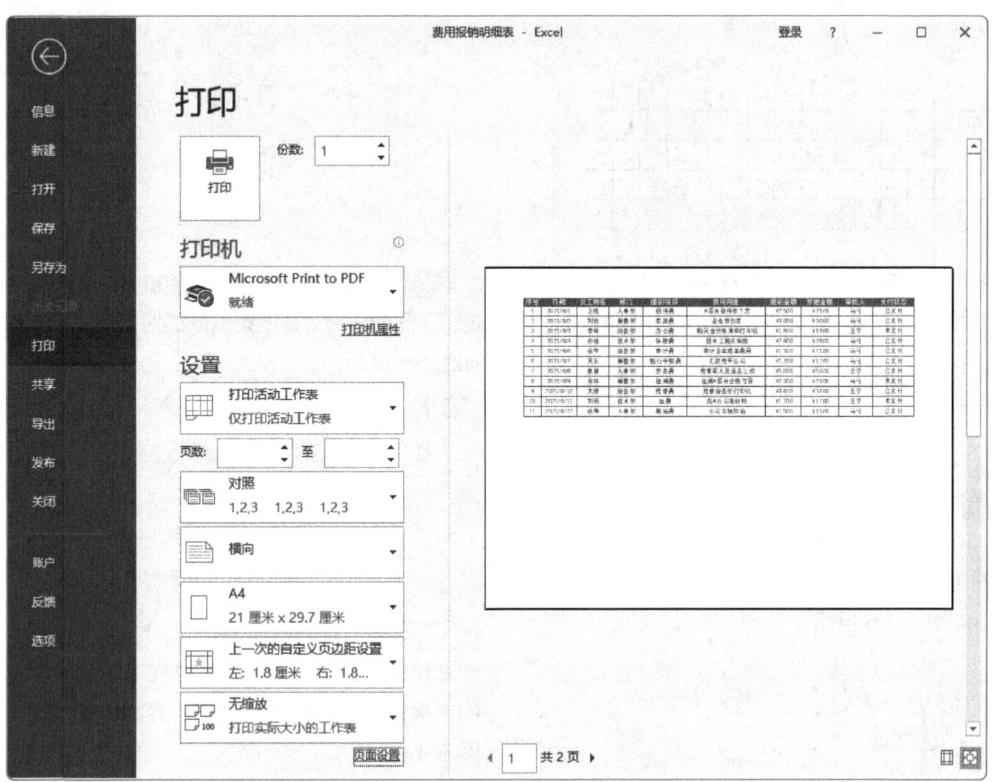

图6-52

6.6 上机演练

本节将介绍如何使用Excel的一些基本操作制作访客登记表和费用报销单。

6.6.1 制作访客登记表

访客登记表记录了来访人员的来访日期、来访时间、体温、身份证号码等信息。下面介绍如何制作访客登记表。

STEP 1 新建一个空白工作簿并命名为“访客登记表”。打开该工作簿，在工作表中输入列标题，如图 6-53 所示。

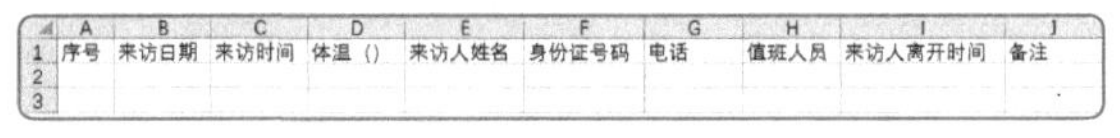

	A	B	C	D	E	F	G	H	I	J
1	序号	来访日期	来访时间	体温（）	来访人姓名	身份证号码	电话	值班人员	来访人离开时间	备注
2										
3										

图6-53

STEP 2 将光标插入“体温”文本后面的括号中，在“插入”选项卡中单击“符号”按钮，如图 6-54 所示。

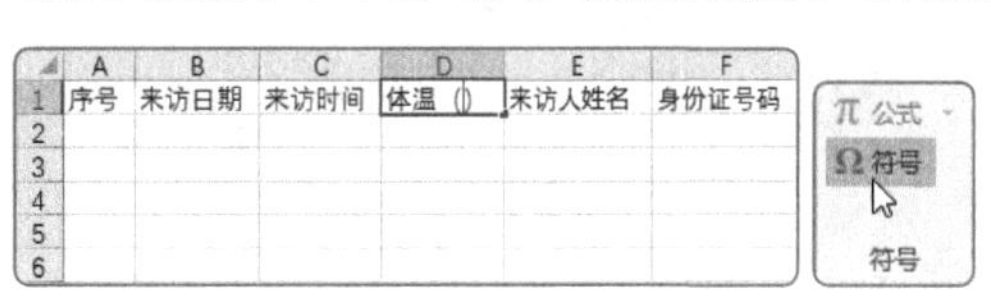

	A	B	C	D	E	F
1	序号	来访日期	来访时间	体温（）	来访人姓名	身份证号码
2						
3						
4						
5						
6						

图6-54

STEP 3 在打开的“符号”对话框中将“字体”设置为“(普通文本)”，将“子集”设置为“标点和符号”，并在下方的列表框中选择“℃”选项，单击“插入”按钮，如图 6-55 所示。

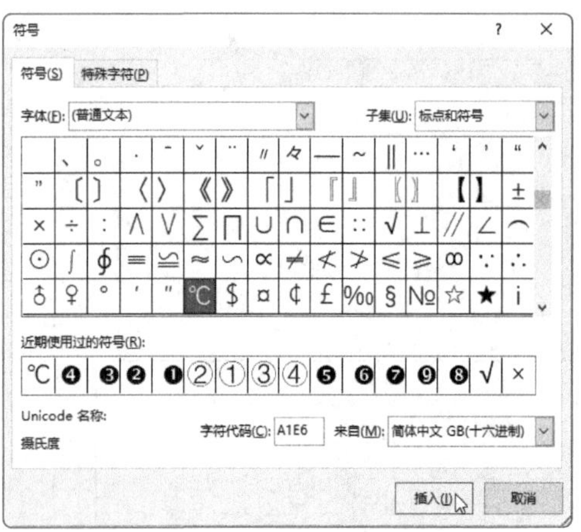

图6-55

STEP 4 在 A2 单元格输入“1”，在 A3 单元格输入“2”，选择 A2:A3 单元格区域，将鼠标指针移至该区域右下角，按住鼠标左键，向下拖动鼠标指针填充序号，如图 6-56 所示。

	A	B	C	D
1	序号	来访日期	来访时间	体温（℃）
2	1			
3	2			
4				
5				
6				
7				
8				
9				
10				
11	9			
12				

图6-56

STEP 5 输入“来访日期”“来访时间”“体温(℃)”“来访人姓名”列的信息，如图 6-57 所示。

	A	B	C	D	E
1	序号	来访日期	来访时间	体温（℃）	来访人姓名
2	1	2021/8/1	9:20	36.3	赵宣
3	2	2021/8/2	11:20	36.2	刘峰
4	3	2021/8/3	19:20	37.3	王琦
5	4	2021/8/4	12:20	36.5	陈嫒
6	5	2021/8/5	13:20	37.1	马可
7	6	2021/8/6	15:20	36.3	孙杨
8	7	2021/8/7	14:20	36.7	李艳
9	8	2021/8/8	17:20	36.3	周琦
10	9	2021/8/9	16:20	36.5	吴乐
11	10	2021/8/10	13:20	36.4	徐蚌

图6-57

STEP 6 选择“身份证号码”列，将“数字格式”设置为“文本”，输入身份证号码，如图 6-58 所示。

	C	D	E	F
1	来访时间	体温（℃）	来访人姓名	身份证号码
2	9:20	36.3	赵宣	100000198510083111
3	11:20	36.2	刘峰	100000199106120435
4	19:20	37.3	王琦	100000199204304327
5	12:20	36.5	陈嫒	100000198112097649
6	13:20	37.1	马可	100000199809104661
7	15:20	36.3	孙杨	100000199106139871
8	14:20	36.7	李艳	100000198610111282
9	17:20	36.3	周琦	100000198808041137
10	16:20	36.5	吴乐	100000199311095335
11	13:20	36.4	徐蚌	100000199008044353

图6-58

STEP 7 输入“电话”“值班人员”“来访人离开时间”列的信息，并设置数据的对齐方式和字体格式，如图 6-59 所示。

	A	B	C	D	E	F	G	H	I	J
1	序号	来访日期	来访时间	体温（℃）	来访人姓名	身份证号码	电话	值班人员	来访人离开时间	备注
2	1	2021/8/1	9:20	36.3	赵宣	100000198510083111	139****5698	张宇	10:50	
3	2	2021/8/2	11:20	36.2	刘峰	100000199106120435	139****5699	王瑞	12:30	
4	3	2021/8/3	19:20	37.3	王琦	100000199204304327	139****5700	张宇	19:40	
5	4	2021/8/4	12:20	36.5	陈嫒	100000198112097649	139****5701	王瑞	12:35	
6	5	2021/8/5	13:20	37.1	马可	100000199809104661	139****5702	张宇	13:45	
7	6	2021/8/6	15:20	36.3	孙杨	100000199106139871	139****5703	王瑞	15:55	
8	7	2021/8/7	14:20	36.7	李艳	100000198610111282	139****5704	张宇	14:38	
9	8	2021/8/8	17:20	36.3	周琦	100000198808041137	139****5705	王瑞	17:42	
10	9	2021/8/9	16:20	36.5	吴乐	100000199311095335	139****5706	张宇	18:53	
11	10	2021/8/10	13:20	36.4	徐蚌	100000199008044353	139****5707	王瑞	14:48	

图6-59

STEP 8 选择数据内容，在“开始”选项卡中单击“套用表格格式”下拉按钮，在下拉列表中选择合适的表格样式为表格套用样式，并将其转换为区域，如图 6-60 所示。

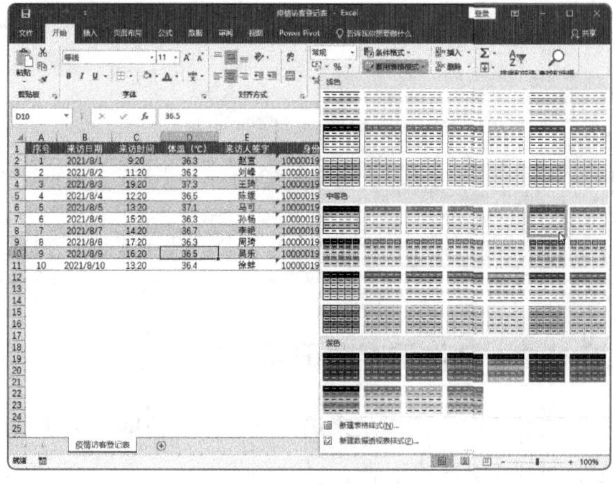

图6-60

6.6.2 制作费用报销单

费用报销单用于员工费用报销，一般在费用发票小额多张的情况下使用。下面介绍如何制作费用报销单。

STEP 1 新建空白工作簿并命名为“费用报销单”。打开该工作簿，输入相关内容，并适当调整行高和列宽，如图 6-61 所示。

图6-61

STEP 2 选择 B1:E1 单元格区域，在“开始”选项卡中单击“合并后居中”下拉按钮，在下拉列表中选择“合并后居中”选项，将所选单元格区域合并为一个单元格，如图 6-62 所示。

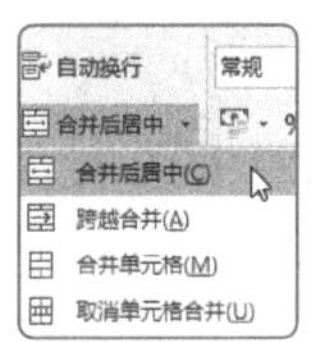

图6-62

STEP 3 按照上述方法，合并其他单元格，效果如图 6-63 所示。

图6-63

STEP 4 设置数据的对齐方式和字体格式，并添加下画线，效果如图 6-64 所示。

图6-64

STEP 5 为“费用报销单”添加内边框和外边框，效果如图 6-65 所示。

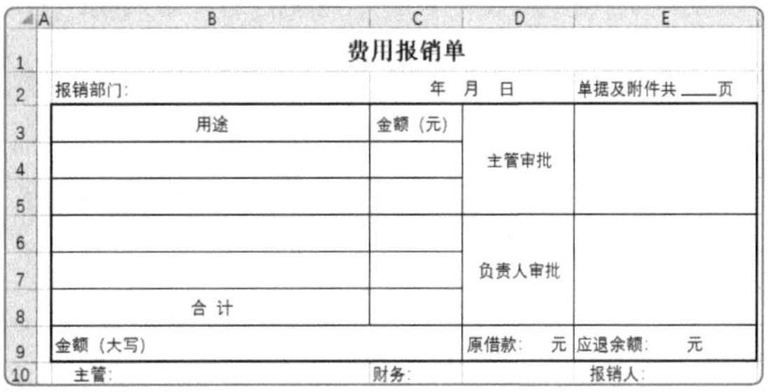

图6-65

STEP 6 在“视图”选项卡中取消“网格线”复选框的勾选，如图 6-66 所示。

图6-66

6.7 课后作业

本章介绍了创建表格的基本操作。下面通过制作办公用品领用登记表及客户资料管理表帮助读者巩固本章知识点。

6.7.1 制作办公用品领用登记表

1. 项目需求

为了加强公司办公用品的管理，做到既能保证公司员工日常工作需要，又能规范办公用品的领用，现需要制作办公用品领用登记表。

2. 项目分析

制作办公用品领用登记表需要用到填充、自定义数字格式、数据验证、边框和底纹等知识点。

3. 项目效果

办公用品领用登记表制作完成后的效果如图6-67所示。

序号	物品名称	单位	日期	领用数量	领用部门	领用人	经办	备注
1	打印机	台	2021-10-05	1	销售部	刘能	王海	
2	剪刀	个	2021-10-07	2	生产部	李佳	王海	
3	美工刀	个	2021-10-11	3	设计部	王晓	王海	
4	复写纸	盒	2021-10-15	5	财务部	刘雯	王海	
5	账本	本	2021-10-20	2	财务部	徐蚌	王海	
6	卷笔刀	个	2021-10-24	5	设计部	赵璇	王海	
7	计算器	个	2021-10-26	1	销售部	曹兴	王海	
8	饮水机	台	2021-10-28	1	生产部	陈毅	王海	
9	笔记本	本	2021-10-30	15	设计部	孙杨	王海	

图6-67

6.7.2 制作客户资料管理表

微课视频

1. 项目需求

为了方便管理客户信息，并与客户建立长期、稳定的密切关系，公司需要制作客户资料管理表。

2. 项目分析

制作客户资料管理表涉及设置数字格式、数据验证、套用表格格式等知识点。

3. 项目效果

客户资料管理表制作完成后的效果如图6-68所示。

客户编号	客户名称	联系人	联系电话	详细地址	邮编	客户类型	经营范围	建档时间
001	学成知识产权	杨洋	187****2587	山西省太原市	030000	一般客户	服务类	2021/9/10
002	德胜科技	孙可	183****8963	四川省成都市	610000	优质客户	科技类	2021/8/4
003	天翼教育咨询	王晓	187****1756	四川省乐山市	614000	重点客户	服务类	2021/7/14
004	有何商贸	刘佳	185****1235	江苏省南京市	210000	重点客户	生产加工类	2021/5/15
005	鑫源科技	李琦	187****3698	山东省青岛市	266000	优质客户	科技类	2020/10/25
006	小智网络科技	吴亮	185****6584	湖南省长沙市	410000	优质客户	科技类	2021/1/1
007	蓝天商贸	王瑞	187****4235	江苏省扬州市	225000	一般客户	生产加工类	2021/5/30
008	智能科技	徐蚌	183****5230	江苏省徐州市	221000	一般客户	科技类	2021/3/15
009	创新股份科技	赵璇	187****4785	江苏省南京市	210000	一般客户	科技类	2020/8/10
010	婚纱外贸	赵安	183****1287	湖北省武汉市	430000	重点客户	生产加工类	2020/6/17

图6-68

第 7 章

员工薪资表的制作

本章主要介绍员工薪资表的制作。通过对本章的学习，读者可以利用 Excel 中的公式与函数快速完成复杂的计算，轻松解决工作中遇到的复杂问题，提高工作效率。

7.1 输入数据并设置数据格式

制作员工薪资表需要先输入数据，再对数据格式进行设置。下面介绍具体的操作步骤。

7.1.1 填充工号数据

微课视频

使用“填充”功能可以快速填充“工号”数据，下面介绍具体的操作方法。

STEP 1 制作“员工薪资表”框架，设置好边框和底纹，如图7-1所示。

工号	姓名	部门	职务	基本工资	岗位工资	工龄工资	补贴	全勤工资	应发工资	代扣保险	代扣个税	实发工资

图7-1

STEP 2 选择A2单元格，输入工号“SF001”，将鼠标指针移至该单元格右下角，如图7-2所示。

工号	姓名	部门	职务	基本工资
SF001				

图7-2

STEP 3 按住鼠标左键不放，向下拖动鼠标指针填充工号，如图7-3所示。

工号	姓名	部门	职务	基本工资	岗位工资	工龄工资
SF001						
SF002						
SF003						
SF004						
SF005						
SF006						
SF007						
SF008						
SF009						
SF010						
SF011						
SF012						
SF013						
SF014						
SF015						

图7-3

STEP 4 输入“姓名”“部门”“职务”“基本工资”“岗位工资”“工龄工资”“补贴”“全勤工资”等列的数据信息，如图7-4所示。

工号	姓名	部门	职务	基本工资	岗位工资	工龄工资	补贴	全勤工资	应发工资	代扣保险	代扣个税	实发工资
SF001	赵璇	销售部	经理	9000	2000	1000	2000	200				
SF002	刘佳	财务部	员工	4500	500	300	300	200				
SF003	吴亮	生产部	员工	4000	500	300	500	200				
SF004	刘雯	财务部	经理	9500	2000	1500	800	0				
SF005	孙杨	人事部	员工	4500	300	200	500	200				
SF006	李琦	采购部	经理	8500	2000	2000	2000	200				
SF007	徐刚	销售部	员工	4000	500	500	800	200				
SF008	曹兴	采购部	员工	4000	300	500	500	0				
SF009	陈毅	财务部	员工	4000	300	200	500	0				
SF010	王维	生产部	经理	8500	2000	1500	2000	200				
SF011	刘军	销售部	员工	4000	500	300	800	200				
SF012	陈珂	人事部	经理	9000	2000	2000	2000	0				
SF013	夏松	销售部	员工	4000	500	300	500	200				
SF014	刘云	采购部	员工	4000	500	300	800	200				
SF015	岳龙	生产部	员工	4500	300	500	500	200				

图7-4

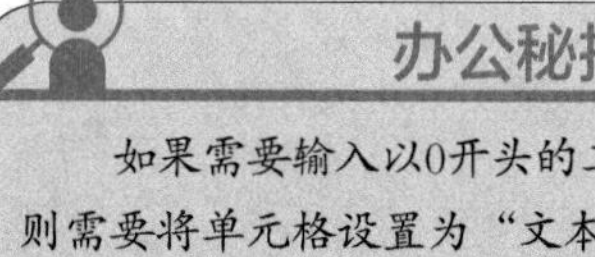

办公秘技

如果需要输入以0开头的工号，例如“001”，则需要将单元格设置为“文本”格式，如图7-5所示，然后在单元格中输入“001”即可，如图7-6所示。

工号	姓名	部门

图7-5

工号	姓名	部门
001		

图7-6

7.1.2 设置数字格式

微课视频

输入数据后，用户可以对数据的数字格式进行设置。下面介绍具体的操作方法。

STEP 1 选择 E2:M16 单元格区域，在“开始”选项卡中单击“数字格式”下拉按钮❶，在下拉列表中选择“货币”选项❷，如图 7-7 所示。

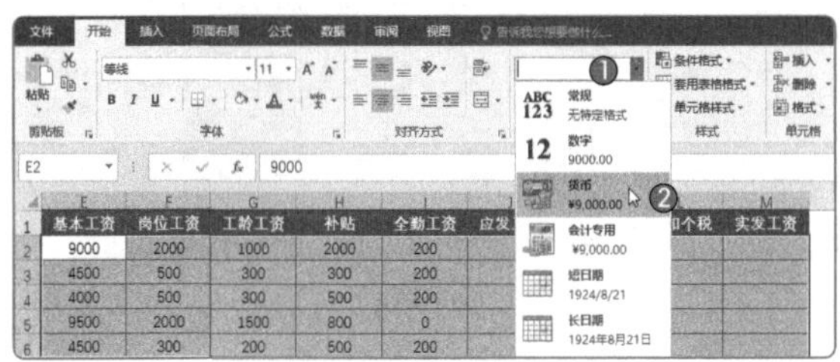

图7-7

STEP 2 按【Ctrl+1】组合键，打开“设置单元格格式”对话框，在“数字”选项卡中，将“货币”的“小数位数”设置为“0”，如图 7-8 所示，单击“确定”按钮。

为“基本工资”“岗位工资”“工龄工资”“补贴”“全勤工资”等数据添加货币符号的效果如图7-9所示。

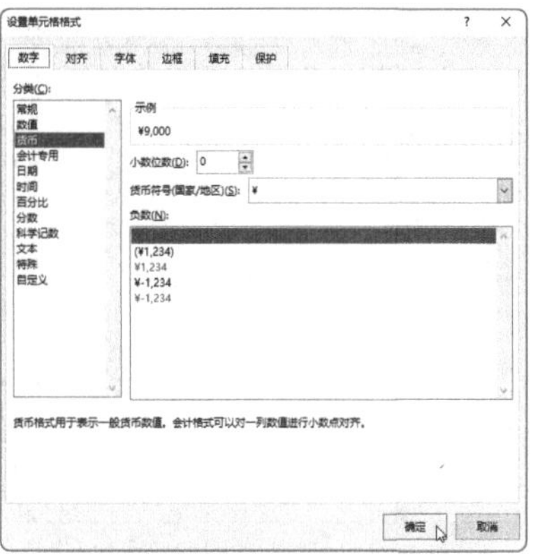

图7-8

	职务	基本工资	岗位工资	工龄工资	补贴	全勤工资
2	经理	¥9,000	¥2,000	¥1,000	¥2,000	¥200
3	员工	¥4,500	¥500	¥300	¥300	¥200
4	员工	¥4,000	¥500	¥300	¥500	¥200
5	经理	¥9,500	¥2,000	¥1,500	¥800	¥0
6	员工	¥4,500	¥300	¥200	¥500	¥200
7	经理	¥8,500	¥2,000	¥2,000	¥2,000	¥200
8	员工	¥4,000	¥500	¥500	¥800	¥200
9	员工	¥4,000	¥300	¥500	¥500	¥0
10	员工	¥4,000	¥300	¥200	¥500	¥0
11	经理	¥8,500	¥2,000	¥1,500	¥2,000	¥200
12	员工	¥4,000	¥500	¥300	¥800	¥200
13	经理	¥9,000	¥2,000	¥2,000	¥2,000	¥0
14	员工	¥4,000	¥500	¥300	¥500	¥200
15	员工	¥4,000	¥500	¥300	¥800	¥200
16	员工	¥4,500	¥300	¥500	¥500	¥200

图7-9

7.2 对数据进行计算

员工薪资表中的某些数据可以使用公式和函数进行快速计算，下面介绍具体的操作步骤。

7.2.1 使用公式

微课视频

用户可使用公式计算“应发工资”和“实发工资”，下面介绍具体的操作方法。

STEP 1 选择 J2 单元格，输入公式“=E2+F2+G2+H2+I2”（应发工资 = 基本工资 + 岗位工资 + 工龄工资 + 补贴 + 全勤工资），如图 7-10 所示。

	基本工资	岗位工资	工龄工资	补贴	全勤工资	应发工资	代扣保险
2	¥9,000	¥2,000	¥1,000	¥2,000	=E2+F2+G2+H2+I2		
3	¥4,500	¥500	¥300	¥300	¥200		
4	¥4,000	¥500	¥300	¥500	¥200		
5	¥9,500	¥2,000	¥1,500	¥800	¥0		
6	¥4,500	¥300	¥200	¥500	¥200		
7	¥8,500	¥2,000	¥2,000	¥2,000	¥200		

图7-10

STEP 2 按【Enter】键计算出“应发工资”，将鼠标指针移至 J2 单元格右下角，如图 7-11 所示。

STEP 3 按住鼠标左键不放，向下拖动鼠标指针填充公式，如图 7-12 所示。

	基本工资	岗位工资	工龄工资	补贴	全勤工资	应发工资
2	¥9,000	¥2,000	¥1,000	¥2,000	¥200	¥14,200
3	¥4,500	¥500	¥300	¥300	¥200	
4	¥4,000	¥500	¥300	¥500	¥200	
5	¥9,500	¥2,000	¥1,500	¥800	¥0	
6	¥4,500	¥300	¥200	¥500	¥200	
7	¥8,500	¥2,000	¥2,000	¥2,000	¥200	
8	¥4,000	¥500	¥500	¥800	¥200	
9	¥4,000	¥300	¥500	¥500	¥0	
10	¥4,000	¥300	¥200	¥500	¥0	
11	¥8,500	¥2,000	¥1,500	¥2,000	¥200	
12	¥4,000	¥500	¥300	¥800	¥200	
13	¥9,000	¥2,000	¥2,000	¥2,000	¥0	
14	¥4,000	¥500	¥300	¥500	¥200	
15	¥4,000	¥500	¥300	¥800	¥200	
16	¥4,500	¥300	¥500	¥500	¥200	

图7-11

基本工资	岗位工资	工龄工资	补贴	全勤工资	应发工资
¥9,000	¥2,000	¥1,000	¥2,000	¥200	¥14,200
¥4,500	¥500	¥300	¥300	¥200	¥5,800
¥4,000	¥500	¥300	¥500	¥200	¥5,500
¥9,500	¥2,000	¥1,500	¥800	¥0	¥13,800
¥4,500	¥300	¥200	¥500	¥200	¥5,700
¥8,500	¥2,000	¥2,000	¥2,000	¥200	¥14,700
¥4,000	¥500	¥500	¥800	¥200	¥6,000
¥4,000	¥300	¥500	¥500	¥0	¥5,300
¥4,000	¥300	¥200	¥500	¥0	¥5,000
¥8,500	¥2,000	¥1,500	¥2,000	¥200	¥14,200
¥4,000	¥500	¥300	¥800	¥200	¥5,800
¥9,000	¥2,000	¥2,000	¥2,000	¥0	¥15,000
¥4,000	¥500	¥300	¥500	¥200	¥5,500
¥4,000	¥500	¥300	¥800	¥200	¥5,800
¥4,500	¥300	¥500	¥500	¥200	¥6,000

图7-12

STEP 4 选择M2单元格，输入公式“=J2-K2-L2”（实发工资 = 应发工资 - 代扣保险 - 代扣个税），如图 7-13 所示。

应发工资	代扣保险	代扣个税	实发工资
¥14,200			=J2-K2-L2
¥5,800			
¥5,500			
¥13,800			
¥5,700			
¥14,700			
¥6,000			
¥5,300			
¥5,000			
¥14,200			
¥5,800			

图7-13

STEP 5 按【Enter】键计算出“实发工资”，并将公式向下填充，如图 7-14 所示。

M2 =J2-K2-L2

应发工资	代扣保险	代扣个税	实发工资
¥14,200			¥14,200
¥5,800			¥5,800
¥5,500			¥5,500
¥13,800			¥13,800
¥5,700			¥5,700
¥14,700			¥14,700
¥6,000			¥6,000
¥5,300			¥5,300
¥5,000			¥5,000
¥14,200			¥14,200

图7-14

办公秘技

Excel公式就是以“=”开始的一组运算等式，由等号、函数、括号、单元格引用、常量、运算符等构成。其中常量可以是数字、文本，也可以是其他字符，如果常量不是数字就要加上英文引号。一些常见的公式如表7-1所示。

表7-1

公式	公式的组成
=(8+4)/4	等号、常量、运算符、括号
=A1*6+B1*3	等号、单元格引用、运算符、常量
=SUM(A1:A10)/4	等号、函数、单元格引用、运算符、常量、括号
=A1	等号、单元格引用
=A1&"元"	等号、单元格引用、运算符、常量

7.2.2 使用函数

用户可使用函数计算“代扣保险”和“代扣个税”，下面介绍具体的操作方法。

STEP 1 为了计算“代扣保险”，现需要在新的工作表中制作一个“社保缴纳明细表”，并计算“养老保险”“失业保险”“医疗保险”“生育保险”“工伤保险”“住房公积金”，如图 7-15 所示。

工号	姓名	部门	职务	工资合计	养老保险	失业保险	医疗保险	生育保险	工伤保险	住房公积金	总计
SF001	赵璇	销售部	经理	¥14,200	¥1,136	¥142	¥284	¥0	¥0	¥1,704	
SF002	刘佳	财务部	员工	¥5,800	¥464	¥58	¥116	¥0	¥0	¥696	
SF003	吴亮	生产部	员工	¥5,500	¥440	¥55	¥110	¥0	¥0	¥660	
SF004	刘雯	财务部	经理	¥13,800	¥1,104	¥138	¥276	¥0	¥0	¥1,656	
SF005	孙杨	人事部	员工	¥5,700	¥456	¥57	¥114	¥0	¥0	¥684	
SF006	李琦	采购部	经理	¥14,700	¥1,176	¥147	¥294	¥0	¥0	¥1,764	
SF007	徐刚	销售部	员工	¥6,000	¥480	¥60	¥120	¥0	¥0	¥720	
SF008	曹兴	采购部	员工	¥5,300	¥424	¥53	¥106	¥0	¥0	¥636	
SF009	陈毅	财务部	员工	¥5,000	¥400	¥50	¥100	¥0	¥0	¥600	
SF010	王维	生产部	经理	¥14,200	¥1,136	¥142	¥284	¥0	¥0	¥1,704	
SF011	刘军	销售部	员工	¥5,800	¥464	¥58	¥116	¥0	¥0	¥696	
SF012	陈珂	人事部	经理	¥15,000	¥1,200	¥150	¥300	¥0	¥0	¥1,800	
SF013	夏松	销售部	员工	¥5,500	¥440	¥55	¥110	¥0	¥0	¥660	
SF014	刘云	采购部	员工	¥5,800	¥464	¥58	¥116	¥0	¥0	¥696	
SF015	岳龙	生产部	员工	¥6,000	¥480	¥60	¥120	¥0	¥0	¥720	

图7-15

办公秘技

社保缴纳明细表是用来统计员工工资中应扣除的五险一金的缴纳金额。由于各地个人和单位缴纳五险一金的比例不同，因此此处假设养老保险个人缴纳比例为8%；失业保险个人缴纳比例为1%；工伤保险和生育保险个人不缴纳；医疗保险个人缴纳比例为2%；住房公积金个人缴纳比例为12%。因此，计算“养老保险”需要输入公式“=E2*8%”；计算“失业保险”需要输入公式“=E2*1%”；计算“医疗保险”需要输入公式“=E2*2%”；计算“住房公积金”需要输入公式“=E2*12%”。

第7章 员工薪资表的制作

STEP 2 选择 L2 单元格，输入公式 “=SUM(F2:K2)”，如图 7-16 所示。

	E	F	G	H	I	J	K	L
1	工资合计	养老保险	失业保险	医疗保险	生育保险	工伤保险	住房公积金	总计
2	¥14,200	¥1,136	¥142	¥284	¥0	¥0	¥1,704	=SUM(F2:K2)
3	¥5,800	¥464	¥58	¥116	¥0	¥0	¥696	
4	¥5,500	¥440	¥55	¥110	¥0	¥0	¥660	
5	¥13,800	¥1,104	¥138	¥276	¥0	¥0	¥1,656	
6	¥5,700	¥456	¥57	¥114	¥0	¥0	¥684	
7	¥14,700	¥1,176	¥147	¥294	¥0	¥0	¥1,764	
8	¥6,000	¥480	¥60	¥120	¥0	¥0	¥720	
9	¥5,300	¥424	¥53	¥106	¥0	¥0	¥636	

图7-16

STEP 3 按【Enter】键计算出“总计”金额，并将公式向下填充，结果如图 7-17 所示。

	A	B	C	D	E	F	G	H	I	J	K	L
1	工号	姓名	部门	职务	工资合计	养老保险	失业保险	医疗保险	生育保险	工伤保险	住房公积金	总计
2	SF001	赵璇	销售部	经理	¥14,200	¥1,136	¥142	¥284	¥0	¥0	¥1,704	¥3,266
3	SF002	刘佳	财务部	员工	¥5,800	¥464	¥58	¥116	¥0	¥0	¥696	¥1,334
4	SF003	吴亮	生产部	员工	¥5,500	¥440	¥55	¥110	¥0	¥0	¥660	¥1,265
5	SF004	刘雯	财务部	经理	¥13,800	¥1,104	¥138	¥276	¥0	¥0	¥1,656	¥3,174
6	SF005	孙杨	人事部	员工	¥5,700	¥456	¥57	¥114	¥0	¥0	¥684	¥1,311
7	SF006	李琦	采购部	经理	¥14,700	¥1,176	¥147	¥294	¥0	¥0	¥1,764	¥3,381
8	SF007	徐刚	销售部	员工	¥6,000	¥480	¥60	¥120	¥0	¥0	¥720	¥1,380
9	SF008	黄兴	采购部	员工	¥5,300	¥424	¥53	¥106	¥0	¥0	¥636	¥1,219
10	SF009	陈毅	财务部	员工	¥5,000	¥400	¥50	¥100	¥0	¥0	¥600	¥1,150
11	SF010	王维	生产部	经理	¥14,200	¥1,136	¥142	¥284	¥0	¥0	¥1,704	¥3,266
12	SF011	刘军	销售部	员工	¥5,800	¥464	¥58	¥116	¥0	¥0	¥696	¥1,334
13	SF012	陈珂	人事部	经理	¥15,000	¥1,200	¥150	¥300	¥0	¥0	¥1,800	¥3,450
14	SF013	夏松	销售部	员工	¥5,500	¥440	¥55	¥110	¥0	¥0	¥660	¥1,265
15	SF014	刘云	采购部	员工	¥5,800	¥464	¥58	¥116	¥0	¥0	¥696	¥1,334
16	SF015	岳龙	生产部	员工	¥6,000	¥480	¥60	¥120	¥0	¥0	¥720	¥1,380
17												

图7-17

办公秘技

SUM()函数用于对单元格区域中所有数值求和。其语法格式为：

=SUM(number1[[,number2],...])。

参数说明

- number1：必需参数，表示要求和的第1个数字，可以是直接输入的数字、单元格引用或数组。
- number2：可选参数，表示要求和的第2～255个数字，可以是直接输入的数字、单元格引用或数组。

STEP 4 打开“员工薪资表”，选择 K2 单元格，输入公式“=VLOOKUP(A2,社保缴纳明细表!A:L,12,FALSE)”，按【Enter】键计算出“代扣保险”，如图 7-18 所示。

K2 =VLOOKUP(A2,社保缴纳明细表!A:L,12,FALSE)

	H	I	J	K	L	M
1	补贴	全勤工资	应发工资	代扣保险	代扣个税	实发工资
2	¥2,000	¥200	¥14,200	¥3,266		¥10,934
3	¥300	¥200	¥5,800			¥5,800
4	¥500	¥200	¥5,500			¥5,500
5	¥800	¥0	¥13,800			¥13,800
6	¥500	¥200	¥5,700			¥5,700
7	¥2,000	¥200	¥14,700			¥14,700
8	¥800	¥200	¥6,000			¥6,000
9	¥500	¥0	¥5,300			¥5,300
10	¥500	¥0	¥5,000			¥5,000
11	¥2,000	¥200	¥14,200			¥14,200
12	¥800	¥200	¥5,800			¥5,800
13	¥2,000	¥0	¥15,000			¥15,000

图7-18

STEP 5 将 K2 单元格中的公式向下填充，如图 7-19 所示。

	H	I	J	K	L	M
1	补贴	全勤工资	应发工资	代扣保险	代扣个税	实发工资
2	¥2,000	¥200	¥14,200	¥3,266		¥10,934
3	¥300	¥200	¥5,800	¥1,334		¥4,466
4	¥500	¥200	¥5,500	¥1,265		¥4,235
5	¥800	¥0	¥13,800	¥3,174		¥10,626
6	¥500	¥200	¥5,700	¥1,311		¥4,389
7	¥2,000	¥200	¥14,700	¥3,381		¥11,319
8	¥800	¥200	¥6,000	¥1,380		¥4,620
9	¥500	¥0	¥5,300	¥1,219		¥4,081
10	¥500	¥0	¥5,000	¥1,150		¥3,850
11	¥2,000	¥200	¥14,200	¥3,266		¥10,934
12	¥800	¥200	¥5,800	¥1,334		¥4,466
13	¥2,000	¥0	¥15,000	¥3,450		¥11,550
14	¥500	¥200	¥5,500	¥1,265		¥4,235
15	¥800	¥200	¥5,800	¥1,334		¥4,466
16	¥500	¥200	¥6,000	¥1,380		¥4,620

图7-19

办公秘技

VLOOKUP()函数用于查找指定的数值，并返回当前行中指定列处的数值。其语法格式为：

=VLOOKUP(lookup_value,table_array,col_index_num[,range_lookup])。

参数说明

- lookup_value：需要在数据表首列进行搜索的值，可以是数值、单元格引用或字符串。
- table_array：需要在其中查找数据的数据表，使用对区域或区域名称的引用。
- col_index_num：在table_array中查找数据的数据列序号，col_index_num为1时，返回table_array第一列的数值；col_index_num为2时，返回table_array第二列的数值，依此类推。
- range_lookup：逻辑值，指明函数VLOOKUP()查找时是精确匹配，还是近似匹配；如果为FALSE或0，则返回精确匹配；如果为TRUE或1，函数VLOOKUP()将查找近似匹配值，如果找不到精确匹配值，则返回小于lookup_value的最大数值。

STEP 6 为了计算“代扣个税”，现需要制作一个“员工个人所得税计算表”，如图 7-20 所示。

	A	B	C	D	E	F	G	H	I	J	K	L	M	N
1	工号	姓名	部门	职务	工资合计	应纳税所得额	税率	速算扣除数	代扣个人所得税		全月应纳税所得额	上限范围	税率	速算扣除数
2	SF001	赵璇	销售部	经理	¥14,200						不超过3000元的	0	3%	0
3	SF002	刘佳	财务部	员工	¥5,800						超过3000元至12000元部分	3000	10%	210
4	SF003	吴亮	生产部	员工	¥5,500						超过12000元至25000元部分	12000	20%	1410
5	SF004	刘雯	财务部	经理	¥13,800						超过25000元至35000元部分	25000	25%	2660
6	SF005	孙杨	人事部	员工	¥5,700						超过35000元至55000元部分	35000	30%	4410
7	SF006	李琦	采购部	经理	¥14,700						超过55000元至80000元部分	55000	35%	7160
8	SF007	徐刚	销售部	员工	¥6,000						超过80000元部分	80000	45%	15160
9	SF008	曹兴	采购部	员工	¥5,300						注：工资薪金所得适用			
10	SF009	陈毅	财务部	员工	¥5,000									
11	SF010	王维	生产部	经理	¥14,200									
12	SF011	刘军	销售部	员工	¥5,800									
13	SF012	陈珂	人事部	经理	¥15,000									
14	SF013	夏松	销售部	员工	¥5,500									
15	SF014	刘云	采购部	员工	¥5,800									
16	SF015	胡龙	生产部	员工	¥6,000									

图7-20

STEP 7 选择 F2 单元格，输入公式“=IF(E2>5000,E2-5000,0)”，如图 7-21 所示。

	A	B	C	D	E	F
1	工号	姓名	部门	职务	工资合计	应纳税所得额
2	SF001	赵璇	销售部	经理	¥14,200	=IF(E2>5000,E2-5000,0)
3	SF002	刘佳	财务部	员工	¥5,800	
4	SF003	吴亮	生产部	员工	¥5,500	
5	SF004	刘雯	财务部	经理	¥13,800	
6	SF005	孙杨	人事部	员工	¥5,700	
7	SF006	李琦	采购部	经理	¥14,700	
8	SF007	徐刚	销售部	员工	¥6,000	
9	SF008	曹兴	采购部	员工	¥5,300	
10	SF009	陈毅	财务部	员工	¥5,000	
11	SF010	王维	生产部	经理	¥14,200	
12	SF011	刘军	销售部	员工	¥5,800	

图7-21

STEP 8 按【Enter】键确认，计算出“应纳税所得额”，并将公式向下填充，如图 7-22 所示。

F2　=IF(E2>5000,E2-5000,0)

	A	B	C	D	E	F
1	工号	姓名	部门	职务	工资合计	应纳税所得额
2	SF001	赵璇	销售部	经理	¥14,200	¥9,200
3	SF002	刘佳	财务部	员工	¥5,800	¥800
4	SF003	吴亮	生产部	员工	¥5,500	¥500
5	SF004	刘雯	财务部	经理	¥13,800	¥8,800
6	SF005	孙杨	人事部	员工	¥5,700	¥700
7	SF006	李琦	采购部	经理	¥14,700	¥9,700
8	SF007	徐刚	销售部	员工	¥6,000	¥1,000
9	SF008	曹兴	采购部	员工	¥5,300	¥300
10	SF009	陈毅	财务部	员工	¥5,000	¥0

图7-22

STEP 9 选择 G2 单元格，输入公式“=IF(F2=0,0,LOOKUP(F2,$L$2:$L$8,$M$2:$M$8))”，如图 7-23 所示。

	E	F	G	H	I	J	K	L	M	N
1	工资合计	应纳税所得额	税率	速算扣除数	代扣个人所得税		全月应纳税所得额	上限范围	税率	速算扣除数
2		=IF(F2=0,0,LOOKUP(F2,$L$2:$L$8,$M$2:$M$8))					不超过3000元的	0	3%	0
3	¥5,800	¥800					超过3000元至12000元部分	3000	10%	210
4	¥5,500	¥500					超过12000元至25000元部分	12000	20%	1410
5	¥13,800	¥8,800					超过25000元至35000元部分	25000	25%	2660
6	¥5,700	¥700					超过35000元至55000元部分	35000	30%	4410
7	¥14,700	¥9,700					超过55000元至80000元部分	55000	35%	7160
8	¥6,000	¥1,000					超过80000元部分	80000	45%	15160
9	¥5,300	¥300					注：工资薪金所得适用			
10	¥5,000	¥0								
11	¥14,200	¥9,200								

图7-23

STEP 10 按【Enter】键计算出“税率”，并将公式向下填充，如图 7-24 所示。

G2　=IF(F2=0,0,LOOKUP(F2,$L$2:$L$8,$M$2:$M$8))

	E	F	G	H	I	J	K	L	M	N
1	工资合计	应纳税所得额	税率	速算扣除数	代扣个人所得税		全月应纳税所得额	上限范围	税率	速算扣除数
2	¥14,200	¥9,200	10%				不超过3000元的	0	3%	0
3	¥5,800	¥800	3%				超过3000元至12000元部分	3000	10%	210
4	¥5,500	¥500	3%				超过12000元至25000元部分	12000	20%	1410
5	¥13,800	¥8,800	10%				超过25000元至35000元部分	25000	25%	2660
6	¥5,700	¥700	3%				超过35000元至55000元部分	35000	30%	4410
7	¥14,700	¥9,700	10%				超过55000元至80000元部分	55000	35%	7160
8	¥6,000	¥1,000	3%				超过80000元部分	80000	45%	15160
9	¥5,300	¥300	3%				注：工资薪金所得适用			
10	¥5,000	¥0	0%							
11	¥14,200	¥9,200	10%							

图7-24

STEP 11 选择 H2 单元格，输入公式“=IF(F2=0,0,LOOKUP(F2,$L$2:$L$8,$N$2:$N$8))”，如图 7-25 所示。

	E	F	G	H	I	J	K	L	M	N
1	工资合计	应纳税所得额	税率	速算扣除数	代扣个人所得税		全月应纳税所得额	上限范围	税率	速算扣除数
2	¥14,200	=IF(F2=0,0,LOOKUP(F2,$L$2:$L$8,$N$2:$N$8))					不超过3000元的	0	3%	0
3	¥5,800	¥800	3%				超过3000元至12000元部分	3000	10%	210
4	¥5,500	¥500	3%				超过12000元至25000元部分	12000	20%	1410
5	¥13,800	¥8,800	10%				超过25000元至35000元部分	25000	25%	2660
6	¥5,700	¥700	3%				超过35000元至55000元部分	35000	30%	4410
7	¥14,700	¥9,700	10%				超过55000元至80000元部分	55000	35%	7160
8	¥6,000	¥1,000	3%				超过80000元部分	80000	45%	15160
9	¥5,300	¥300	3%				注：工资薪金所得适用			
10	¥5,000	¥0	0%							
11	¥14,200	¥9,200	10%							

图7-25

办公秘技

IF()函数用于执行真假值判断，根据逻辑测试值返回不同的结果。其语法格式为：

=IF(logical_test,value_if_true,value_if_false)。

参数说明

- logical_test：表示计算结果为TRUE或FALSE的任意值或表达式。
- value_if_true：表示logical_test为TRUE时返回的值。
- value_if_false：表示logical_test为FALSE时返回的值。

STEP 12 按【Enter】键计算出“速算扣除数”，并将公式向下填充，如图 7-26 所示。

H2　=IF(F2=0,0,LOOKUP(F2,$L$2:$L$8,$N$2:$N$8))

	E	F	G	H	I	J	K	L	M	N
1	工资合计	应纳税所得额	税率	速算扣除数	代扣个人所得税		全月应纳税所得额	上限范围	税率	速算扣除数
2	¥14,200	¥9,200	10%	210			不超过3000元的	0	3%	0
3	¥5,800	¥800	3%	0			超过3000元至12000元部分	3000	10%	210
4	¥5,500	¥500	3%	0			超过12000元至25000元部分	12000	20%	1410
5	¥13,800	¥8,800	10%	210			超过25000元至35000元部分	25000	25%	2660
6	¥5,700	¥700	3%	0			超过35000元至55000元部分	35000	30%	4410
7	¥14,700	¥9,700	10%	210			超过55000元至80000元部分	55000	35%	7160
8	¥6,000	¥1,000	3%	0			超过80000元部分	80000	45%	15160
9	¥5,300	¥300	3%	0			注：工资薪金所得适用			
10	¥5,000	¥0	0%	0						
11	¥14,200	¥9,200	10%	210						

图7-26

STEP 13 选择 I2 单元格，输入公式“=F2*G2-H2”，按【Enter】键计算出“代扣个人所得税”，并将公式向下填充，如图 7-27 所示。

I2 =F2*G2-H2

	F	G	H	I
1	应纳税所得额	税率	速算扣除数	代扣个人所得税
2	¥9,200	10%	210	¥710
3	¥800	3%	0	¥24
4	¥500	3%	0	¥15
5	¥8,800	10%	210	¥670
6	¥700	3%	0	¥21
7	¥9,700	10%	210	¥760
8	¥1,000	3%	0	¥30
9	¥300	3%	0	¥9

图7-27

STEP 14 打开“员工薪资表”，选择 L2 单元格，输入公式“=VLOOKUP(A2, 员工个人所得税计算表 !A:I,9,FALSE)”，按【Enter】键，引用“员工个人所得税计算表”中的“代扣个税”，并将公式向下填充，如图 7-28 所示。

L2 =VLOOKUP(A2,员工个人所得税计算表!A:I,9,FALSE)

	I	J	K	L	M
1	全勤工资	应发工资	代扣保险	代扣个税	实发工资
2	¥200	¥14,200	¥3,266	¥710	¥10,224
3	¥200	¥5,800	¥1,334	¥24	¥4,442
4	¥200	¥5,500	¥1,265	¥15	¥4,220
5	¥0	¥13,800	¥3,174	¥670	¥9,956
6	¥200	¥5,700	¥1,311	¥21	¥4,368
7	¥200	¥14,700	¥3,381	¥760	¥10,559
8	¥200	¥6,000	¥1,380	¥30	¥4,590
9	¥0	¥5,300	¥1,219	¥9	¥4,072
10	¥0	¥5,000	¥1,150	¥0	¥3,850

图7-28

办公秘技

LOOKUP()函数用于从向量中查找一个值。其语法格式为：

= LOOKUP(lookup_value,lookup_vector,result_vector)。

参数说明

- lookup_value：查找值，可以使用单元格引用、常量数组和内存数组。
- lookup_vector：查找范围，其数值可以为文本、数字或逻辑值。
- result_vector：要获得的值。

7.3 制作并打印员工工资条

制作好员工薪资表后，我们可以根据其制作员工工资条，并将工资条打印出来。下面介绍具体的操作步骤。

7.3.1 制作工资条

工资条应该包括员工薪资表中的各个组成部分，例如工号、姓名、部门、职务、基本工资、应发工资、实发工资等，下面介绍具体制作方法。

STEP 1 制作一个“工资条”框架，其列标题要和“员工薪资表”中的列标题一致，如图 7-29 所示。

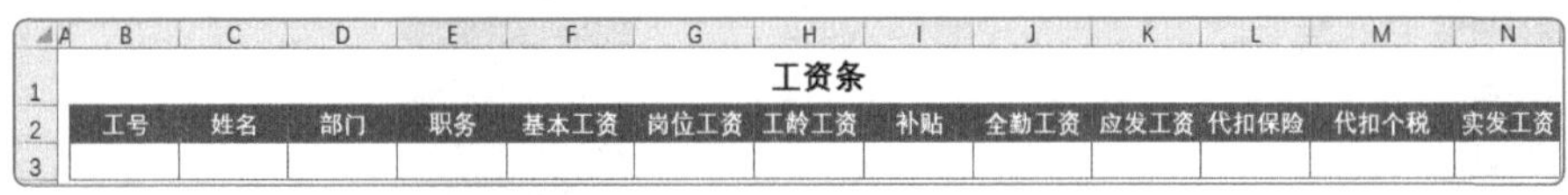

	B	C	D	E	F	G	H	I	J	K	L	M	N
1	工资条												
2	工号	姓名	部门	职务	基本工资	岗位工资	工龄工资	补贴	全勤工资	应发工资	代扣保险	代扣个税	实发工资
3													

图7-29

STEP 2 选择 B3 单元格，输入“SF001”，选择 C3 单元格，输入公式“=VLOOKUP($B3, 员工薪资表 !$A:$M,COLUMN()-1,0)”，并将公式向右填充，如图 7-30 所示。

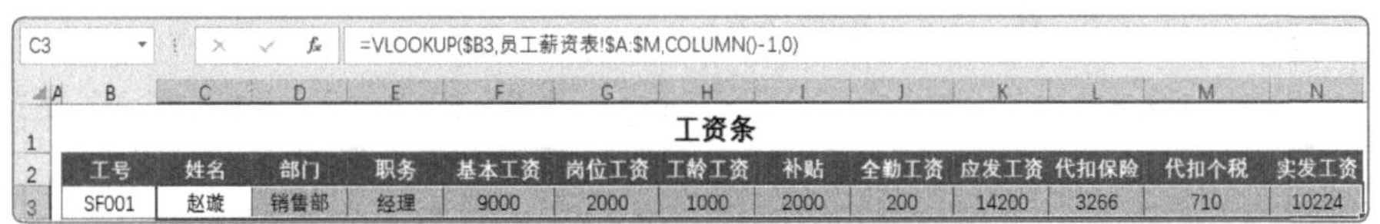

C3 =VLOOKUP($B3,员工薪资表!$A:$M,COLUMN()-1,0)

	B	C	D	E	F	G	H	I	J	K	L	M	N
1	工资条												
2	工号	姓名	部门	职务	基本工资	岗位工资	工龄工资	补贴	全勤工资	应发工资	代扣保险	代扣个税	实发工资
3	SF001	赵璇	销售部	经理	9000	2000	1000	2000	200	14200	3266	710	10224

图7-30

STEP 3 选择 B1:N3 单元格区域，将鼠标指针移至区域右下角，按住鼠标左键，向下拖动鼠标指针填充表格，如图 7-31 所示，快速生成工资条，如图 7-32 所示。

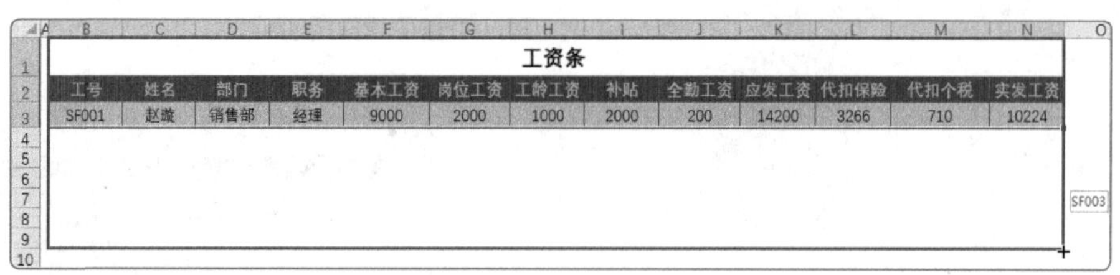

工资条												
工号	姓名	部门	职务	基本工资	岗位工资	工龄工资	补贴	全勤工资	应发工资	代扣保险	代扣个税	实发工资
SF001	赵璇	销售部	经理	9000	2000	1000	2000	200	14200	3266	710	10224

图7-31

工资条												
工号	姓名	部门	职务	基本工资	岗位工资	工龄工资	补贴	全勤工资	应发工资	代扣保险	代扣个税	实发工资
SF001	赵璇	销售部	经理	9000	2000	1000	2000	200	14200	3266	710	10224
工资条												
工号	姓名	部门	职务	基本工资	岗位工资	工龄工资	补贴	全勤工资	应发工资	代扣保险	代扣个税	实发工资
SF002	刘佳	财务部	员工	4500	500	300	300	200	5800	1334	24	4442
工资条												
工号	姓名	部门	职务	基本工资	岗位工资	工龄工资	补贴	全勤工资	应发工资	代扣保险	代扣个税	实发工资
SF003	吴亮	生产部	员工	4000	500	300	500	200	5500	1265	15	4220
工资条												
工号	姓名	部门	职务	基本工资	岗位工资	工龄工资	补贴	全勤工资	应发工资	代扣保险	代扣个税	实发工资
SF004	刘雯	财务部	经理	9500	2000	1500	800	0	13800	3174	670	9956

图7-32

7.3.2 打印工资条

制作好工资条后，通常需要将其以纸质的形式打印出来，以方便分发给每个员工。下面介绍如何打印工资条。

STEP 1 单击“文件”菜单，选择“打印”选项❶，在“打印”界面中将纸张方向设置为“横向”❷，如图 7-33 所示。

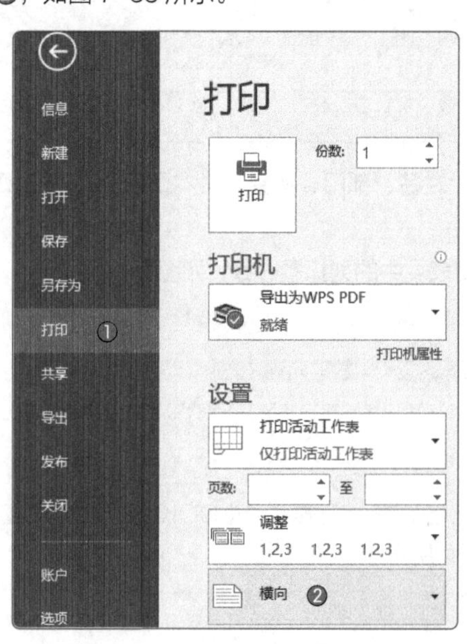

图7-33

STEP 2 将纸张大小设置为“A4”❶，将页边距设置为“窄边距”❷，将缩放设置为“将所有列调整为一页”❸，如图 7-34 所示。

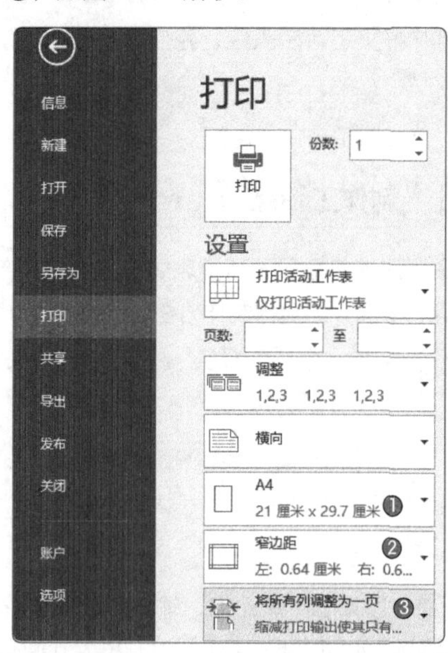

图7-34

STEP 3 在“打印”界面右侧可以预览打印效果，用户如果对预览效果满意，则可以单击“打印”按钮进行打印，如图 7-35 所示。

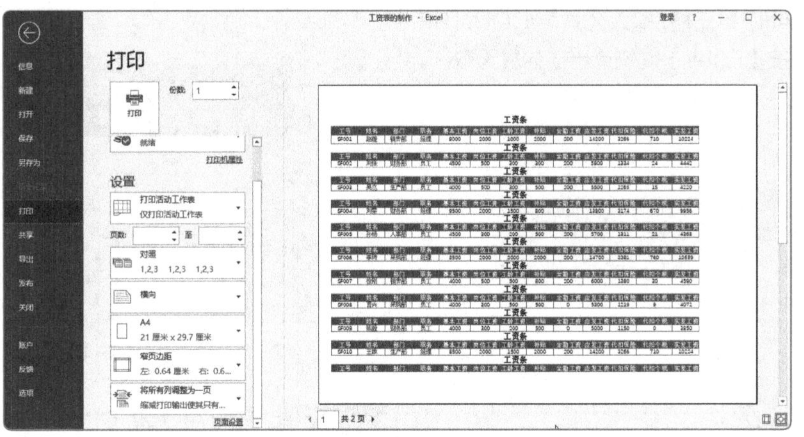

图7-35

办公秘技

COLUMN()函数用于返回引用的列号。其语法格式为：

=COLUMN(reference)。

参数说明

- reference：需要得到其列号的单元格或单元格区域。如果省略reference，则假定是对函数COLUMN()所在单元格的引用。如果reference为一个单元格区域，并且函数COLUMN()作为水平数组输入，则函数COLUMN()将reference中的列标以水平数组的形式返回。

7.4 上机演练

本节将介绍如何使用公式与函数统计考勤表和计算销售数据统计表。

7.4.1 统计考勤表

为了了解考勤情况，现需要将“出勤天数”“休息天数”“迟到次数”“旷工天数”“请假天数”统计出来。

STEP 1 假设“√”代表上班，“/”代表休息，“☆”代表迟到，“×”代表旷工，“○”代表请假，则这里可以在考勤表中输入这些符号来代替考勤数据，如图 7-36 所示。

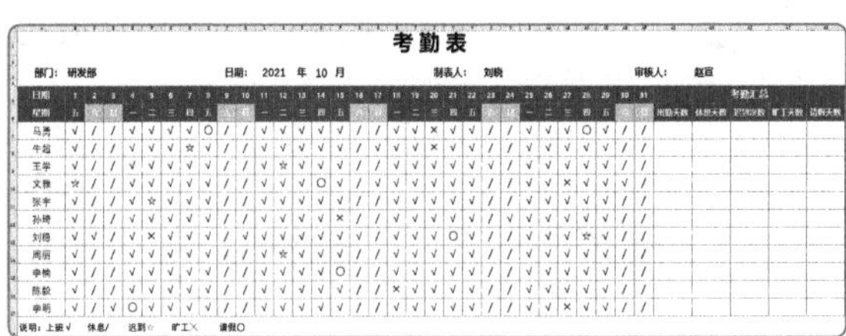

图7-36

STEP 2 选择 AG7 单元格，输入公式“=COUNTIF(B7:AF7,"√")+COUNTIF(B7:AF7,"☆")”，按【Enter】键统计出“出勤天数”，并将公式向下填充，如图 7-37 所示。

AG7 =COUNTIF(B7:AF7,"√")+COUNTIF(B7:AF7,"☆")

	AG	AH	AI	AJ	AK
5	考勤汇总				
6	出勤天数	休息天数	迟到次数	旷工天数	请假天数
7	18				
8	21				
9	22				
10	21				

图7-37

STEP 3 选择AH7单元格，输入公式“=COUNTIF(B7:AF7,"/")”，按【Enter】键统计出“休息天数”，并将公式向下填充，如图7-38所示。

AH7　=COUNTIF(B7:AF7,"/")

考勤汇总				
出勤天数	休息天数	迟到次数	旷工天数	请假天数
18	10			
21	9			
22	9			
21	8			
21	10			

图7-38

STEP 4 选择AI7单元格，输入公式“=COUNTIF(B7:AF7," ☆ ")”，按【Enter】键统计出“迟到次数”，并将公式向下填充，如图7-39所示。

AI7　=COUNTIF(B7:AF7,"☆")

考勤汇总				
出勤天数	休息天数	迟到次数	旷工天数	请假天数
18	10			
21	9	1		
22	9	1		
21	8	1		
21	10	1		

图7-39

STEP 5 选择AJ7单元格，输入公式“=COUNTIF(B7:AF7,"╳")”，按【Enter】键统计出“旷工天数”，并将公式向下填充，如图7-40所示。

AJ7　=COUNTIF(B7:AF7,"╳")

考勤汇总				
出勤天数	休息天数	迟到次数	旷工天数	请假天数
18	10		1	
21	9	1	1	
22	9	1		
21	8	1	1	
21	10	1		

图7-40

STEP 6 选择AK7单元格，输入公式“=COUNTIF(B7:AF7,"○")”，按【Enter】键统计出“请假天数”，并将公式向下填充，如图7-41所示。

AK7　=COUNTIF(B7:AF7,"○")

30	31	考勤汇总				
六	日	出勤天数	休息天数	迟到次数	旷工天数	请假天数
/	/	18	10		1	2
/	/	21	9	1	1	
/	/	22	9	1		

图7-41

将所有的考勤情况统计出来的效果如图7-42所示。

图7-42

7.4.2 计算销售数据统计表

微课视频

销售数据统计表用来统计商品的销售额、订单量、下单人数和商品销量，下面进行简单介绍。

STEP 1 制作一个“销售数据统计表”，如图7-43所示。

订单号	客户ID	商品编码	商品名称	单位	数量	单价	金额	客户名称	联系电话	收货地址
201001001	3020000101	401022001	品名1	件	9	20	180	客户1	187****0001	浙江省杭州市****
201001001	3020000101	401022002	品名2	件	8	25	200	客户1	187****0001	浙江省杭州市****
201001002	3020000102	401022001	品名1	件	4	30	120	客户2	188****0003	安徽省合肥市****
201001002	3020000102	401022004	品名4	件	6	45	270	客户2	188****0003	安徽省合肥市****
201001003	3020000102	401022005	品名5	件	3	60	180	客户2	188****0003	浙江省杭州市****
201001005	3020000104	401022006	品名3	件	7	78	546	客户4	188****0006	江苏省无锡市****
201001006	3020000105	401022007	品名7	件	5	20	100	客户5	188****0007	福建省福州市****
201001007	3020000106	401022008	品名8	件	6	33	198	客户6	188****0008	浙江省杭州市****
201001008	3020000107	401022005	品名5	件	4	100	400	客户7	188****0009	安徽省合肥市****
201001009	3020000108	401022010	品名10	件	3	52	156	客户8	188****0010	江苏省南京市****
201001010	3020000109	401022011	品名11	件	5	60	300	客户9	188****0011	安徽省合肥市****
201001011	3020000110	401022002	品名2	件	3	38	114	客户10	188****0012	浙江省杭州市****
201001012	3020000111	401022013	品名13	件	2	65	130	客户11	188****0013	安徽省合肥市****
201001013	3020000112	401022014	品名14	件	15	45	675	客户12	188****0014	江苏省南京市****
201001014	3020000113	401022005	品名5	件	5	35	175	客户13	188****0015	福建省福州市****

图7-43

STEP 2 在A19单元格中输入公式“=SUM(H2:H16)”计算“销售额”，如图7-44所示。

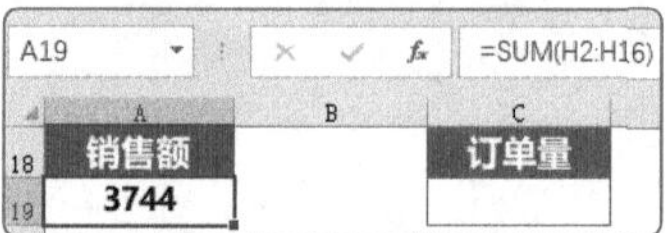

图7-44

STEP 3 在C19单元格中输入公式“=COUNT(0/

FREQUENCY(A2:A16,A2:A16))”计算“订单量”，如图 7-45 所示。

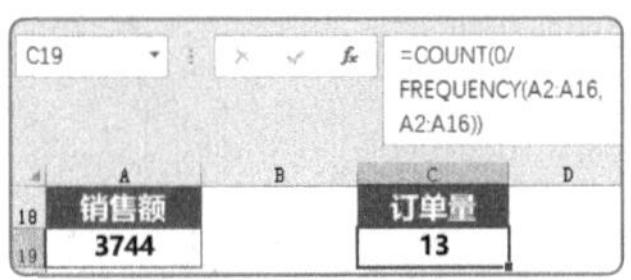

图7-45

STEP 4 在 E19 单元格中输入公式“=COUNT(0/FREQUENCY(B2:B16,B2:B16))”计算“下单人数”，如图 7-46 所示。

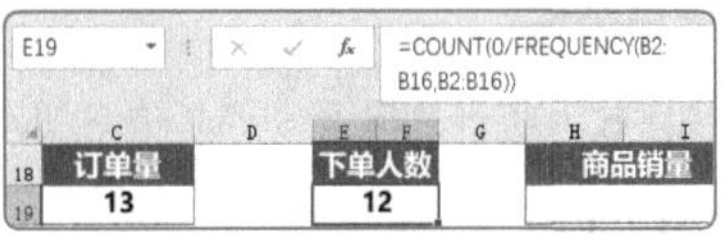

图7-46

STEP 5 在 H19 单元格中输入公式“=SUM(F2:F16)”计算“商品销量”，如图 7-47 所示。

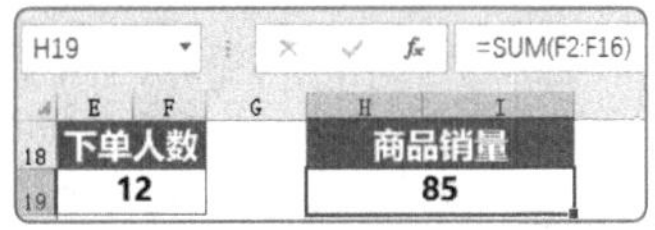

图7-47

7.5 课后作业

本章介绍了常用函数的基本应用。下面通过制作员工档案信息表及销售收入统计表帮助读者巩固本章知识点。

7.5.1 制作员工档案信息表

1. 项目需求

为了方便管理员工信息，以便及时了解员工的基本情况，现需要制作员工档案信息表。

2. 项目分析

制作员工档案信息表需要用到IF()、MOD()、MID()、YEAR()、TODAY()、TEXT()等函数。

3. 项目效果

员工档案信息表制作完成后的效果如图7-48所示。

工号	姓名	部门	身份证号码	性别	年龄	出生日期	学历	毕业院校	联系电话
HL001	吴刚	销售部	100000199404301431	男	27	1994-04-30	研究生	山东大学	187****4061
HL002	李彤	采购部	100000199305281422	女	28	1993-05-28	本科	中山大学	185****1235
HL003	赵森	财务部	100000198701301473	男	34	1987-01-30	专科	技术学院	186****5896
HL004	张潇	人事部	100000198502281424	女	36	1985-02-28	本科	南开大学	183****7453
HL005	孙毅	采购部	100000199610301455	男	25	1996-10-30	本科	浙江大学	187****1478
HL006	钱勇	财务部	100000199811241496	男	23	1998-11-24	本科	南京大学	182****3258
HL007	刘焕	销售部	100000198808261467	女	33	1988-08-26	研究生	天津大学	181****5841
HL008	周围	销售部	100000198909131418	男	32	1989-09-13	本科	矿业大学	184****6412
HL009	文静	人事部	100000198411021469	女	37	1984-11-02	专科	技术学院	185****2574
HL010	徐超	销售部	100000199207201491	男	29	1992-07-20	本科	南开大学	189****0698

图7-48

7.5.2 制作销售收入统计表

微课视频

1. 项目需求

为了统计产品销售收入总额、销售总数和排名情况，现需要制作销售收入统计表。

2. 项目分析

制作销售收入统计表涉及SUM()、SUMIF()、RANK()等函数的使用。

3. 项目效果

销售收入统计表制作完成后的效果如图7-49所示。

序号	销售日期	产品名称	单位	数量	单价	金额	付款方式
1	2021/12/1	沐浴露	瓶	3	55	165	微信
2	2021/12/2	牙刷	把	2	12	24	支付宝
3	2021/12/3	沐浴露	瓶	6	25	150	微信
4	2021/12/4	洗发水	瓶	4	60	240	微信
5	2021/12/5	洗面奶	支	6	70	420	支付宝
6	2021/12/6	香皂	块	4	30	120	微信
7	2021/12/7	牙膏	盒	5	25	125	支付宝
8	2021/12/8	洗发水	瓶	3	70	210	微信
9	2021/12/9	洗面奶	支	5	100	500	微信
10	2021/12/10	牙膏	盒	4	18	72	支付宝
11	2021/12/11	香皂	块	8	20	160	微信
12	2021/12/12	牙刷	把	6	10	60	支付宝
13	2021/12/13	沐浴露	瓶	8	65	520	支付宝

收入总额
2,766

销量统计及排名

产品名称	销售总数	排名
沐浴露	17	1
牙刷	8	5
洗发水	7	6
洗面奶	11	3
香皂	12	2
牙膏	9	4

图7-49

第 8 章

销售业绩统计表的制作

本章主要介绍销售业绩统计表的制作。通过对本章的学习，读者可以使用 Excel 对表格中的数据进行处理和分析，例如排序数据、筛选数据、分类汇总数据、创建数据透视表、创建图表等。

8.1 创建销售业绩统计表

通过输入数据和计算数据就可以创建销售业绩统计表，下面介绍具体的操作步骤。

8.1.1 输入相同数据

如果需要输入大量相同的数据，用户可以按照以下方法操作。

STEP 1 选择C2单元格，输入销售产品“A产品”，将鼠标指针移至C2单元格右下角，如图8-1所示。

	A	B	C
1	销售人员	部门	销售产品
2	张燕		A产品
3	顾里		
4	李佳		
5	君名		
6	周齐		

图8-1

STEP 2 双击快速填充相同内容，如图8-2所示。

STEP 3 或者选择C2:C31单元格区域，如图8-3所示，按【Ctrl+D】组合键，也可以快速填充相同数据。

	A	B	C
1	销售人员	部门	销售产品
2	张燕		A产品
3	顾里		A产品
4	李佳		A产品
5	君名		A产品
6	周齐		A产品
7	张群		A产品

图8-2

	A	B	C
1	销售人员	部门	销售产品
2	张燕		A产品
3	顾里		
4	李佳		
5	君名		
6	周齐		

图8-3

8.1.2 限制数据输入

如果想让他人只能从下拉列表中选择数据输入，我们可以设置限制数据输入，下面介绍具体的操作方法。

STEP 1 选择B2:B31单元格区域，在“数据”选项卡中单击“数据验证”按钮，如图8-4所示。

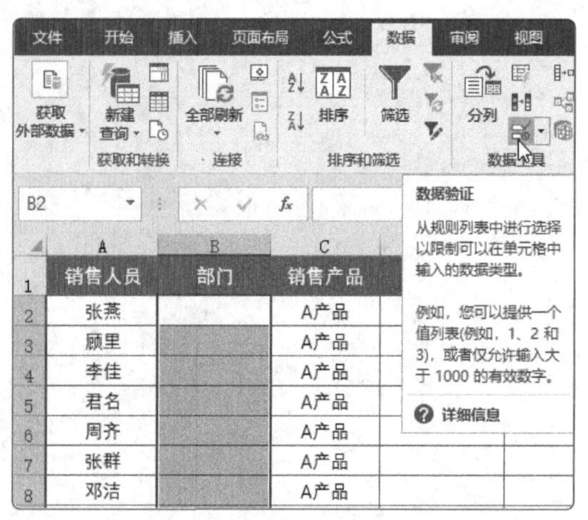

	A	B	C
1	销售人员	部门	销售产品
2	张燕		A产品
3	顾里		A产品
4	李佳		A产品
5	君名		A产品
6	周齐		A产品
7	张群		A产品
8	邓洁		A产品

图8-4

STEP 2 在打开的“数据验证”对话框的“设置”选项卡中，将“允许”设置为“序列”❶，在“来源”文本框中输入“销售1部,销售2部,销售3部”❷，单击“确定”按钮❸，如图8-5所示。

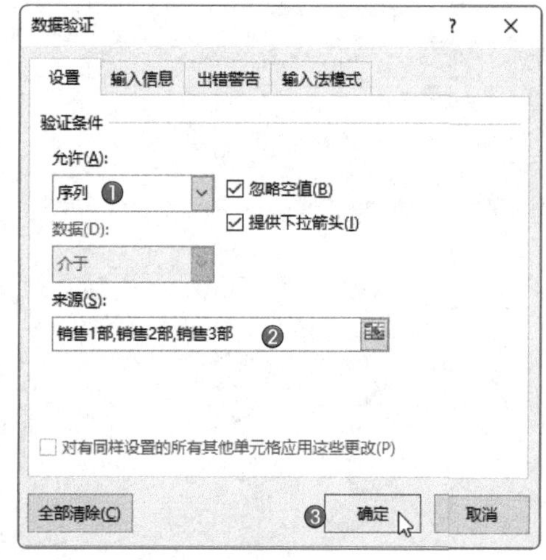

图8-5

STEP 3 选择B2单元格，单击其右侧下拉按钮❶，在下拉列表中选择“销售 1 部”选项❷，如图 8-6 所示，将其输入单元格中。

#	销售人员	部门	销售产品
2	张燕	❶	A产品
3	顾里		A产品
4	李佳		A产品
5	君名		A产品
6	周齐		A产品

销售1部 ❷ 销售2部 销售3部

图8-6

STEP 4 按照同样的方法，完成“部门”数据的输入，如图 8-7 所示。

#	销售人员	部门	销售产品
2	张燕	销售1部	A产品
3	顾里	销售2部	A产品
4	李佳	销售3部	A产品
5	君名	销售2部	A产品
6	周齐	销售3部	A产品
7	张群	销售1部	A产品

图8-7

8.1.3 计算表格数据

在表格中输入1~6月的销售额后，我们可以根据其计算总销售额、平均销售额和排名。下面介绍具体的操作方法。

STEP 1 选择 J2 单元格，输入公式“=SUM(D2:I2)”，如图 8-8 所示。

#	销售人员	部门	销售产品	1月	2月	3月	4月	5月	6月	总销售额
2	张燕	销售1部	A产品	¥25,983	¥78,546	¥45,663	¥18,023	¥66,019	¥90,890	=SUM(D2:I2)
3	顾里	销售2部	A产品	¥78,963	¥45,872	¥36,985	¥25,965	¥42,551	¥78,542	
4	李佳	销售3部	A产品	¥11,236	¥87,546	¥30,258	¥20,144	¥36,952	¥85,200	
5	君名	销售2部	A产品	¥32,598	¥47,852	¥33,586	¥50,000	¥45,820	¥36,854	

图8-8

STEP 2 按【Enter】键计算出“总销售额”，并将公式向下填充，如图 8-9 所示。

J2 =SUM(D2:I2)

#	4月	5月	6月	总销售额
2	¥18,023	¥66,019	¥90,890	¥325,124
3	¥25,965	¥42,551	¥78,542	¥308,878
4	¥20,144	¥36,952	¥85,200	¥271,336
5	¥50,000	¥45,820	¥36,854	¥246,710
6	¥95,214	¥20,148	¥14,785	¥293,318
7	¥25,830	¥25,841	¥99,000	¥338,573

图8-9

STEP 3 选择 K2 单元格，输入公式“=AVERAGE(D2:I2)”，如图 8-10 所示。

#	1月	2月	3月	4月	5月	6月	总销售额	平均销售额
2	¥25,983	¥78,546	¥45,663	¥18,023	¥66,019	¥90,890	¥	=AVERAGE(D2:I2)
3	¥78,963	¥45,872	¥36,985	¥25,965	¥42,551	¥78,542	¥308,878	
4	¥11,236	¥87,546	¥30,258	¥20,144	¥36,952	¥85,200	¥271,336	
5	¥32,598	¥47,852	¥33,586	¥50,000	¥45,820	¥36,854	¥246,710	
6	¥26,589	¥99,632	¥36,950	¥95,214	¥20,148	¥14,785	¥293,318	
7	¥96,587	¥42,563	¥48,752	¥25,830	¥25,841	¥99,000	¥338,573	
8	¥25,896	¥47,856	¥99,658	¥35,896	¥58,420	¥21,000	¥288,726	
9	¥99,863	¥36,982	¥47,856	¥48,520	¥45,872	¥75,896	¥354,989	
10	¥22,589	¥25,691	¥96,324	¥25,896	¥18,000	¥45,872	¥234,372	
11	¥85,427	¥25,841	¥36,985	¥88,000	¥48,572	¥95,820	¥380,645	

图8-10

STEP 4 按【Enter】键计算出“平均销售额”，并将公式向下填充，如图 8-11 所示。

K2 =AVERAGE(D2:I2)

#	5月	6月	总销售额	平均销售额
2	¥66,019	¥90,890	¥325,124	¥54,187
3	¥42,551	¥78,542	¥308,878	¥51,480
4	¥36,952	¥85,200	¥271,336	¥45,223
5	¥45,820	¥36,854	¥246,710	¥41,118
6	¥20,148	¥14,785	¥293,318	¥48,886
7	¥25,841	¥99,000	¥338,573	¥56,429
8	¥58,420	¥21,000	¥288,726	¥48,121
9	¥45,872	¥75,896	¥354,989	¥59,165

图8-11

STEP 5 选择 L2 单元格，输入公式“=RANK(J2,J$2:J$31,0)”，如图 8-12 所示。

#	5月	6月	总销售额	平均销售额	排名
2	¥66,019	¥90,890	¥325,124	¥54,187	=RANK(J2,J$2:J$31,0)
3	¥42,551	¥78,542	¥308,878	¥51,480	
4	¥36,952	¥85,200	¥271,336	¥45,223	
5	¥45,820	¥36,854	¥246,710	¥41,118	
6	¥20,148	¥14,785	¥293,318	¥48,886	
7	¥25,841	¥99,000	¥338,573	¥56,429	
8	¥58,420	¥21,000	¥288,726	¥48,121	
9	¥45,872	¥75,896	¥354,989	¥59,165	
10	¥18,000	¥45,872	¥234,372	¥39,062	
11	¥48,572	¥95,820	¥380,645	¥63,441	

图8-12

STEP 6 按【Enter】键计算出“排名”，并将公式向下填充，如图 8-13 所示。

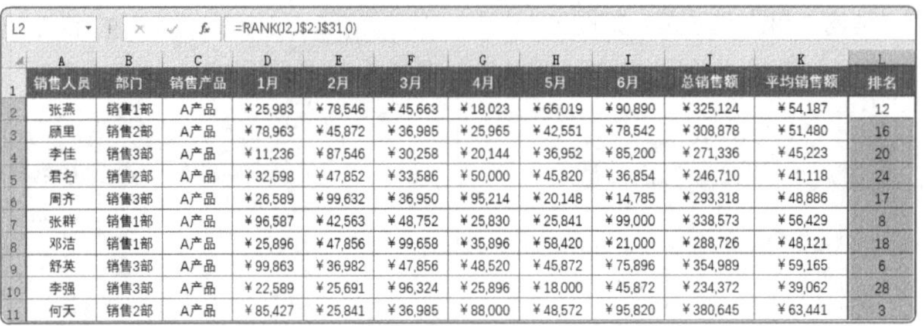

L2 =RANK(J2,J$2:J$31,0)

销售人员	部门	销售产品	1月	2月	3月	4月	5月	6月	总销售额	平均销售额	排名
张燕	销售1部	A产品	¥25,983	¥78,546	¥45,663	¥18,023	¥66,019	¥90,890	¥325,124	¥54,187	12
顾里	销售2部	A产品	¥78,963	¥45,872	¥36,985	¥25,965	¥42,551	¥78,542	¥308,878	¥51,480	16
李佳	销售3部	A产品	¥11,236	¥87,546	¥30,258	¥20,144	¥36,952	¥85,200	¥271,336	¥45,223	20
君名	销售2部	A产品	¥32,598	¥47,852	¥33,586	¥50,000	¥45,820	¥36,854	¥246,710	¥41,118	24
周齐	销售3部	A产品	¥26,589	¥99,632	¥36,950	¥95,214	¥20,148	¥14,785	¥293,318	¥48,886	17
张群	销售1部	A产品	¥96,587	¥42,563	¥48,752	¥25,830	¥25,841	¥99,000	¥338,573	¥56,429	8
邓洁	销售1部	A产品	¥25,896	¥47,856	¥99,658	¥35,896	¥58,420	¥21,000	¥288,726	¥48,121	18
舒英	销售3部	A产品	¥99,863	¥36,982	¥47,856	¥48,520	¥45,872	¥75,896	¥354,989	¥59,165	6
李强	销售3部	A产品	¥22,589	¥25,691	¥96,324	¥25,896	¥18,000	¥45,872	¥234,372	¥39,062	28
何天	销售2部	A产品	¥85,427	¥25,841	¥36,985	¥88,000	¥48,572	¥95,820	¥380,645	¥63,441	3

图8-13

8.2 对表格中的数据进行管理

制作好销售业绩统计表后，我们可以对表格中的数据进行分析管理，例如排序数据、筛选数据、分类汇总数据等。

8.2.1 排序数据

使用“排序”功能可以依据排名对数据进行升序排列，使第一名排列在前面。下面介绍具体的操作方法。

选择“排名”列的任意单元格，在“数据”选项卡中单击“升序”按钮，如图8-14所示。依据排名对数据进行按照从小到大的顺序排列的效果如图8-15所示。

图8-14

5月	6月	总销售额	平均销售额	排名
¥70,000	¥47,852	¥434,449	¥72,408	1
¥92,000	¥42,103	¥383,466	¥63,911	2
¥48,572	¥95,820	¥380,645	¥63,441	3
¥45,896	¥84,523	¥378,203	¥63,034	4
¥55,224	¥41,023	¥370,614	¥61,769	5
¥45,872	¥75,896	¥354,989	¥59,165	6
¥36,985	¥47,520	¥353,813	¥58,969	7
¥25,841	¥99,000	¥338,573	¥56,429	8
¥36,987	¥21,036	¥337,165	¥56,194	9
¥68,000	¥92,013	¥332,640	¥55,440	10
¥25,843	¥78,512	¥327,202	¥54,534	11

图8-15

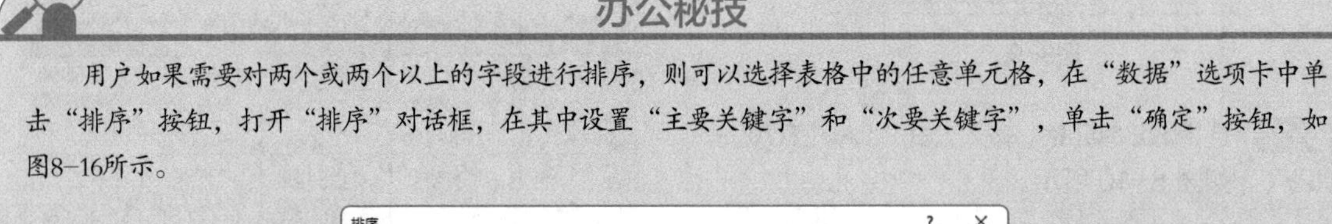

办公秘技

用户如果需要对两个或两个以上的字段进行排序，则可以选择表格中的任意单元格，在“数据”选项卡中单击“排序”按钮，打开“排序”对话框，在其中设置“主要关键字”和“次要关键字”，单击“确定”按钮，如图8-16所示。

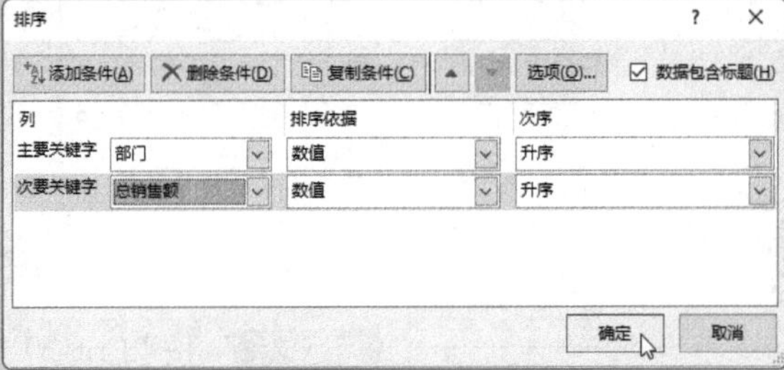

图8-16

8.2.2 筛选数据

使用“筛选”功能可以将符合条件的数据筛选出来，例如，将“销售3部”的销售数据筛选出来的操作如下。

STEP 1 选择表格中的任意单元格，在“数据”选项卡中单击“筛选”按钮，如图 8-17 所示。

图8-17

STEP 2 单击“部门”右方的下拉按钮❶，在下拉列表中取消“全选”复选框的勾选❷，并勾选“销售 3 部”复选框❸，单击“确定”按钮❹，如图 8-18 所示。

图8-18

将“销售3部”的销售数据筛选出来的效果如图8-19所示。

图8-19

办公秘技

用户如果需要取消筛选，则在“数据”选项卡中单击“清除”按钮，如图8-20所示。操作后可清除筛选结果，恢复原始状态，但会保留筛选下拉按钮，再次单击“筛选”按钮，就可以关闭“筛选”下拉按钮。

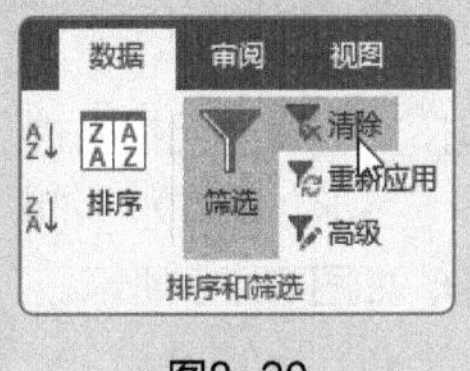

图8-20

8.2.3 使用条件格式查找数据

使用条件格式可以将1～6月的最大销售额查找并突出显示出来，下面介绍具体的操作方法。

STEP 1 选择 D2:I31 单元格区域，在“开始”选项卡中单击“条件格式”下拉按钮❶，在下拉列表中选择“新建规则”选项❷，如图 8-21 所示。

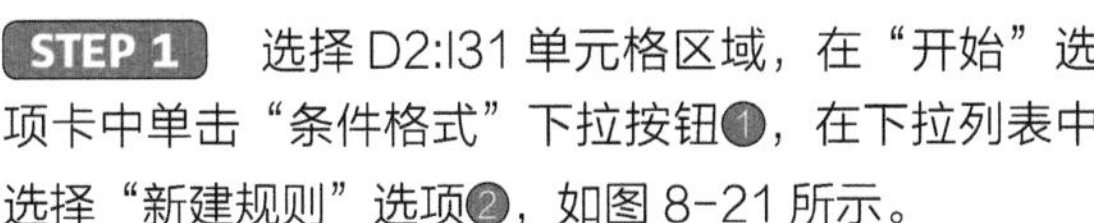

STEP 2 在打开的“新建格式规则”对话框的“选择规则类型”列表框中选择“使用公式确定要设置格式的单元格”选项❶，并在下方的文本框中输入公式“=D2=MAX($D2:$I2)”❷，单击“格式”按钮❸，如图 8-22 所示。

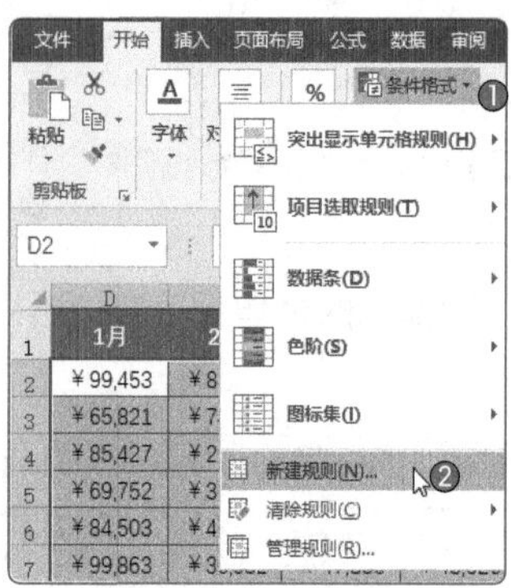

图8-21

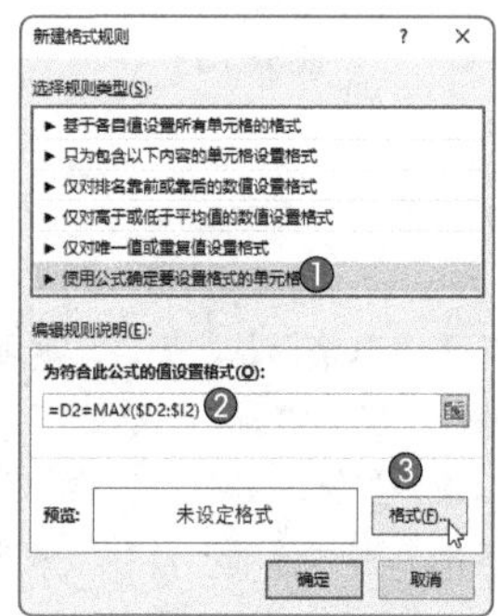

图8-22

STEP 3 在打开的“设置单元格格式”对话框的“字体”选项卡中，将“字形”设置为“加粗”❶，将“颜色”设置为红色❷，如图 8-23 所示。

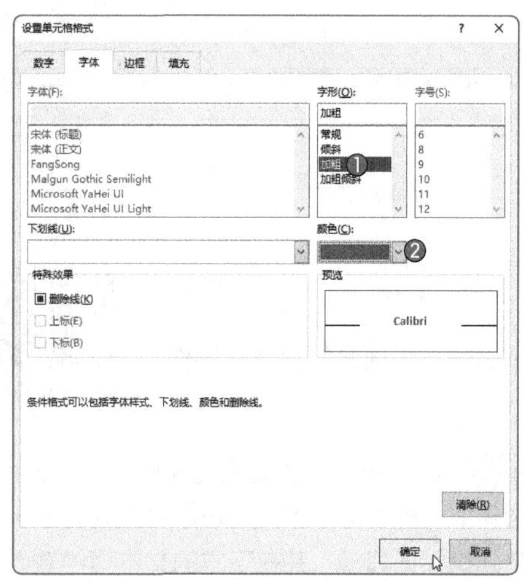

图8-23

STEP 4 在“填充”选项卡中选择合适的填充颜色，如图 8-24 所示，单击“确定”按钮。

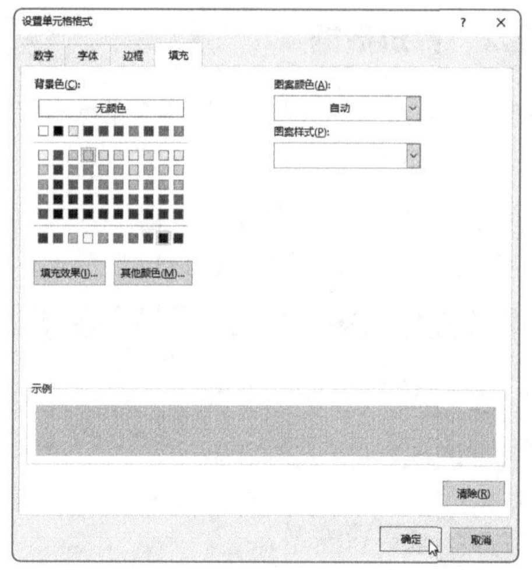

图8-24

将1～6月的最大销售额查找并突出显示出来的效果如图8-25所示。

	A	B	C	D	E	F	G	H	I
1	销售人员	部门	销售产品	1月	2月	3月	4月	5月	6月
2	何珏	销售1部	A产品	¥99,453	¥85,210	¥42,302	¥89,632	¥70,000	¥47,852
3	赵璇	销售3部	A产品	¥65,821	¥74,563	¥23,559	¥85,420	¥92,000	¥42,103
4	何天	销售2部	A产品	¥85,427	¥25,841	¥36,985	¥88,000	¥48,572	¥95,820
5	蔡俊晓	销售3部	A产品	¥69,752	¥36,980	¥65,842	¥75,210	¥45,896	¥84,523
6	徐雪梅	销售2部	A产品	¥84,503	¥45,302	¥48,562	¥96,000	¥55,224	¥41,023
7	舒英	销售3部	A产品	¥99,863	¥36,982	¥47,856	¥48,520	¥45,872	¥75,896
8	王林	销售1部	A产品	¥85,472	¥36,985	¥75,851	¥71,000	¥36,985	¥47,520
9	张群	销售1部	A产品	¥96,587	¥42,563	¥48,752	¥25,830	¥25,841	¥99,000
10	罗敏	销售1部	A产品	¥99,520	¥32,582	¥98,520	¥48,520	¥36,987	¥21,036

图8-25

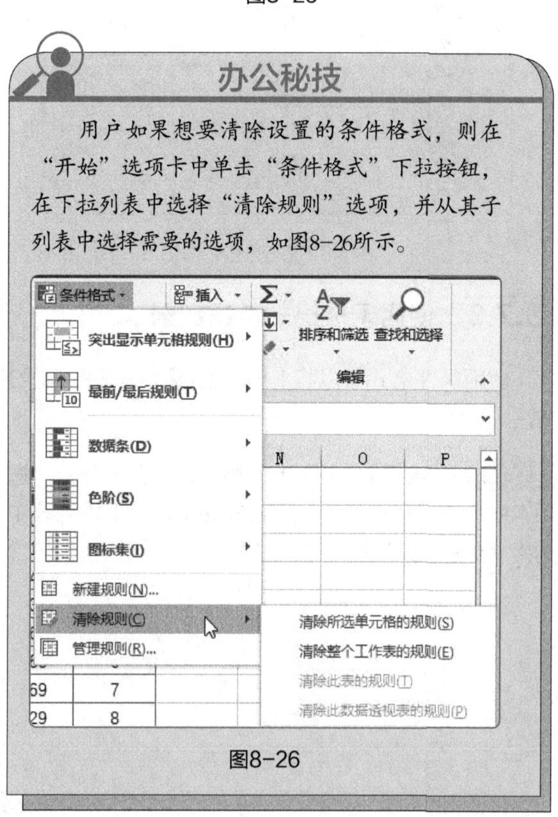

办公秘技

用户如果想要清除设置的条件格式，则在“开始”选项卡中单击“条件格式”下拉按钮，在下拉列表中选择“清除规则”选项，并从其子列表中选择需要的选项，如图8-26所示。

图8-26

第8章 销售业绩统计表的制作

8.2.4 分类汇总数据

使用“分类汇总”功能可以非常方便地对数据进行汇总分析，例如，按照“部门”字段分类对“总销售额”字段进行汇总，具体操作如下。

STEP 1 选择“部门”列的任意单元格，在“数据”选项卡中单击“升序”按钮，对其进行升序排列，如图 8-27 所示。

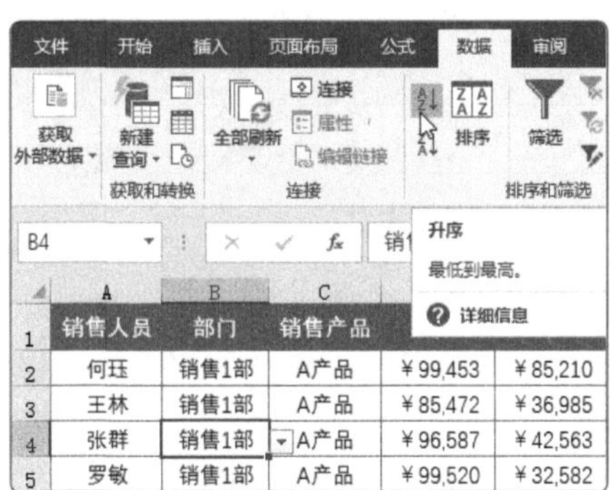

图8-27

STEP 2 在“数据”选项卡的“分级显示”选项组中单击“分类汇总”按钮，如图 8-28 所示。

图8-28

STEP 3 在打开的“分类汇总”对话框中，将“分类字段”设置为“部门”❶，将“汇总方式”设置为“求和”❷，在“选定汇总项”列表框中勾选“总销售额”复选框❸，单击“确定”按钮❹，如图 8-29 所示。

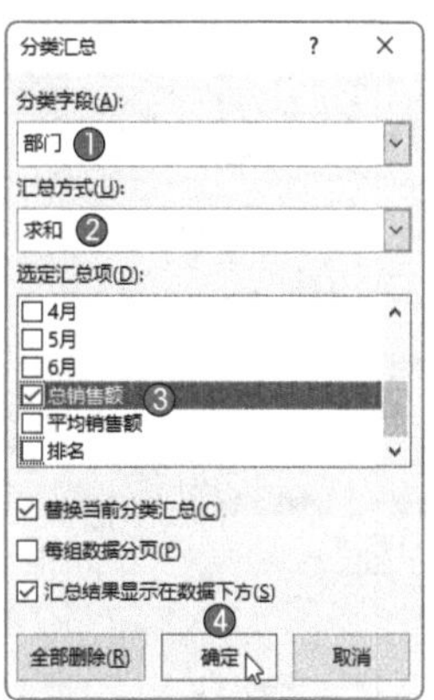

图8-29

按照“部门”字段分类，对“总销售额”字段进行汇总的效果如图8-30所示。

	A	B	C	D	E	F	G	H	I	J
1	销售人员	部门	销售产品	1月	2月	3月	4月	5月	6月	总销售额
2	何珏	销售1部	A产品	¥99,453	¥85,210	¥42,302	¥89,632	¥70,000	¥47,852	¥434,449
3	王林	销售1部	A产品	¥85,472	¥36,985	¥75,851	¥71,000	¥36,985	¥47,520	¥353,813
4	张群	销售1部	A产品	¥96,587	¥42,563	¥48,752	¥25,830	¥25,841	¥99,000	¥338,573
5	罗敏	销售1部	A产品	¥99,520	¥32,582	¥98,520	¥48,520	¥36,987	¥21,036	¥337,165
6	朱烨	销售1部	A产品	¥40,259	¥63,258	¥10,369	¥58,741	¥68,000	¥92,013	¥332,640
7	吴亭	销售1部	A产品	¥75,201	¥49,630	¥87,123	¥10,893	¥25,843	¥78,512	¥327,202
8	张燕	销售1部	A产品	¥25,983	¥78,546	¥45,663	¥18,023	¥66,019	¥90,890	¥325,124
9	曾志	销售1部	A产品	¥33,025	¥42,106	¥85,463	¥45,872	¥92,000	¥11,023	¥309,489
10	邓洁	销售1部	A产品	¥25,896	¥47,856	¥99,658	¥35,896	¥58,420	¥21,000	¥288,726
11	刘雯	销售1部	A产品	¥55,630	¥58,308	¥32,598	¥47,523	¥25,978	¥32,014	¥252,051
12		销售1部 汇总								¥3,299,232
13	何天	销售2部	A产品	¥85,427	¥25,841	¥36,985	¥88,000	¥48,572	¥95,820	¥380,645
14	徐雪梅	销售2部	A产品	¥84,503	¥45,302	¥48,562	¥96,000	¥55,224	¥41,023	¥370,614
15	赵曼	销售2部	A产品	¥66,358	¥32,589	¥74,210	¥85,420	¥42,103	¥10,000	¥310,680
16	顾里	销售2部	A产品	¥78,963	¥45,872	¥36,985	¥25,965	¥42,551	¥78,542	¥308,878
17	君名	销售2部	A产品	¥32,598	¥47,852	¥33,586	¥50,000	¥45,820	¥36,854	¥246,710
18	周丽	销售2部	A产品	¥33,025	¥12,036	¥47,852	¥32,011	¥25,863	¥87,423	¥238,210
19	李欣	销售2部	A产品	¥43,058	¥18,930	¥40,982	¥42,301	¥48,962	¥41,203	¥235,436
20	陈晨	销售2部	A产品	¥20,169	¥79,630	¥44,563	¥41,896	¥20,147	¥21,036	¥227,441

图8-30

新手误区

在进行分类汇总前，用户必须要对表格中需要分类汇总的字段进行排序，否则会显示错误的分类汇总结果。

8.2.5 创建数据透视表

微课视频

使用数据透视表可以深入分析数值数据，下面介绍具体的操作方法。

STEP 1 选择表格中的任意单元格，在“插入”选项卡中单击“数据透视表”按钮，如图 8-31 所示。

STEP 2 在打开的“创建数据透视表”对话框中保持各选项为默认状态，单击“确定”按钮，如图 8-32 所示。新的工作表中创建了一个空白数据透视表，同时打开了“数据透视表字段”窗格，如图 8-33 所示。

图8-31

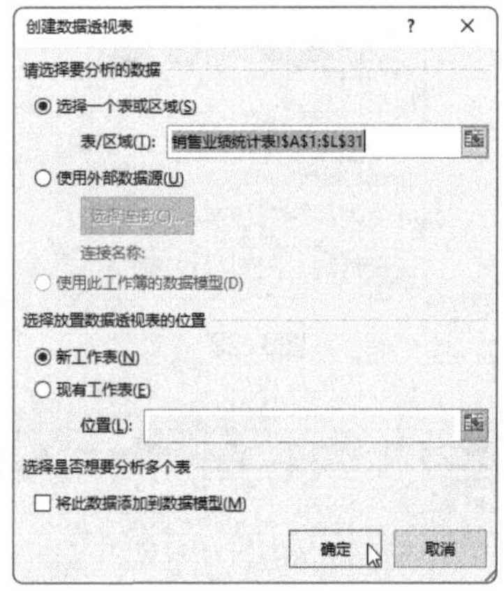

图8-32

图8-33

STEP 3 在“数据透视表字段”窗格中选择需要的字段，例如勾选“部门”和“总销售额”复选框，被选中的字段自动出现在“数据透视表字段”窗格的“行”区域❶和“值”区域❷，如图8-34所示。同时，相应的字段也被添加到数据透视表中，如图8-35所示。

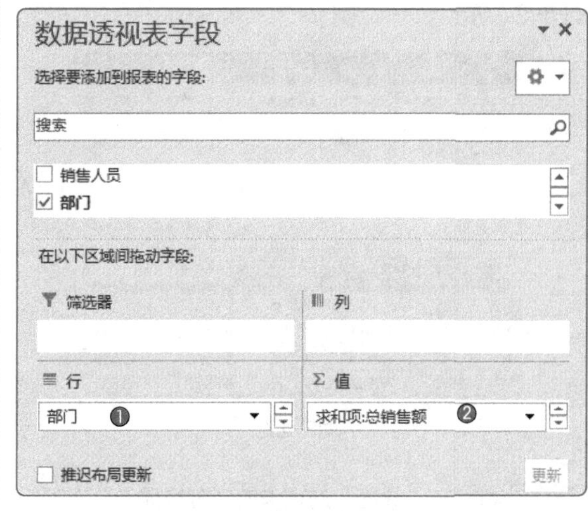

图8-34

	A	B
3	行标签	求和项:总销售额
4	销售1部	3299232
5	销售2部	2525575
6	销售3部	3272725
7	总计	9097532
8		
9		
10		

图8-35

8.2.6 创建数据透视图

使用数据透视图可以直观、动态地展示数据，下面介绍具体的操作方法。

STEP 1 选择表格中的任意单元格，在“插入”选项卡中单击“数据透视图”按钮，如图8-36所示。

STEP 2 在打开的“创建数据透视图”对话框中单击“确定”按钮，如图8-37所示。此时，系统在新的工作表中创建了一个空白的数据透视表和数据透视图，并打开“数据透视图字段”窗格，如图8-38所示。

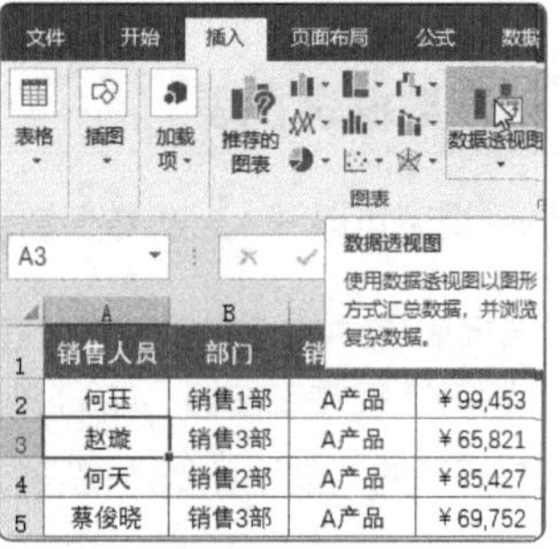

图8-36

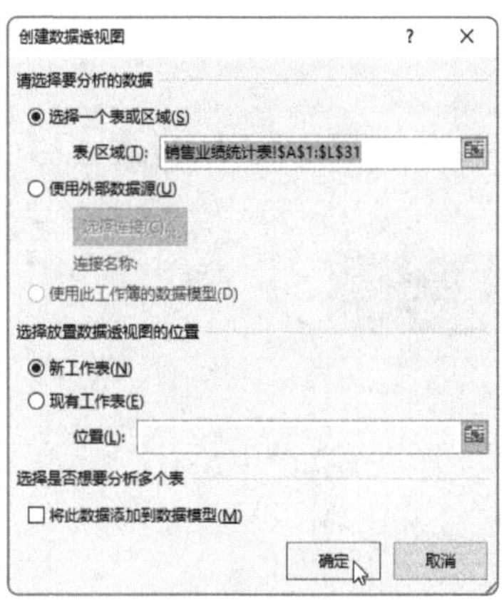

图8-37

STEP 3 在“数据透视图字段”窗格中选择需要的字段创建出数据透视表，同时生成数据透视表对应的默认类型的数据透视图，如图 8-39 所示。

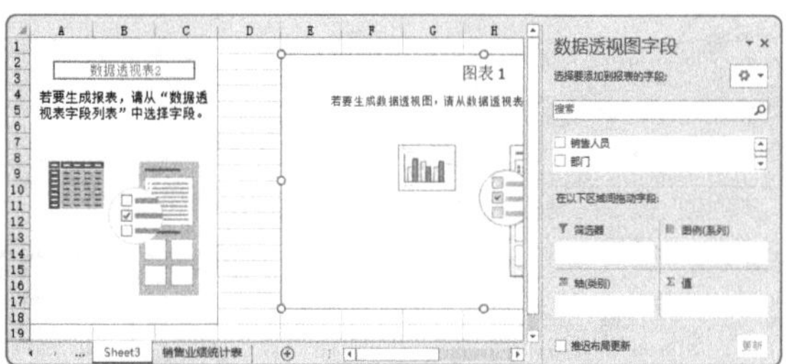

图8-38

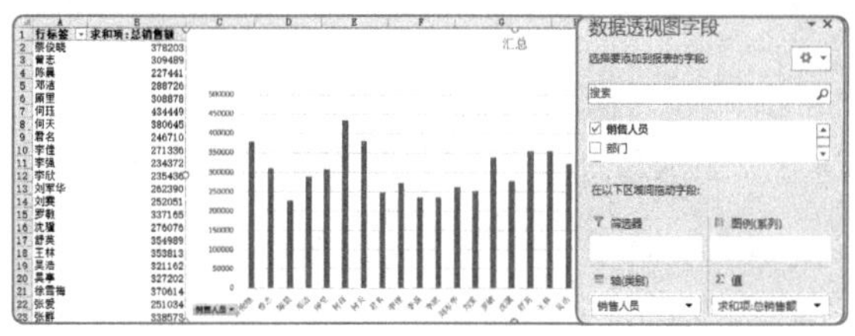

图8-39

8.3 制作销售统计图表

用户可以根据销售业绩统计表汇总出各部门1～6月的销售额，并制作成销售统计图表。下面介绍具体的操作步骤。

8.3.1 创建图表

用户可以创建柱形图来展示各部门1～6月的销售额，下面介绍具体的操作方法。

STEP 1 选择 A1:G4 单元格区域，在“插入”选项卡中单击“推荐的图表”按钮，如图 8-40 所示。

部门	1月	2月	3月	4月	5月	6月
销售1部	637026	537044	626299	451930	506073	540860
销售2部	482664	350641	374983	482182	377994	457111
销售3部	538134	608975	571882	553429	472101	528204

图8-40

STEP 2 在打开的“插入图表”对话框的“所有图表”选项卡中选择“柱形图”❶，并选择“簇状柱形图”❷，单击“确定”按钮❸，创建一个柱形图，如图 8-41 所示。

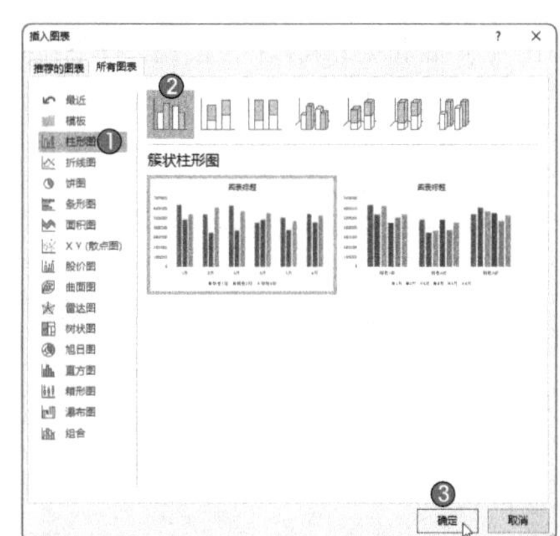

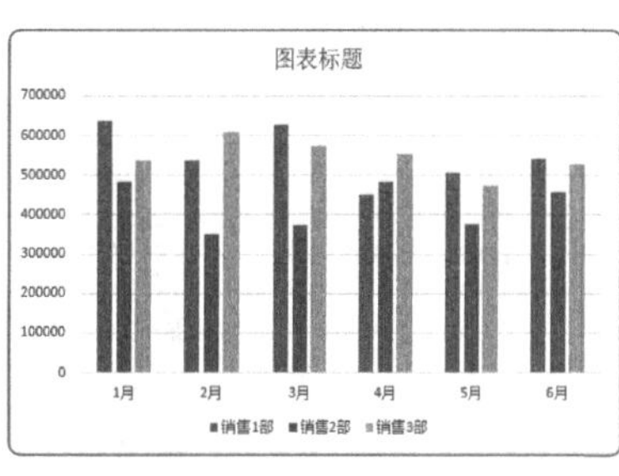

图8-41

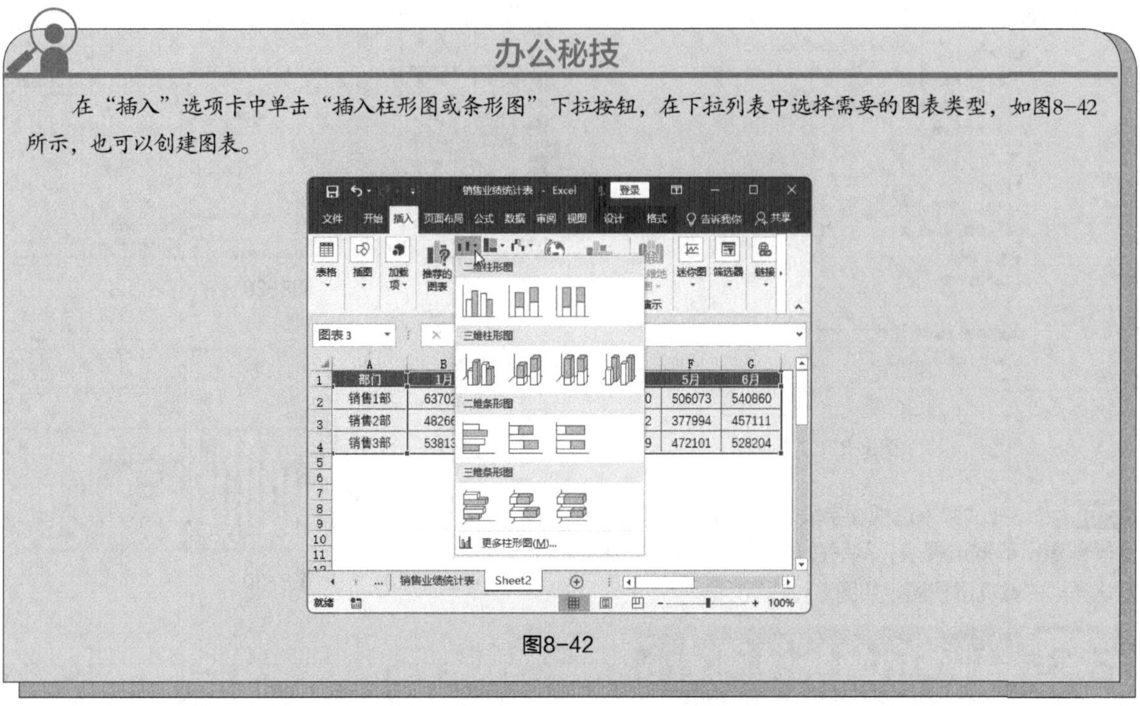

办公秘技

在“插入”选项卡中单击“插入柱形图或条形图”下拉按钮，在下拉列表中选择需要的图表类型，如图8-42所示，也可以创建图表。

图8-42

8.3.2 添加图表元素

创建图表后，用户可以为图表添加元素，例如添加图表标题、数据标签等。下面介绍具体的操作方法。

STEP 1 选择图表，调整其大小，并输入图表标题“销售统计图表”，如图 8-43 所示。

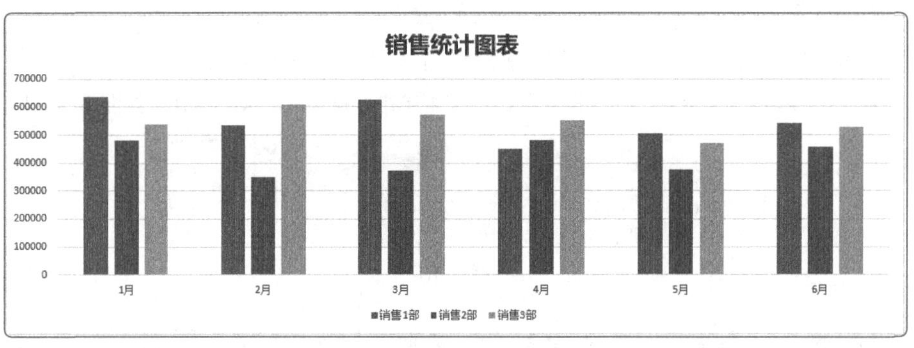

图8-43

STEP 2 选择图表，在“图表工具 - 设计”选项卡中单击“添加图表元素”下拉按钮，在下拉列表中选择“数据标签”选项，并从其子列表中选择“数据标签外”选项，为图表添加数据标签，如图 8-44 所示。

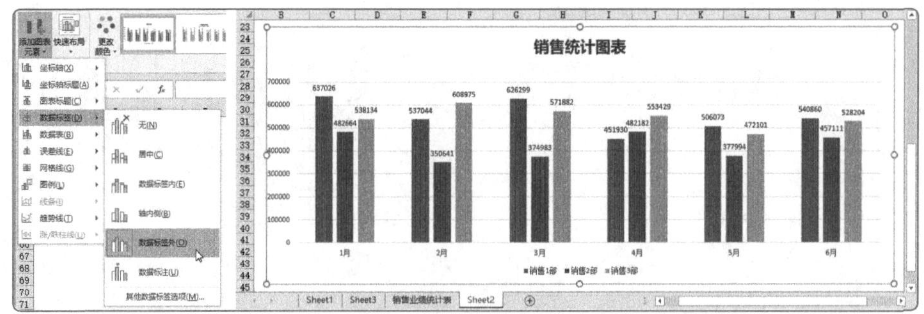

图8-44

8.3.3 美化图表

为了使图表看起来更加美观，用户可以对图表进行美化操作。下面介绍具体的操作方法。

STEP 1 选择图表，在“图表工具 - 设计”选项卡中单击“更改颜色”下拉按钮，在下拉列表中选择“颜色 2”选项，更改数据系列的颜色，如图 8-45 所示。

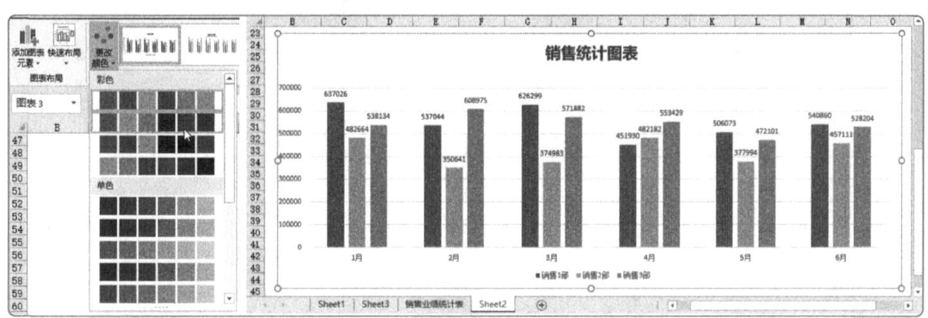

图8-45

STEP 2 选择绘图区，打开“图表工具 - 格式”选项卡，单击“形状填充”下拉按钮，在下拉列表中选择合适的颜色，为绘图区设置填充颜色，如图 8-46 所示。

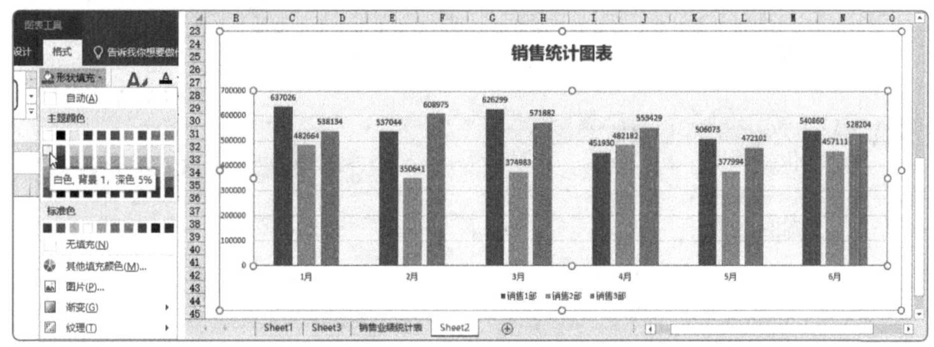

图8-46

8.4 上机演练

本节将介绍如何使用数据分析功能和图表功能来管理产品生产报表和制作产品销量占比饼图。

8.4.1 管理产品生产报表

产品生产报表记录了产品生产的详细信息，有利于把控产品质量和生产数量。下面介绍如何管理产品生产报表。

STEP 1 选择表格中的任意单元格，按【Ctrl+Shift+L】组合键进入筛选状态，单击“规格型号”右侧的下拉按钮，在下拉列表中选择“文本筛选”选项，并从其子列表中选择“自定义筛选”选项，如图 8-47 所示。

STEP 2 在打开的“自定义自动筛选方式”对话框的“等于”文本框后面输入“A-*”，单击“确定”按钮，如图 8-48 所示，将以 A 开头的规格型号数据筛选出来，效果如图 8-49 所示。

图8-47

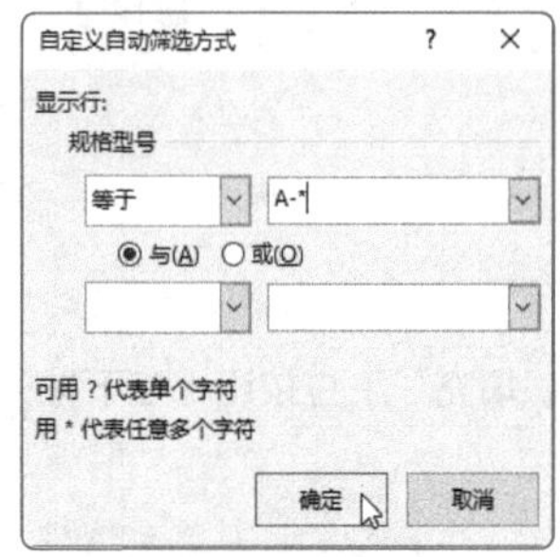

图8-48

	A	B	C	D	E	F	G	H	I	J
1	产品编号	产品名称	规格型号	车间	负责人	开始日期	结束日期	计划生产	实际生产	完成率
2	TR210001	产品1	A-1001	车间1	李佳	2021-02-05	2021-02-09	20	27	135.00%
7	TR210006	产品6	A-2001	车间2	周丽	2021-02-11	2021-02-15	30	63	210.00%
11	TR210010	产品10	A-3001	车间3	王晓	2021-02-16	2021-02-17	20	18	90.00%

图8-49

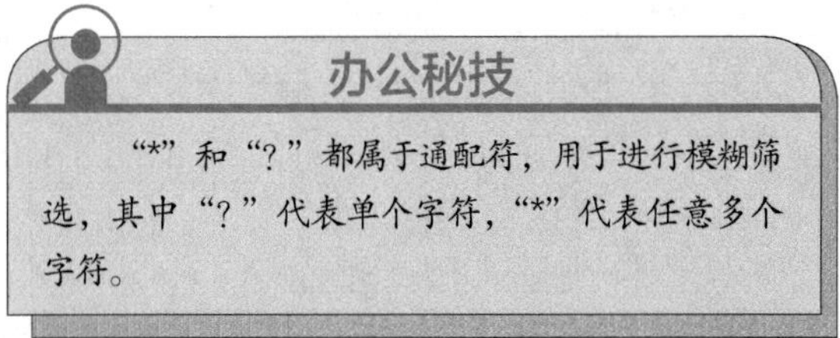

办公秘技

“*”和“?”都属于通配符，用于进行模糊筛选，其中“?”代表单个字符，“*”代表任意多个字符。

STEP 3 选择M2:M15单元格区域，在“开始”选项卡中单击“条件格式”下拉按钮，在下拉列表中选择“突出显示单元格规则”选项，并从其子列表中选择“大于”选项，打开“大于”对话框，在“为大于以下值的单元格设置格式”文本框中输入“90%”，在“设置为”下拉列表中选择“浅红填充色深红色文本”选项，单击“确定”按钮，如图8-50所示，将“合格率”大于90%的数据突出显示出来，效果如图8-51所示。

STEP 4 选择J2:J15单元格区域，单击“条件格式”下拉按钮，在下拉列表中选择“数据条”选项，并从其子列表中选择合适的样式，如图8-52所示，为数据区域添加的数据条效果如图8-53所示。

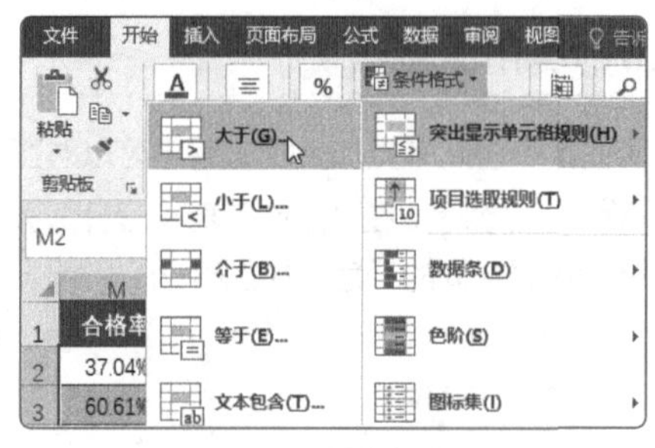

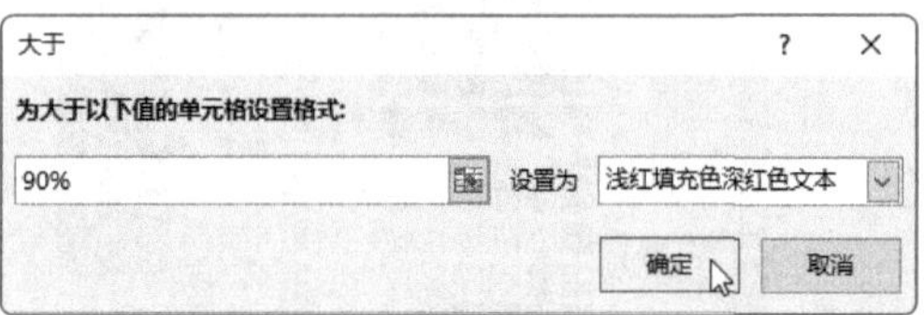

图8-50

	B	C	D	F	G	H	I	J	K	L	M
1	产品名称	规格型号	车间	开始日期	结束日期	计划生产	实际生产	完成率	合格品	不合格品	合格率
2	产品1	A-1001	车间1	2021-02-05	2021-02-09	20	27	135.00%	10	17	37.04%
3	产品2	B-1002	车间1	2021-02-06	2021-02-10	50	33	66.00%	20	13	60.61%
4	产品3	C-1003	车间1	2021-02-07	2021-02-10	60	80	133.33%	69	11	86.25%
5	产品4	D-1007	车间1	2021-02-09	2021-02-15	50	82	164.00%	80	2	97.56%
6	产品5	E-1003	车间1	2021-02-10	2021-02-14	80	21	26.25%	15	6	71.43%
7	产品6	A-2001	车间2	2021-02-11	2021-02-15	30	63	210.00%	60	3	95.24%
8	产品7	B-2002	车间2	2021-02-12	2021-02-16	40	63	157.50%	50	13	79.37%
9	产品8	C-2004	车间2	2021-02-14	2021-02-15	50	30	60.00%	20	10	66.67%
10	产品9	D-2003	车间2	2021-02-15	2021-02-18	60	55	91.67%	54	1	98.18%
11	产品10	A-3001	车间3	2021-02-16	2021-02-17	20	18	90.00%	17	1	94.44%

图8-51

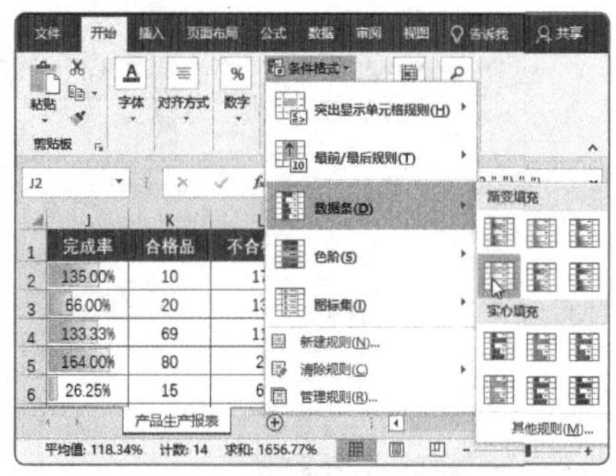

图8-52

	F	G	H	I	J
1	开始日期	结束日期	计划生产	实际生产	完成率
2	2021-02-05	2021-02-09	20	27	135.00%
3	2021-02-06	2021-02-10	50	33	66.00%
4	2021-02-07	2021-02-10	60	80	133.33%
5	2021-02-09	2021-02-15	50	82	164.00%
6	2021-02-10	2021-02-14	80	21	26.25%
7	2021-02-11	2021-02-15	30	63	210.00%
8	2021-02-12	2021-02-16	40	63	157.50%
9	2021-02-14	2021-02-15	50	30	60.00%
10	2021-02-15	2021-02-18	60	55	91.67%
11	2021-02-16	2021-02-17	20	18	90.00%
12	2021-02-17	2021-02-19	18	22	122.22%
13	2021-02-18	2021-02-22	30	10	33.33%
14	2021-02-19	2021-02-25	36	68	188.89%
15	2021-02-20	2021-02-26	14	25	178.57%

图8-53

8.4.2 制作产品销量占比饼图

制作饼图可以直观地展示各产品的销量占比，下面简单介绍其制作方法。

STEP 1 选择 A1:B6 单元格区域，在“插入”选项卡中单击“插入饼图或圆环图”下拉按钮，在下拉列表中选择“二维饼图”选项，如图 8-54 所示。创建的饼图如图 8-55 所示。

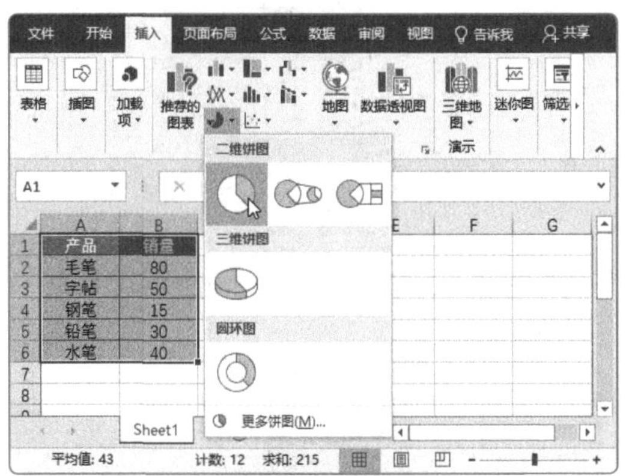

图8-54

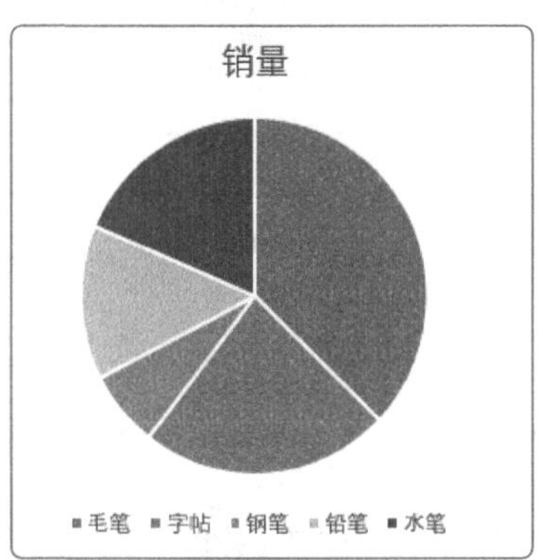

图8-55

STEP 2 选择饼图，将图表标题更改为“产品销量占比”，如图 8-56 所示。

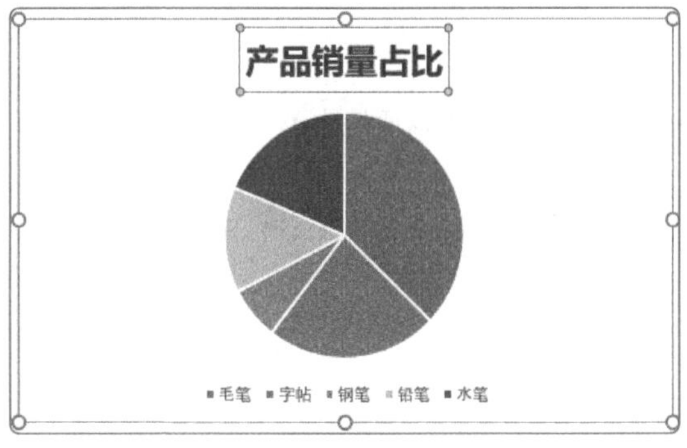

图8-56

STEP 3 在“图表工具－设计”选项卡中单击“更改颜色”下拉按钮，在下拉列表中选择合适的颜色，如图 8-57 所示。

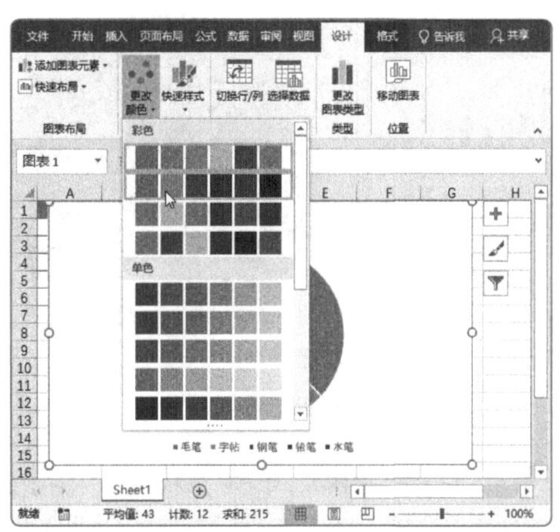

图8-57

STEP 4 单击“快速布局”下拉按钮，在下拉列表中选择“布局 1”选项更改饼图的布局，如图 8-58 所示。

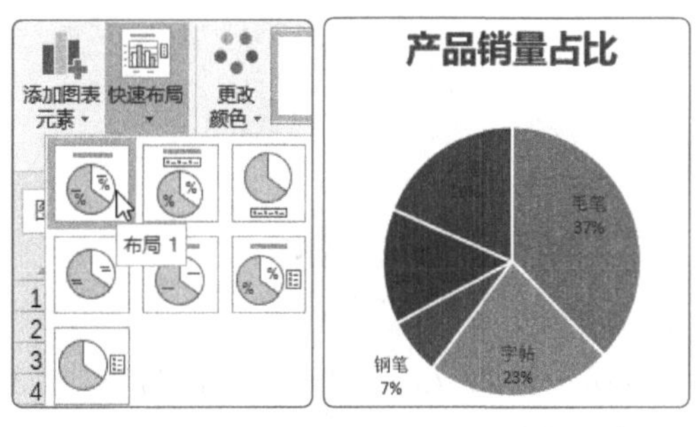

图8-58

STEP 5 更改数据标签的字体格式并将其移至合适位置，如图 8-59 所示。

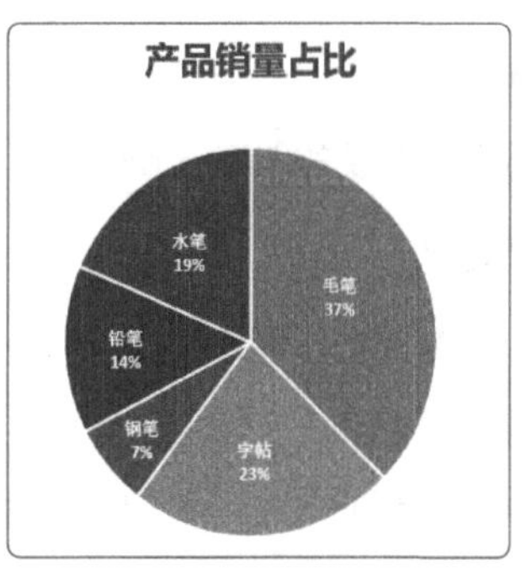

图8-59

STEP 6 双击选择单个扇形，在“图表工具－格式”选项卡中单击“形状填充”下拉按钮，在下拉列表中选择红色，将扇形的颜色更改为红色后的效果如图 8-60 所示。

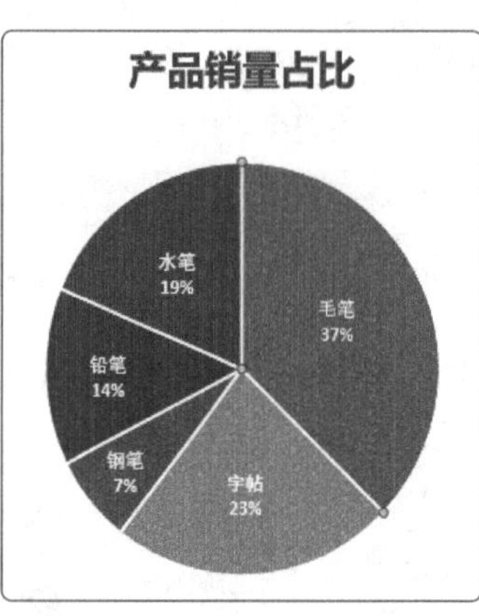

图8-60

STEP 7 选择数据系列，单击“形状效果”下拉按钮，在下拉列表中选择“棱台”选项，并选择合适的效果，如图 8-61 所示。

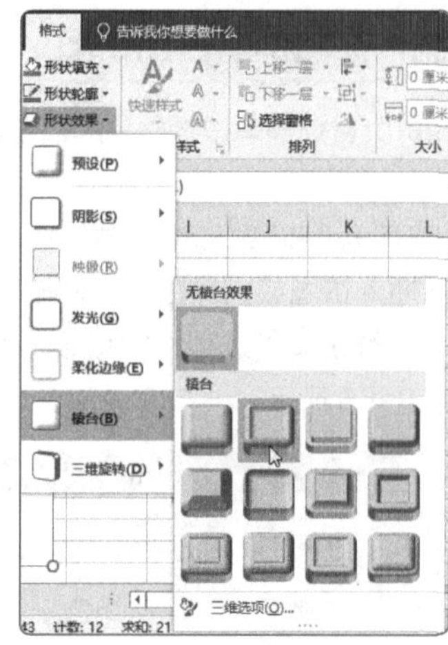

图8-61

制作完成的产品销量占比饼图如图8-62所示。

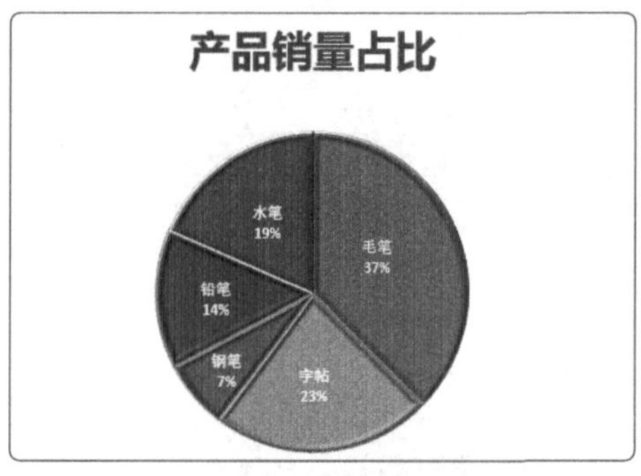

图8-62

8.5 课后作业

本章介绍了Excel数据分析的简单应用。下面通过管理商品库存表及制作销量走势折线图，帮助读者巩固本章知识点。

8.5.1 管理商品库存表

1. 项目需求

为了方便查看商品的入库、出库和当前库存数量，现需要制作商品库存表，并对其进行管理。

2. 项目分析

管理商品库存表需要用到排序、筛选、条件格式等相关知识。

3. 项目效果

管理商品库存表的效果如图8-63所示。

	A	B	C	D	E	F	G	H	I	J	K	L
1	日期	商品编号	品名	取货号	单位	单价	日前库存	入库	出库	当前库存	总额	备注
2	2021/1/1	2019001	精美品1	30601	箱	¥600.00	100	50	60	90	¥54,000.00	
3	2021/1/2	2019002	精美品2	30602	箱	¥500.00	80	30	90	20	¥10,000.00	
4	2021/1/3	2019003	精美品3	30603	箱	¥300.00	95	45	25	115	¥34,500.00	
5	2021/1/4	2019004	精美品4	30604	箱	¥200.00	70	80	85	65	¥13,000.00	
6	2021/1/5	2019005	精美品5	30605	箱	¥150.00	80	50	45	85	¥12,750.00	
7	2021/1/6	2019006	精美品6	30606	箱	¥400.00	90	60	140	10	¥4,000.00	
8	2021/1/7	2019007	精美品7	30607	箱	¥300.00	95	78	35	138	¥41,400.00	
9	2021/1/8	2019008	精美品8	30608	箱	¥600.00	80	66	24	122	¥73,200.00	
10	2021/1/9	2019009	精美品9	30609	箱	¥400.00	100	90	80	110	¥44,000.00	
11	2021/1/10	2019010	精美品10	30610	箱	¥550.00	90	60	30	120	¥66,000.00	
12	2021/1/11	2019011	精美品11	30611	箱	¥700.00	80	100	90	90	¥63,000.00	
13	2021/1/12	2019012	精美品12	30612	箱	¥650.00	60	30	80	10	¥6,500.00	
14	2021/1/13	2019013	精美品13	30613	箱	¥600.00	60	40	35	65	¥39,000.00	
15	2021/1/14	2019014	精美品14	30614	箱	¥550.00	100	10	90	20	¥11,000.00	
16	2021/1/15	2019015	精美品15	30615	箱	¥500.00	80	40	80	40	¥20,000.00	
17	2021/1/16	2019016	精美品16	30616	箱	¥450.00	95	20	85	30	¥13,500.00	

图8-63

8.5.2 制作销量走势折线图

微课视频

1. 项目需求

为了直观地了解产品A和产品B的销量走势，以便合理地制订生产计划，现需要制作销量走势折线图。

2. 项目分析

制作销量走势折线图需要用到添加图表元素、设置数据系列格式、美化图表等知识点。

3. 项目效果

销量走势折线图制作完成后的效果如图8-64所示。

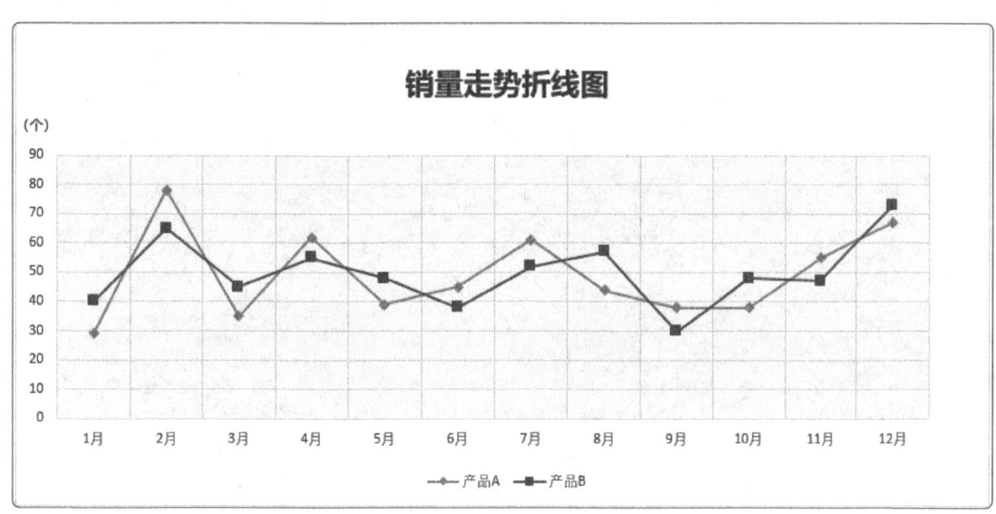

图8-64

第 9 章

入职培训演示文稿的制作

本章以制作入职培训演示文稿为例，介绍幻灯片的基本操作，包括新建和删除幻灯片、移动和复制幻灯片，以及幻灯片各元素的添加与编辑等。

9.1 创建和保存演示文稿

PowerPoint简称PPT，其中文名称为演示文稿，它是目前应用较为广泛的演示文稿制作工具。该工具可创建出各类的演示文稿，例如工作汇报演示文稿、学术研究演示文稿、教育培训演示文稿等。下面介绍演示文稿的创建与保存操作。

9.1.1 创建演示文稿

双击PowerPoint软件图标，在“开始”界面中单击“空白演示文稿”按钮创建一份以“演示文稿1”为名的演示文稿，如图9-1、图9-2所示。

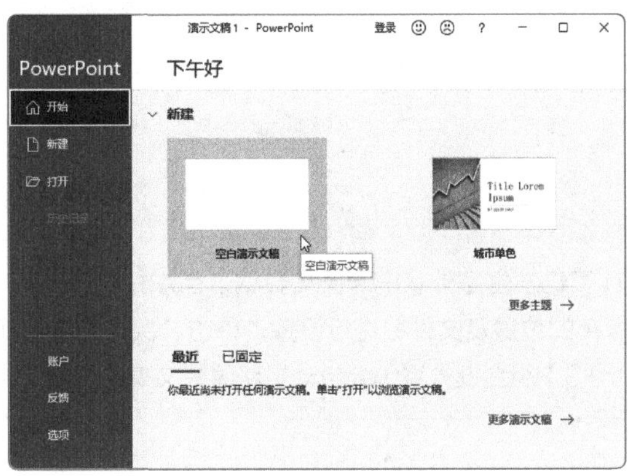

图9-1

图9-2

此外，还可以使用软件内置的模板创建演示文稿。

STEP 1 启动 PowerPoint，进入“新建”界面，系统会显示各种演示文稿模板，用户可以根据需要选择模板，如图 9-3 所示。

图9-3

STEP 2 在打开的预览对话框中单击“创建”按钮，如图 9-4 所示。

图9-4

系统将自动下载并打开所选模板，如图9-5所示。此时便可以在该模板的基础上创建文稿内容了。

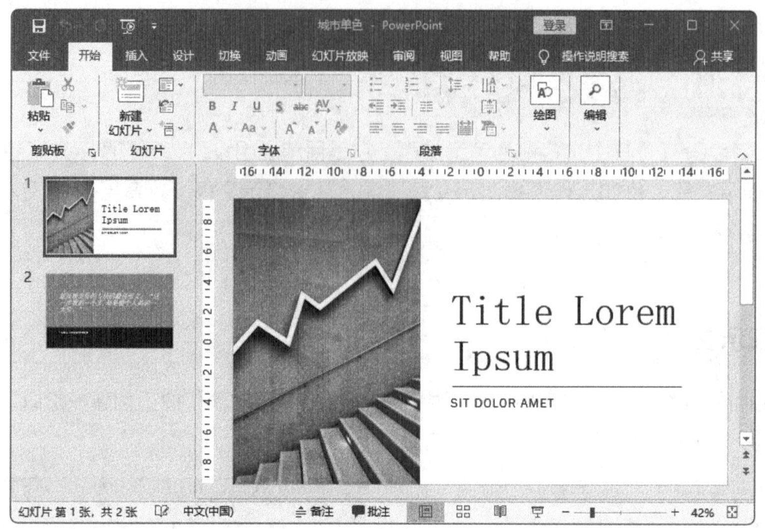

图9-5

9.1.2 保存演示文稿

在创建演示文稿时，经常需要对文档进行保存，以免计算机发生意外状况而丢失数据。首次按【Ctrl+S】组合键保存时，系统会打开“另存为”对话框，在此可对保存的位置及文件名进行设置，单击“保存”按钮即可完成保存操作，如图9-6所示。下次保存时，直接按【Ctrl+S】组合键，系统会自动更新原始文稿的内容。

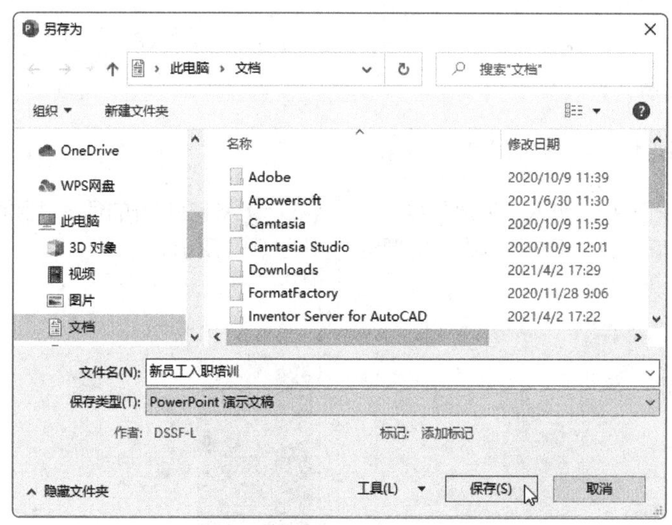

图9-6

新手误区

首次保存后，用户如果想要使原始文稿不被覆盖而以新的文稿进行保存，就需要使用“另存为”对话框操作。

9.2 创建和编辑幻灯片

演示文稿由多张幻灯片组合而成，每张幻灯片之间既相互独立，又相互关联。可以说，在制作演示文稿的过程中，大部分的时间都是在对幻灯片进行操作。所以熟悉幻灯片的操作是学会使用PowerPoint的关键。

9.2.1 新建和删除幻灯片

微课视频

演示文稿创建后，如果幻灯片数量太少，不能满足制作需求，用户可以根据需求新建幻灯片。

STEP 1 在“开始”选项卡中单击“新建幻灯片”下拉按钮❶，在下拉列表中选择所需幻灯片的版式❷，如图 9-7 所示。

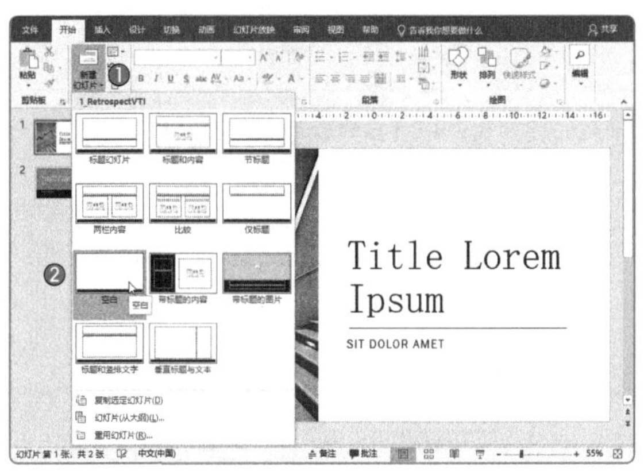

图9-7

STEP 2 选择完成后，当前幻灯片下方会添加一张所选版式的空白幻灯片，如图 9-8 所示。

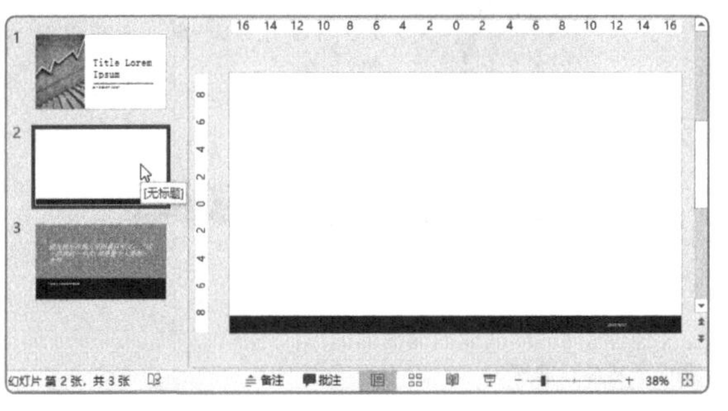

图9-8

办公秘技

在左侧导航窗格中选择任意一张幻灯片，按【Enter】键即可在该幻灯片下方添加一张相同版式的空白幻灯片。

当需要删除多余的幻灯片时，用户只需选中相应幻灯片并按【Del】键，如图9-9所示。

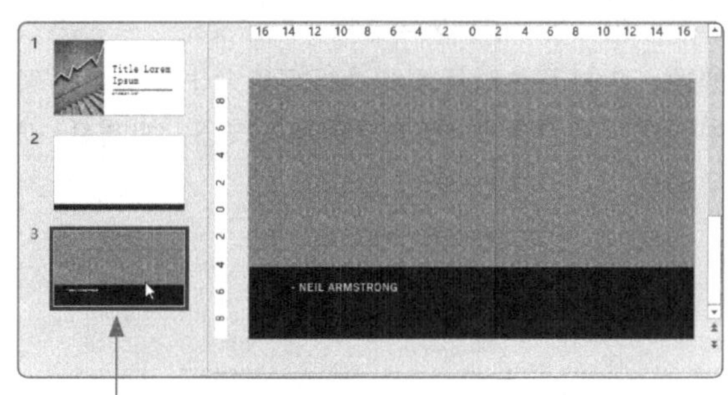

图9-9

9.2.2 移动和复制幻灯片

微课视频

在制作过程中，用户如果需要对幻灯片的前后顺序进行调整，那么可对幻灯片进行移动或复制操作。

STEP 1 在导航窗格中选择所需幻灯片，按住鼠标左键，将其拖曳至目标位置，释放鼠标左键即可移动幻灯片，如图 9-10 所示。

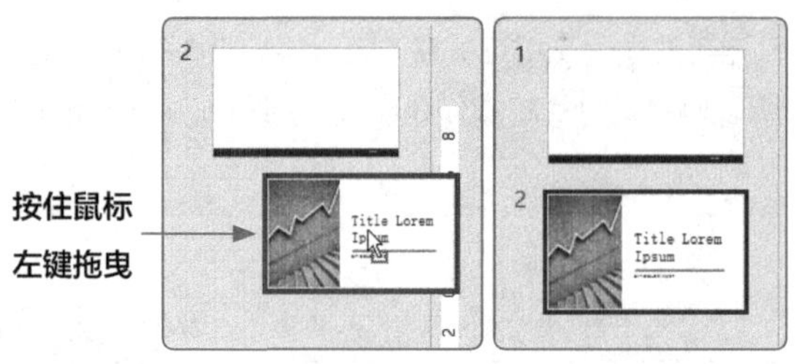

图9-10

STEP 2 选择幻灯片，按【Ctrl+C】组合键进行复制，在目标位置按【Ctrl+V】组合键完成幻灯片的粘贴操作，如图 9-11 所示。

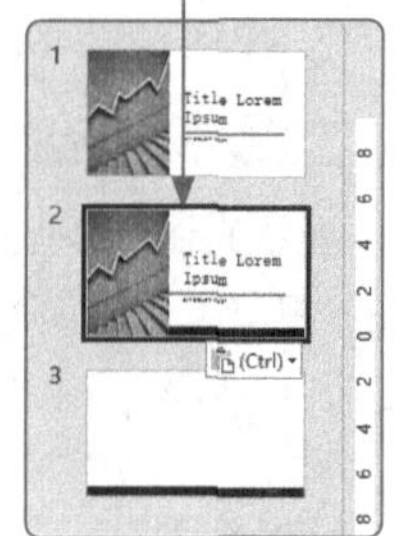

图9-11

办公秘技

使用【Ctrl+D】组合键也可以对幻灯片进行复制操作。选择所需幻灯片，直接按【Ctrl+D】组合键，在当前幻灯片下方可得到相同的幻灯片。

9.2.3 更改幻灯片大小

PowerPoint 2016的幻灯片默认是以16：9显示的，用户如果对显示尺寸有特殊要求，可利用“幻灯片大小”功能进行调整。

STEP 1 在“设计”选项卡中单击“幻灯片大小”下拉按钮，在下拉列表中选择“自定义幻灯片大小”选项，在打开的对话框的“幻灯片大小”下拉列表中选择所需的选项，单击“确定”按钮，如图 9-12 所示。

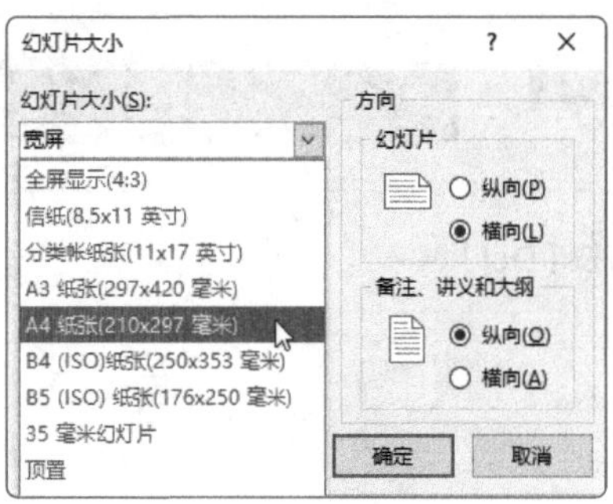

图9-12

STEP 2 在打开的提示对话框中选择“确保适合”选项，此时所有幻灯片的大小都会发生相应的变化，效果如图 9-13 所示。

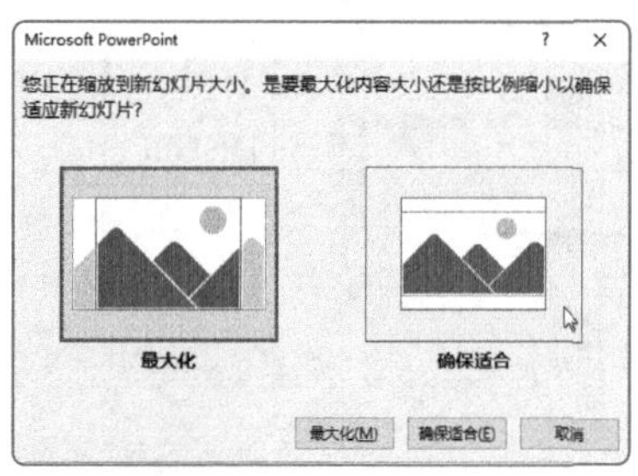

图9-13

新手误区

在制作幻灯片前，用户需要先设置好幻灯片的大小。否则，幻灯片的版式一旦发生变化，就需要重新返工。

9.2.4 输入并编辑文本

新建幻灯片后，用户可以单击页面中的虚线框输入文本内容。幻灯片中的虚线框叫作文本占位符，该占位符会随着文字数量的变化自动调整文字大小。文本占位符只能在幻灯片母版中设置，在普通页面中不能够随意添加，所以操作起来比较麻烦。

通常在输入文本时，可以利用文本框来操作。文本框相对比较灵活，用户可以根据排版需求添加文本框，以保证内容的完整性。

STEP 1 打开下载的模板文稿，选择标题幻灯片，删除页面中的占位符。在“插入”选项卡中单击“文本框”下拉按钮，在下拉列表中选择“绘制横排文本框”选项，使用拖曳的方法绘制文本框，如图 9-14 所示。

图9-14

STEP 2 在文本框中输入标题内容，并在“字体”选项卡中对字体、字号、字体颜色等进行设置，如图 9-15 所示。

图9-15

STEP 3 按照同样的操作输入英文标题等内容，并设置好文本格式，如图 9-16 所示。

图9-16

STEP 4 选中英文文本框，将其大小调整至与主标题文本框相同的长度。在“开始”选项卡的“段落”选项组中单击“分散对齐”按钮，将该文本对齐于主标题文本框，如图 9-17 所示。

图9-17

9.3 设置各类页面元素

幻灯片中的内容除了利用文字元素来表现外，还会利用其他元素来阐述，例如图片、形状、SmartArt 图形、表格等。下面对这些元素的基本操作进行介绍。

9.3.1 插入并编辑图片

微课视频

在制作幻灯片内容时，用户可以适当地利用图片来进行排版。一方面，图片可以快速地吸引观众注意力，以便更好地与观众互动；另一方面，图片可以丰富页面版式，让单调的页面变得生动。

STEP 1 选择第 2 张空白幻灯片，在“视图”选项卡中单击“幻灯片母版”按钮，进入幻灯片母版视图界面。在左侧导航窗格中选择“空白版式”幻灯片，如图 9-18 所示。

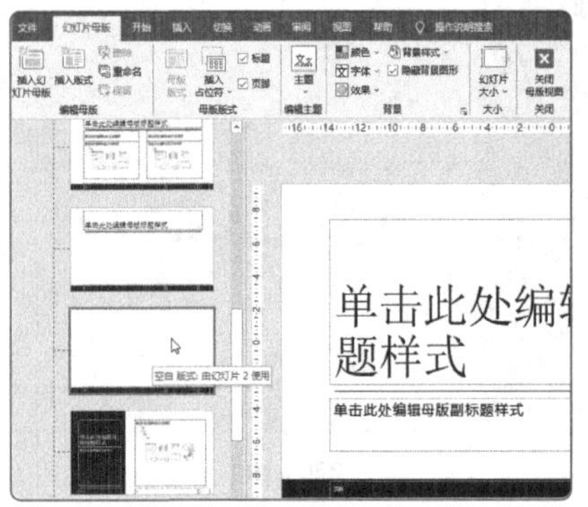

图9-18

STEP 2 在当前版式页面中选择底部的黑色矩形，按【Del】键将其删除，如图 9-19 所示。

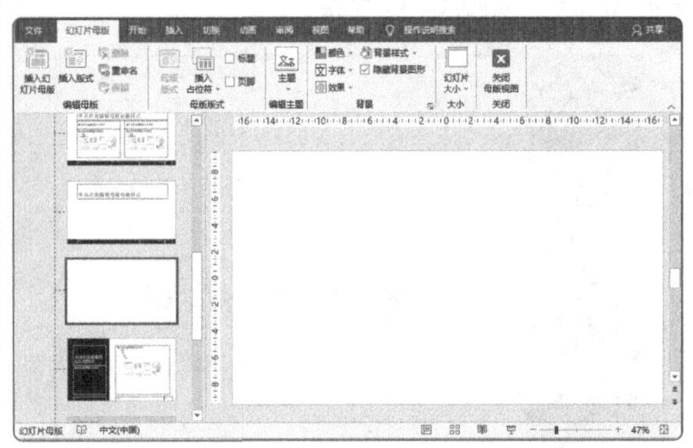

图9-19

STEP 3 在“幻灯片母版”选项卡中单击“关闭母版视图”按钮，关闭母版视图，返回到普通视图，如图 9-20 所示。

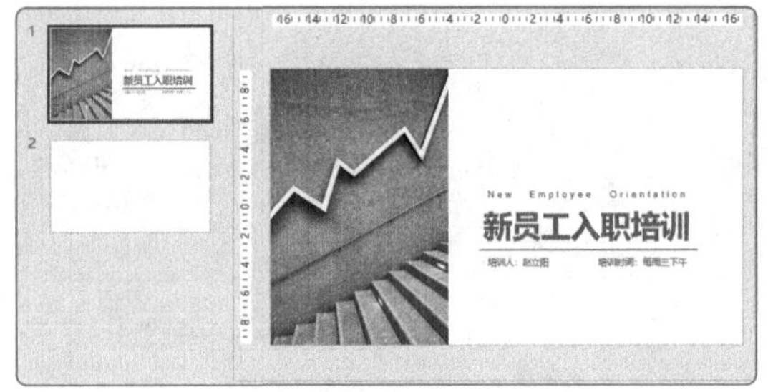

图9-20

STEP 4 选择第 2 张空白幻灯片，将所需图片元素直接拖至该幻灯片中，如图 9-21 所示。

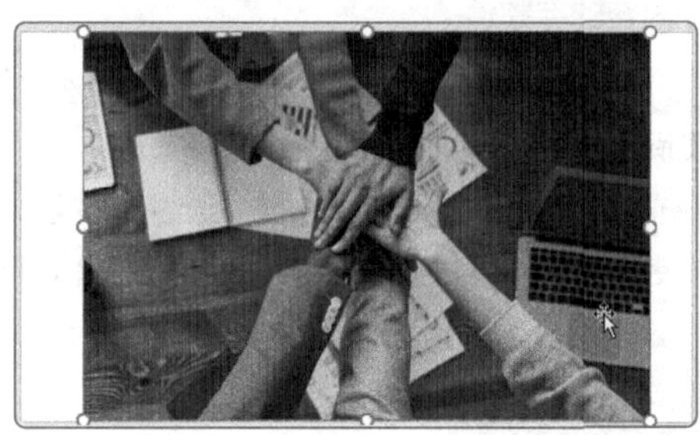

图9-21

STEP 5 选中图片，在“图片工具－图片格式”选项卡中单击“裁剪”按钮，此时图片四周会显示 8 个裁剪点，如图 9-22 所示。

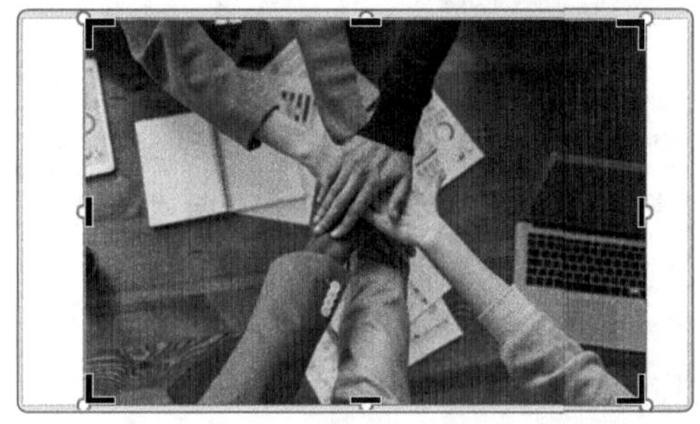

图9-22

STEP 6 选择图片右侧裁剪点，按住鼠标左键将该裁剪点向左拖曳到合适位置，如图 9-23 所示。

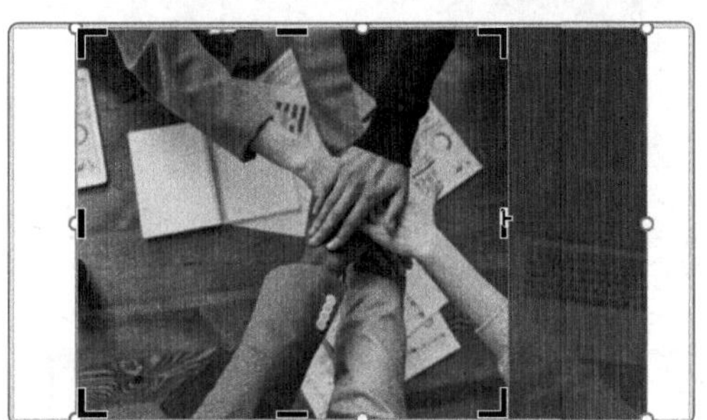

图9-23

STEP 7 调整裁剪区域后，单击页面空白处完成图片的裁剪操作，如图 9-24 所示。

STEP 8 选中图片，并将其移至页面右侧位置。在“图片工具－图片格式”选项卡中单击“颜色”下拉按钮，在下拉列表中选择“蓝 · 灰”色调，如图 9-25 所示。

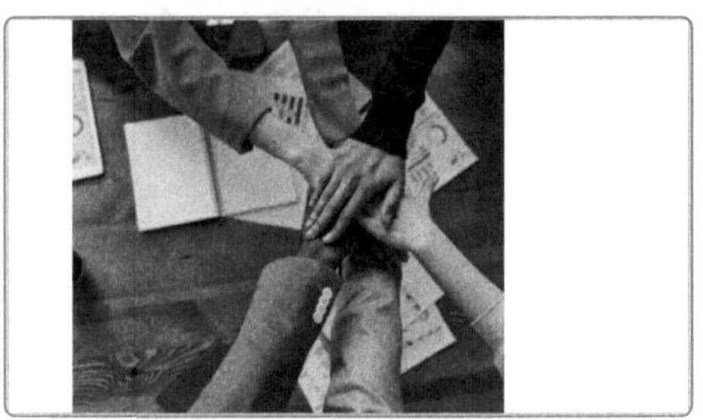

图9-24

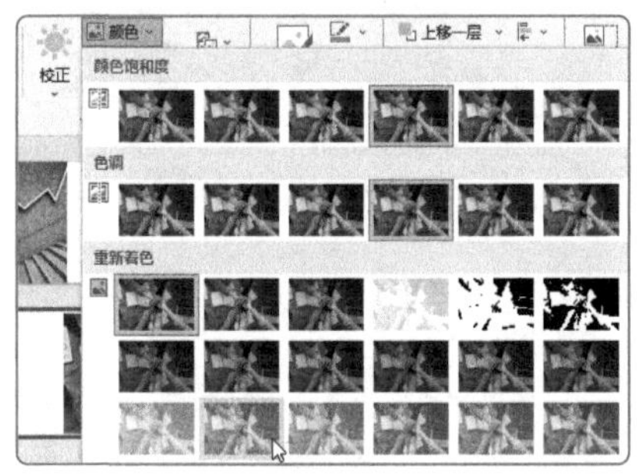

图9-25

此时，图片的色调发生相应的变化，效果如图9-26所示。

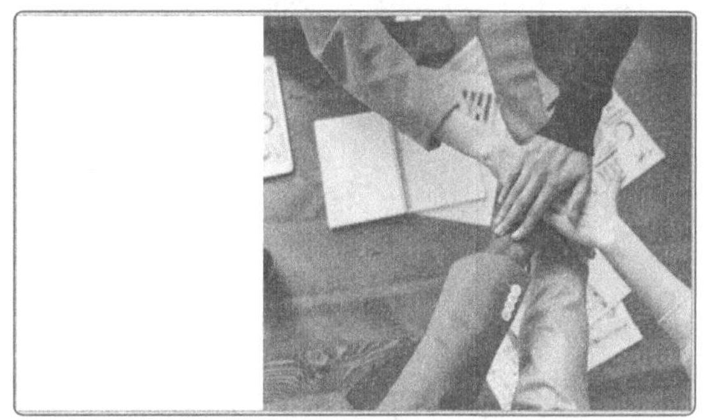

图9-26

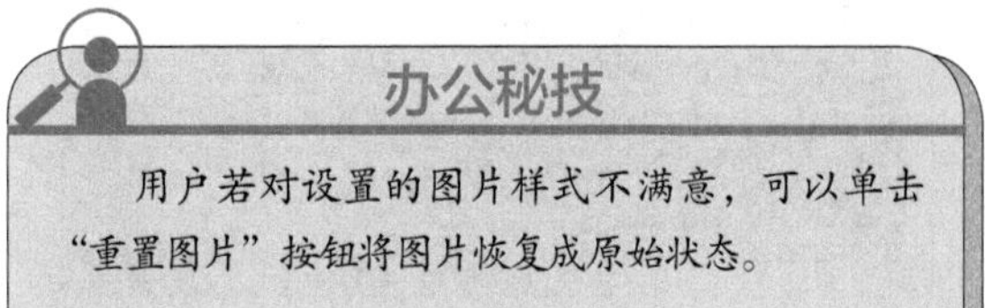

办公秘技

用户若对设置的图片样式不满意，可以单击“重置图片”按钮将图片恢复成原始状态。

以上为图片的基本操作。此外，在“图片工具-图片格式”选项卡的“调整”选项组中可以调整图片的亮度和对比度、调整图片的艺术效果；在“图片样式”选项组中可以调整图片的外观样式，如图9-27所示。

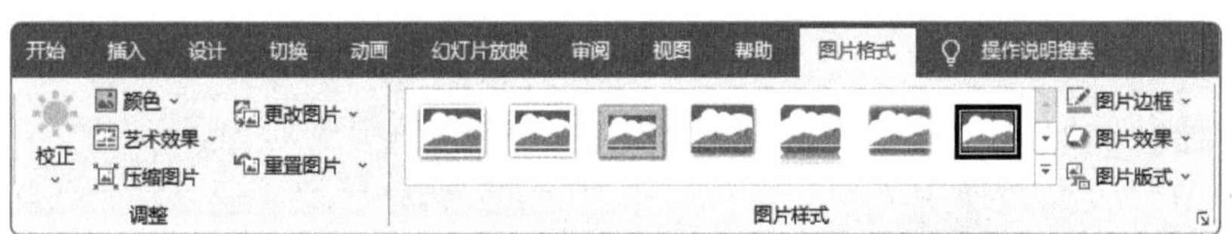

图9-27

9.3.2 插入并编辑形状

形状具有可塑性。通过编辑，形状可以变化成各种复杂的新图案。灵活地运用形状可使幻灯片的质量得到极大提升。下面对形状功能进行详细的介绍。

STEP 1 选择第 2 张幻灯片，在“插入”选项卡中单击“形状”下拉按钮，在下拉列表中选择“矩形”，如图 9-28 所示。

STEP 2 使用拖曳的方法在幻灯片中绘制出矩形，矩形大小适中即可，如图 9-29 所示。

STEP 3 选中矩形，在“绘图工具 - 形状格式”选项卡中单击“形状填充”下拉按钮，在下拉列表中选择一种颜色，为其更换颜色，如图 9-30 所示。

STEP 4 在“绘图工具 - 形状格式”选项卡中单击“形状轮廓”下拉按钮，在下拉列表中选择“无轮廓”选项，隐藏矩形轮廓线，如图 9-31 所示。

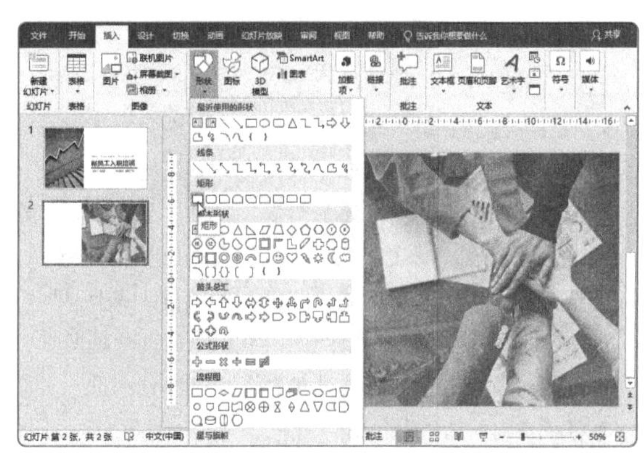

图9-28

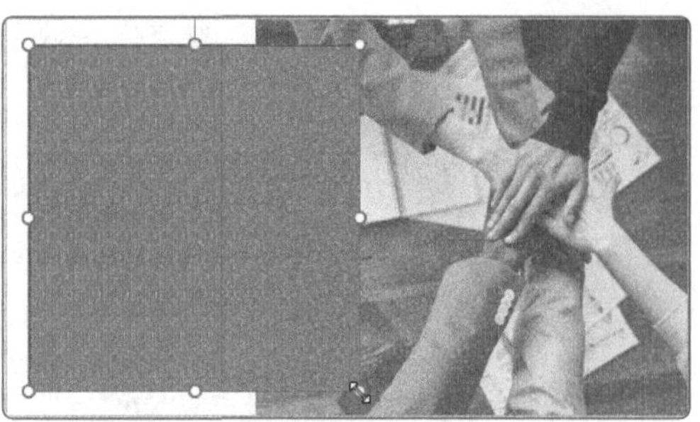

图9-29

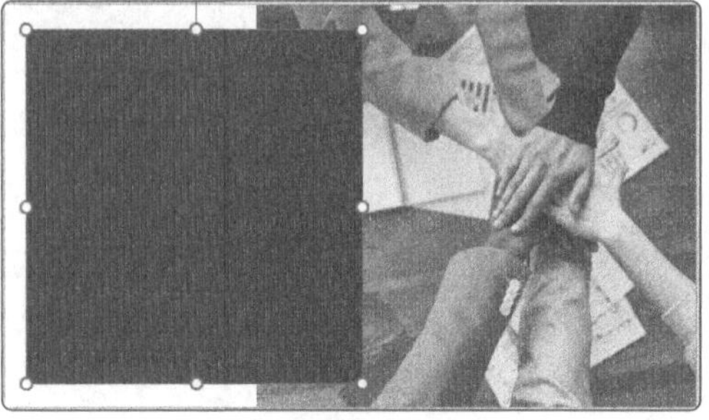

图9-30

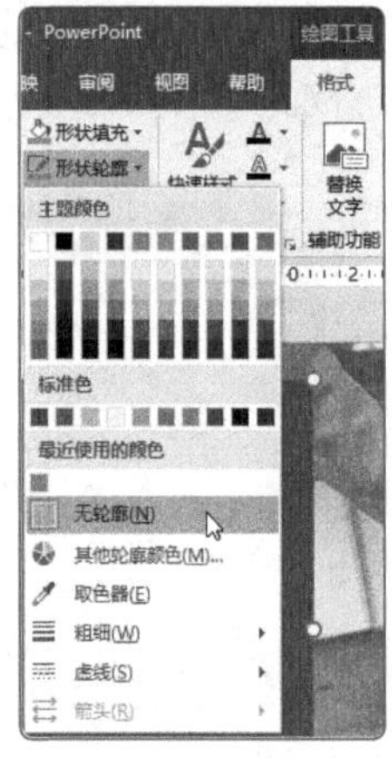

图9-31

办公秘技

在“绘图工具-形状格式”选项卡中，除了可以进行以上形状的颜色和轮廓设置外，还可以进行图形效果的设置，例如添加阴影、映像、发光、柔化边缘等。在“形状效果”下拉列表中选择相应的选项即可完成相应的设置，如图9-32所示。此外，单击“编辑形状”下拉按钮，在下拉列表中选择“更改形状”选项，并在其子列表中选择新形状，可替换当前被选的形状，如图9-33所示。

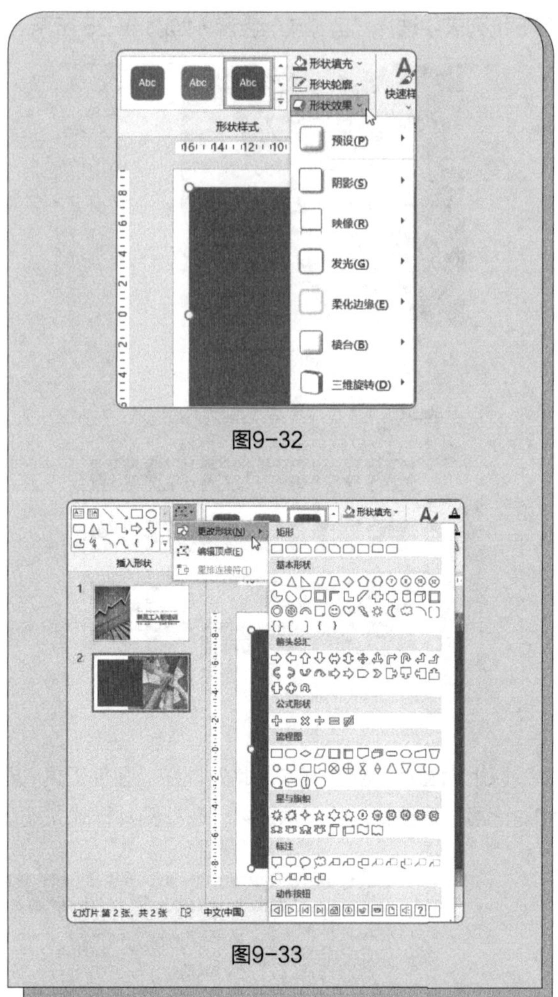

图9-32

图9-33

STEP 5 在“形状”下拉列表中选择“椭圆”选项，在绘制的同时按住【Shift】键绘制出圆形，并将其放置在矩形左上角的合适位置，如图9-34所示。

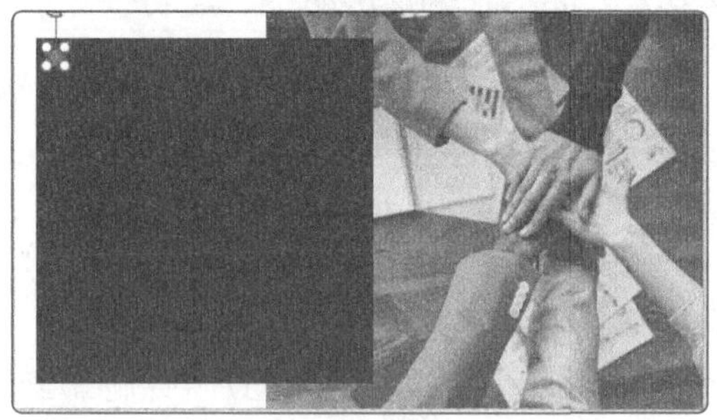

图9-34

STEP 6 选中圆形，按住【Ctrl】键向下拖曳复制圆形，如图9-35所示。

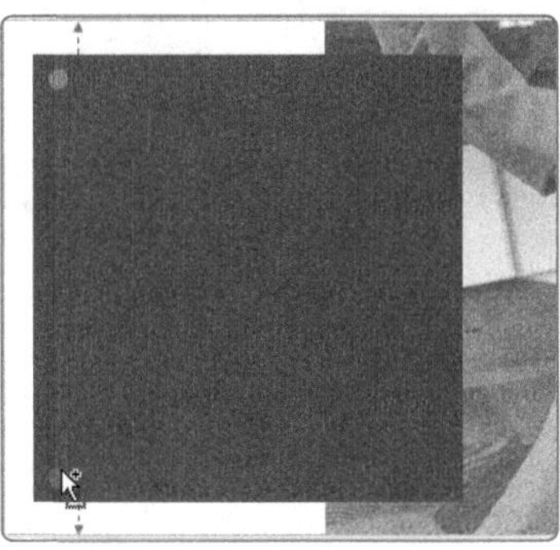

图9-35

办公秘技

按住【Ctrl】键拖曳可复制图形；按住【Shift】键拖曳可沿着水平或垂直方向移动图形；按住【Shift+Ctrl】组合键拖曳可将图形沿着水平或垂直方向进行复制。

STEP 7 选择矩形，再选中两个圆形，在“绘图工具 - 形状格式”选项卡中单击“合并形状”下拉按钮，在下拉列表中选择“剪除”选项，如图 9-36 所示，将两个小圆形从矩形中剪除，如图 9-37 所示。

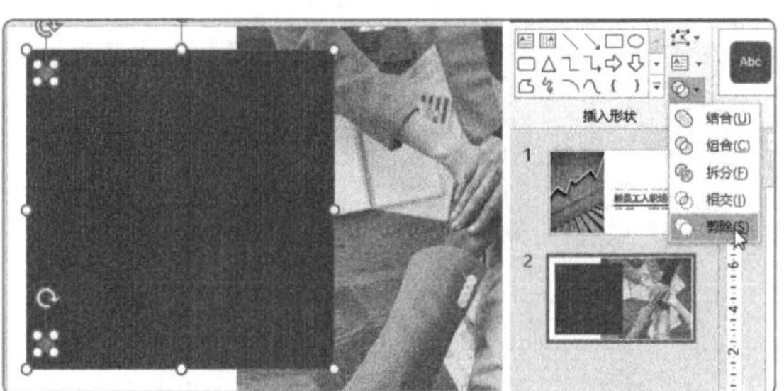

图9-36

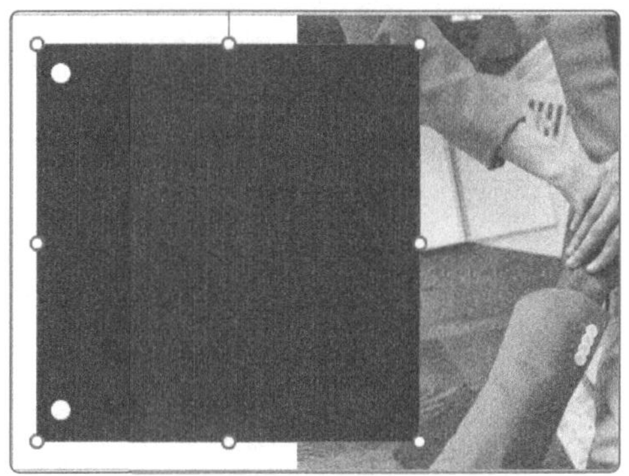

图9-37

STEP 8 在“插入”选项卡中单击“文本框”下拉按钮，在下拉列表中选择“竖排文本框”选项，绘制竖排文本框并输入该页标题，设置好字体格式，如图 9-38 所示。

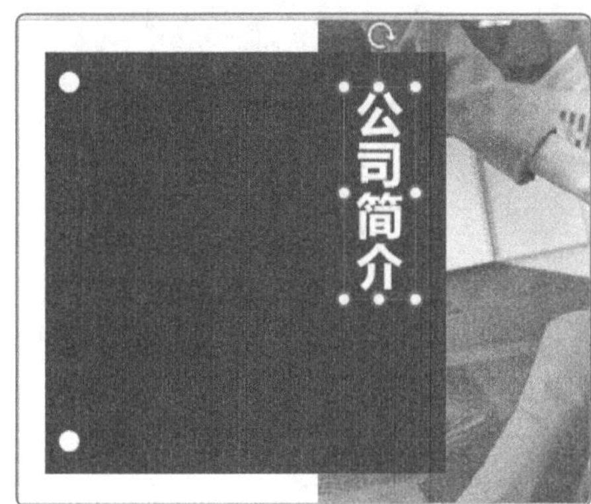

图9-38

STEP 9 按照相同方法插入横排文本框，并输入内容文本，调整好文本格式，将段落行距设为 1.5 倍，如图 9-39 所示。

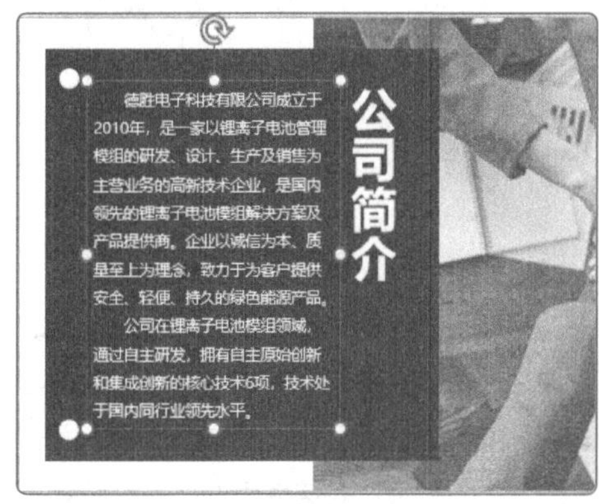

图9-39

STEP 10 按照同样的操作制作第 3 张幻灯片，如图 9-40 所示。

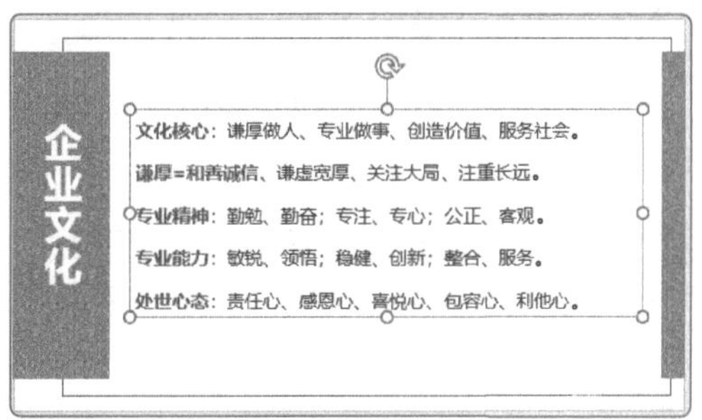

图9-40

STEP 11 选中文本，单击“项目符号”下拉按钮，在下拉列表中选择一种符号样式，此时被选中的文本前会添加相应的符号，如图 9-41 所示。

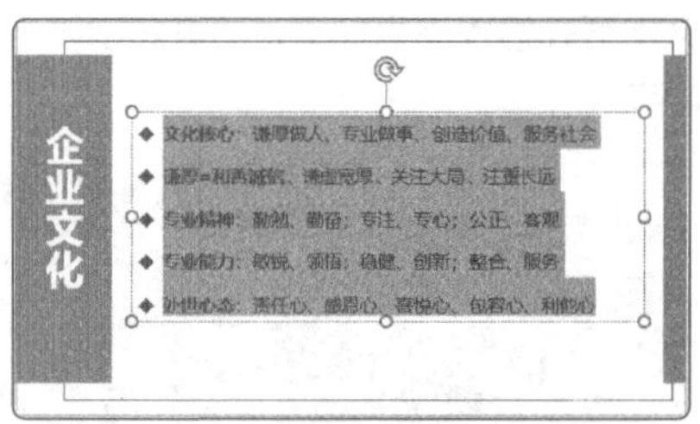

图9-41

STEP 12 新建空白版式幻灯片，创建第 4 张幻灯片，如图 9-42 所示。

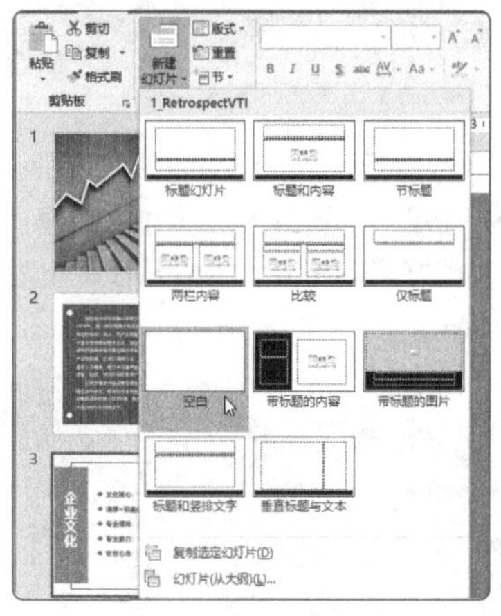

图9-42

STEP 13 在“设计”选项卡中单击“设置背景格式”按钮，在打开的同名窗格中单击“图片或纹理填充”单选按钮，并在“图片源”选项中单击“插入”按钮，在打开的“插入图片”对话框中选择一张图片，单击“插入”按钮，如图 9-43 所示。此时，该图片以幻灯片背景的形式显示，如图 9-44 所示。

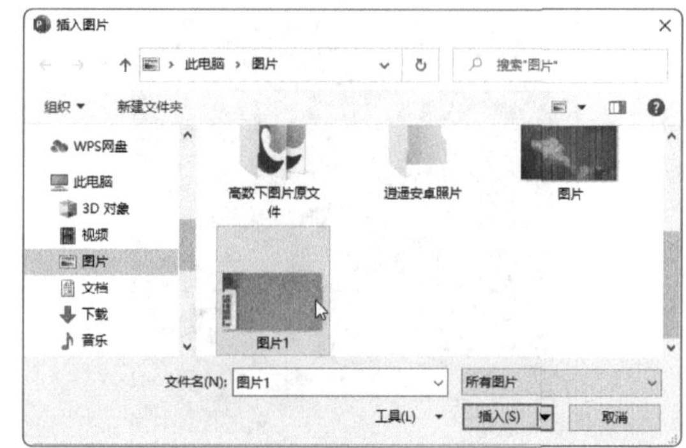

图9-43

图9-44

STEP 14 利用形状、文本框及图片制作第 4 张幻灯片中的内容，效果如图 9-45 所示。

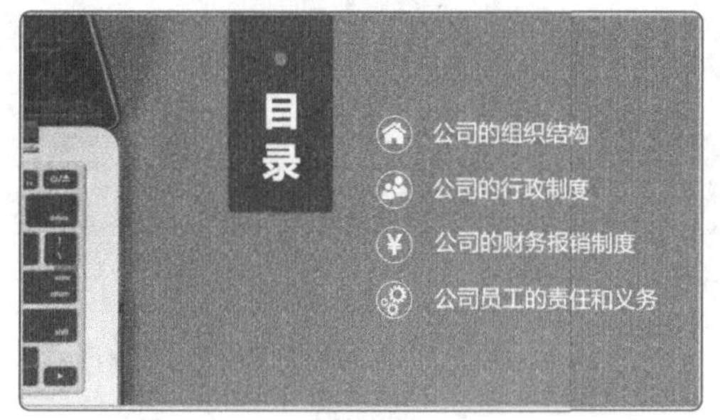

图9-45

9.3.3 插入并编辑 SmartArt 图形

制作幻灯片时，经常要绘制一些流程图、关系图等，这类图形一般由各种形状组合而成。如果利用形状一个个绘制，效率实在太低。这时，利用SmartArt图形功能进行制作，工作就会变得很轻松。

STEP 1 选择空白版式，新建第 5 张幻灯片。利用矩形和文本框，设置好当前页面版式，如图 9-46 所示。

STEP 2 在“插入”选项卡中单击“SmartArt”按钮，打开“选择 SmartArt 图形”对话框，选择“层次结构”选项，并选择一款图形样式，如图 9-47 所示。

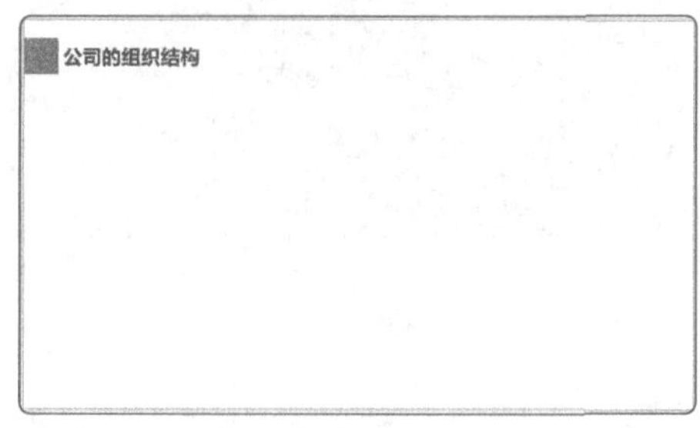

图9-46

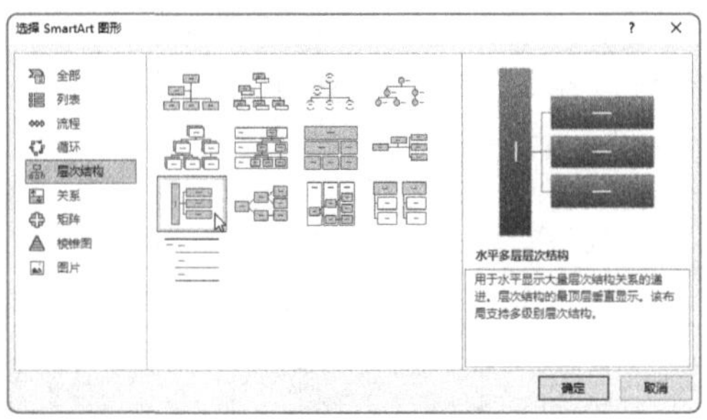

图9-47

STEP 3 单击“确定”按钮在当前页中插入相应的结构图。单击结构图中的“[文本]”输入内容，如图 9-48 所示。

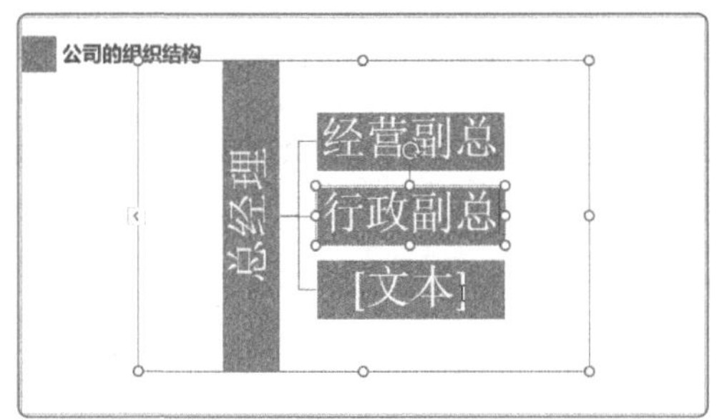

图9-48

STEP 4 选中“经营副总”图形，在“SmartArt 工具 -SmartArt 设计”选项卡中单击“添加形状”下拉按钮，在下拉列表中选择“在下方添加形状”选项添加下一级结构图形，如图 9-49 所示。

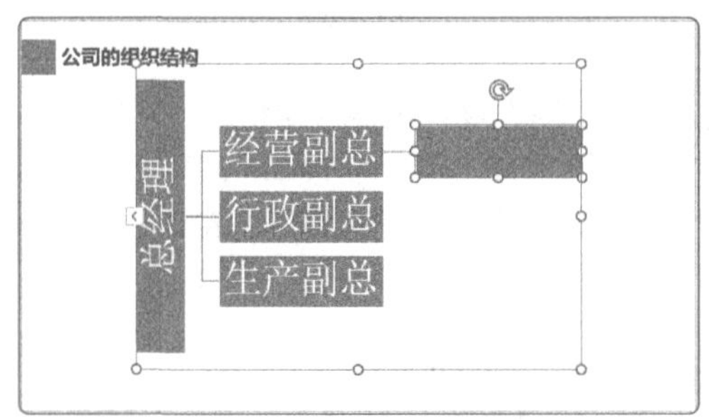

图9-49

STEP 5 选中新添加的图形，直接输入文字内容，如图 9-50 所示。

STEP 6 保持该图形的选中状态，在“SmartArt 工具 -SmartArt 设计”选项卡中单击“添加形状”下拉按钮，在下拉列表中选择“在后面添加形状”选项添加相同级别的结构图形，如图 9-51 所示。

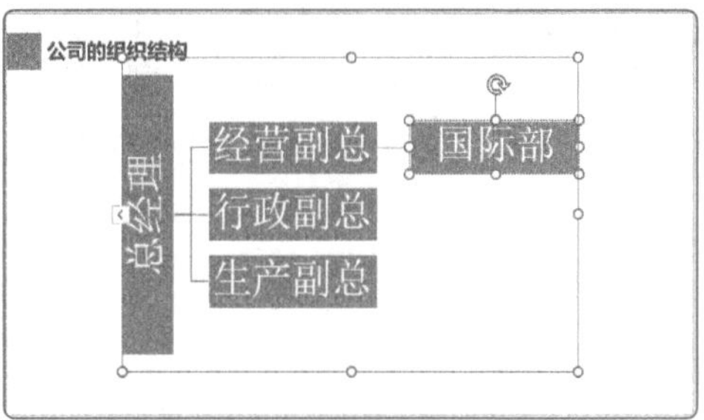

图9-50

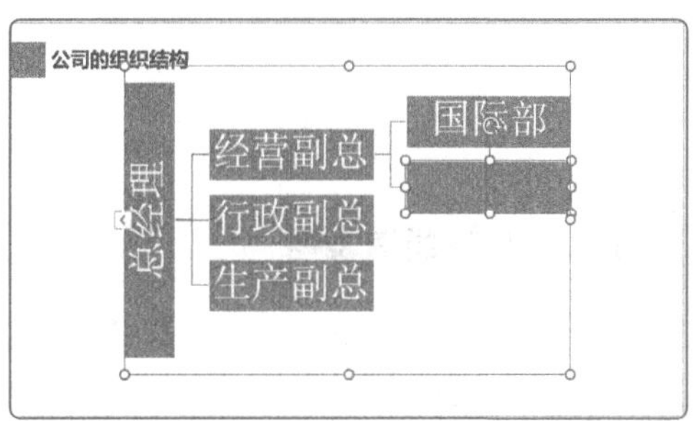

图9-51

STEP 7 按照同样的方法完成该组织结构图的创建操作，效果如图 9-52 所示。

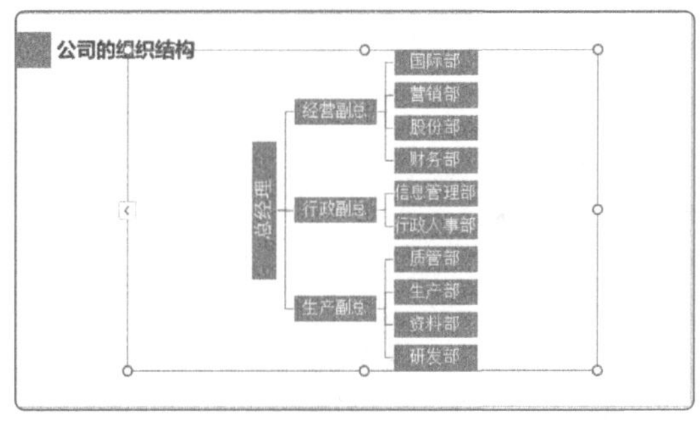

图9-52

STEP 8 在“SmartArt 工具 -SmartArt 设计”选项卡中单击“更改颜色”下拉按钮，在下拉列表中选择合适的颜色替换当前图形颜色，如图 9-53 所示。

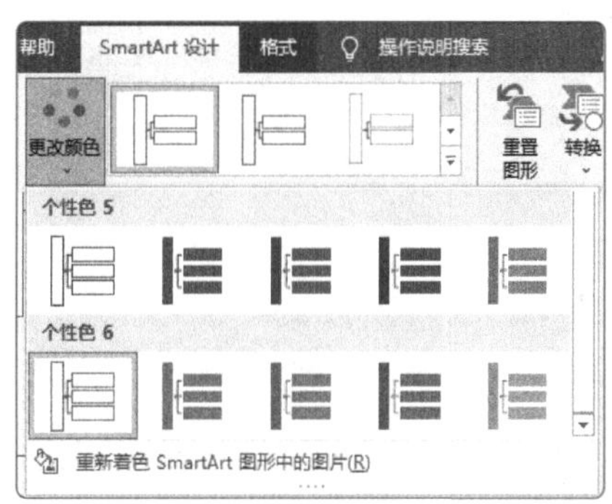

图9-53

STEP 9 单击“版式”下拉按钮，在下拉列表中选择一种新的版式来更改当前结构图的版式，适当调整好结构图的位置和大小，结果如图 9-54 所示。

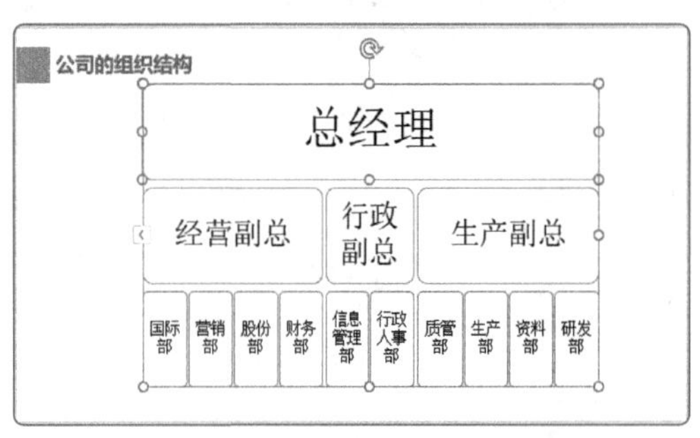

图9-54

STEP 10 利用形状、文本框和 SmartArt 图形，制作第 6 张～第 9 张幻灯片，如图 9-55 所示。

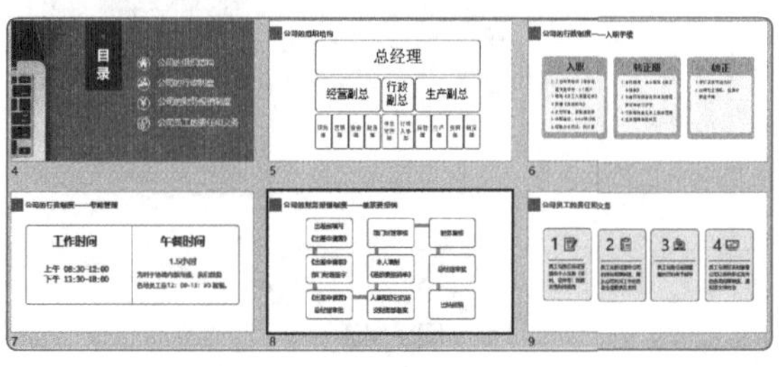

图9-55

9.3.4 插入并编辑表格

在幻灯片中使用表格可以将一些复杂的逻辑内容直观、有序地展示出来，以方便观众理解。下面介绍表格在幻灯片中的具体应用。

STEP 1 在导航窗格中，将鼠标指针定位至第 7 张幻灯片下方，新建一张空白版式幻灯片。使用矩形和文本框制作好该幻灯片的标题，如图 9-56 所示。

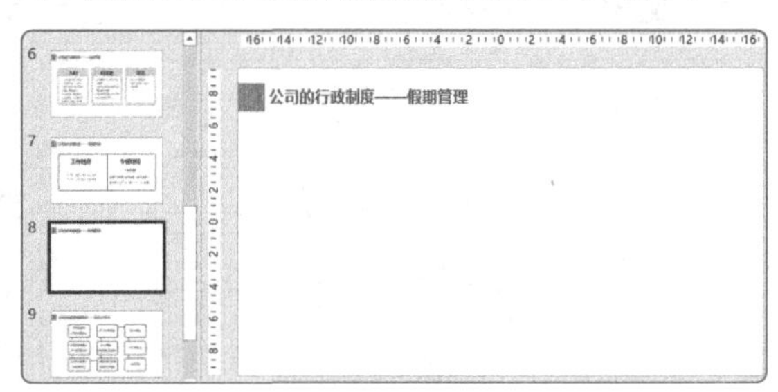

图9-56

STEP 2 在“插入”选项卡中单击“表格”下拉按钮，在下拉列表中选择“3×7”方格数，插入 7 行 3 列的表格，如图 9-57 所示。

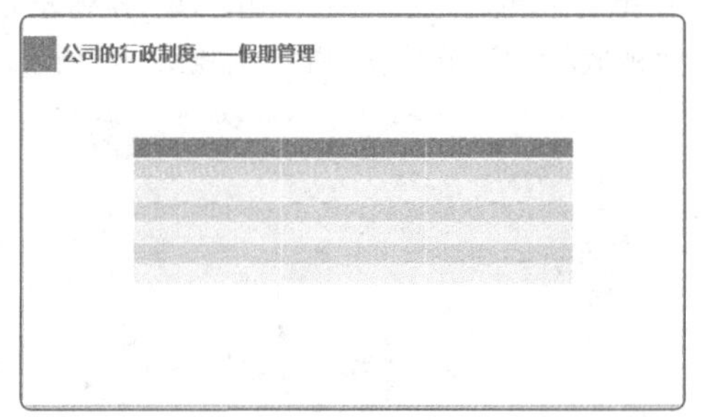

图9-57

STEP 3 将鼠标指针移至表格右下控制点处，按住鼠标左键，将控制点拖曳至合适位置，快速调整表格大小，如图 9-58 所示。

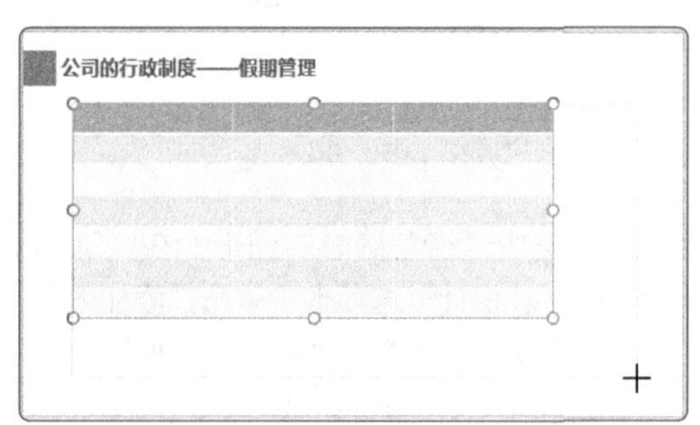

图9-58

STEP 4 选择表格首行第 1 个和第 2 个单元格，在“表格工具 - 布局”选项卡中单击“合并”下拉按钮，在下拉列表中选择“合并单元格”选项，如图 9-59 所示。

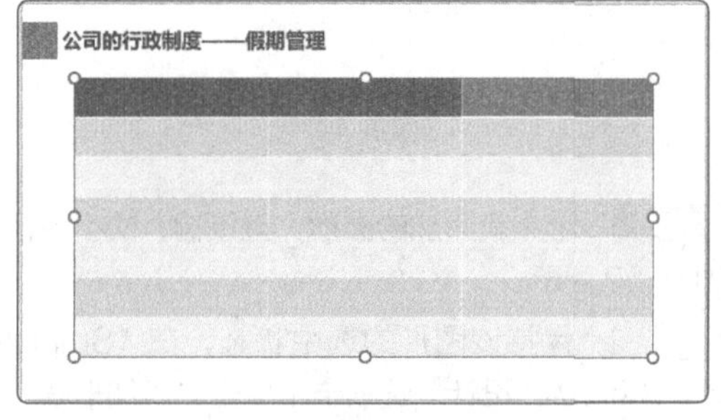

图9-59

STEP 5 按照同样的方法，合并其他所需单元格，效果如图 9-60 所示。

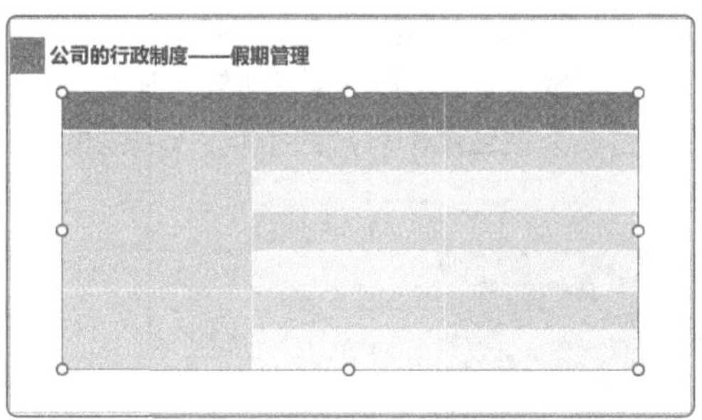

图9-60

STEP 6 将鼠标指针放置到表格左侧的竖分隔线上，当鼠标指针呈双向箭头时，按住鼠标左键，向左拖曳至合适位置，释放鼠标左键即可调整表格首列的列宽，效果如图 9-61 所示。

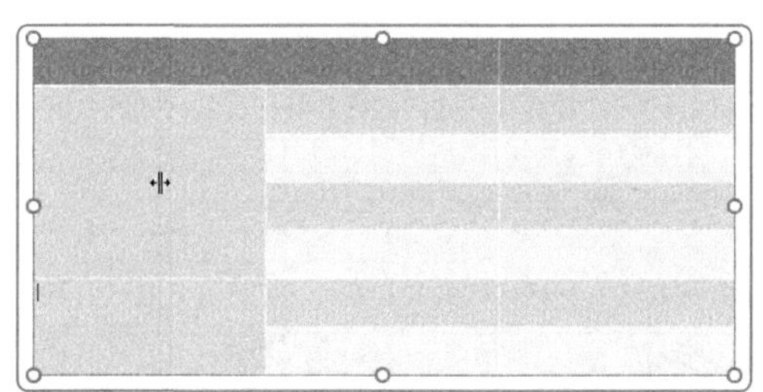

图9-61

STEP 7 按照同样的方法调整第 2 列的列宽，效果如图 9-62 所示。

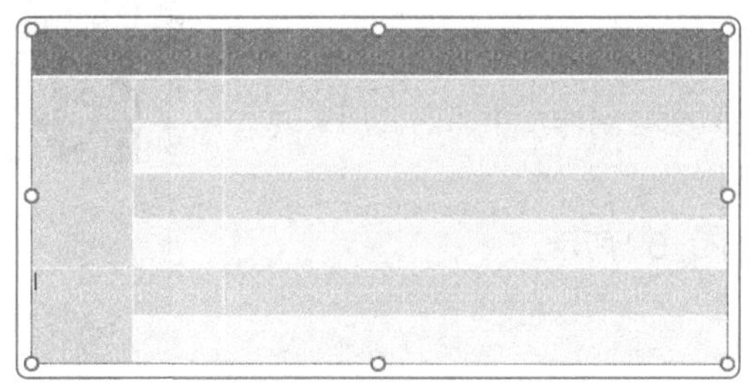

图9-62

STEP 8 选中表格，在“表格工具 - 设计”选项卡的“表格样式”选项组中选择“无样式，网格型”选项更换当前表格样式，如图 9-63 所示。

STEP 9 选择相应的单元格，输入内容并设置好内容格式及对齐方式，完成表格的制作，如图 9-64 所示。

STEP 10 选中表格，在“表格工具 - 设计”选项卡中单击“笔颜色”下拉按钮，在下拉列表中选择边框颜色，单击“所有边框”下拉按钮，在下拉列表中选择“所有框线”选项，设置当前边框的样式，效果如图 9-65 所示。

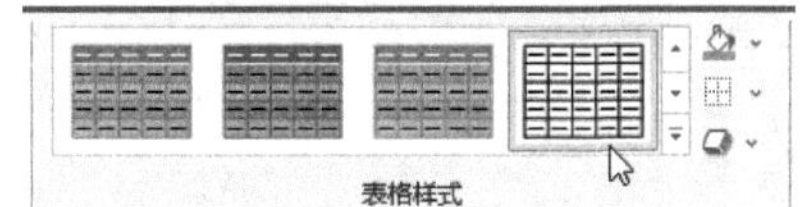

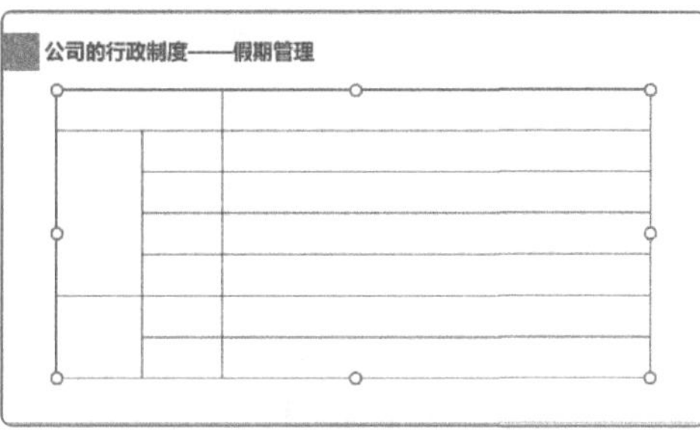

图9-63

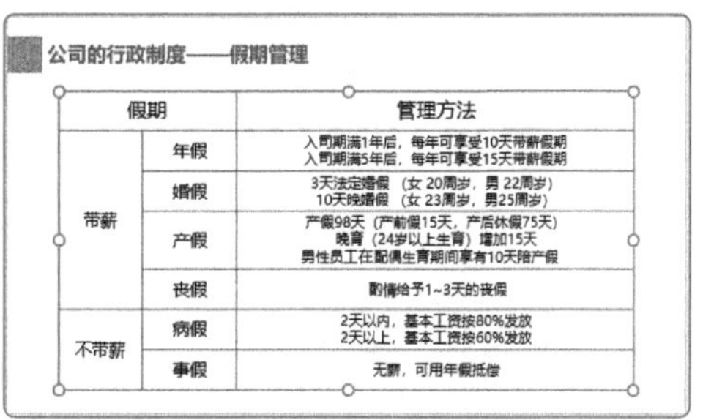

图9-64

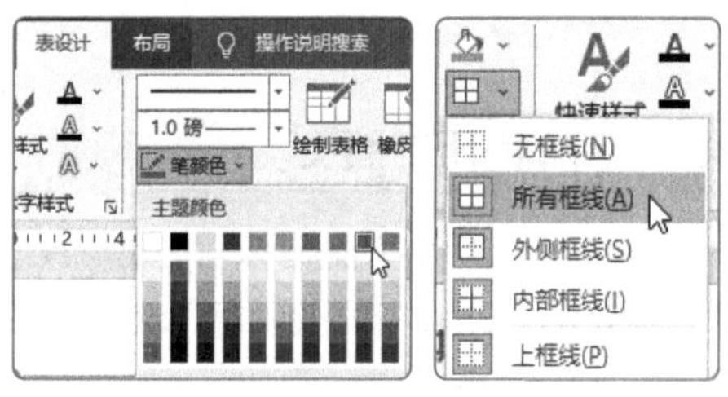

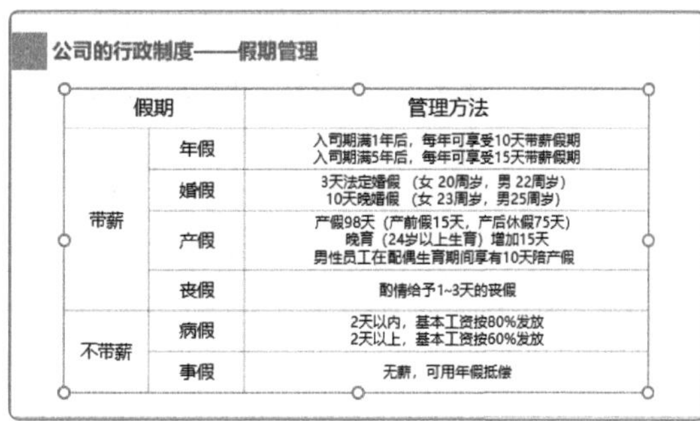

图9-65

STEP 11 保持表格的选中状态，单击“笔划粗细”下拉按钮，在下拉列表中选择“3.0 磅”，设置边框线粗细后，在“所有边框”下拉列表中选择“外侧框线”选项，加粗表格外框线，如图 9-66 所示。

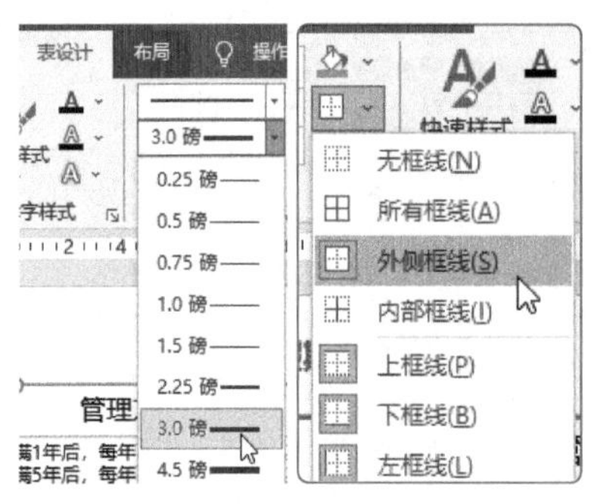

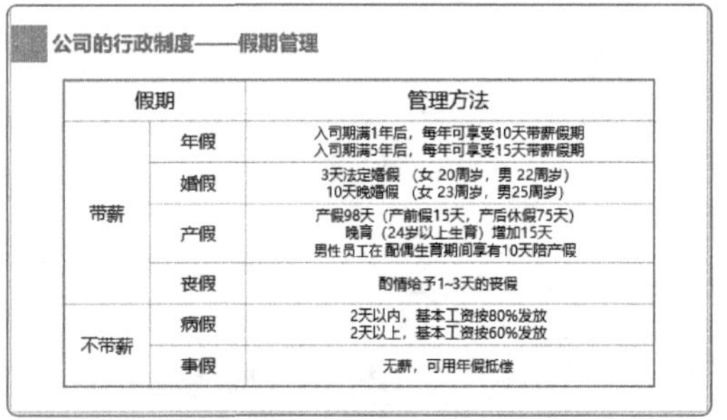

公司的行政制度——假期管理

假期		管理方法
带薪	年假	入司期满1年后，每年可享受10天带薪假期 入司期满5年后，每年可享受15天带薪假期
	婚假	3天法定婚假 （女 20周岁，男 22周岁） 10天晚婚假 （女 23周岁，男25周岁）
	产假	产假98天（产前假15天，产后休假75天） 晚育（24岁以上生育）增加15天 男性员工在配偶生育期间享有10天陪产假
	丧假	酌情给予1~3天的丧假
不带薪	病假	2天以内，基本工资按80%发放 2天以上，基本工资按60%发放
	事假	无薪，可用年假抵偿

图9-66

至此，新员工入职培训演示文稿正文内容制作完毕。接下来复制封面幻灯片至结尾处，并更改相应的文字内容，完成结尾幻灯片的制作，效果如图9-67所示。

图9-67

9.4 上机演练

优秀的个人简历会给面试人员留下好的印象，从而增加录取概率。下面利用本章介绍的知识来制作一份简单的简历模板。

9.4.1 制作简历封面页

封面页是演示文稿的门脸，从封面页可以看出该文稿的风格与制作水平。对简历来说，封面页不需要太过花哨，只需简明扼要地表达出主题思想就可以了。

STEP 1 新建一份空白演示文稿，删除首页中的占位符，在页面中绘制一个矩形，大小适中即可。调整好矩形的颜色，隐藏矩形边框线，如图 9-68 所示。

图9-68

STEP 2 右击矩形，在弹出的快捷菜单中选择“编辑顶点”命令，此时，矩形四周会显示出可编辑的顶点，如图 9-69 所示。

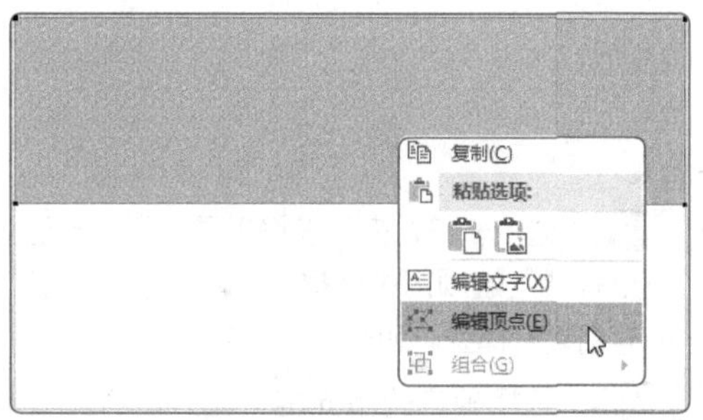

图9-69

STEP 3 将鼠标指针移至矩形下边线上，当鼠标指针成“十”字形时，在弹出的快捷菜单中选择“添加顶点”命令，在该边线上添加一个可编辑顶点，如图 9-70 所示。

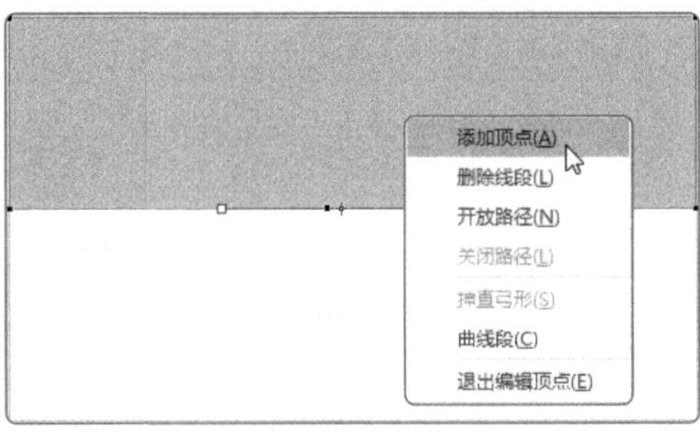

图9-70

STEP 4 选中该顶点，向下拖曳至合适位置，将矩形变化成五边形，效果如图 9-71 所示。

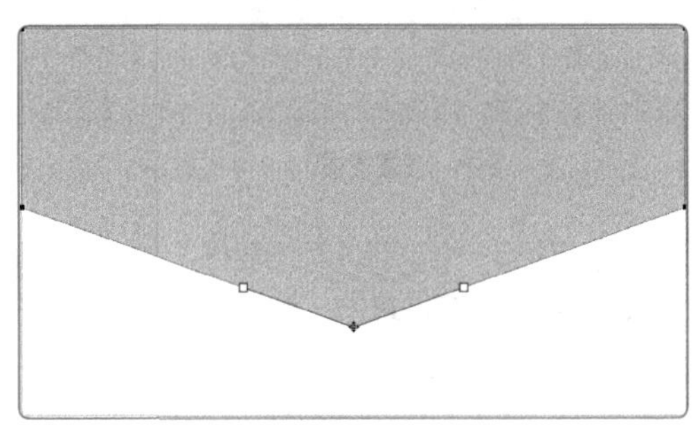

图9-71

STEP 5 单击页面空白处退出顶点编辑状态。复制五边形，将填充颜色设置为无填充、边框设置为白色，适当缩小图形，并将其放置在原五边形上方，效果如图 9-72 所示。

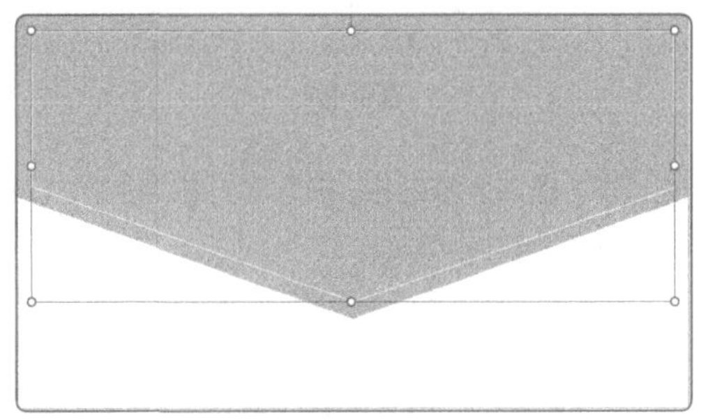

图9-72

STEP 6 选择下方五边形，使用“形状效果”功能为其添加阴影，如图 9-73 所示。

STEP 7 使用文本框输入封面标题内容，并设置好标题格式，如图 9-74 所示。

图9-73

图9-74

STEP 8 使用文本框输入文本内容。打开“设置形状格式”窗格，将文本的“透明度”设置为“96%”，并将其放置到主标题下方作为衬托，如图 9-75 所示。

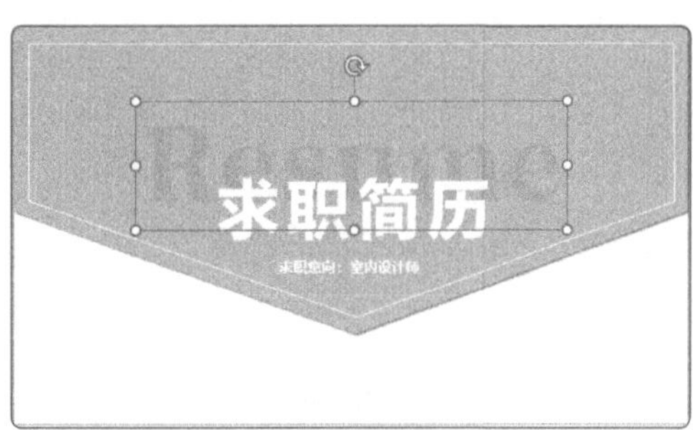

图9-75

至此，简历封面页制作完成，最终效果如图9-76所示。

图9-76

9.4.2 制作简历基本信息页

基本信息页需要展示出应聘人员的基本信息，例如姓名、学历、专业、出生年月、联系方式等。下面简单介绍该页的制作步骤。

STEP 1 复制封面页创建第 2 张幻灯片，删除封面页中的标题内容，并将其背景颜色设置为灰色，如图 9-77 所示。

图9-77

STEP 2 绘制矩形，并将其颜色设置为白色。复制该矩形，将复制后的矩形颜色设置为无颜色，边框设置为金黄色，将其适当缩小后放置在页面的合适位置，如图 9-78 所示。

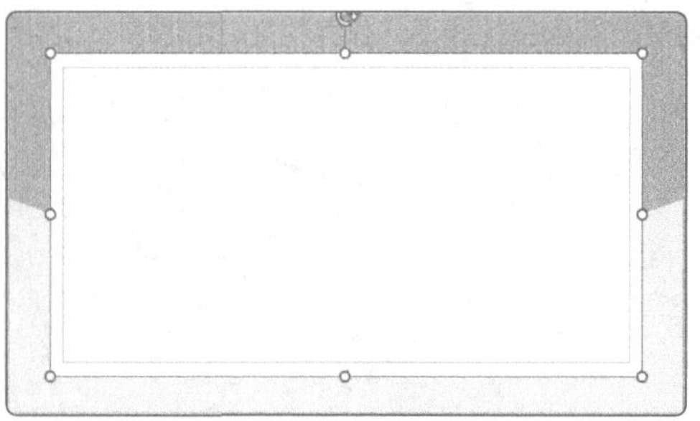

图9-78

STEP 3 插入图片至页面合适位置，如图 9-79 所示。

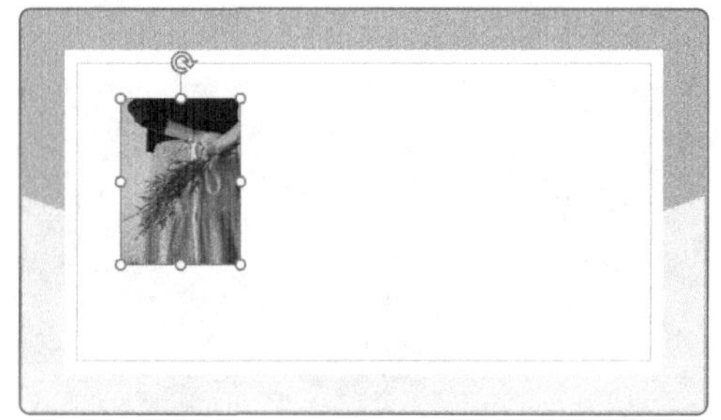

图9-79

STEP 4 使用文本框输入文本内容，使用直线绘制分隔线，并设置好分隔线颜色，如图 9-80 所示。

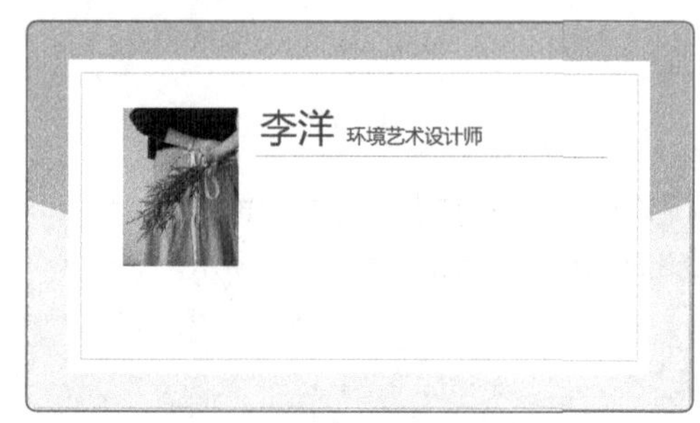

图9-80

STEP 5 创建一个 3 行 4 列的表格，并调整好表格的大小。将表格样式设置为“无样式，网格型”，效果如图 9-81 所示。

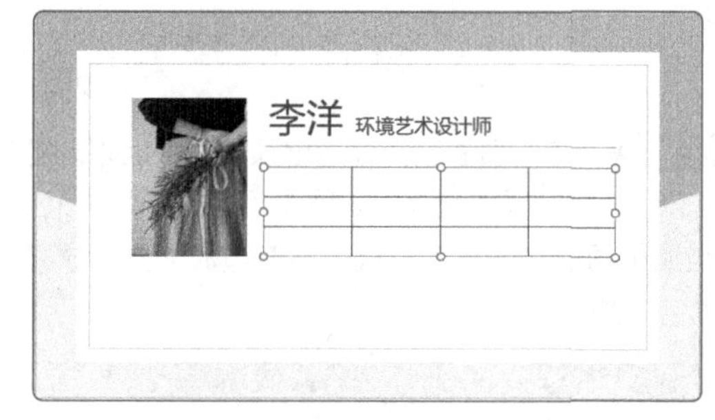

图9-81

STEP 6 输入表格内容，并设置好内容的格式及对齐方式，如图 9-82 所示。

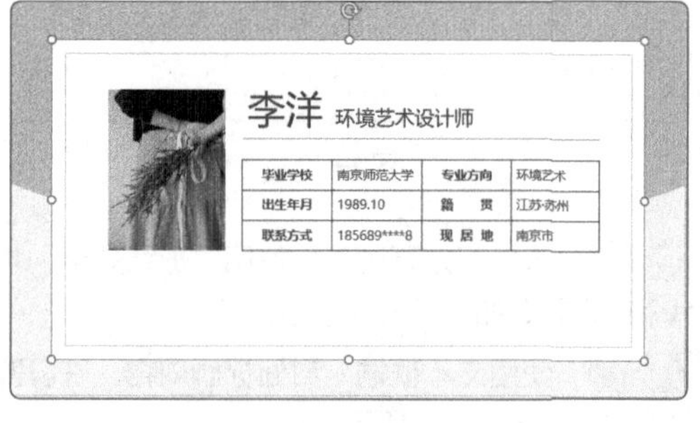

图9-82

第9章 入职培训演示文稿的制作

STEP 7 选中表格，将其边框设置为“无框线”，效果如图 9-83 所示。

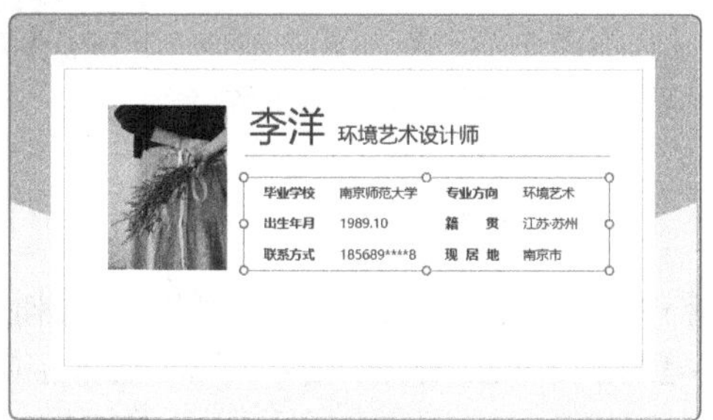

图9-83

STEP 8 全选表格内容，将“笔颜色”设置为浅灰色，将边框设置为“内部横框线”，设置好表格内部框选样式，效果如图 9-84 所示。

STEP 9 使用文本框输入自我评价内容，简历基本信息页制作完成后的效果如图 9-85 所示。

李洋 环境艺术设计师

毕业学校	南京师范大学	专业方向	环境艺术
出生年月	1989.10	籍　贯	江苏·苏州
联系方式	185689****8	现 居 地	南京市

图9-84

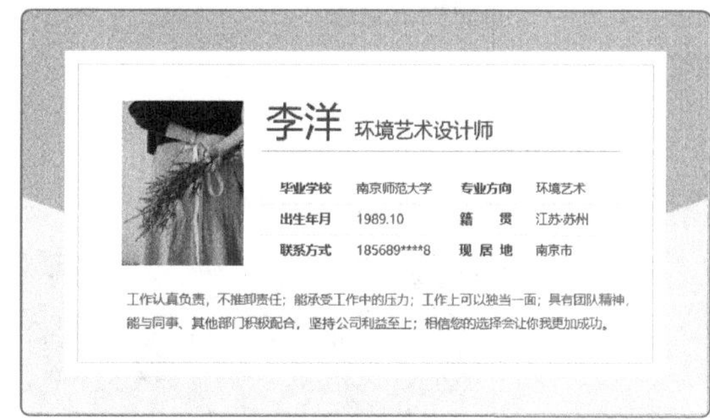

图9-85

9.5 课后作业

本章主要向读者介绍了演示文稿和幻灯片的基本操作。下面通过制作财务内训资料文稿的封面页和目录页，帮助读者巩固本章知识。

9.5.1 制作财务内训资料文稿封面页

1. 项目需求

公司原有的财务培训资料从版式设计上来说有些过时。现领导要求对原版式进行改版，以简洁、大方、稳重的商务风格为主。

2. 项目分析

黑色和黄色是商务风格的经典配色。本案例将以黑灰色图片为页面背景，利用黄色形状和白色文字进行页面点缀，以此达到简洁、大方的页面效果。

3. 项目效果

财务培训资料文稿封面页效果如图9-86所示。

图9-86

9.5.2 制作财务内训资料文稿目录页

微课视频

1. 项目目的

目录页主要用来展示演示文稿的结构，通过目录页，观众可以对整个文稿的内容有大致的了解。

2. 项目分析

目录页在制作时，需要与封面页的风格统一。封面页使用了黑色和黄色，那么在目录页中也需要有相应的颜色。此外，封面使用了全图片方式来展示，因此在目录页中也可以使用图片来进行陪衬，从而做到前后风格的统一。

3. 项目效果

财务培训资料文稿目录页效果如图9-87所示。

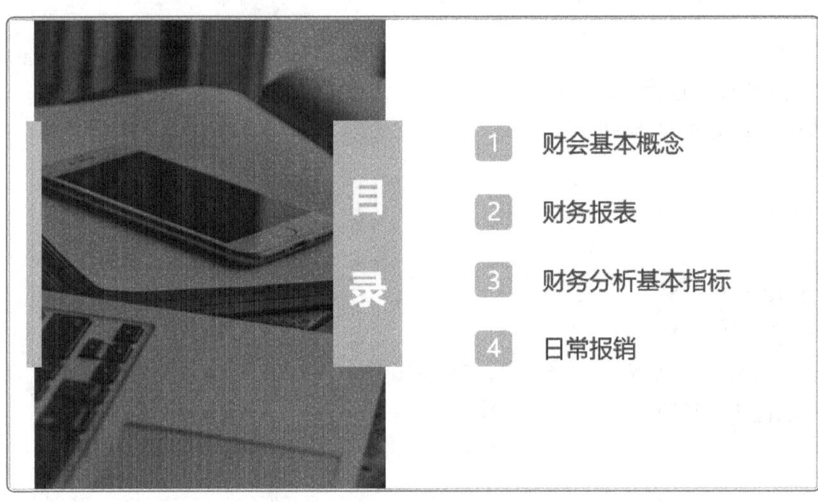

图9-87

第 10 章

年终总结演示文稿的制作

本章将以制作年终总结演示文稿为例，向读者介绍动态幻灯片的制作方法，包括动画效果的设置、音 / 视频文件的添加、链接功能的设置及如何放映幻灯片等。

10.1 用母版设置幻灯片版式

在新建幻灯片时，系统会提供11种幻灯片的版式。这些版式是内置的版式，用户如果想要对这些版式进行调整，就需要使用母版功能。本节将对母版的基本操作进行简单的介绍。

10.1.1 幻灯片版式与母版

单击“新建幻灯片”下拉按钮，下拉列表中会显示11种幻灯片版式，分别为“标题幻灯片”“标题和内容”“节标题”“两栏内容”“比较”“仅标题”“空白”“内容与标题”“图片与标题”“标题和竖排文字”“竖排标题与文本”，如图10-1所示。其中“标题幻灯片”为默认的版式，新建一份空白的演示文稿后，其中的幻灯片就以该版式显示，如图10-2所示。

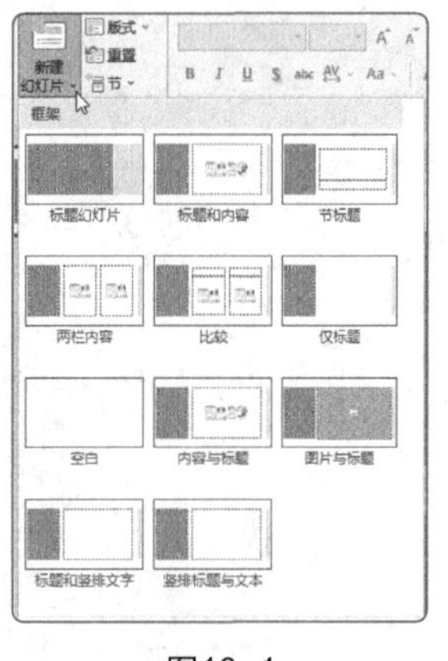

图10-1

图10-2

新建一张幻灯片后，用户如果对当前的版式不满意❶，可单击“版式”下拉按钮❷，在下拉列表中选择新的版式❸，更换当前的幻灯片版式❹，如图10-3所示。

⇒

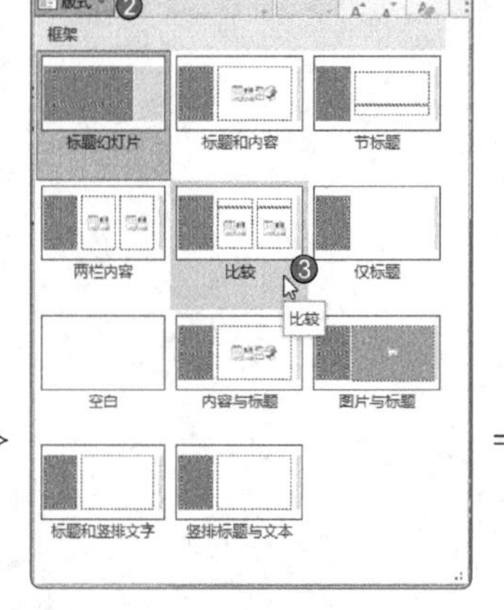

⇒

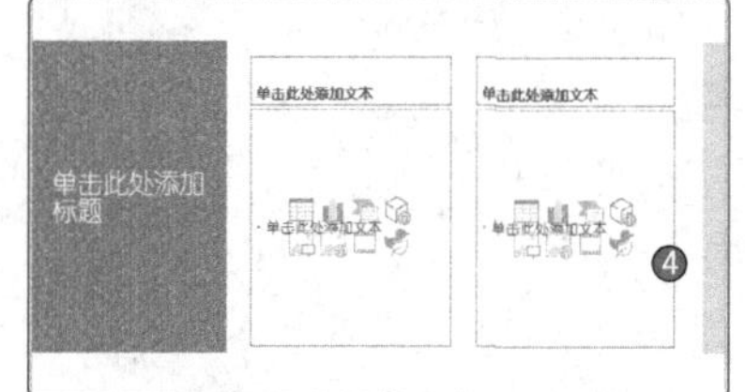

图10-3

新手误区

“新建幻灯片”下拉列表与“版式”下拉列表的内容是相同的，区别在于，前者是创建一张新的幻灯片版式，后者是更换已有的幻灯片版式。

在幻灯片版式中，除文本内容是可以编辑的外，其他元素是无法进行编辑的。如果需要调整，用户就需要使用幻灯片母版功能。在“视图”选项卡中单击“幻灯片母版”按钮，进入幻灯片母版视图界面，如图10-4所示。在此选择相应的版式页面即可进行修改操作。

在幻灯片母版视图界面中，第1张幻灯片称为母版式，其他幻灯片统称为子版式，如图10-5所示。

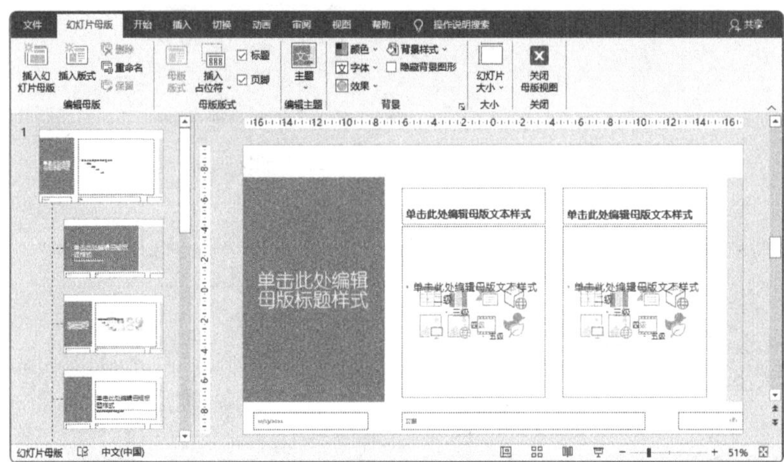

图10-4

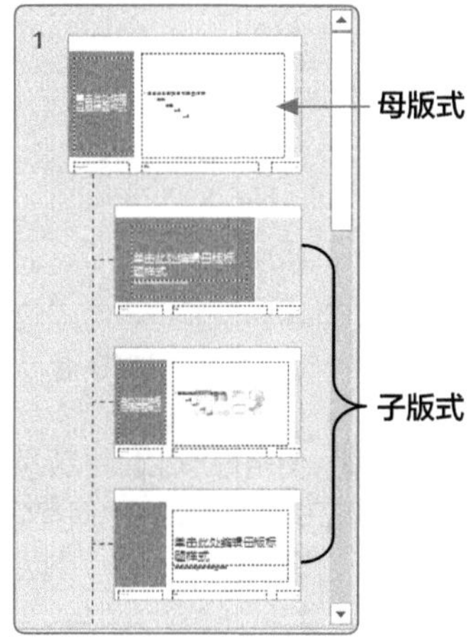

图10-5

一般来说，在母版式中所做的修改会应用到子版式；而在子版式中所做的修改只会应用于当前版式，其他版式均不受影响。

办公秘技

利用母版功能可以为幻灯片批量添加水印。用户只需在母版视图中选择第1张母版式幻灯片，添加相应的水印标志即可。

10.1.2 设计内容幻灯片版式

以上简单介绍了母版与幻灯片版式的关系，下面以设计年终总结标题版式为例，介绍母版功能的具体应用。

STEP 1 新建空白演示文稿，在“视图”选项卡中单击“幻灯片母版”按钮，切换到幻灯片母版视图界面。选中第 1 张母版式幻灯片，清除所有占位符，如图 10-6 所示。

图10-6

STEP 2 在“插入”选项卡中单击“形状”下拉按钮，在下拉列表中选择矩形，在该母版中绘制大小适中的矩形，如图 10-7 所示。

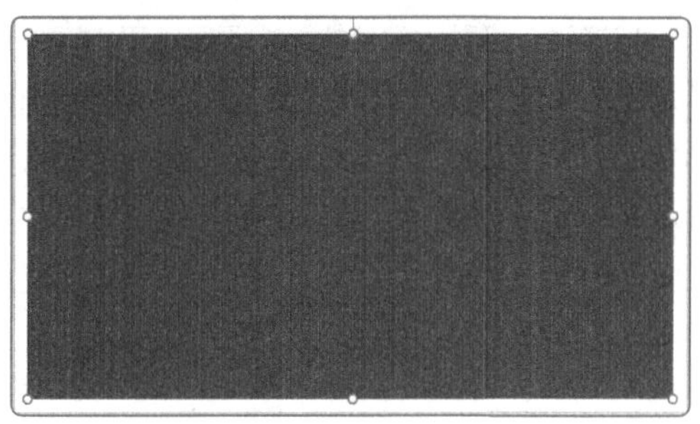

图10-7

STEP 3 将矩形的填充颜色设置为无填充，将矩形的轮廓线设置为虚线，并调整好轮廓线颜色，如图 10-8 所示。

图10-8

STEP 4 使用矩形工具绘制两个矩形，分别放置在页面上方和下方，并适当地调整好其大小，如图 10-9 所示。

图10-9

STEP 5 内容页版式设置完成，在“幻灯片母版”选项卡中单击“关闭母版视图”按钮，返回普通视图界面，如图 10-10 所示。

此时，在“开始”选项卡中单击“版式”下拉按钮，在下拉列表中可看到所有版式都发生了相应的变化，在其中选择一款内容页版式即可，如图10-11所示。

图10-10

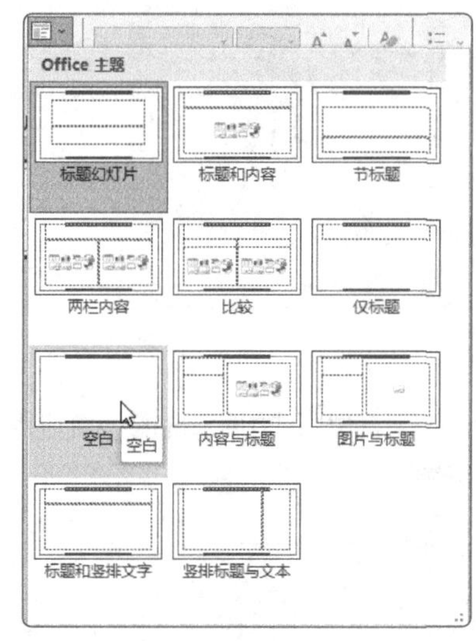

图10-11

新手误区

在这11种版式中，“标题幻灯片”版式属于封面版式，可应用于封面页和结尾页；而其他版式都属于内容版式，可应用于所有的内容页。

10.1.3 设计标题幻灯片版式

一般来说，标题幻灯片的版式要区别于内容幻灯片。接下来就通过母版功能来调整标题幻灯片的版式。

STEP 1 切换到母版视图，选择第 2 张标题幻灯片，在“幻灯片母版”选项卡中勾选“隐藏背景图形”复选框，隐藏当前版式，如图 10-12 所示。

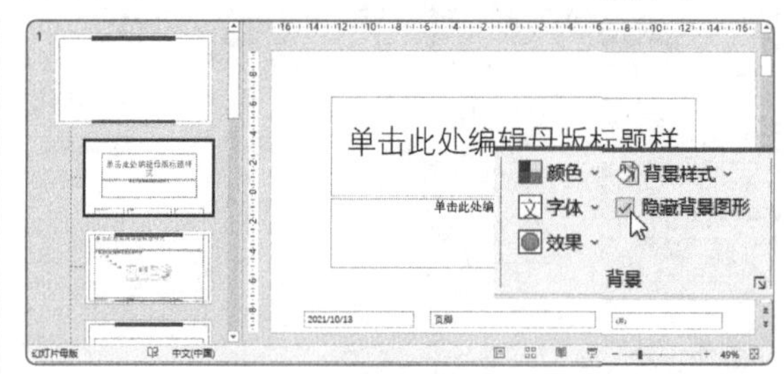

图10-12

STEP 2 删除多余的占位符，在“幻灯片母版”选项卡中单击“背景样式”下拉按钮❶，在下拉列表中选择“设置背景格式”选项❷，打开同名窗格，单击“颜色”下拉按钮❸，在下拉列表中选择背景颜色，如图 10-13 所示。

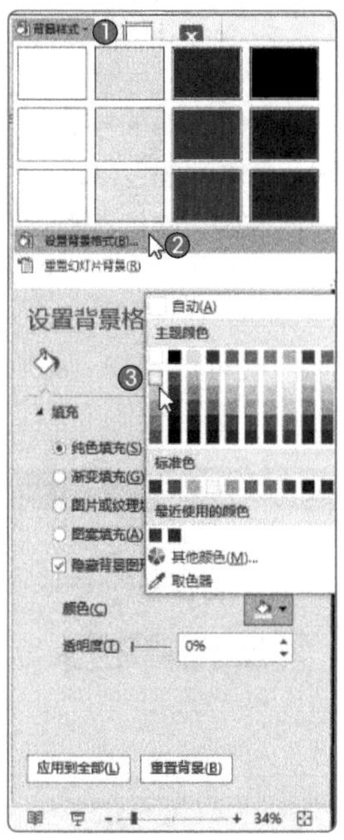

图10-13

STEP 3 关闭“设置背景格式”窗格，在页面中绘制一个矩形，将其颜色设置为白色、轮廓设置为“无轮廓”。右击矩形，在弹出的快捷菜单中选择“设置形状格式”命令，打开同名窗格，切换到“效果”选项卡，单击“阴影”按钮，为矩形添加阴影，并调整好阴影参数，如图 10-14 所示。

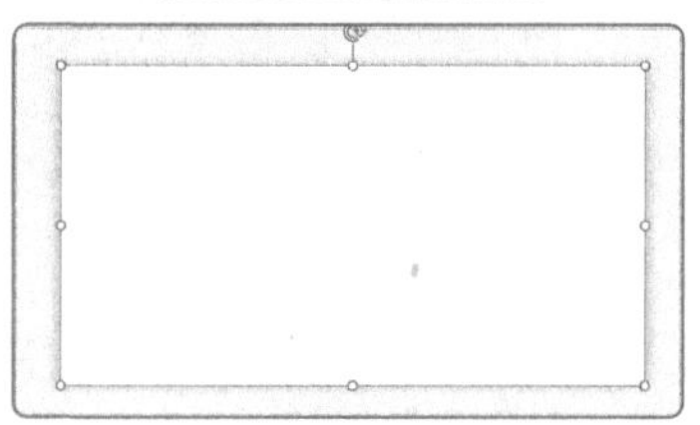

图10-14

STEP 4 再绘制 3 个矩形，分别调整好颜色、轮廓线样式，并将其放置到页面合适的位置，如图 10-15 所示。

图10-15

STEP 5 关闭母版视图，返回到普通视图。单击“新建幻灯片”下拉按钮，在下拉列表中选择“标题幻灯片”版式，创建一张标题幻灯片，如图 10-16 所示。

图10-16

接下来，在创建的标题幻灯片和内容幻灯片中，利用形状、图片、文本框等，完成年终总结演示文稿的制作，效果如图10-17所示。

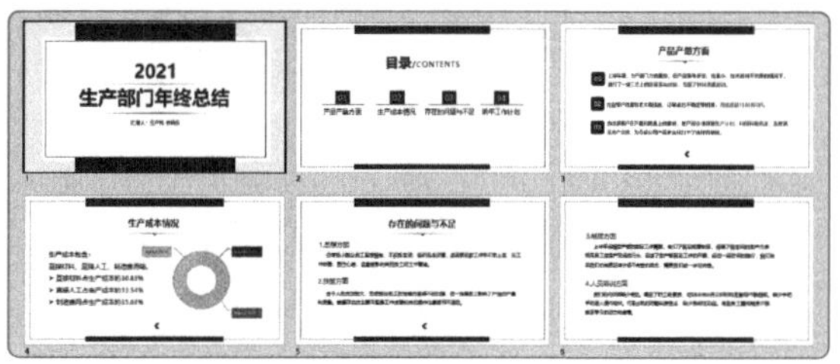

图10-17

10.2 为幻灯片添加动画

动画不仅能让PPT变得更生动、有趣，而且能让PPT的现场表现力得到数倍提升。PowerPoint中的动画可分为对象动画和幻灯片切换动画两种。下面介绍这两种动画的基本操作。

10.2.1 为幻灯片对象添加动画效果

微课视频

根据动画的特点可将对象动画分为两类，分别为基本动画和组合动画。基本动画包含进入、强调、退出及路径动画4种；而组合动画就是将几组基本动画组合在一起使用，使得动画效果更加丰富。

1. 制作封面页动画效果

在封面页中将使用进入动画效果来展现封面内容。进入动画是对象从无到有、逐渐出现的动画过程。

STEP 1 在封面页中选择标题内容，在“动画”选项卡中单击“其他”下拉按钮，在下拉列表的“进入”选项组中选择“劈裂”选项，如图 10-18 所示。

图10-18

STEP 2 预览该动画效果，如图 10-19 所示。

图10-19

STEP 3 在“动画”选项卡中单击“效果选项”下拉按钮，在下拉列表中选择“中央向左右展开”选项，更改该动画的运动方向，如图 10-20 所示。

STEP 4 动画添加好后，标题左上角会显示序号“1”，该序号为动画播放序号。在放映过程中，系统会根据播放序号依次播放当前页中的所有动画，如图 10-21 所示。

图10-20

图10-21

STEP 5 选中标题上方的线段，在“动画”选项卡中单击“其他”下拉按钮，在下拉列表中选择“进入”组的“飞入”选项，单击“效果选项”下拉按钮，在下拉列表中选择“自左侧”选项，让该线段从左侧飞入页面中，如图 10-22 所示。

图10-22

STEP 6 保持该线段的选中状态，在“高级动画”选项组中单击“动画刷”按钮，当鼠标指针右上角显示出刷子图标后，单击标题下方的线段，将选中线段的动画复制给下方线段，如图 10-23 所示。

图10-23

STEP 7 为页面中的“2021”文本添加“擦除”进入动画，并将其“效果选项”设置为“自左侧”，如图 10-24 所示。

图10-24

STEP 8 使用动画刷将“2021”的动画效果复制到“汇报人 ***”文本上，并调整“效果选项”为“自右侧”，如图 10-25 所示。

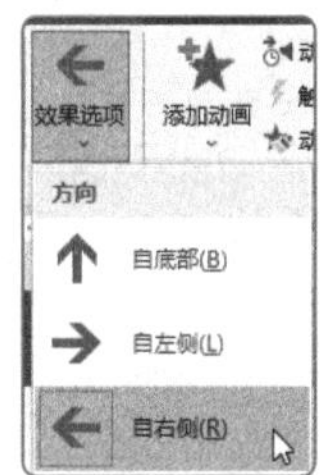

图10-25

STEP 9 在“动画”选项卡中单击“动画窗格”按钮，打开同名窗格。选择“直线连接符 4”和“直线连接符 5”两个动画选项，将其拖曳至最上方，调整动画顺序，如图 10-26 所示。

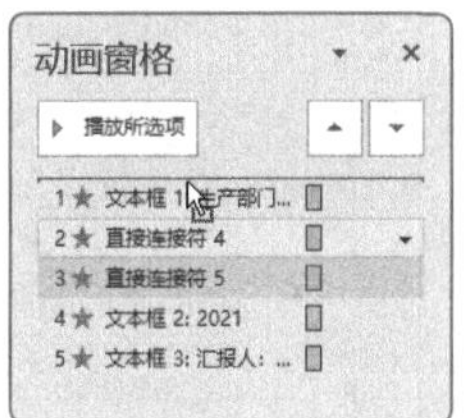

图10-26

办公秘技

在“动画窗格”窗格中可以调整各动画的播放顺序，也可以对动画的一些参数进行详细设置，例如开始方式、计时参数、效果参数等。

STEP 10 同时选择“直线连接符 4”和“直接连接符 5”两个动画选项，在“计时”选项组中单击“开始”下拉按钮，在下拉列表中选择“与上一动画同时”选项，设置动画开始播放的方式，如图 10-27 所示。

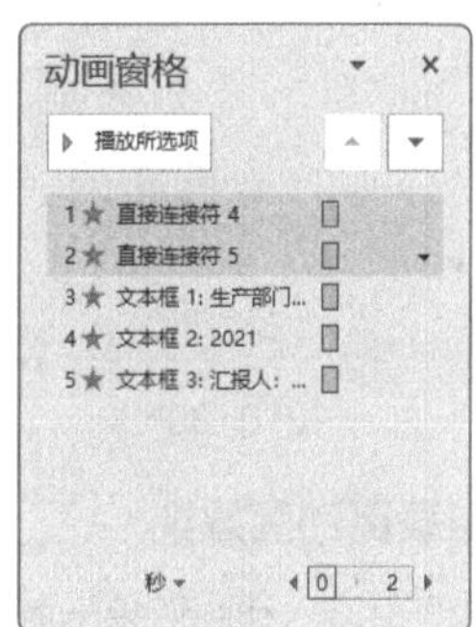

图10-27

STEP 11 选择“文本框 1”动画选项，单击“开始”下拉按钮，在下拉列表中选择“与上一动画同时”选项，如图 10-28 所示。

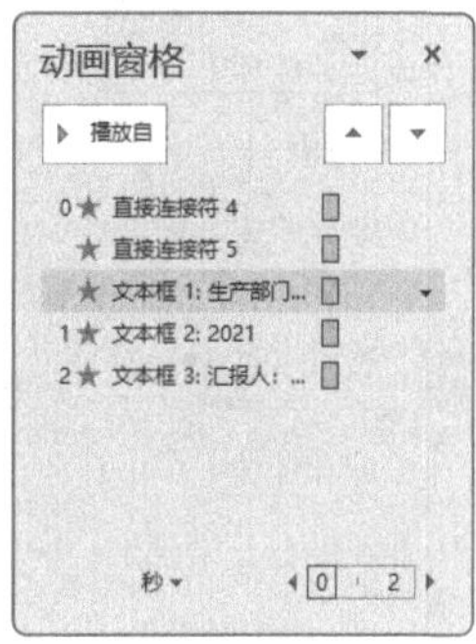

图10-28

STEP 12 选择“文本框 2”动画选项，单击“开始”下拉按钮，在下拉列表中选择“上一动画之后”选项，如图 10-29 所示。

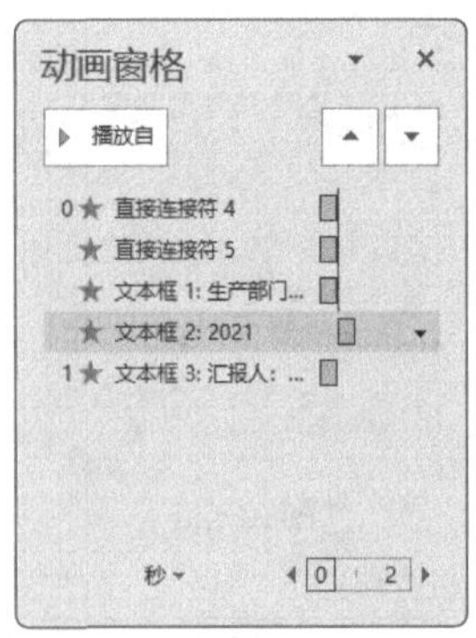

图10-29

STEP 13 选择“文本框 3”动画选项，单击“开始”下拉按钮，在下拉列表中选择“与上一动画同时”选项，如图 10-30 所示。

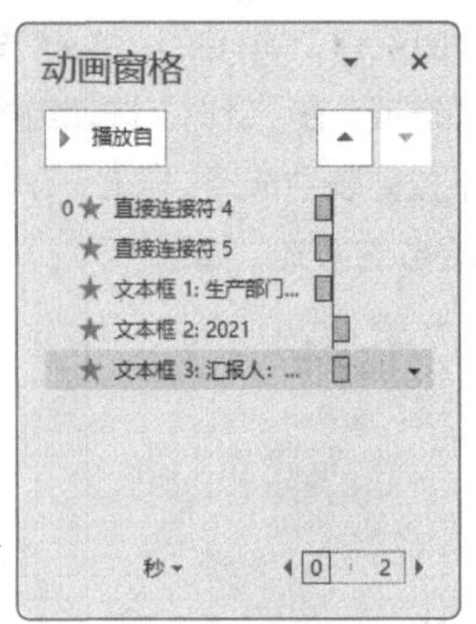

图10-30

STEP 14 全部设置完后，不要选择任何动画选项，单击“全部播放”按钮，即可查看当前页的所有动画效果，如图 10-31 所示。

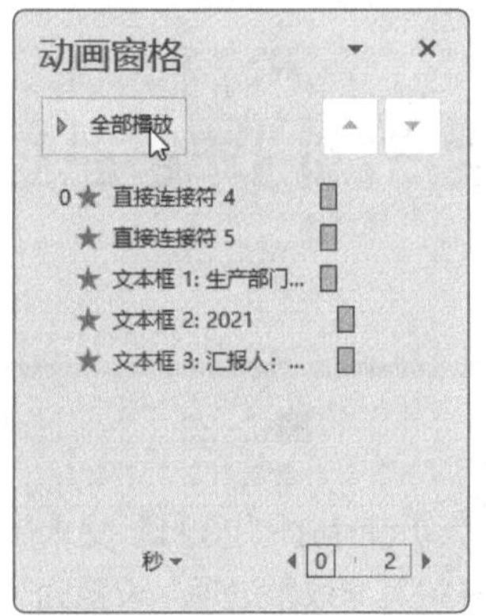

图10-31

办公秘技

添加动画后，默认是以单击开始播放动画效果的。用户如果想要实现自动播放动画，就需要调整各动画选项的开始方式。其中，“单击时”为单击才能播放动画；“与上一动画同时”则为当切换到当前幻灯片时，就自动开始播放动画或者设置两组动画同时播放；“上一动画之后”则为上一组动画播放完成后再开始播放。一旦将动画设置为自动播放，其动画选项的播放序号将统一更改为“0”。

2. 制作目录页动画效果

目录页同样使用进入动画效果来制作。此处可以将目录内容分成4组，做好其中一组动画后，使用动画刷将动画复制到其他3组内容上即可。

STEP 1 在目录页中选择“01”线段，为其添加“淡化”进入动画，如图 10-32 所示。

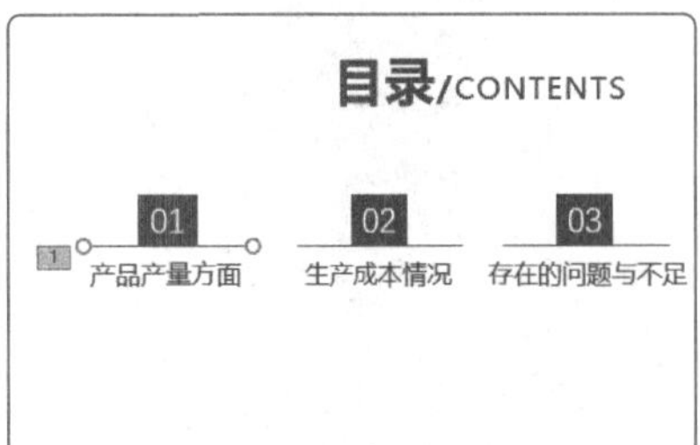

图10-32

STEP 2 选择“01”形状，为其添加“擦除”进入动画，如图 10-33 所示。

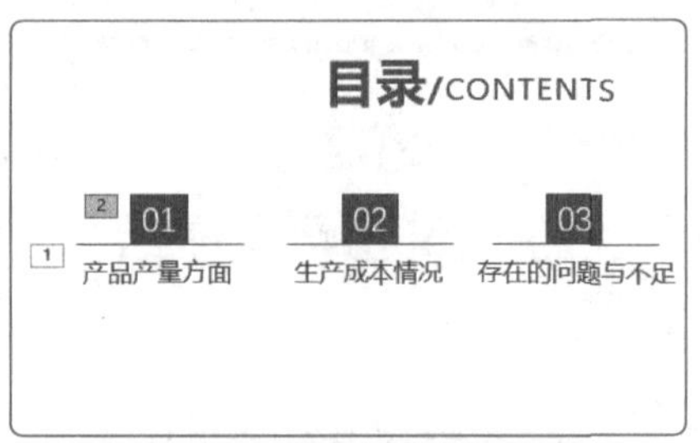

图10-33

STEP 3 选择“01”下方的文本内容，为其添加“擦除”进入动画，并将“效果选项”设置为“自顶部”，如图 10-34 所示。

图10-34

STEP 4 打开“动画窗格”窗格，将“直线连接符 11”动画选项的开始方式设置为“与上一动画同时”；将“矩形 2”动画选项的开始方式设置为“上一动画之后”；将“文本框 3”动画选项的开始方式设置为“与上一动画同时”，如图 10-35 所示。

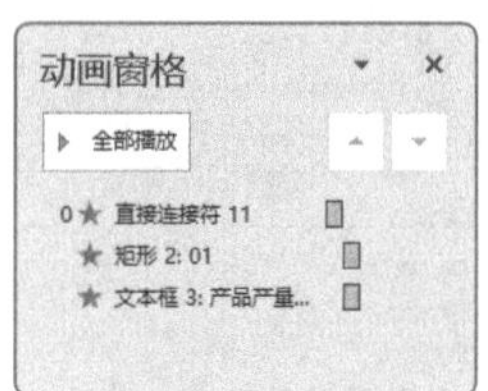

图10-35

STEP 5 选择“01”线段的动画，使用动画刷将其复制到“02”线段上，如图 10-36 所示。

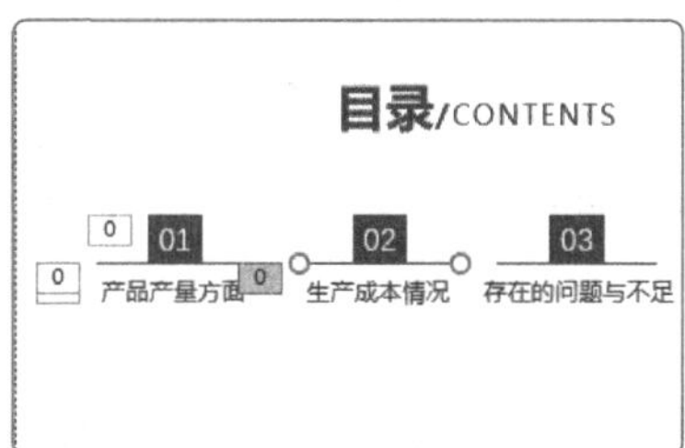

图10-36

STEP 6 选择“01”形状和其下的文本内容，使用动画刷分别将动画复制到“02”的形状及其下的文本内容上，如图 10-37 所示。

STEP 7 按照同样的复制方法，为“03”和“04”相关的内容添加相同的动画效果，如图 10-38 所示。

STEP 8 打开“动画窗格”窗格，选择“直线连接符 13”动画选项，将其开始方式设置为“上一动画之后”，如图 10-39 所示。

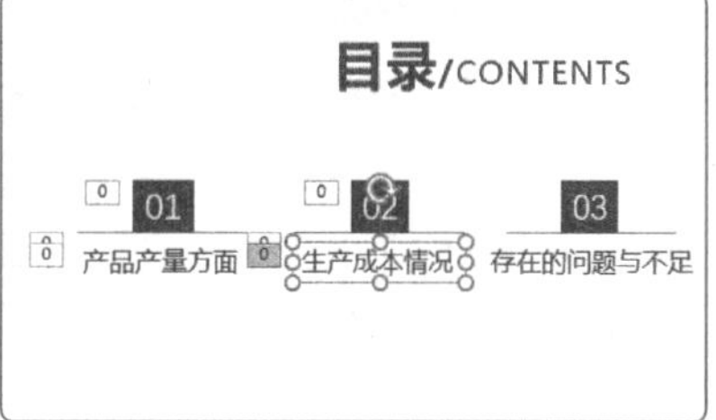

图10-37

图10-38

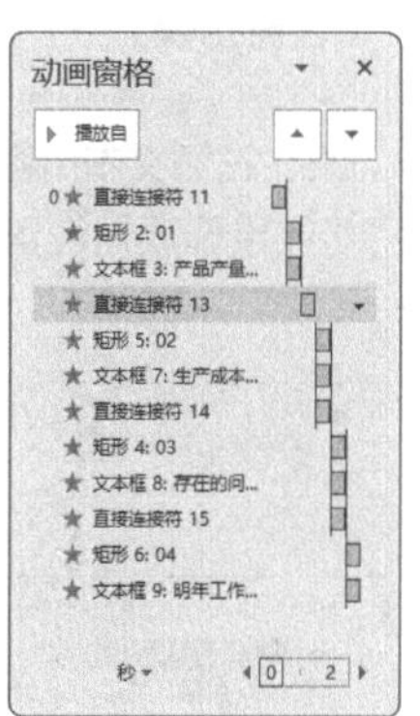

图10-39

STEP 9 按照同样的方法，将“直接连接符 14”和“直接连接符 15”的开始方式也设置为“上一动画之后”，如图 10-40 所示。

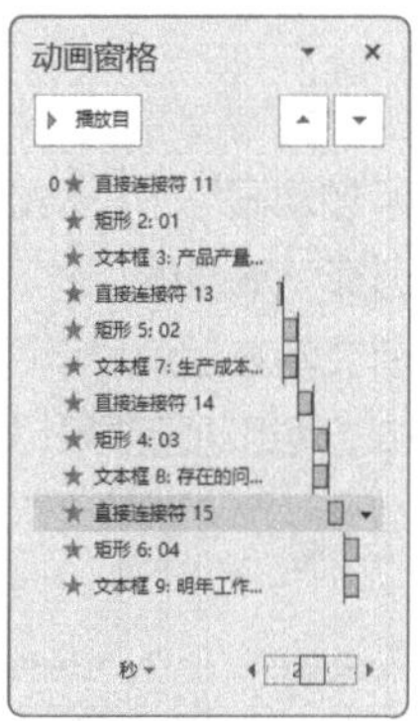

图10-40

STEP 10 设置完成后，单击“全部播放”按钮，预览当前幻灯片中所有动画效果。

3. 制作第3张内容页动画效果

在第3张内容页中，将利用强调动画来展示文本内容。强调动画起到强调的作用，在放映过程中能够吸引观众的注意力。

STEP 1 在第3张幻灯片中选择“01”形状，为其添加“飞入”进入动画，将“效果选项”设置为“自左侧”，如图10-41所示。

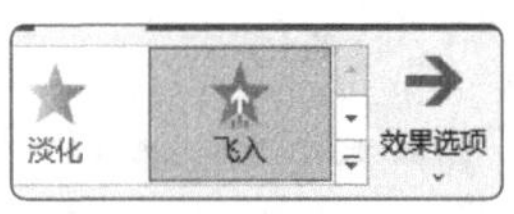

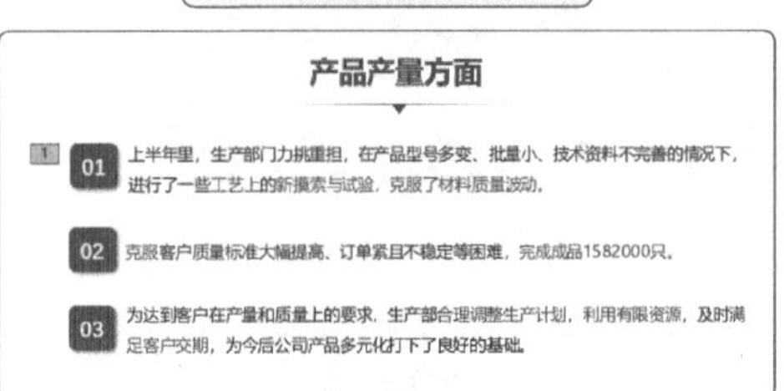

图10-41

STEP 2 选择“01”右侧文本内容，为其添加“飞入”进入动画，将“效果选项”设置为“自右侧”，如图10-42所示。

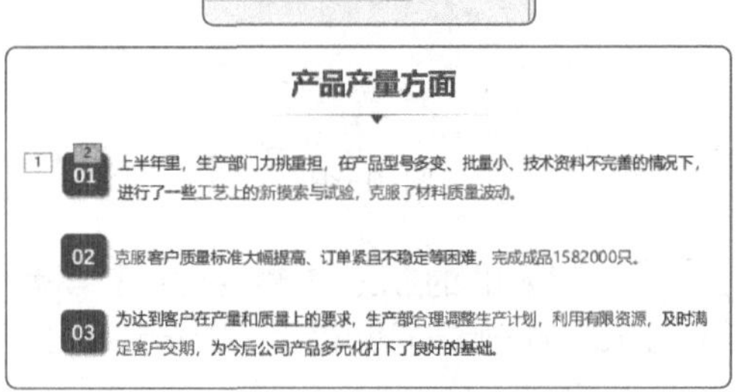

图10-42

STEP 3 选择添加了动画的文本框❶，在“动画”选项卡中单击“添加动画”下拉按钮❷，在下拉列表的“强调”组中选择“下画线”选项❸，如图10-43所示。此时，当前文本左上角显示两个动画序号，这说明该元素上添加了两组动画效果，如图10-44所示。

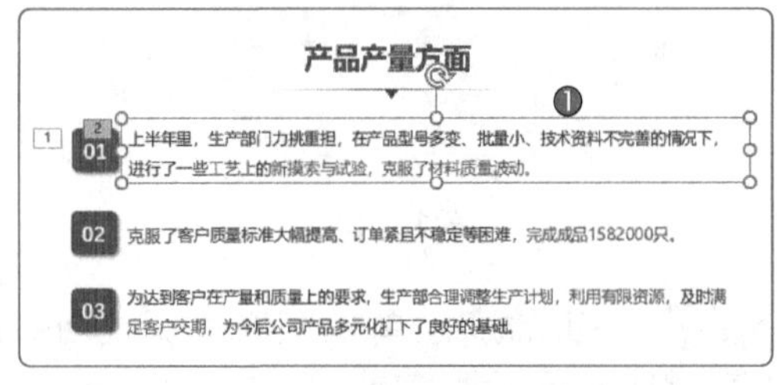

图10-43

图10-43（续）

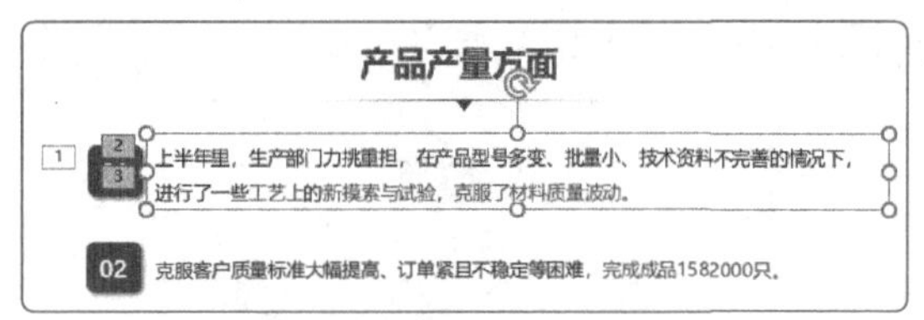

图10-44

STEP 4 在“动画窗格”窗格中，将两个进入动画（矩形和文本框25）的开始方式都设置为“与上一动画同时”，将强调动画（B文本框25）的开始方式设置为“上一动画之后”，如图10-45所示。

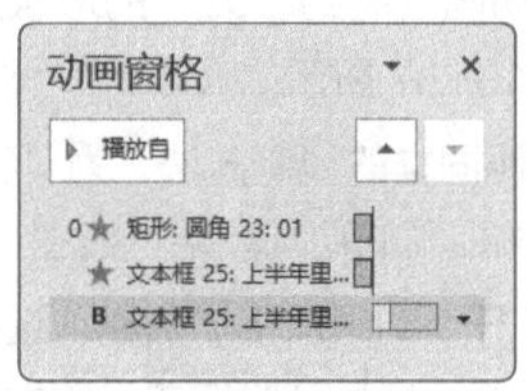

图10-45

STEP 5 使用动画刷将“01”的动画都复制到“02”和“03”内容上，如图 10-46 所示。

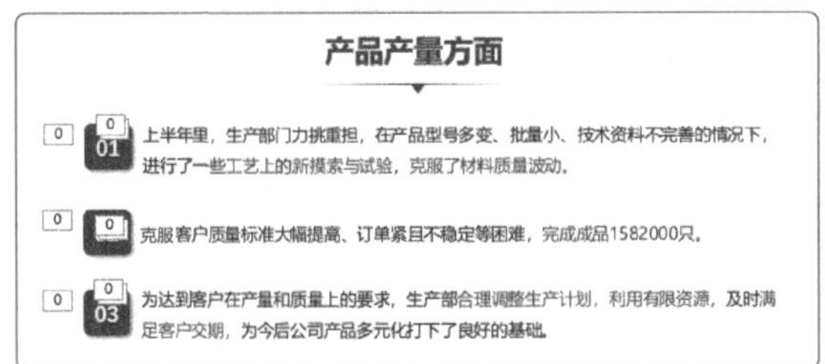

图10-46

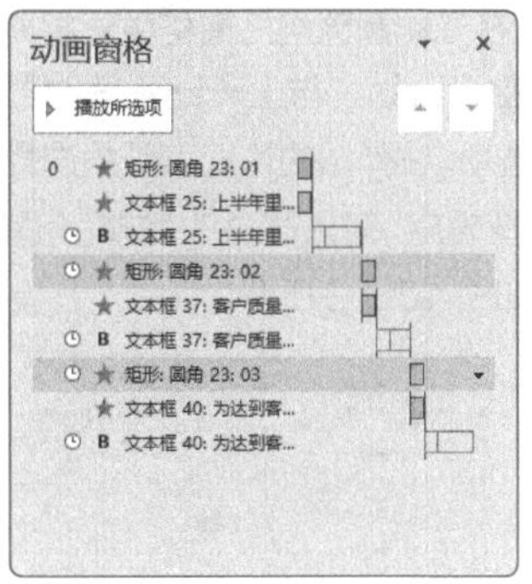

图10-47

STEP 6 在“动画窗格”窗格中，选择“矩形：圆角 23:02”动画选项，将其开始方式设置为“上一动画之后”，将“矩形：圆角 23:03”动画选项的开始方式也设置为“上一动画之后”，如图 10-47 所示。

STEP 7 单击“全部播放”按钮，预览当前页的所有动画效果，如图 10-48 所示。

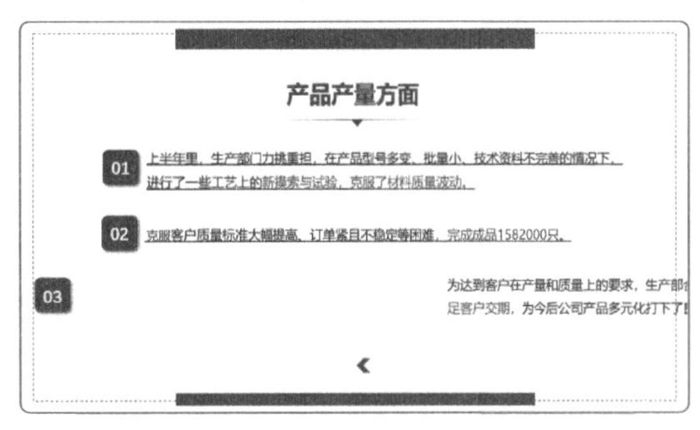

图10-48

4. 制作第4张内容页动画效果

第4张幻灯片中涉及圆环图表内容，在此将利用直线路径动画，以实现图表从页面外滚入至页面的运动效果。

STEP 1 将圆环图表移至页面外，在“动画”选项卡中单击“其他”下拉按钮，在下拉列表的“动作路径”组中选择“直线”路径，并将“效果选项”设置为“靠左”，圆环中显示出从右至左的运动路径，如图 10-49 所示。

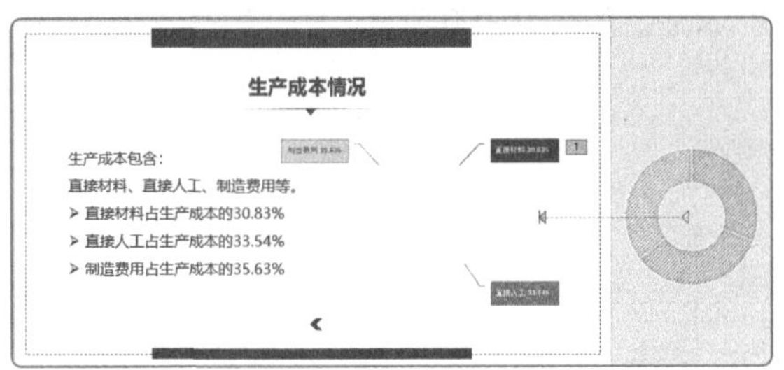

图10-49

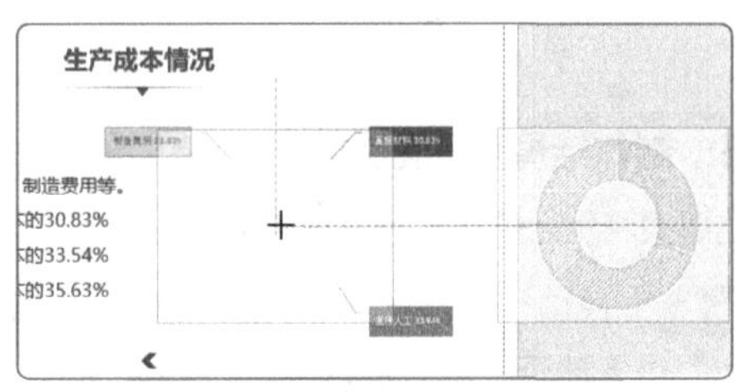

图10-50

STEP 2 选择运动路径中的红色箭头（终止标识），将其拖曳至页面中的合适位置，如图 10-50 所示。

STEP 3 选择圆环图表，单击“添加动画”下拉按钮，在下拉列表的“强调”组中选择“陀螺旋”选项，从而在直线路径动画上再叠加一组陀螺旋动画，如图 10-51 所示。

图10-51

STEP 4 在“动画窗格”窗格中，将两个动画选项的开始方式都设置为“与上一动画同时”，右击“图表10”动画选项，在弹出的快捷菜单中选择“效果选项”命令，打开“陀螺旋”对话框，将“数量”设置为“360°，逆时针”，如图10-52所示。

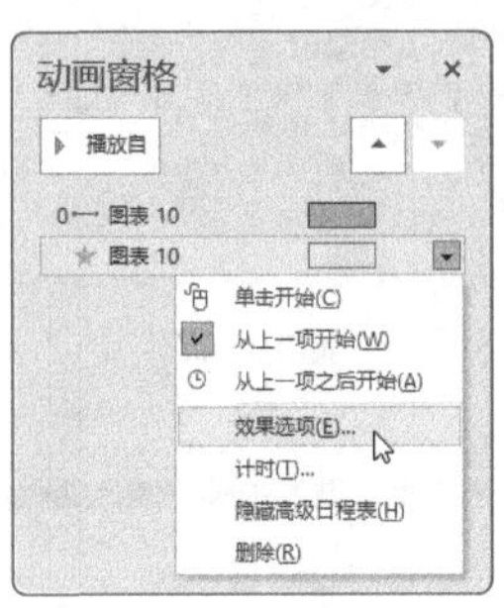

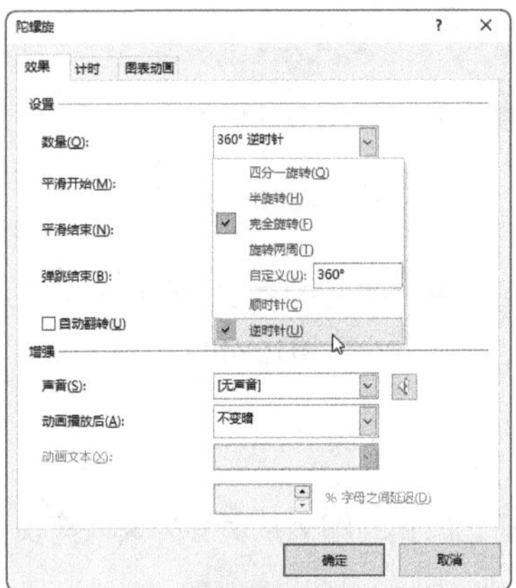

图10-52

STEP 5 为图表各标注分别设置“擦除”进入动画，并调整好“效果选项”，如图10-53所示。

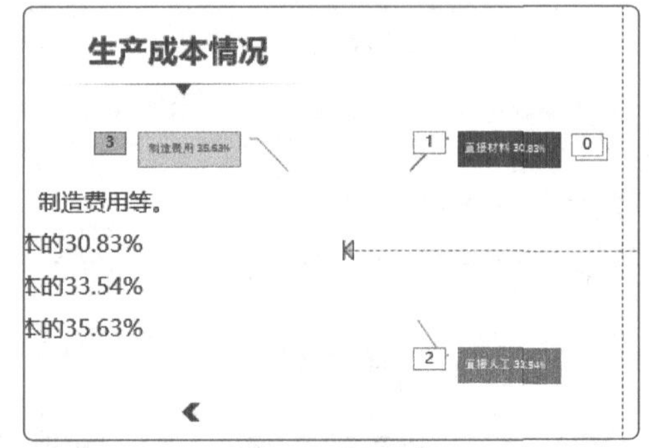

图10-53

STEP 6 将各标注动画的开始方式均设置为“上一动画之后”，如图10-54所示。

STEP 7 设置完成后，单击“全部播放”按钮，查看当前内容页的所有动画效果。

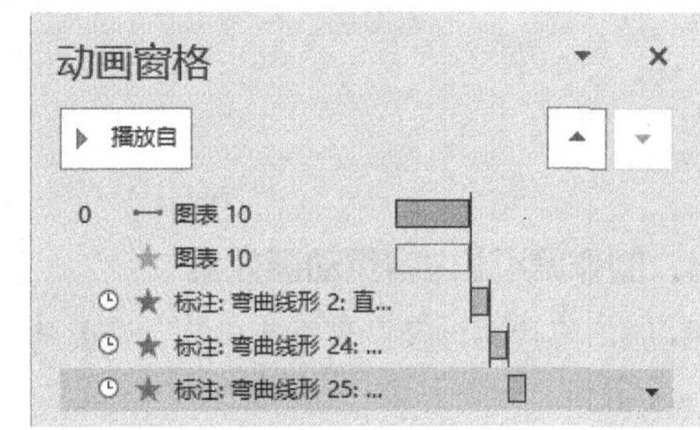

图10-54

5. 制作结尾页动画效果

结尾页将组合使用退出、进入两种动画，以丰富页面内容。

STEP 1 选择页面中上、下两条线段，为其设置“飞入”进入动画，并分别调整好“效果选项”，如图10-55所示。

图10-55

STEP 2 添加一行文本内容，并为其设置“缩放”进入动画，如图10-56所示。

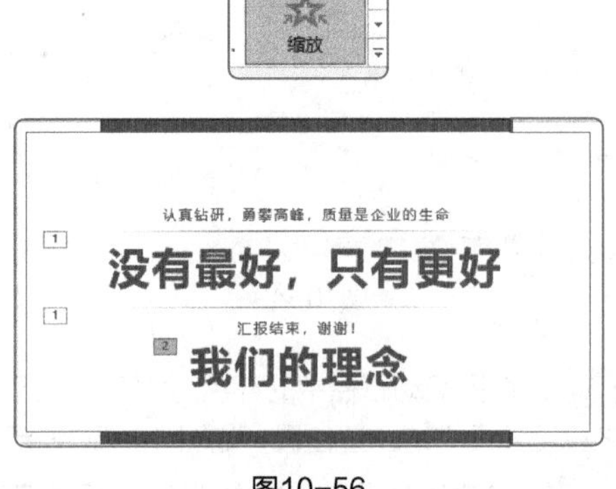

图10-56

STEP 3 保持该文本的选中状态，单击“添加动画”下拉按钮，在下拉列表的“退出”组中选择“缩放”选项，为其叠加一个缩放退出效果，如图10-57所示。

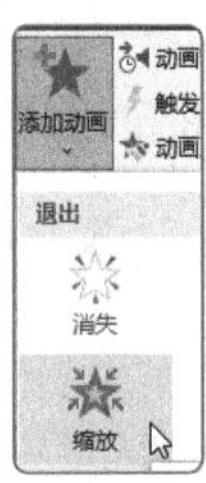

图10-57

STEP 4 选择该页主标题，并为其设置“缩放”进入动画，如图 10-58 所示。

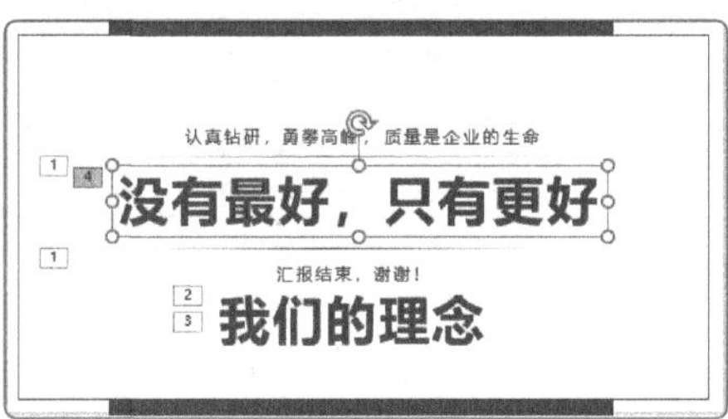

图10-58

STEP 5 选中上、下两个副标题文本，在“动画”选项卡中单击“其他”下拉按钮，在下拉列表中选择“更多进入效果”选项❶，在打开的“更改进入效果”对话框中选择“切入”效果❷，为文本添加“切入”进入动画，如图 10-59 所示。

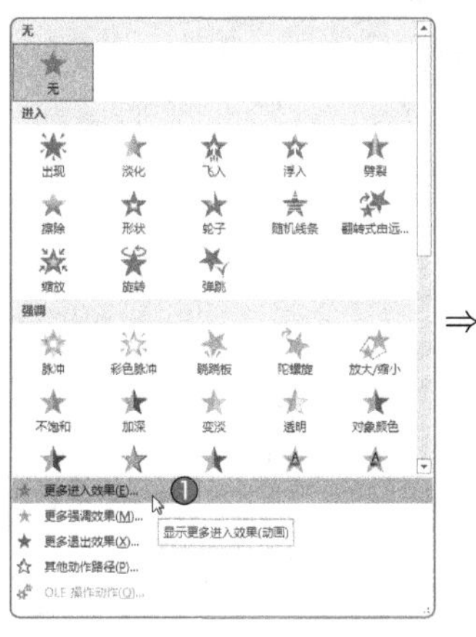

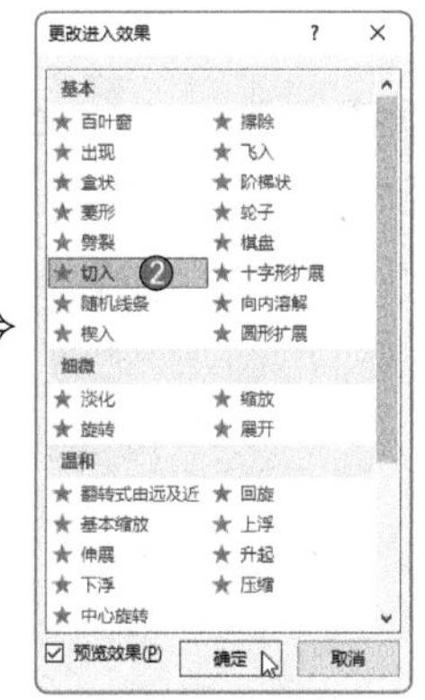

图10-59

STEP 6 调整好切入效果的“效果选项”，完成当前页动画的添加，如图 10-60 所示。

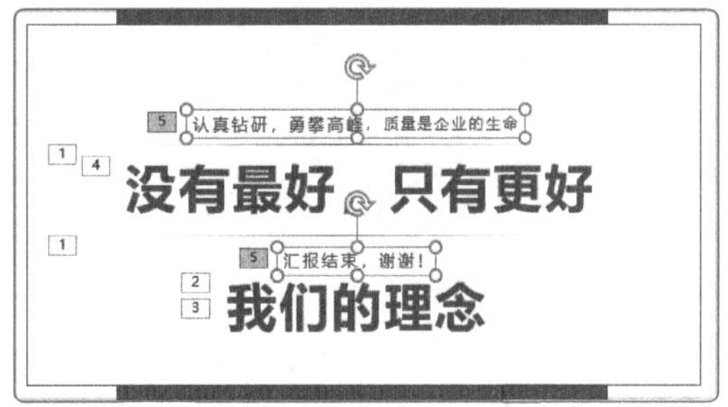

图10-60

STEP 7 打开“动画窗格”对话框，同时选中两条线段对应的动画选项（直线连接符 17、直线连接符 11），将其开始方式设置为“与上一动画同时”，如图 10-61 所示。

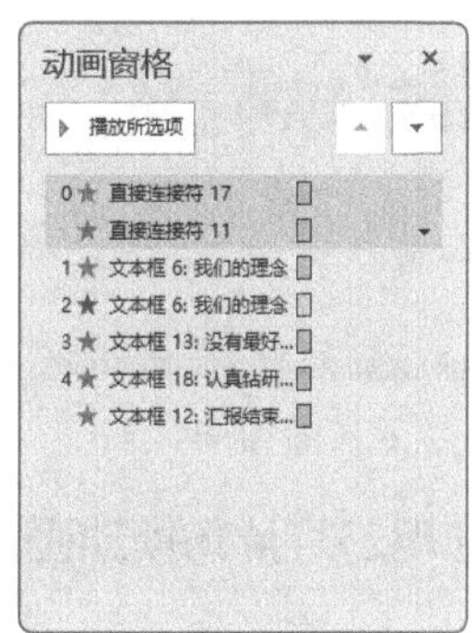

图10-61

STEP 8 选中“文本框 6”进入动画选项，将其开始方式设置为“与上一动画同时”。选中“文本框 6”退出动画选项，将其开始方式设置为“上一动画之后”，并将“延迟”设置为 0.5 秒，如图 10-62 所示。

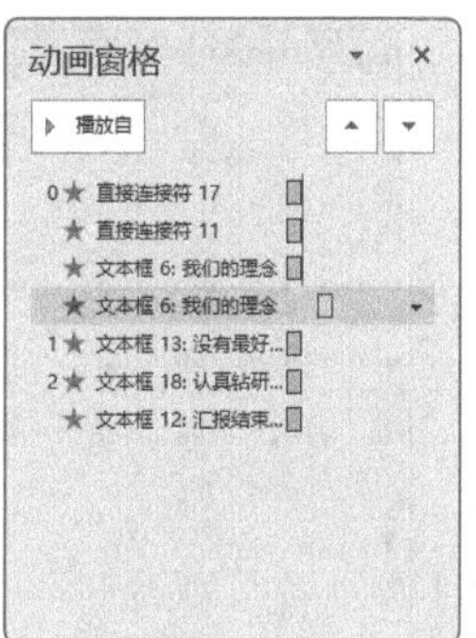

图10-62

STEP 9 将“文本框 13”和“文本框 18”两个动画选项的开始方式均设置为“上一动画之后”，如图 10-63 所示。

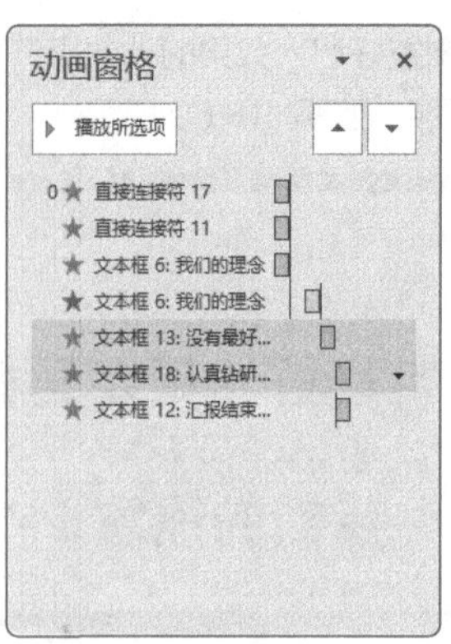

图10-63

STEP 10 在页面中将“我们的理念”文本框移至主标题处，并使其重合在一起，如图 10-64 所示。

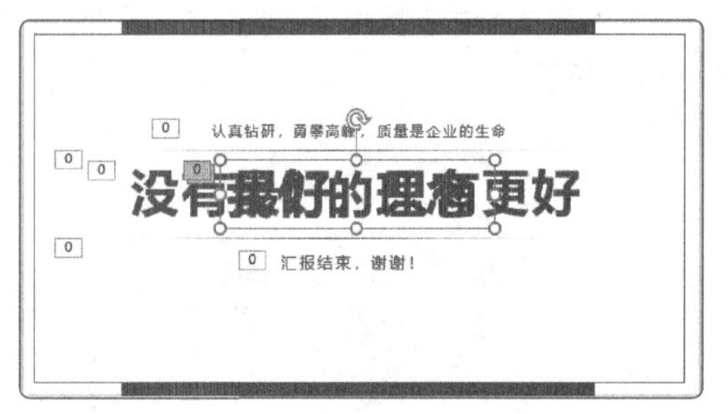

图10-64

STEP 11 在“动画窗格”对话框中单击“全部播放”按钮，预览结尾页所有的动画效果，如图 10-65 所示。

图10-65

办公秘技

在“动画窗格”对话框中用户可通过标志来区分所应用的动画类型。例如“★”标志为进入动画；“★”标志为退出动画；“★”标志为强调动画。选中对话框中任意一个动画选项，单击“播放自”按钮可查看动画效果，而单击“全部播放”按钮可查看对话框中所有的动画效果。

10.2.2 应用幻灯片切换动画

切换动画是指在放映过程中从上一张幻灯片切换到下一张幻灯片时，视图中所呈现出的动画效果。用户可以通过设置控制切换的速度、声音，甚至还可以通过对切换效果的属性进行自定义来实现切换动画效果。

STEP 1 选中封面页，单击“切换”选项卡下“切换到此幻灯片”选项组中的“其他”下拉按钮，打开切换效果下拉列表，并在其中选择一种切换的效果，此处选择“揭开”效果，如图 10-66 所示。

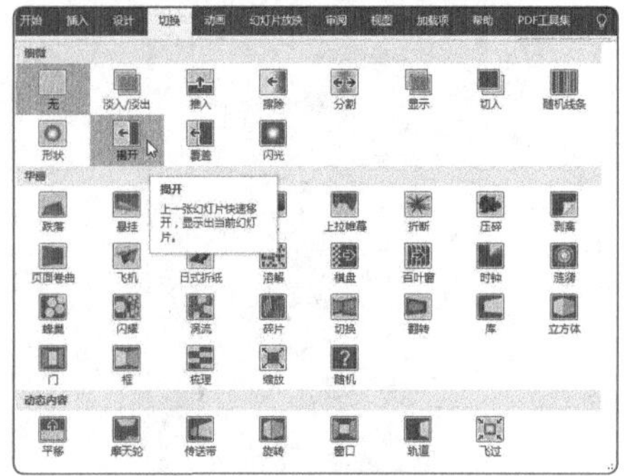

图10-66

STEP 2 选择完成后，单击“应用到全部”按钮，将当前页面的切换效果批量运用到其他幻灯片中，如图 10-67 所示。

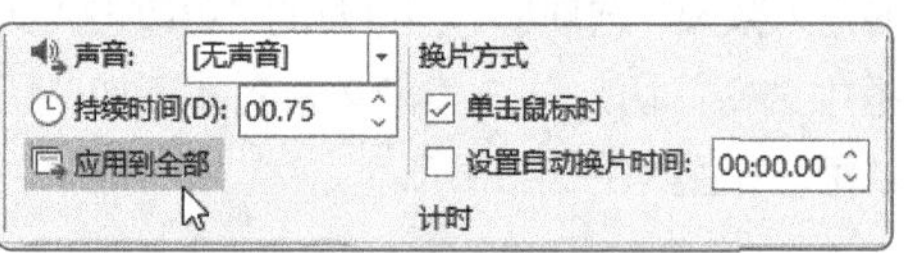

图10-67

STEP 3 在“切换”选项卡中单击“预览”按钮，预览当前页面的切换效果，如图 10-68 所示。

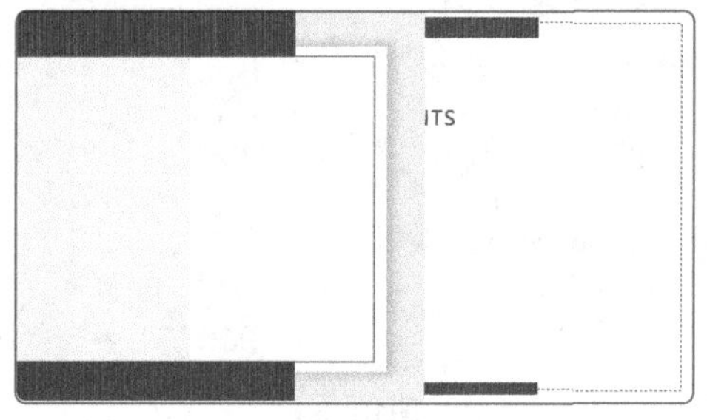

图10-68

办公秘技

在“计时”选项组中单击“声音”下拉按钮，可添加切换声音；勾选“设置自动换片时间”复选框，并设置好时间参数，将实现自动切换效果。

10.3 为幻灯片添加链接和动作按钮

为幻灯片中的内容添加链接和动作按钮，可以使幻灯片的放映变得更具有操控性。用户只需单击某一文本或按钮，就可快速地切换到所需页面，非常方便。下面对添加链接和动作按钮的基本操作进行介绍。

10.3.1 添加链接

微课视频

当幻灯片内容较多时，设置页面链接是很有必要的。用户可以根据需要进行内部幻灯片链接，也可以将幻灯片内容链接到外部程序或文件。

STEP 1 在目录页中选择“产品产量方面”文本框，在“插入”选项卡中单击“链接”按钮，打开“插入超链接”对话框，如图 10-69 所示。

图10-69

新手误区

设置链接时，如果用户选择的是文本内容，那么添加链接后的文本格式会发生改变。如果用户选择的是文本框，那么添加链接后的文本格式不会发生变化。

STEP 2 在“链接到”列表框中选择“本文档中的位置”选项❶，并在右侧“请选择文档中的位置”列表框中选择要链接到的幻灯片❷，在“幻灯片预览”区域确认幻灯片内容正确与否❸，如图 10-70 所示。

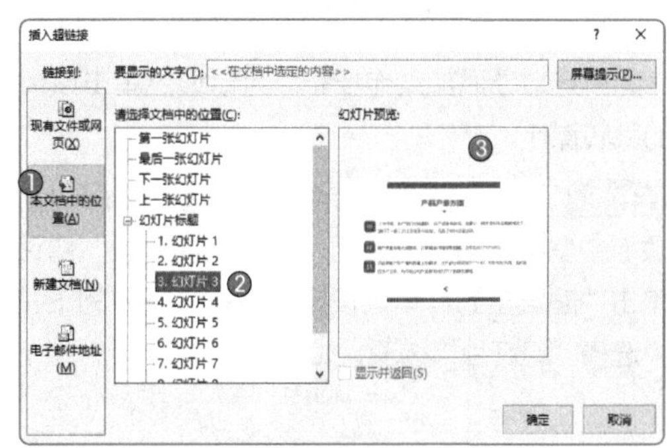

图10-70

STEP 3 确认无误后单击“确定”按钮，完成链接操作。当鼠标指针移至该文本框处时，系统会显示出相关的链接信息，如图 10-71 所示。

图10-71

STEP 4 按照同样的方法，将目录页的其他内容链接到相应的幻灯片中，如图 10-72 所示。

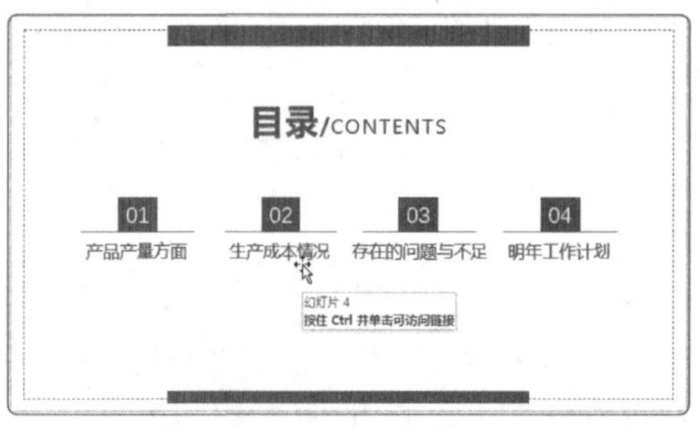

图10-72

办公秘技

用户如果想要将幻灯片中的内容链接到其他文件，例如Excel表格、Word文档等，可在“插入超链接”对话框的“链接到”列表框中选择“现有文件或网页”选项，并在文件列表中选择相关的文件，单击“确定”按钮完成链接操作，如图10-73所示。

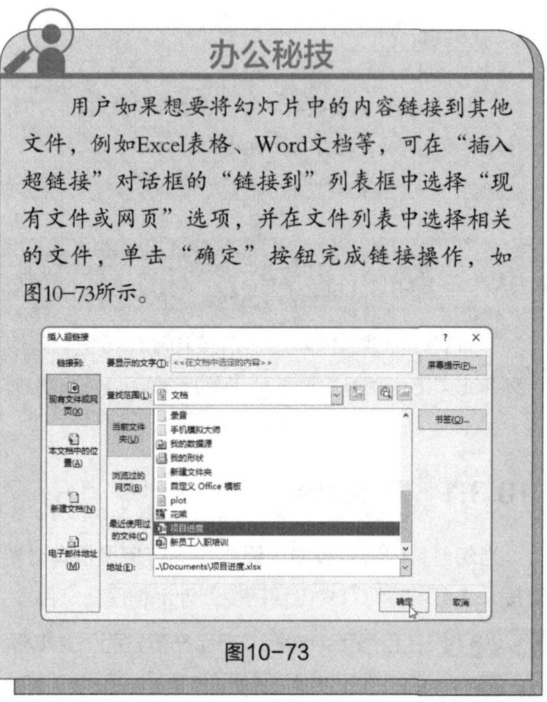

图10-73

10.3.2 创建动作按钮

微课视频

为所选对象添加动作按钮，可以通过单击该按钮或鼠标指针悬停的方式来实现目标幻灯片的跳转操作。

STEP 1 在第 3 张幻灯片中选择《图标，在“插入”选项卡中单击“动作”按钮，在“操作设置”对话框中单击“超链接到”单选按钮，并在其下方的下拉列表中选择“幻灯片”选项，如图 10-74 所示。

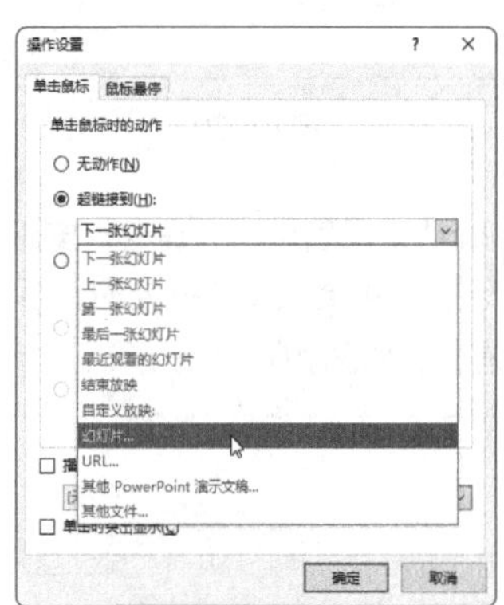

图10-74

STEP 2 在打开的“超链接到幻灯片”对话框中选择要链接到的幻灯片❶，单击“确定”按钮❷，如图 10-75 所示。

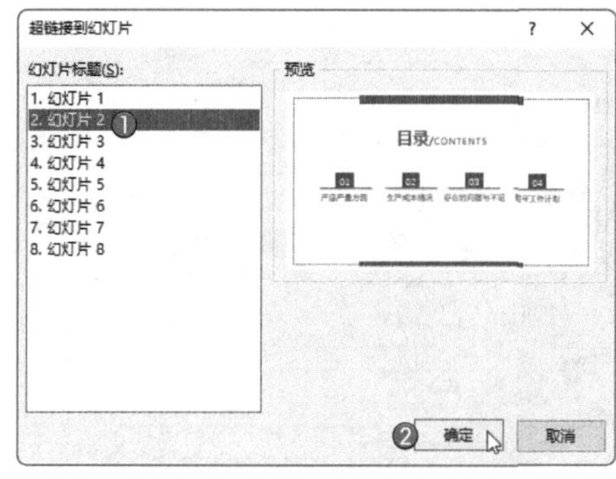

图10-75

STEP 3 返回到上一层对话框，单击“确定”按钮，完成动作按钮的创建。将鼠标指针移至该图标上时，系统会显示出相应的链接信息，如图 10-76 所示。

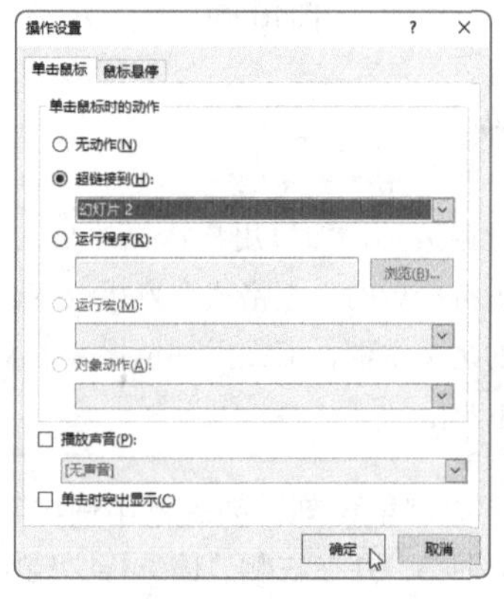

图10-76

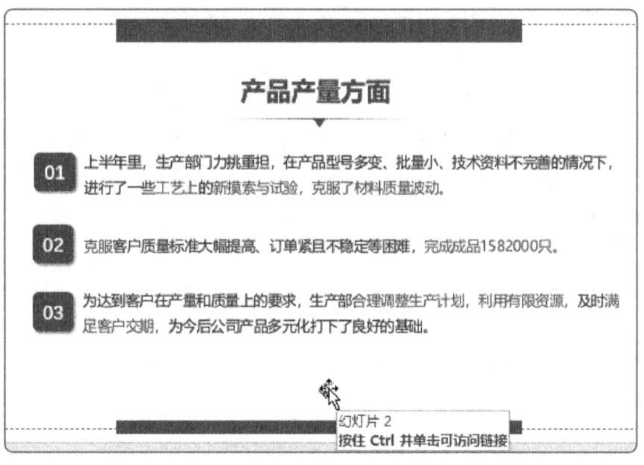

图10-76（续）

办公秘技

用户如果想要对链接的内容进行修改，可右击链接项，在弹出的快捷菜单中选择“编辑链接”命令，在打开的“编辑超链接”对话框中对链接的内容进行重新设置，如图10-77所示。用户如果需要删除超链接，同样可以右击链接项，在弹出的快捷菜单中选择“删除链接”命令将其删除。

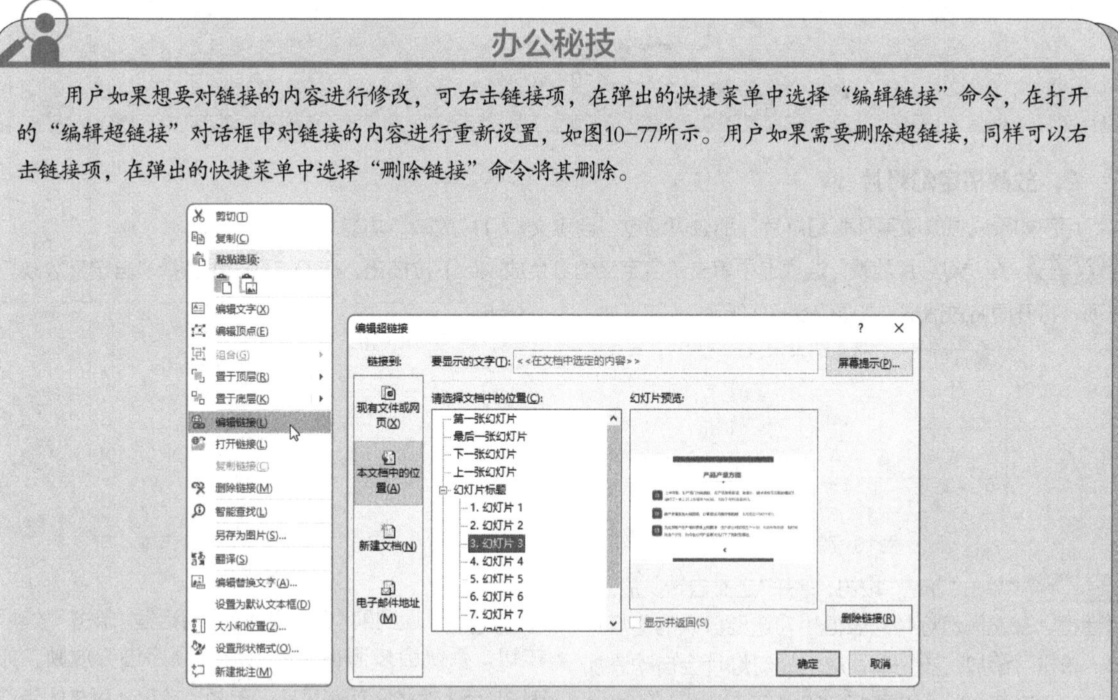

图10-77

10.4 放映与输出

当放映环境不同时，为了达到理想的放映效果，用户需要对幻灯片的放映方式进行设置。本节将对放映及输出功能进行简单介绍。

10.4.1 设置放映方式

幻灯片的放映方式可分为放映所有幻灯片、放映指定幻灯片及按指定时间放映这3种方式。

1. 放映所有幻灯片

一般来说，按【F5】键可从首页开始依次放映幻灯片；按【Shift+F5】组合键，可从当前选中的幻灯片开始，依次往下放映幻灯片，直到放映结束。

在放映过程中，如需退出放映状态，用户可按【Esc】键退出放映，返回到普通视图。

办公秘技

用户如果想要将某幻灯片内容隐藏，那么在预览窗格中右击要隐藏的幻灯片，在弹出的快捷菜单中选择“隐藏幻灯片”命令即可，如图10-78所示。

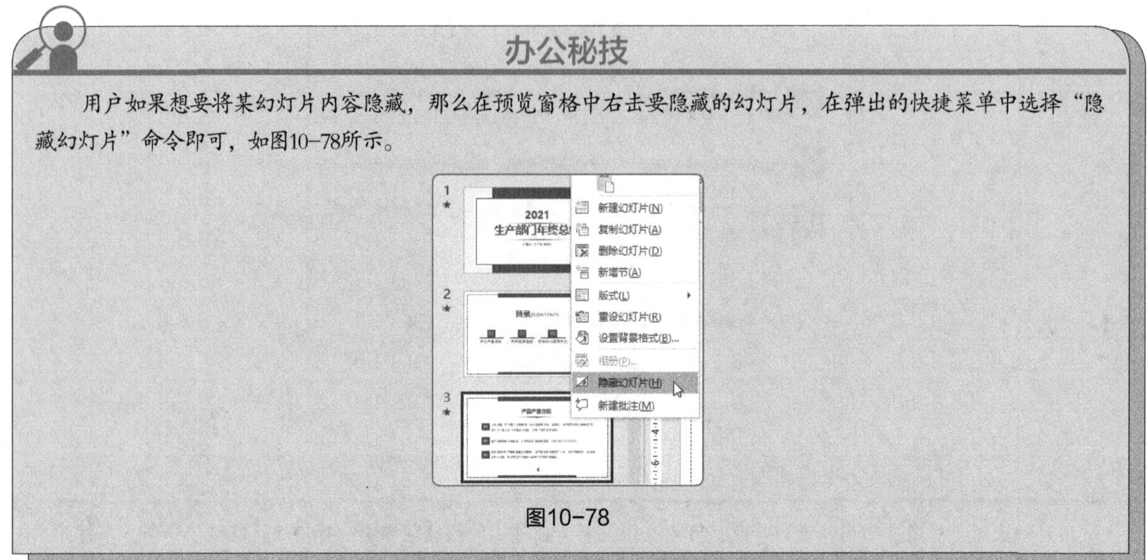

图10-78

2. 放映指定幻灯片

用户如果只想放映某几张幻灯片，那么可通过“自定义幻灯片放映”功能来实现。

STEP 1 在“幻灯片放映”选项卡中单击“自定义幻灯片放映”下拉按钮，在下拉列表中选择“自定义放映”选项，打开同名对话框，如图 10-79 所示。

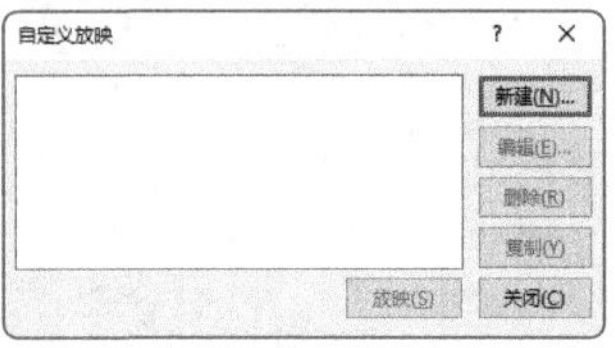

图10-79

STEP 2 单击“新建”按钮，打开“定义自定义放映”对话框，在左侧幻灯片列表框中勾选要放映的幻灯片❶，单击“添加”按钮❷，选中的幻灯片会自动添加至右侧列表框中❸，如图 10-80 所示。

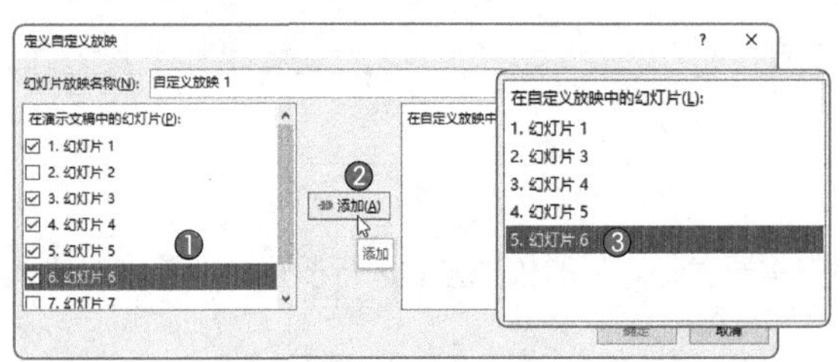

图10-80

STEP 3 选择完成后，在“幻灯片放映名称”文本框中进行重新命名，此处输入“放映方案”❶，单击“确定”按钮❷，如图 10-81 所示。

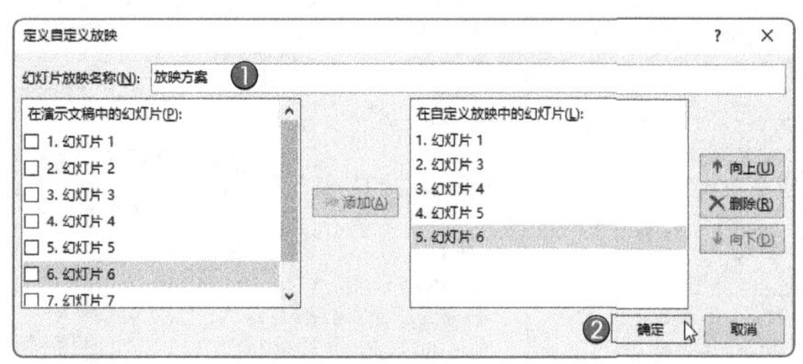

图10-81

STEP 4 返回到“自定义放映”对话框，单击“放映”按钮，系统会按照指定的幻灯片顺序进行放映，如图 10-82 所示。如果单击“关闭”按钮，可关闭当前对话框。当下次需要放映该放映方案时，只需单击“自定义幻灯片放映”下拉按钮，在下拉列表中选择“放映方案”选项即可，如图 10-83 所示。

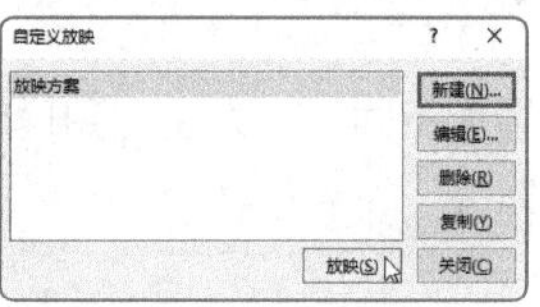

图10-82

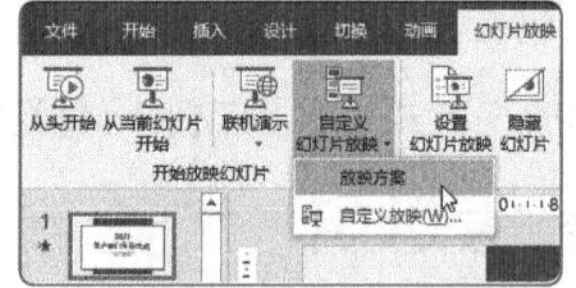

图10-83

3. 按指定时间放映

用户若需要在指定的时间内完成幻灯片的放映，可以使用"排练计时"功能来实现。

STEP 1 在"幻灯片放映"选项卡中单击"排练计时"按钮❶，进入放映模式，此时左上角会显示"录制"工具栏❷，如图 10-84 所示。在该工具栏中，中间的时间代表当前幻灯片页面放映所需的时间，右边的时间代表放映所有幻灯片所需的时间。

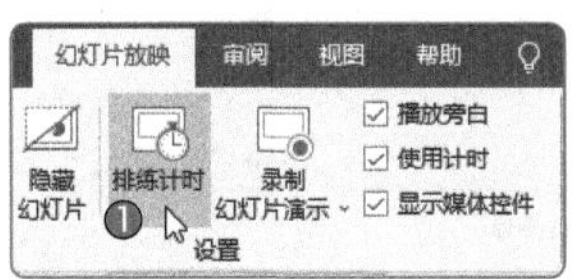

图10-84

STEP 2 在"录制"工具栏中单击"下一项"按钮切换到下一页幻灯片，根据需要设置每张幻灯片的播放时间，最后一张幻灯片设置好后，会打开提示对话框，在其中单击"是"按钮，如图 10-85 所示。

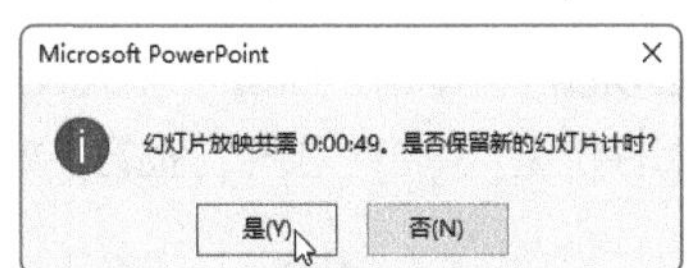

图10-85

STEP 3 返回到普通视图界面，在"视图"选项卡中单击"幻灯片浏览"按钮，进入浏览视图，在该视图下可以查看每张幻灯片放映所需的时间，如图 10-86 所示。

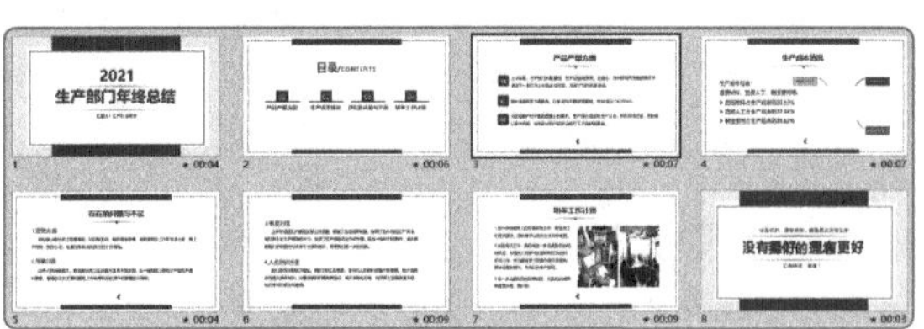

图10-86

办公秘技

如果想要删除排练计时，用户需要在"切换"选项卡中取消对"设置自动换片时间"复选框的勾选，并单击"应用到全部"按钮。

10.4.2 输出演示文稿

演示文稿的输出方式有很多，常用的有输出为图片、输出为PDF文件、输出为视频这3种。下面分别对其操作进行介绍。

1. 输出为图片

单击"文件"菜单，选择"另存为"选项❶，单击"浏览"按钮❷打开"另存为"对话框，设置好保存位置及文件名，将"保存类型"设置为"JPEG文件交换格式"❸，如图10-87所示。

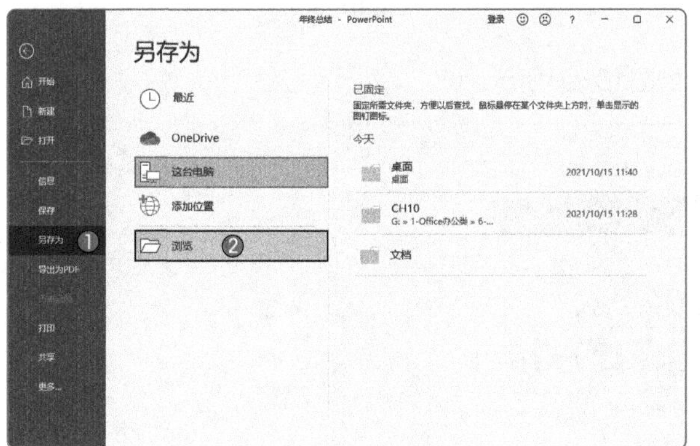

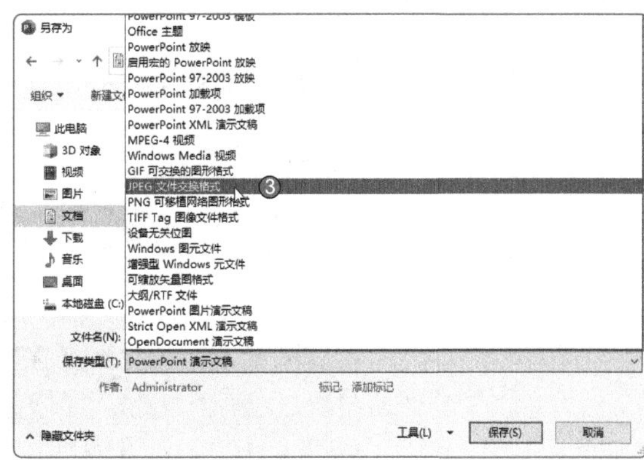

图10-87

设置完成后，单击“保存”按钮，在打开的提示对话框中，根据需要选择输出的方式。单击“所有幻灯片”按钮，可输出演示文稿中所有的幻灯片，如图10-88所示；单击“仅当前幻灯片”按钮，则只输出当前被选中的幻灯片。

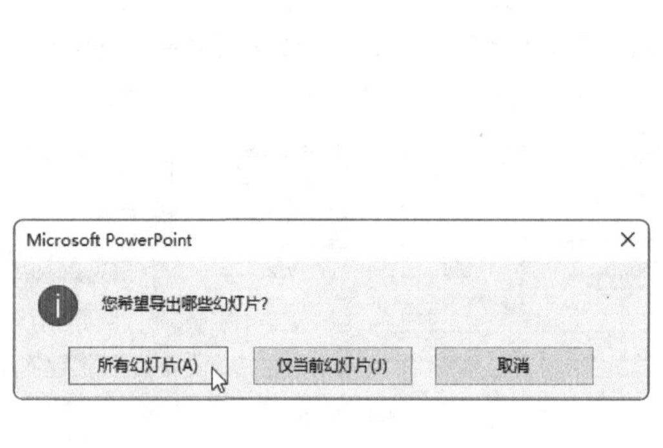

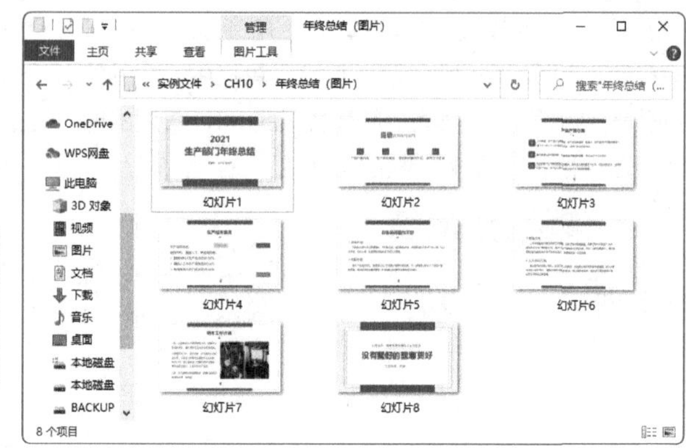

图10-88

2. 输出为PDF文件

将演示文稿输出为PDF格式可以有效地避免在传输的过程中版式出现偏差的情况。单击“文件”菜单，选择“导出”选项❶，在“导出”界面中选择“创建PDF/XPS文档”选项❷，并单击“创建PDF/XPS”按钮❸，如图10-89所示。在“发布为PDF或XPS”对话框中设置文件名及保存位置，单击“发布”按钮，如图10-90所示。

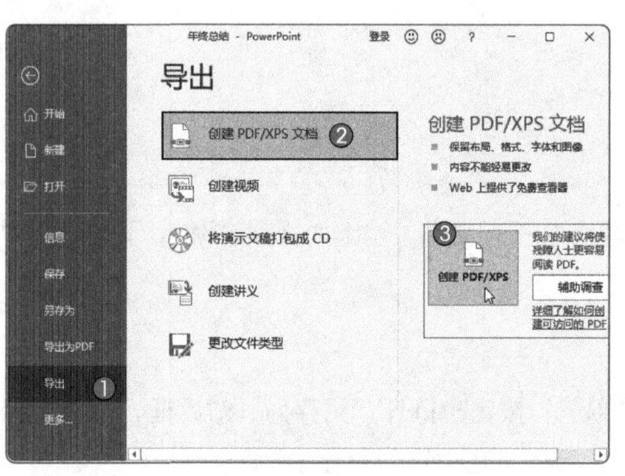

图10-89

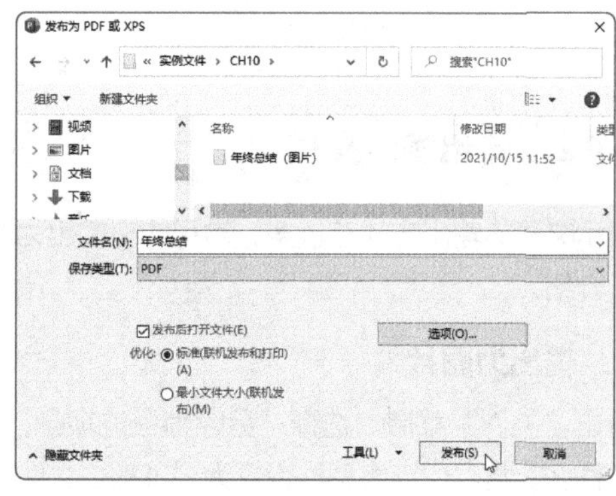

图10-90

稍等片刻，系统会自动打开PDF格式的演示文稿，如图10-91所示。

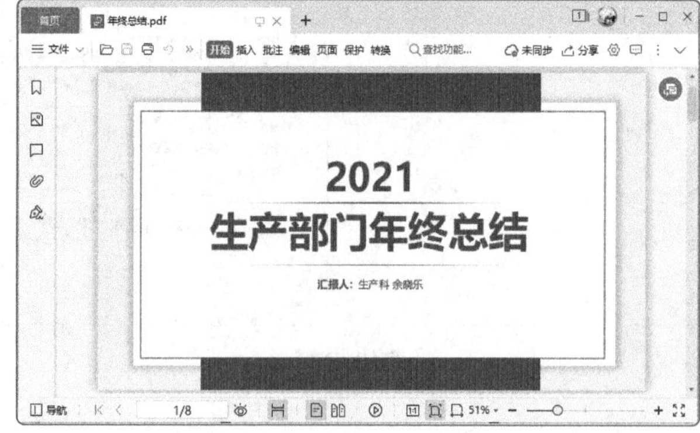

图10-91

3. 输出为视频

将演示文稿输出为视频格式可以方便用户在没有安装相应软件的计算机上也能正常播放演示文稿。单击“文件”菜单，选择“导出”选项❶，选择“创建视频”选项❷，设置“放映每张幻灯片的秒数”❸，单击“创建视频”按钮❹，在打开的“另存为”对话框中设置保存位置和文件名，单击“保存”按钮，如图10-92所示。

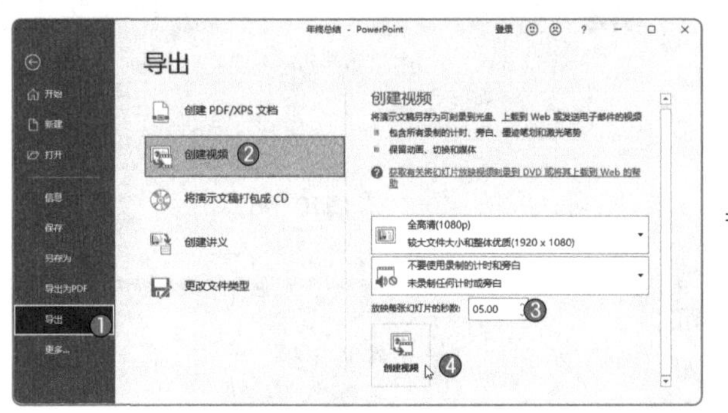

⇒

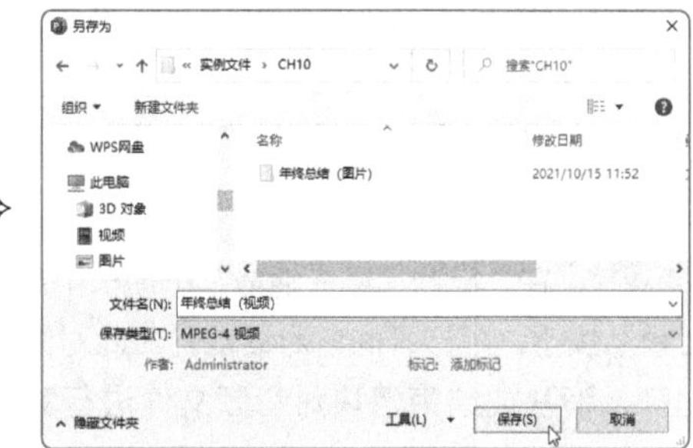

图10-92

此时，状态栏中会显示输出进度条。输出完成后，即可使用播放器查看输出结果，如图10-93所示。

图10-93

10.5 上机演练

环保公益类演示文稿常用于公益宣传中，经常以各种短片或演示文稿向大众做宣传。下面以预防森林火灾及垃圾分类演示文稿为例，介绍音频文件的添加及触发动画的设置操作。

10.5.1 为预防森林火灾演示文稿添加背景音乐

在演示文稿中添加背景音乐，可以渲染现场气氛，集中观众的注意力，让观众跟着音乐的节奏一步步地深入了解内容。下面介绍如何在演示文稿中添加背景音乐。

STEP 1 打开“预防森林火灾”演示文稿，选择封面页。将准备好的背景音乐文件直接拖入该页面中，此时会显示喇叭图标及播放器，如图 10-94 所示，说明背景音乐插入成功。

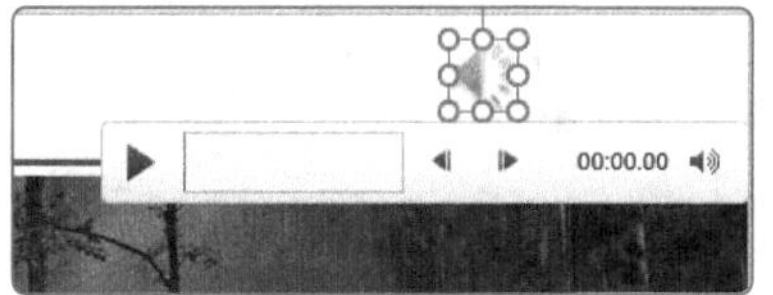

图10-94

STEP 2 单击播放器中的“播放”按钮，可以试听背景音乐。单击播放器中的“小喇叭”按钮，可以调节背景音乐音量的大小，如图 10-95 所示。

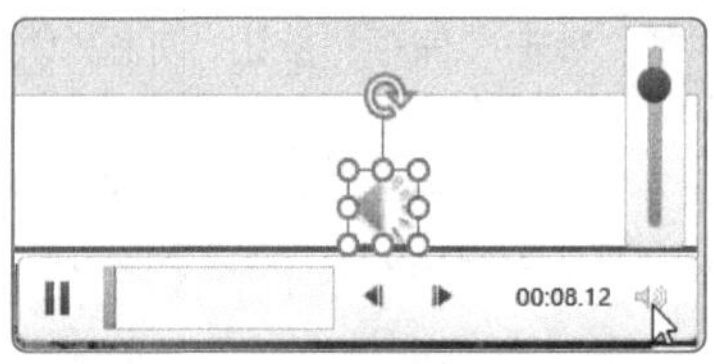

图10-95

STEP 3 在“音频工具 - 播放”选项卡中单击“剪裁音频”按钮，可打开同名对话框，在此对话框中可移动开始滑块或结束滑块对音频文件进行裁剪，如图 10-96 所示。

STEP 4 在“音频工具 - 播放”选项卡中单击“开始”下拉按钮，在下拉列表中选择“自动”选项后，当开始放映幻灯片时，系统会自动播放背景音乐。勾选“跨幻灯片播放”复选框后，该背景音乐会持续播放，直到播放到最后一张幻灯片为止，如图 10-97 所示。

图10-96

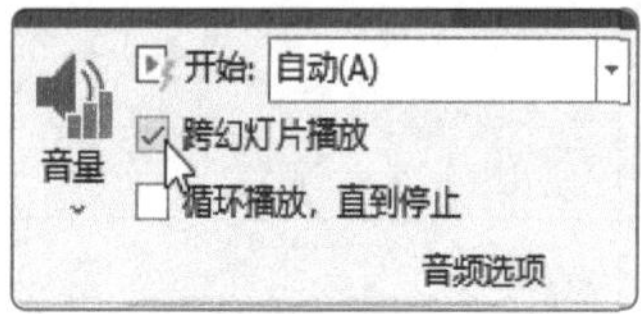

图10-97

10.5.2 为垃圾分类演示文稿内容页添加触发动画

触发动画是指单击某个特定对象后才会触发的动画。在PowerPoint中，用户可以通过“触发”按钮来实现触发动画。

STEP 1 打开“垃圾分类”文稿，选择第 6 张幻灯片。选择“厨余垃圾”文本框，为其设置“擦除”进入动画，并将“效果选项”设为“自右侧”，如图 10-98 所示。

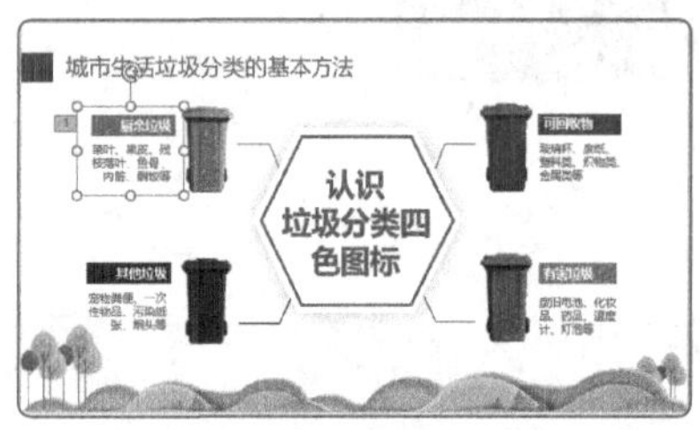

图10-98

STEP 2 利用动画刷功能将该动画复制到“可回收物”“其他垃圾”“有害垃圾”文本框，并调整好各自的“效果选项”，如图 10-99 所示。

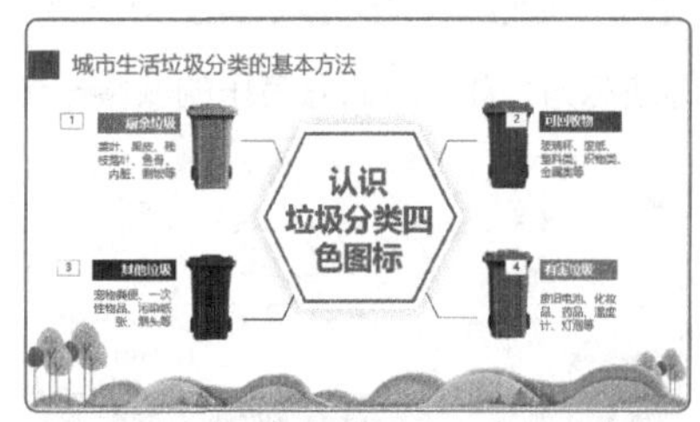

图10-99

STEP 3 选择“厨余垃圾”文本框，在“动画”选项卡中单击“触发”下拉按钮，在下拉列表中选择“绿色”选项，设置触发链接，如图 10-100 所示。此时，原动画的序号“1”会更改为触发图标，说明在放映过程中，单击绿色垃圾桶图片才会显示出相应的文字说明。

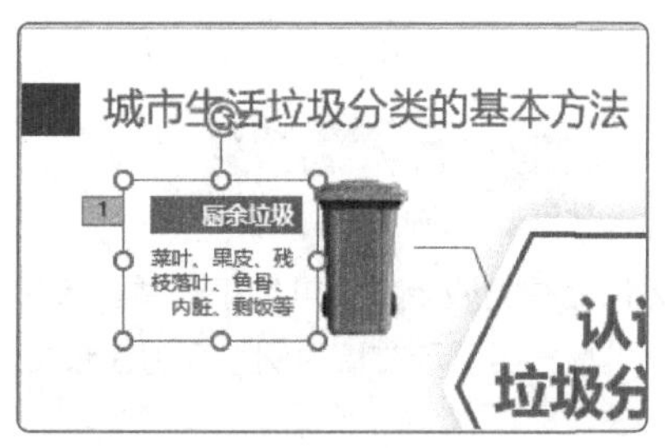

图10-100

按照该方法，将其他文字说明都链接至相应颜色的垃圾桶图片，如图10-101所示。

图10-101

至此，触发动画设置完毕，用户可按【Shift+F5】组合键查看当前动画效果。

新手误区

在制作触发动画前，用户需要利用“选择”窗格为相应的文本框进行重命名，否则在设置触发链接时，很难找到所需的文本框。用户可在“开始”选项卡中单击“选择”下拉按钮，在下拉列表中选择“选择窗格”选项打开并设置。

10.6 课后作业

本章主要向读者介绍了动态演示文稿的制作。下面通过为数学课件内容页添加合适的动画及进行课件放映操作，帮助读者巩固本章知识点。

10.6.1 为数学课件内容页添加动画

微课视频

1. 项目需求

原有的课件内容比较刻板，在课堂上放映无法激发学生的学习兴趣。现需要为其内容页添加相应的动画，丰富课件内容，从而吸引学生的注意力，提高教学效率。

2. 项目分析

课件的动画不宜过于酷炫、夸张，这里只需设置简单动画使整个页面内容能够流畅地展示出来即可。所以在制作本案例动画时，用户只需要添加“擦除”进入动画，并设置好各动画的开始方式便可。

3. 项目效果

为教学课件内容页添加的动画效果如图10-102所示。

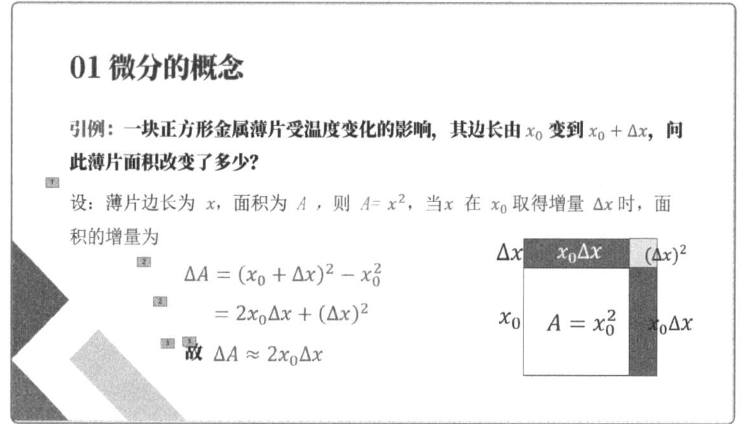

图10-102

10.6.2 放映数学课件

1. 项目需求

为了能够顺利地放映教学课件，避免在放映时出现各种突发状况，现需要将课件转换成幻灯片放映模式。

2. 项目分析

幻灯片放映模式所占的内存比较小，并且在PowerPoint的各版本中都能够正常放映，所以将课件以幻灯片放映模式来展示是比较明智的选择。用户可通过设置“保存类型”选项来操作。

3. 项目效果

数学课件放映效果如图10-103所示。

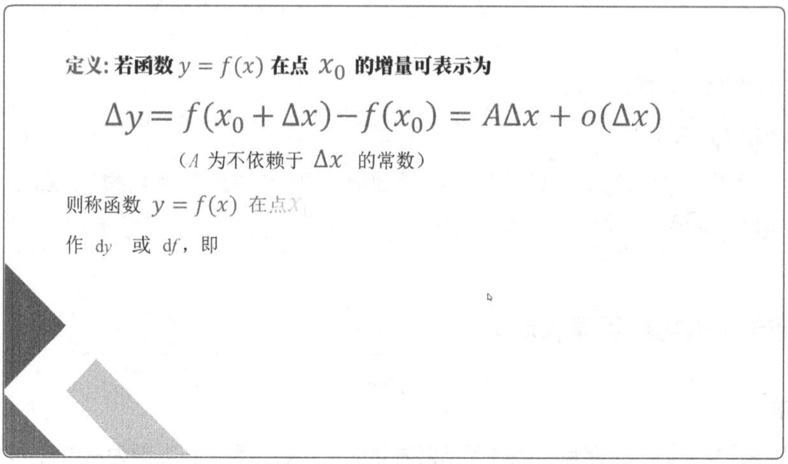

定义：若函数 $y=f(x)$ 在点 x_0 的增量可表示为

$$\Delta y=f(x_0+\Delta x)-f(x_0)=A\Delta x+o(\Delta x)$$

（A 为不依赖于 Δx 的常数）

则称函数 $y=f(x)$ 在点x

作 dy 或 df，即

图10-103

第 11 章

常见办公软件的使用

常见的办公软件除了前面提到的 Office 系列软件以外，还有压缩与解压缩软件、图片查看及处理软件、思维导图制作软件、视频编辑软件等。本章将向读者介绍这些软件的使用方法。通过对本章的学习，读者可以轻松应对各种办公需求。

11.1 安装与卸载工具

办公中所使用的软件，需要读者自行下载并安装。下面以最常见的企业微信软件为例，介绍软件的下载、安装与卸载的具体步骤。

11.1.1 企业微信软件的获取

如要安装企业微信软件，建议读者到“企业微信”官网进行下载。利用第三方网站下载通常会有下载器和捆绑安装的风险。下面介绍具体下载操作。

STEP 1 打开浏览器，进入百度搜索界面中，输入关键字“企业微信”，单击“企业微信（官方）”链接进入官网，如图 11-1 所示。

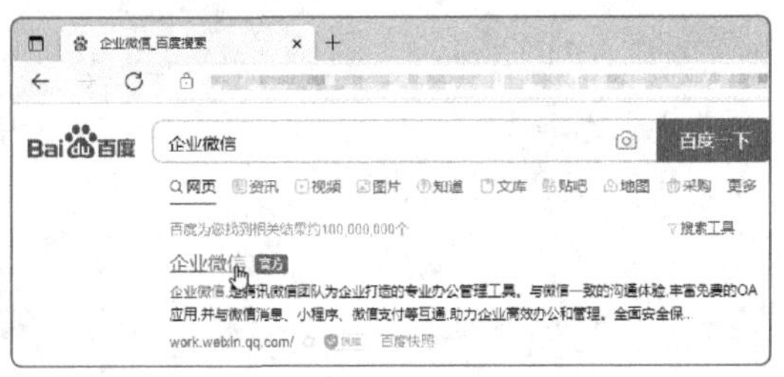

图11-1

STEP 2 在官网页面中，单击“Windows 桌面端”按钮，如图 11-2 所示。Edge 浏览器会自动下载该安装程序。

图11-2

办公秘技

Edge浏览器会自动下载安装程序并将其保存到用户的“下载”文件夹中。其他浏览器可能会弹出保存对话框。若选择了保存位置，用户可以到相应位置找到下载的安装文件。

11.1.2 企业微信软件的安装

微课视频

安装程序下载完成后，通常是需要安装，软件才可使用。下面以安装企业微信软件为例，介绍软件的安装方法。

STEP 1 双击企业微信安装软件启动安装程序，如图 11-3 所示。

STEP 2 在打开的“用户账户控制”对话框中单击“是”按钮，赋予安装程序权限，如图 11-4 所示。

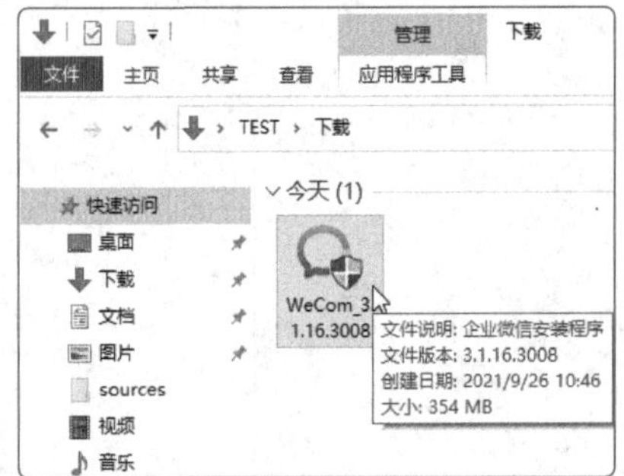

图11-3

图11-4

STEP 3 在弹出的安装配置对话框中设置安装的位置，单击“立即安装”按钮，如图 11-5 所示。

STEP 4 安装完后，双击桌面的“企业微信”图标启动软件，扫码登录后就可以使用了，如图 11-6 所示。

图11-5

新手误区

建议将安装程序安装到非系统盘的分区中，以节约系统盘的空间。另外，在安装软件时，一定要注意不要勾选安装其他软件，否则可能会安装一些捆绑软件、弹窗广告软件等。

图11-6

11.1.3 企业微信软件的卸载

软件的卸载可以通过软件目录中的反安装程序进行，也可以通过系统自带的或第三方的软件管理工具进行。下面以使用Windows 10自带的软件管理工具进行卸载为例，介绍企业微信软件的卸载步骤。

STEP 1 按【Win+I】组合键进入“Windows 设置”界面，单击“应用”按钮，如图 11-7 所示，进入“应用和功能”界面。

图11-7

STEP 2 单击“企业微信”，在展开的界面中单击“卸载”按钮，如图 11-8 所示。

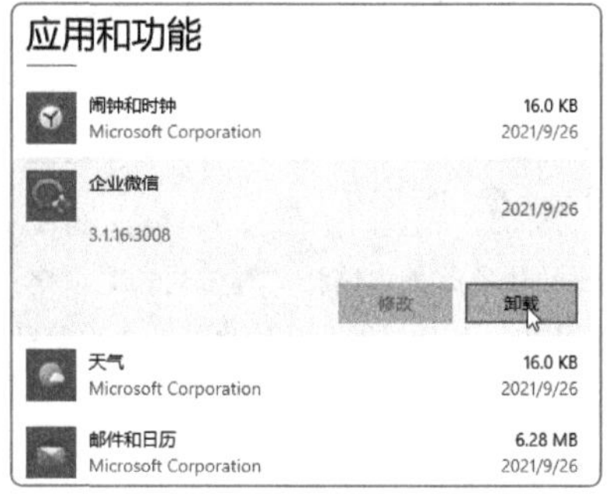

图11-8

STEP 3 在“卸载企业微信”对话框中取消“保留本地消息记录”复选框，单击“卸载”按钮，如图 11-9 所示。稍等片刻，便可完成软件卸载与文件的删除。

图11-9

新手误区

软件安装时会产生大量的系统文件、各种动态链接库文件和注册表文件。卸载时千万不能直接删除软件所在的文件夹，一方面有可能会提示无法删除，另一方面非正常卸载会造成软件文件残留，影响软件的再次安装或系统的正常使用。

11.2 压缩与解压缩文件

压缩文件可以减小文件的体积，便于文件的传输和分享。压缩文件传输后无法直接使用，需要先解压缩。下面介绍文件和文件夹的压缩与解压缩操作。

11.2.1 使用 WinRAR 压缩文件

微课视频

WinRAR是一款功能非常强大的文件压缩与解压缩工具。它包含强力压缩、分卷、加密和自解压模块，支持目前绝大部分压缩文件格式的解压缩。WinRAR的优点在于压缩率大且压缩速度快。下面介绍文件压缩的具体操作。

下载并安装该WinRAR，将准备压缩的文件和文件夹集中到新建的文件夹中，右击新建的文件夹❶，在弹出的快捷菜单中选择“添加到test.rar”命令❷，如图11-10所示。稍等片刻即可完成压缩操作，如图11-11所示。

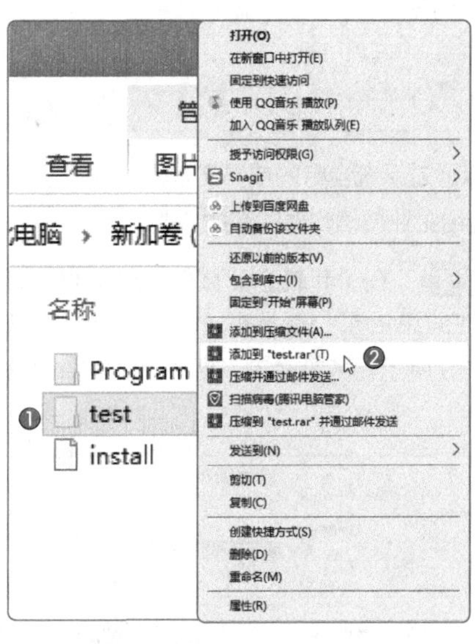

图11-10

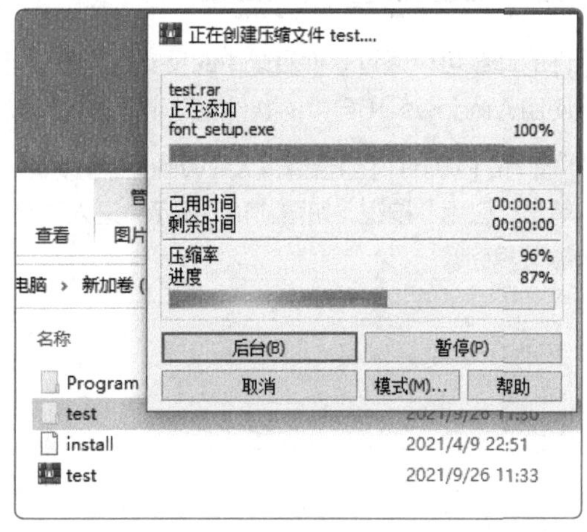

图11-11

11.2.2 使用 WinRAR 解压缩文件

解压缩文件前，用户应先双击压缩文件，查看其结构。如果是文件夹，可直接解压缩；如果是文件，则需解压缩到新建的文件夹中，否则文件会铺满屏幕，显得非常混乱。

如果压缩文件中是文件夹，则右击压缩文件，在弹出的快捷菜单中选择“解压到当前文件夹”命令，如图11-12所示。解压缩完成后，即可在该文件夹中查看文件，如图11-13所示。

办公秘技

如果压缩文件中全部是文件，则在解压缩时右击压缩文件，在弹出的快捷菜单中选择“解压到test\”命令，系统就会自动新建名为“test”的文件夹，并将所有的文件解压缩到该文件夹中。另外，解压后的文件夹名称和用户新建的压缩文件名相对应。

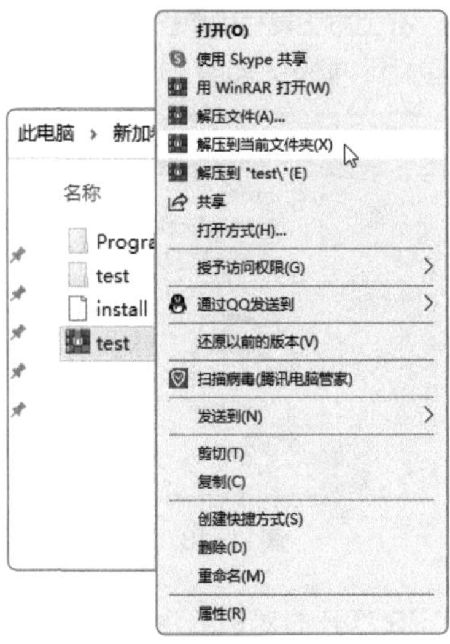

图11-12

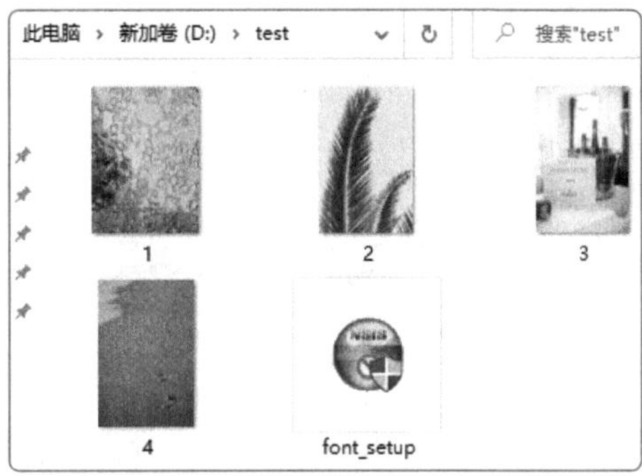

图11-13

11.3 查看及处理图片工具

查看图片是办公中经常用到的操作。使用Windows自带的查看工具、截图工具和图片编辑工具虽然方便，但对一些高级操作无法实现。为了满足日常办公需求，用户可使用第三方工具对图片进行各项操作。

11.3.1 使用 2345 看图王查看图片

2345看图王的优点包括支持多种格式图片的查看，打开图片快速、可批量进行图片转换、图片转正、添加文字和水印等，而且操作简单、便捷。读者可以到官网下载并安装该软件。注意在安装时或安装结束时取消勾选其他捆绑软件对应的复选框。

STEP 1 安装完后，双击任意一张图片可自动启动 2345 看图王并显示相应图片，如图 11-14 所示。

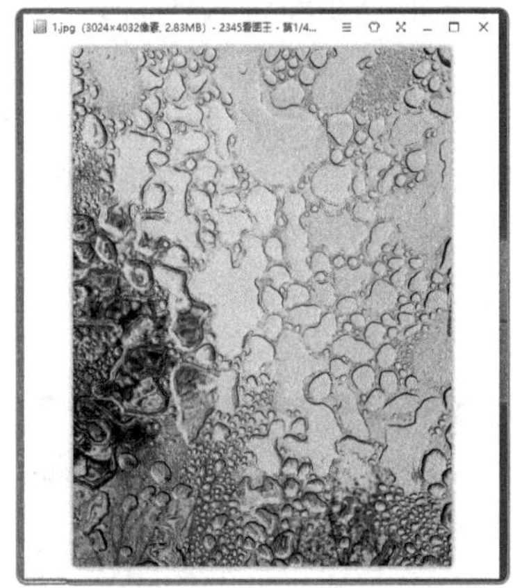

图11-14

STEP 2 使用鼠标滚轮可放大或缩小查看的图片大小，如图 11-15 所示。按住【Ctrl】键滚动鼠标滚轮可切换图片。

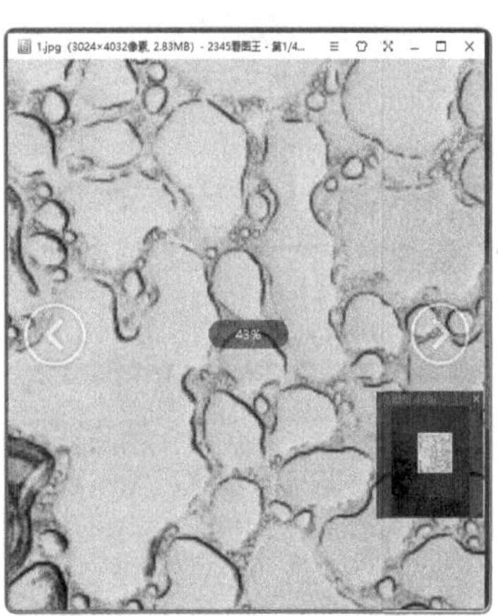

图11-15

STEP 3 在图片上单击鼠标右键，在弹出的快捷菜单中选择“裁剪”命令，如图 11-16 所示。

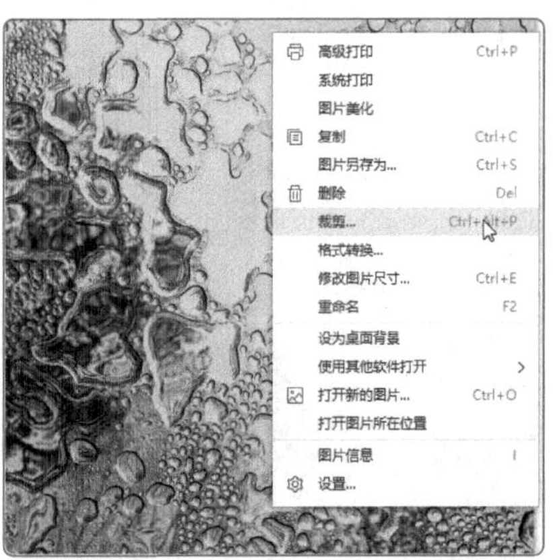

图11-16

STEP 4 拖曳选取框到合适的位置，并将选取框调整为合适的大小，单击“完成”按钮，完成图片的裁剪操作，如图 11-17 所示。

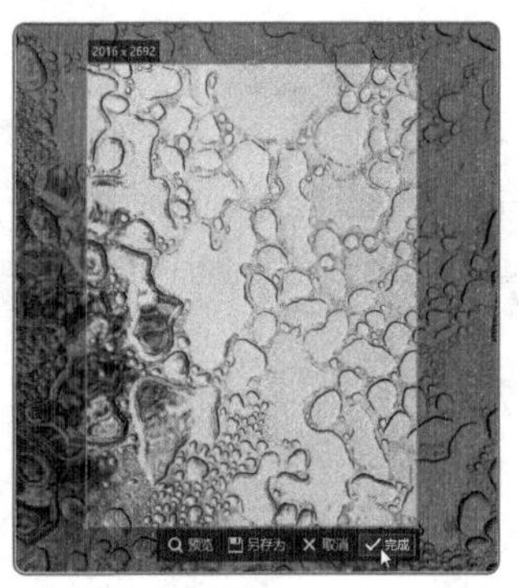

图11-17

STEP 5 在上方工具栏中单击“菜单”按钮，选择“批量添加水印”命令，如图 11-18 所示。

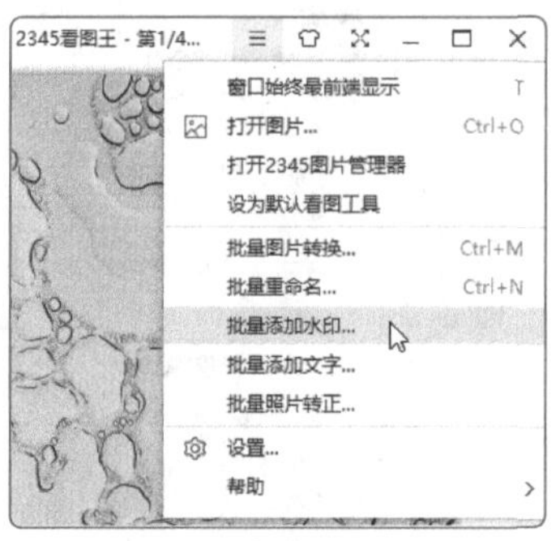

图11-18

STEP 6 在打开的对话框中选择需批量添加水印的所有图片，并选择水印文件，调整好水印的大小、位置和透明度，单击“开始添加水印”按钮，如图 11-19 所示。

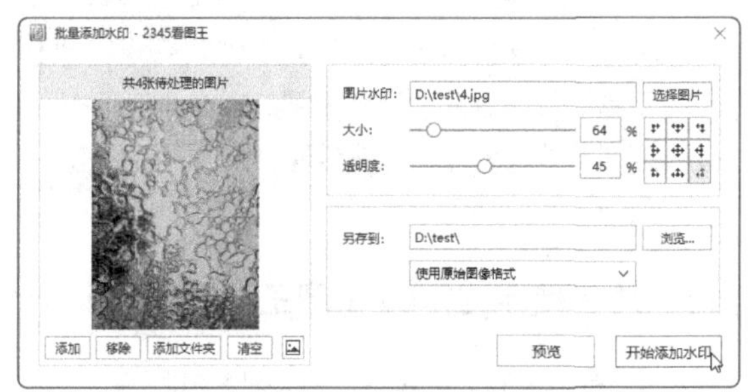

图11-19

11.3.2 使用 QQ 截图功能

利用QQ截图功能可截取当前计算机屏幕中所显示的内容，也可为截取的图片添加各种标记。下面对QQ截图功能的基本使用方法进行介绍。

STEP 1 保持 QQ 的启动状态。打开需要截图的内容，按【Ctrl+Alt+A】组合键启动截图功能，使用按住鼠标左键并拖曳的方式框选要截取的内容，如图 11-20 所示。

图11-20

STEP 2 松开鼠标左键后，用户可在下方的工具栏中选择相应的编辑按钮，为截取的图片添加各类标识、形状、序号。单击“完成”按钮，完成截图操作，如图 11-21 所示。接下来，在需要粘贴的位置执行粘贴操作即可。

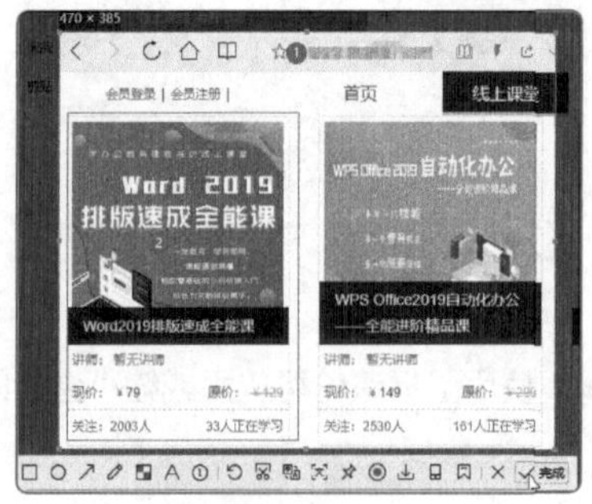

图11-21

办公秘技

单击按钮，可以为图片添加马赛克，如图11-22所示；单击按钮，可以截取长图；单击按钮，可以识别截图中的文字，如图11-23所示。

图11-22

图11-23

11.3.3 使用美图秀秀编辑图片

美图秀秀是目前比较流行的图片处理工具，使用它可以对图片进行各种美化，例如为图片添加特效，为图中人物美容，为图片添加装饰、边框，设置场景，设置拼图等。

STEP 1 下载并安装美图秀秀后，启动该工具，单击“美化图片”按钮，如图 11-24 所示。

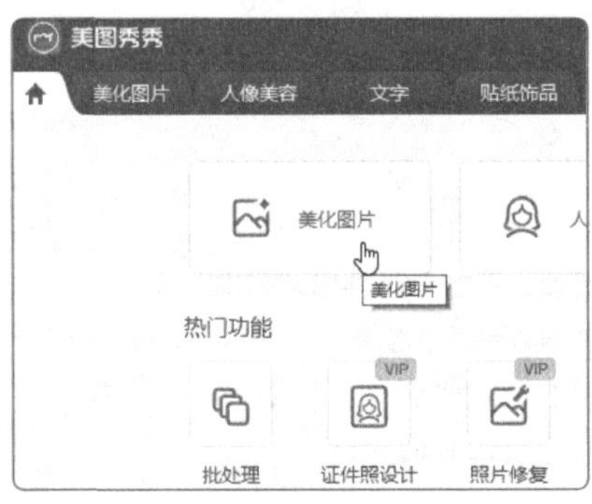

图11-24

STEP 2 打开所需图片，使用右侧的“特效滤镜”选项可为图片添加各种滤镜效果，如图 11-25 所示。

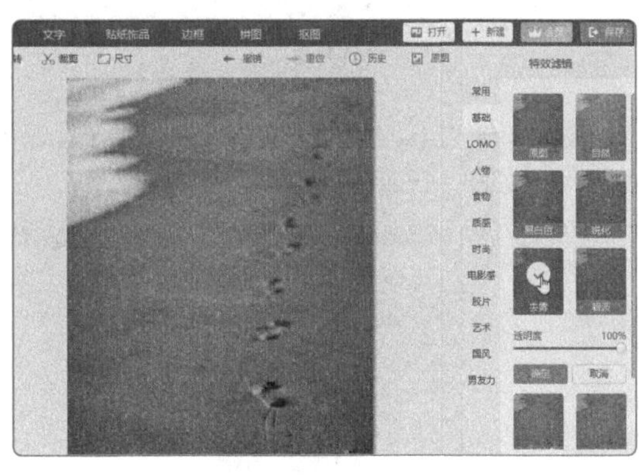

图11-25

STEP 3 单击左侧“光效”按钮，可启动“光效”功能界面，在此界面可调整图片的智能补光、亮度、对比度、高亮调节等效果，如图 11-26 所示。

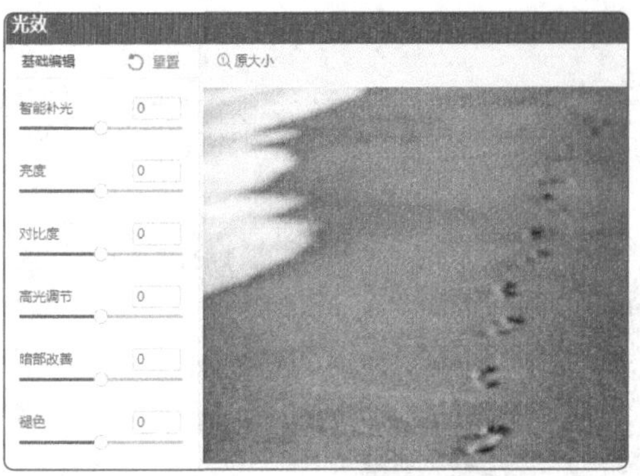

图11-26

STEP 4 除了美化、调节图片效果外，美图秀秀还可进行自动抠图。载入图片后，单击“自动抠图”按钮，如图 11-27 所示。

图11-27

STEP 5 在“自动抠图”界面中，按照提示在保留区域画线，如图 11-28 所示。

图11-28

STEP 6 使用删除笔画出需要删除的区域，如图 11-29 所示。完成后，保存抠图，并将其合并到其他的图片中。最终效果如图 11-30 所示。

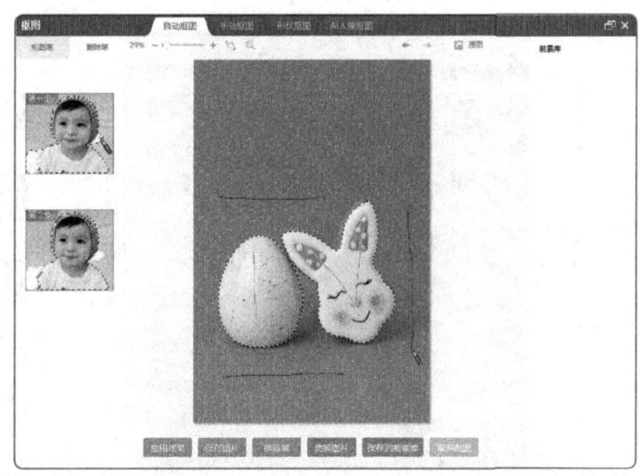

图11-29

图11-30

办公秘技

美图秀秀除了可以调整图片的亮度、对比度及抠图外，还可以拼接图片、添加边框，以及在图片上添加各种美化贴纸、效果和各种文字，且对人像有单独的美容和智能抠图功能。总体来说，美图秀秀中对图片的操作基本上满足了日常办公的需求。

11.4 制作思维导图的工具

在日常办公中，思维导图也是经常要使用的。本节将着重介绍制作思维导图的相关操作。

11.4.1 XMind 简介

XMind是一款功能齐全的思维导图软件，因具有能帮助用户有效提升工作效率和学习效率的优点，受到了广大用户的青睐。该软件向用户提供了各类结构图，例如鱼骨图、矩阵图、时间轴、括号图、组织结构图等，能帮助用户更好地厘清混乱的思路和复杂的事项，如图11-31所示。

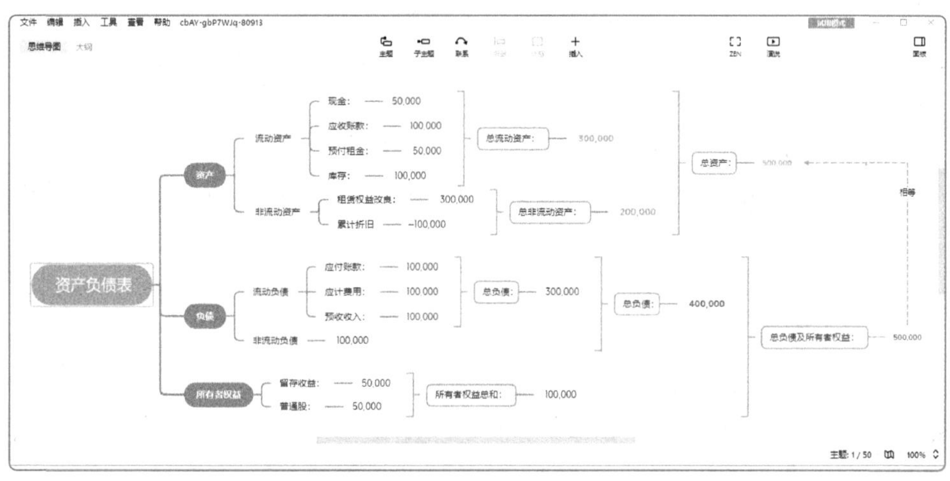

图11-31

11.4.2 使用 XMind 制作思维导图

下载并安装XMind后，启动软件就可以制作思维导图了。下面以制作公司组织结构图为例，向读者介绍思维导图的主要制作步骤。

STEP 1 启动 XMind 软件，在新建界面中选择所需制作类型，单击“创建”按钮，如图 11-32 所示。

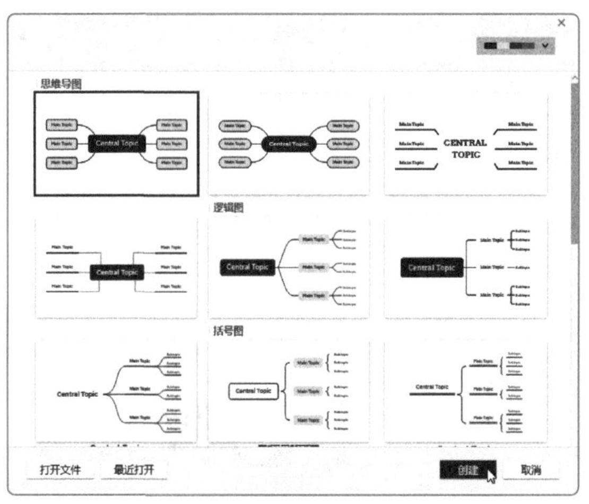

图11-32

STEP 2 在“中心主题”和“分支主题”中输入内容，如图 11-33 所示。

图11-33

STEP 3 选中“中心主题”后，单击“子主题”按钮，继续添加其他部门，如图 11-34 所示。

STEP 4 按照该方法，建立所有的主题和子主题，如图 11-35 所示。

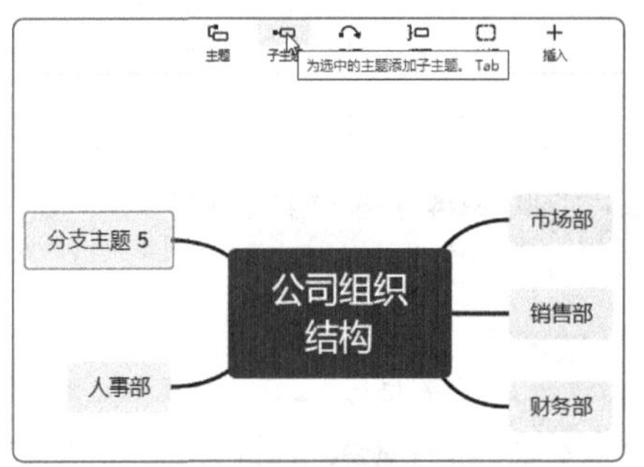

图11-34

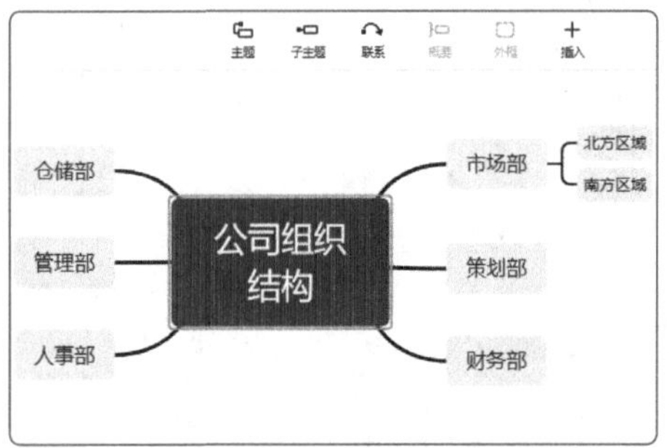

图11-35

STEP 5 在上方工具栏中单击“面板”按钮❶，并单击“画布”选项卡❷中的“配色方案”按钮❸，如图 11-36 所示。

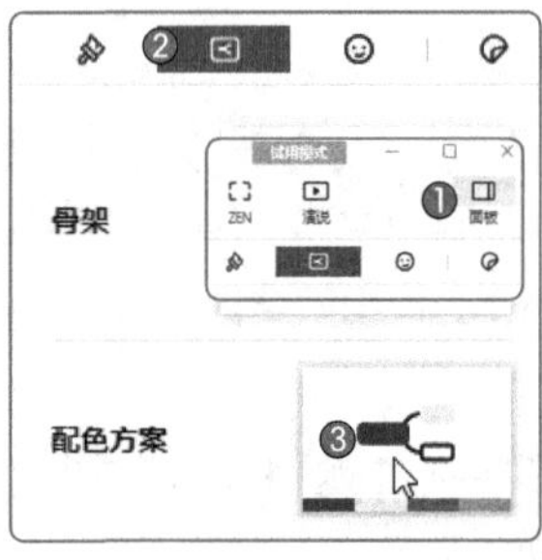

图11-36

STEP 6 从打开的“配色方案”对话框中选择一款合适的样式，如图 11-37 所示。

STEP 7 关闭“配色方案”对话框返回到“画布”选项卡中，勾选“彩虹分支”复选框和“线条渐细”复选框，如图 11-38 所示。

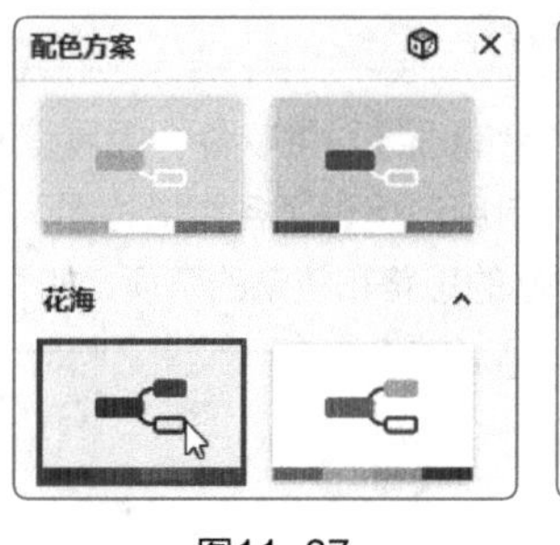

图11-37

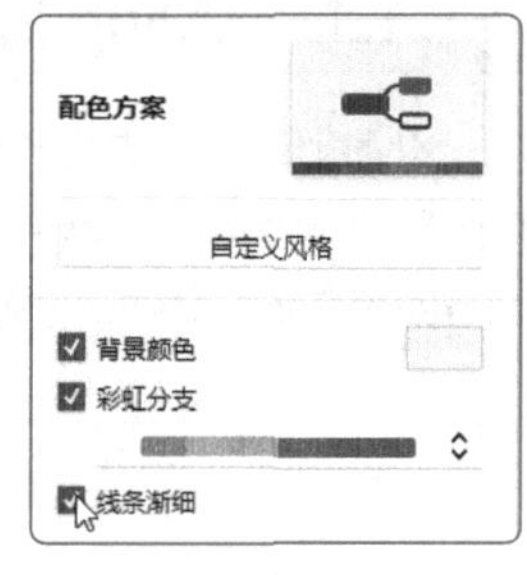

图11-38

STEP 8 完成后，返回到绘图界面中查看最终效果，效果如图 11-39 所示。

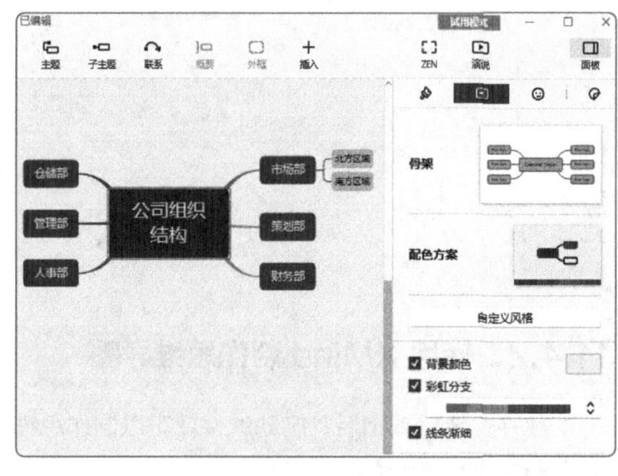

图11-39

11.4.3 XMind 的输出

制作好的XMind思维导图可以导出成多种格式来使用或者发布。

STEP 1 在 XMind 的“文件”菜单中，在“导出”级联菜单中选择“PNG”命令，如图 11-40 所示。

STEP 2 在打开的对话框中单击“导出”按钮，如图 11-41 所示。

图11-40

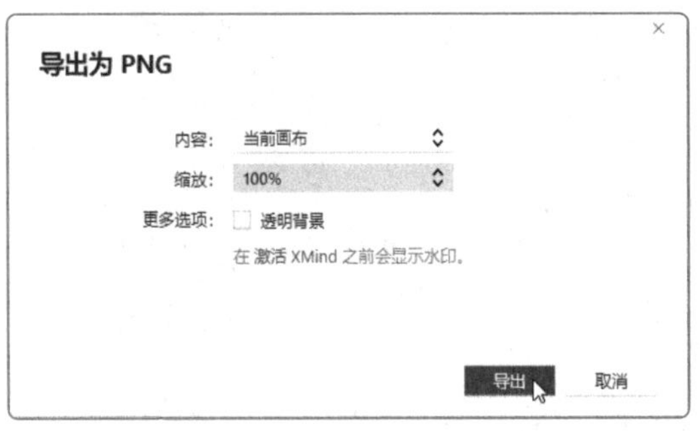

图11-41

STEP 3 导出成功后，双击文件就可以查看到思维导图的 PNG 图片文件了，如图 11-42 所示。

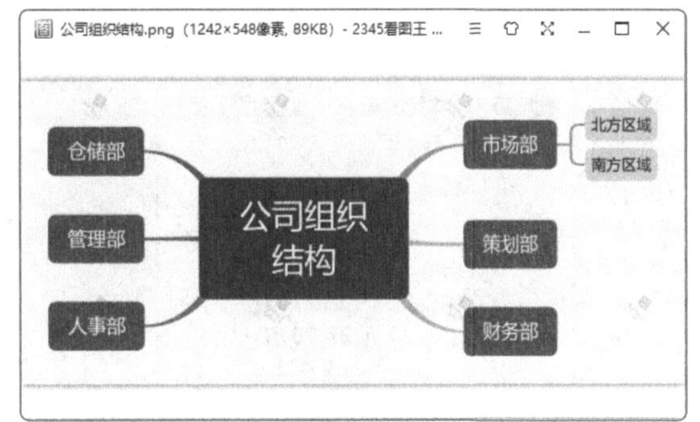

图11-42

11.5 视频录制和编辑工具

在日常办公中，除了静态图像的查看和处理以外，录制一些小视频及对视频进行编辑也成了主流技能。下面介绍录制视频和处理视频的方法。

11.5.1 使用屏幕录像机录制视频

微课视频

oCam是一款好用的屏幕录像软件。该录像软件功能十分强大，支持视频录制及屏幕截图，支持暂停与继续录制功能。其内置支持视频编码（AVI、MP4、FLV、MOV、TS、VOB）和音频编码（MP3），支持使用外部编码器，支持录制超过4GB体积的视频，支持录制计算机播放的声音并可以调整音频录制的质量。它还支持区域录制及全屏录制，支持录制鼠标指针或者移除鼠标指针，支持双显示器，以及支持在选项里面调整视频的帧率等。

STEP 1 安装 oCam 并启动，切换到“屏幕录制”选项卡，调整录制的范围后，单击“录制”按钮，如图 11-43 所示。

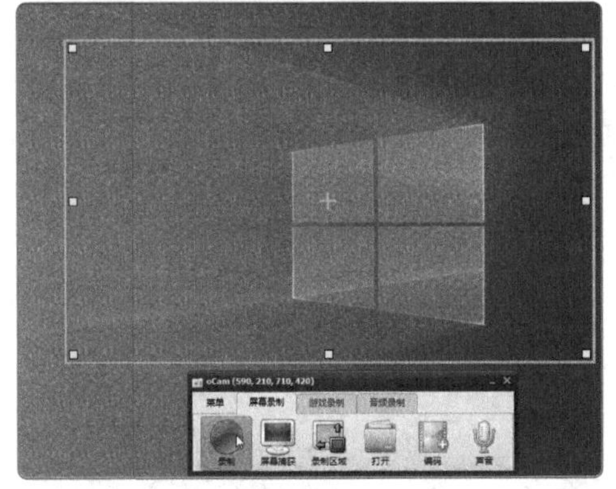

图11-43

STEP 2 在录制时可查看录制时间、文件大小和剩余空间。录制完毕，单击“停止”按钮结束录制，如图 11-44 所示。

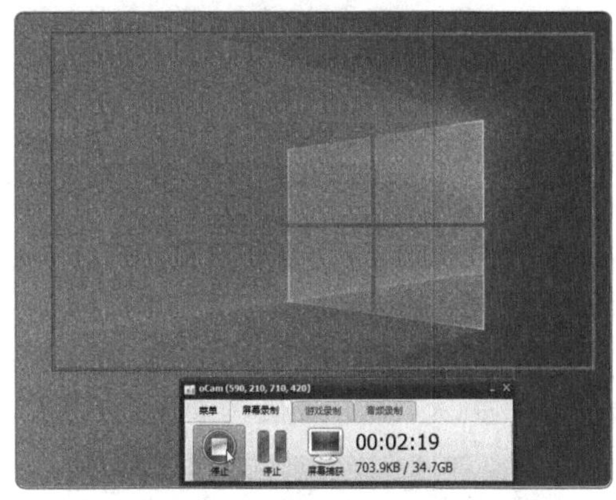

图11-44

STEP 3 单击“打开”按钮，可以进入视频保存的目录中，双击视频就可以播放了，如图 11-45 所示。

STEP 4 单击“录制区域”按钮，可以设置录制的范围，如图 11-46 所示。

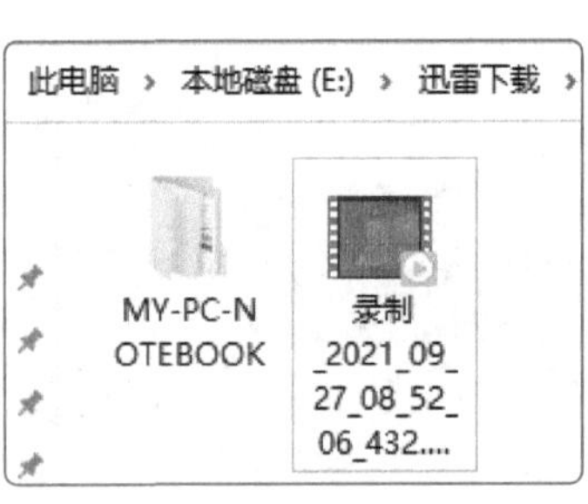

图11-45

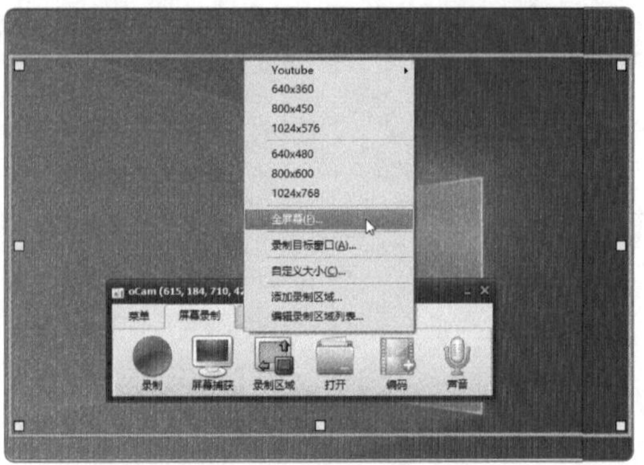

图11-46

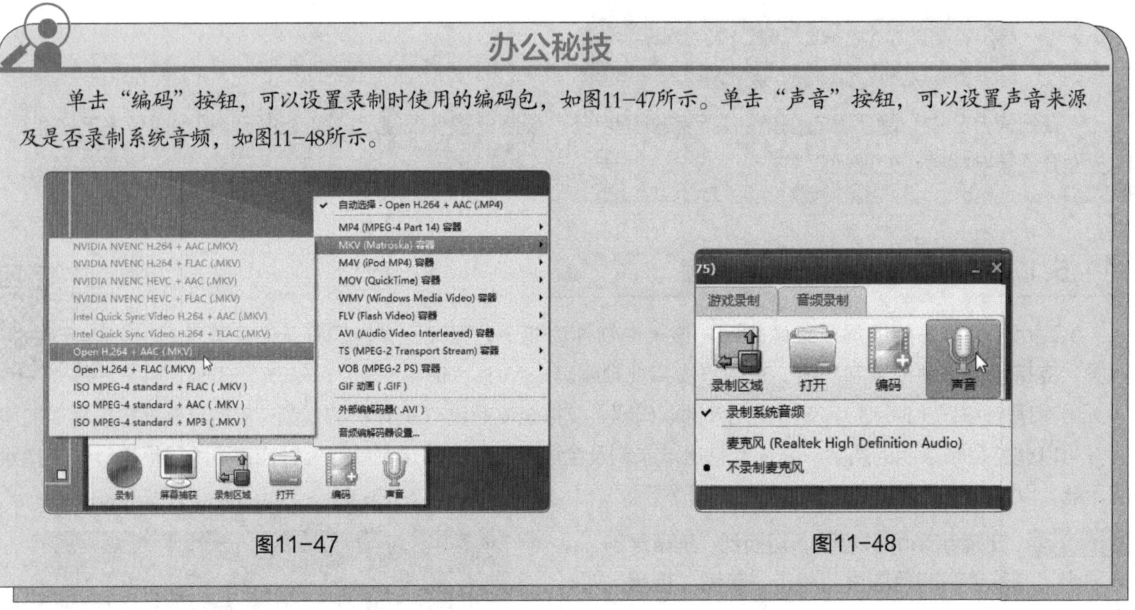

办公秘技

单击“编码”按钮，可以设置录制时使用的编码包，如图11-47所示。单击“声音”按钮，可以设置声音来源及是否录制系统音频，如图11-48所示。

图11-47

图11-48

11.5.2 使用剪映剪辑视频

剪映采用了更直观、更全能且更易用的创作面板，让视频的剪辑更加简单、高效。剪映不只有手机版，还有计算机版。该工具功能强大，上手简单。下面介绍如何使用剪映剪辑视频。

STEP 1 下载并安装剪映计算机版后启动，将准备好的视频文件拖入“素材”窗格中，如图 11-49 所示。

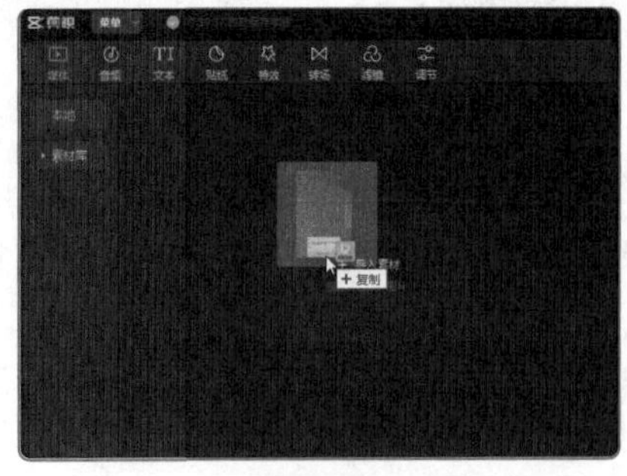

图11-49

STEP 2 将素材拖入下方的时间轴中，如图 11-50 所示。

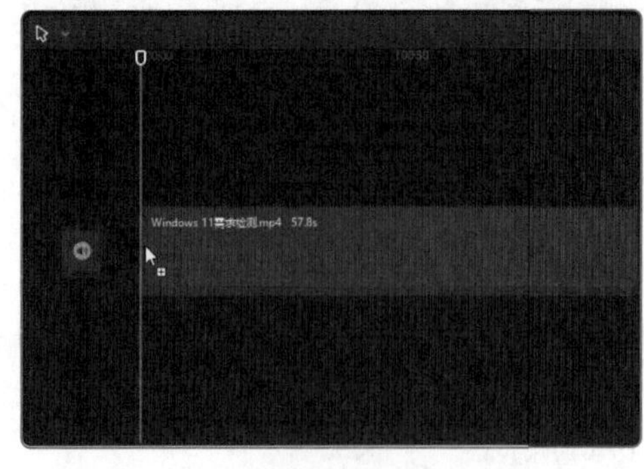

图11-50

STEP 3 在时间轴上右击视频，从弹出的快捷菜单中选择“分离音频”命令，如图 11-51 所示。

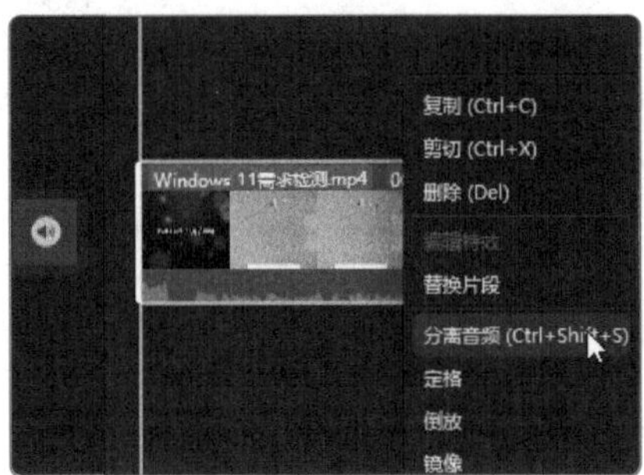

图11-51

STEP 4 按【B】键切换为“切割”模式。按住【Ctrl】键配合鼠标滚轮的滚动可放大时间轴。按住【Alt】键并滚动鼠标滚轮可定位播放区域。播放视频并根据声音的波形，在需要剪辑的开始位置按住【Shift】键单击鼠标左键，即可分割视频、音频。在剪辑结束位置，按照同样方法分割视频和音频，如图 11-52 所示。

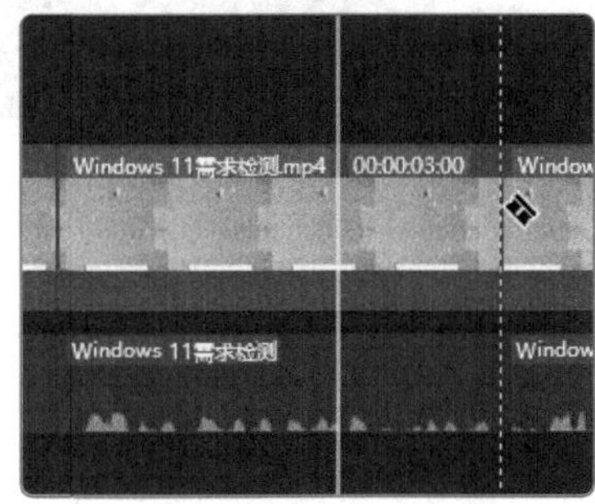

图11-52

STEP 5 按【A】键切换回“选择”模式，选择分割后的视频和音频，单击鼠标右键，在弹出的快捷菜单中选择“删除”命令，如图 11-53 所示，即可将无用的部分删除。

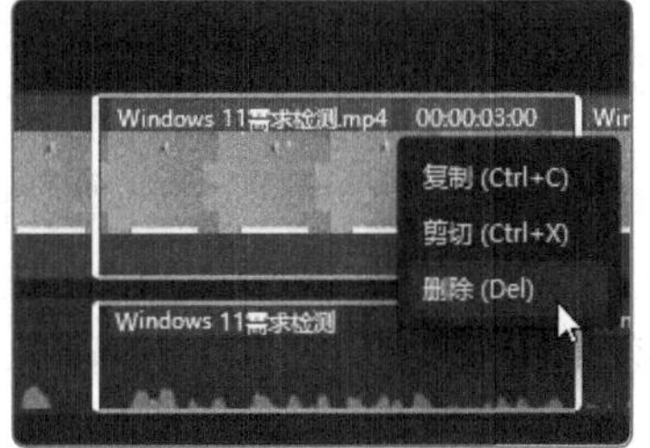

图11-53

STEP 6 按照同样的方法将所有不需要的视频片段删除，如果视频或音频没有自动连接，用户可以通过拖曳将视频或音频连接，如图 11-54 所示。

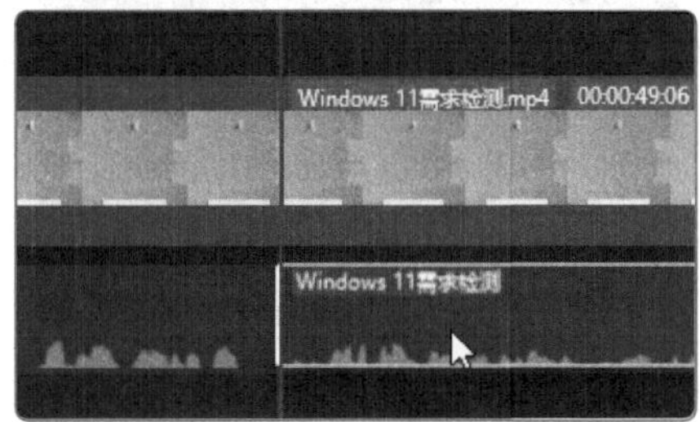

图11-54

11.5.3 使用剪映添加视频效果

添加的视频效果包括转场、贴纸、音频等。下面介绍视频效果的添加方法。

STEP 1 选择“转场”选项卡，在合适的转场效果上单击“+”按钮添加转场，如图 11-55 所示。

图11-55

STEP 2 按照同样的方法在“特效”选项卡中添加特效，如图 11-56 所示。

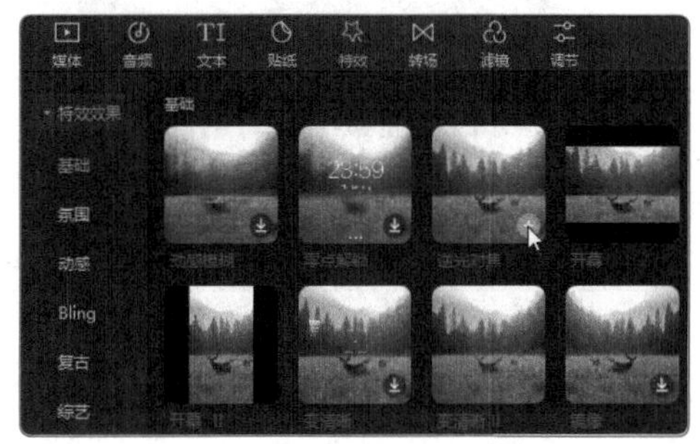

图11-56

办公秘技

剪映提供了大量的效果素材，包括各种常见的音频、特效、贴纸、转场、滤镜等，因此，普通用户也可以做出非常酷炫的视频效果。在选择素材时，将鼠标指针悬停在视频效果上，就可以查看演示效果。单击“下载”按钮，可以下载对应的视频效果文件。单击“+”按钮，就可以将选择的视频效果添加到视频中。

STEP 3 有些视频效果可以调节展示的时长。添加后，用户在下方可以看到视频效果模块，并可以通过调节视频效果模块起始或终止分割线来设置其时间和长度，如图 11-57 所示。

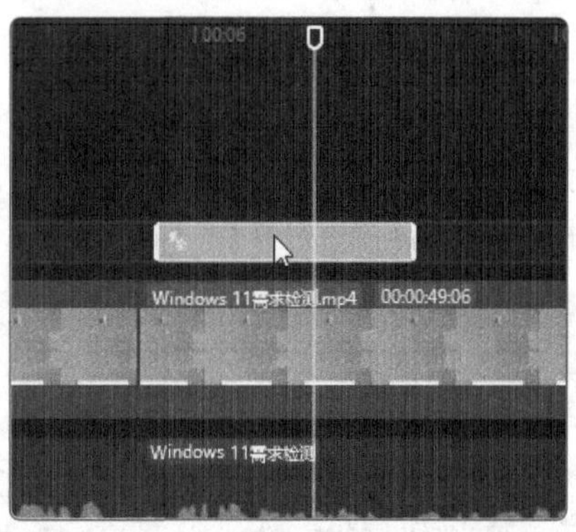

图11-57

STEP 4 在视频中可以查看添加后的效果，还可以手动调节视频效果的相关参数，例如贴纸的位置、缩放等参数，如图 11-58 所示。

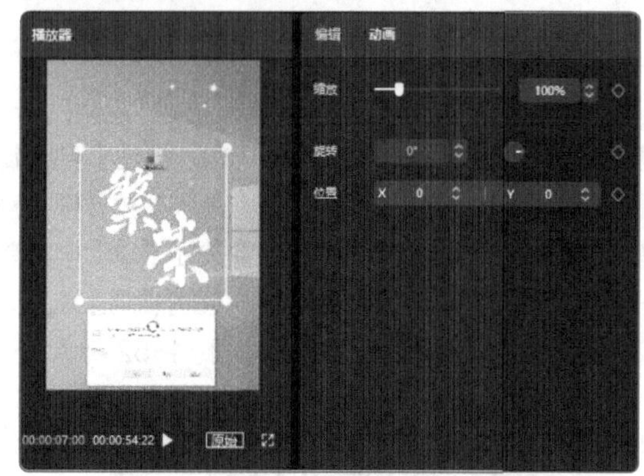

图11-58

办公秘技

选中视频，在右侧切换到“变速”选项卡，可以设置视频加速播放或定义总时长，开启“声音变调”可以提高音调达到变声的目的，如图11-59所示。如果音频已被分离，用户也可以选中声音，在“属性”中设置变声，如图11-60所示。

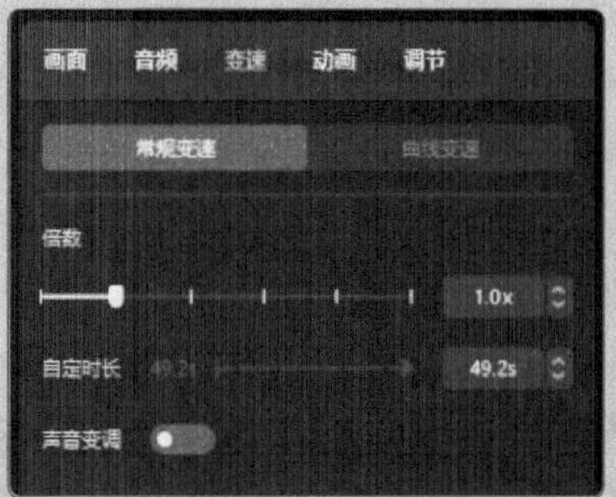

图11-59

图11-60

11.6 上机演练

本节将通过两个案例来对软件的下载与安装、文件及文件夹的加密压缩进行详细的介绍。

11.6.1 有道词典的下载和安装

有道词典是经常使用的翻译软件，该软件是由网易有道出品的基于搜索引擎技术的免费语言翻译软件。下面对其下载与安装操作进行介绍。

STEP 1 进入“有道”官网后，单击“下载词典客户端”按钮，如图 11-61 所示。

图11-61

STEP 2 安装文件下载完成后，双击安装文件就可以启动安装程序了，如图 11-62 所示。安装时的参数设置如图 11-63 所示。

图11-62

图11-63

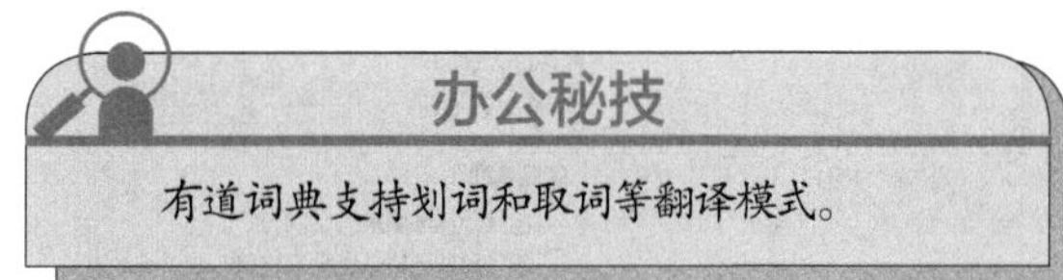

11.6.2 文件及文件夹的加密压缩

前面介绍了使用WinRAR可以进行文件和文件夹的压缩和解压缩操作，其实WinRAR还支持在压缩文件时创建解压缩密码。在对创建了解压缩密码的压缩文件进行解压缩时，用户必须输入正确密码，否则无法解压缩。这样，在一定程度上保障了文件的安全性。下面介绍具体的操作步骤。

STEP 1 在需要进行加密压缩的文件或文件夹上单击鼠标右键，在弹出的快捷菜单中选择“添加到压缩文件”命令，如图 11-64 所示。

STEP 2 在打开的对话框中单击“设置密码”按钮，如图 11-65 所示。

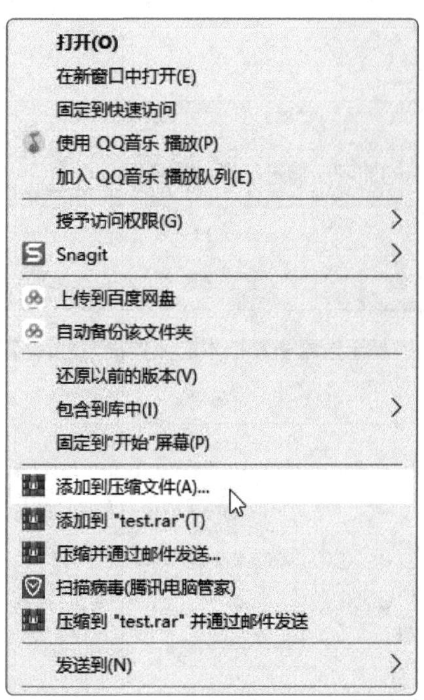

图11-64

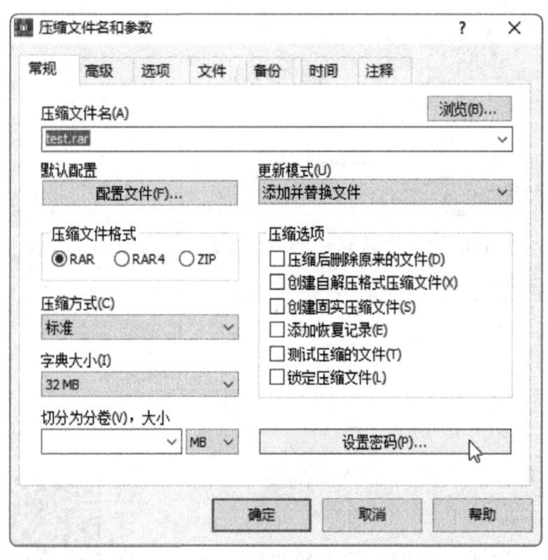

图11-65

STEP 3 在打开的“输入密码”对话框中输入密码后，勾选“加密文件名”复选框，单击“确定”按钮，如图 11-66 所示，返回上级对话框并单击“确定”按钮就可以启动压缩了。

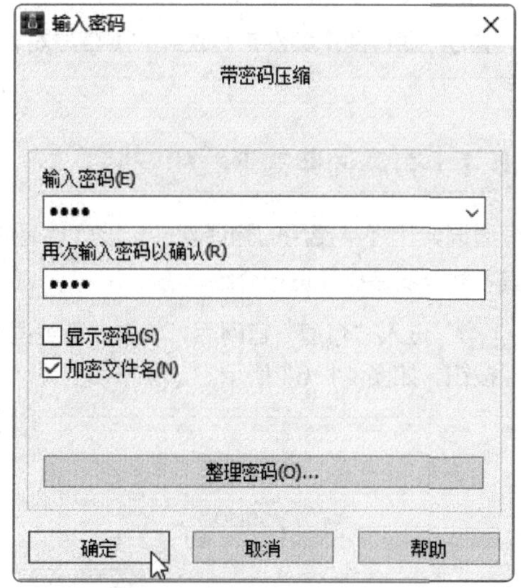

图11-66

STEP 4 对压缩文件执行解压缩操作或双击压缩文件，在打开的“输入密码”对话框中输入解压缩密码并单击“确定”按钮，如图 11-67 所示。

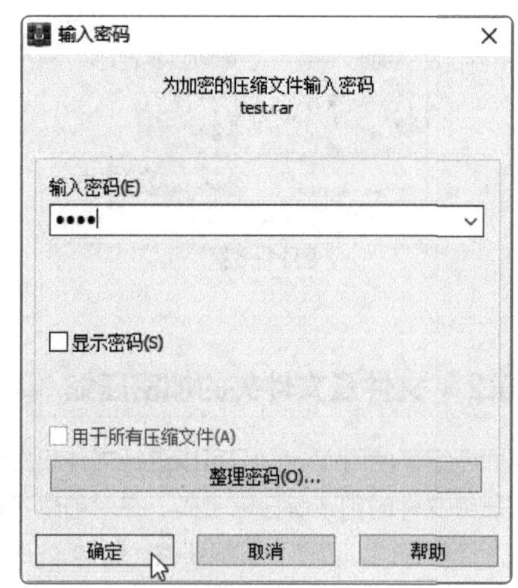

图11-67

11.7 课后作业

本章介绍了除Office办公软件外的其他一些常用办公工具的基本应用。下面通过录制压缩软件的使用视频和使用QQ长截图功能截取长图帮助读者巩固本章知识点。

11.7.1 录制压缩软件的使用视频

1. 项目需求

在日常办公中，经常需要向其他人介绍产品的操作步骤或使用方法。此时可以使用录制软件操作视频来达到这一目的。视频在说明操作步骤方面更具优势。

2. 项目分析

录制压缩软件的使用视频涉及软件的压缩、加密压缩、视频的录制等知识点。

3. 项目效果

录制压缩软件的使用视频效果如图11-68所示。

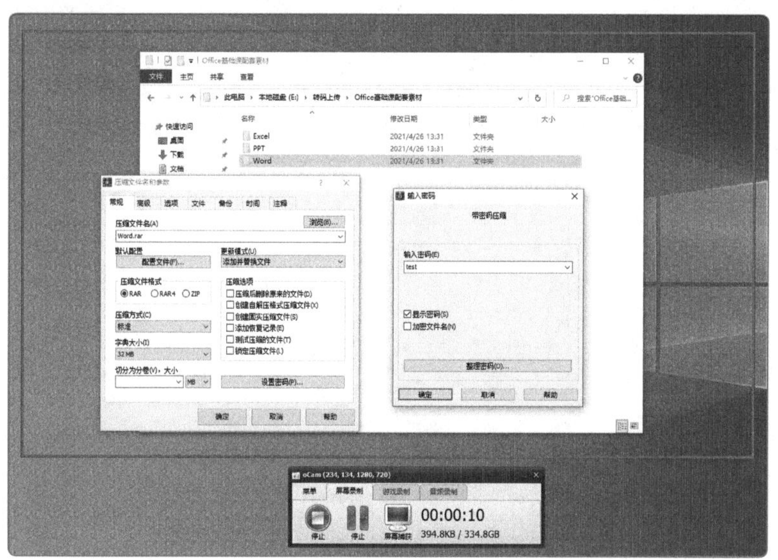

图11-68

11.7.2 使用 QQ 长截图功能截取长图

微课视频

1. 项目需求

在日常工作中，经常遇到需要截取网页等图片的情况，但网页需要翻页，一页页截取比较烦琐且无法保证完整性，此时就需要使用QQ长截图功能了。

2. 项目分析

使用QQ长截图功能截取长图涉及截图软件的使用和截取长图的方法。在设置截取范围时，单击“长截图”按钮，配合鼠标滚轮翻页，单击“完成”按钮即可截取长图。

3. 项目效果

截取长图效果如图11-69所示。

图11-69

第 12 章

网络办公的应用

随着网络和各种智能终端的发展，办公逐渐向网络化迈进。由于各种依托于网络的应用发展迅速，办公也由过去处理纸质文件，扩展到以资源共享、远程办公、各种新媒体平台使用为主的新型网络办公。随着资源的网络化，从网上获取资源、共享资源、发布资源已经成为现代网络办公的必备技能。本章将对网络办公的相关知识进行详细介绍。

12.1 计算机网络概述

计算机网络从狭义上讲就是将地理位置不同的、具有独立处理能力的计算机，通过通信线路和通信设备连接起来，通过网络操作系统、网络管理软件及网络通信协议，实现数据的传输及资源的共享。由于网络是计算机技术的产物，且一开始主要应用在计算机领域，因此它一直沿用了“计算机网络”这一称呼。

可以说网络的覆盖范围和应用遍及了人们工作、生活的方方面面。随着“互联网+”的推广，网络已经成为社会发展的主要生产力之一。学会使用网络已经成为现代人必备的技能之一。所以在学习网络办公的应用前，读者需要了解一些网络的相关知识。

12.1.1 计算机网络的发展

计算机网络从无到有，从小到大，主要经历了以下4个阶段。

- 计算机终端阶段：该阶段的主要特征是以大型计算机为中心，将可以操作计算机及可以进行科学计算的终端通过通信线缆连接到中心计算机上，构成了以中心计算机为核心的最简单的网络体系。
- 计算机互联阶段：在该阶段，计算机网络已经摆脱了中心计算机的束缚，各个计算机独立存在，通过通信线路互联，并通过约定好的“协议”进行通信及数据传输。
- 网络标准化阶段：网络规模日益扩大，但不同厂商各自为政，厂商间的产品互通较困难；此时，国际标准化组织（International Organization for Sandardization，ISO），着手制定了开放系统互连参考模型，将网络及网络通信标准化，解决了不同设备之间的互连问题。
- 信息高速公路阶段：随着个人计算机的大范围普及、局域网技术及以光纤为载体的高速网络技术的成熟，计算机网络在20世纪90年代进入了以Internet为代表的高速发展时期，也就是计算机网络发展的第4个阶段，也称为信息高速公路阶段。

12.1.2 计算机网络的功能

计算机网络的功能非常强大，可以归纳、总结出以下几种。

- 数据通信。计算机网络主要用来传递各种数据。各种应用软件、控制协议等，从本质上来说，都是使用网络进行数据传输的。
- 资源共享。Internet建立的初衷就是共享资源。在网络中，除了可以获得别人的共享资源外，也可以将自己的资源发布出去。除了文件资源外，还可以共享包括打印机、专业设备在内的硬件资源，以及数据库等软件资源。
- 分布式存储与数据处理。依托于网络，将以往的本地存储放置在网络上，解决了地域和速度的限制。一些复杂的超大型任务也按照某种规则，被分成若干小任务分配到多台网络主机上进行运算，提高了数据处理能力，也降低了成本。
- 安全性提升及性能优化。依托于高性能的网络，各种互联网企业和门户网站可以将服务器和数据中心按照访问量和使用量部署在不同地理位置的机房中。这样一方面可以保障访问质量，做到负载均衡，另一方面，如果某个区域出现网络攻击、硬件故障、网络故障、网络瘫痪等情况，也可以让其他区域的服务器继续提供服务，做到冗余备份。
- 互联网业务的承载。各种依托于网络的新应用，如网络直播、网上交易、网络监控、互联网存储、语音视频、人脸识别、各种互联网小程序等，都需要强大的互联网来承载，在保证高质量服务的同时，保障用户数据的安全性。

12.1.3 计算机网络的分类

按照不同的标准，计算机网络可以分为很多不同的种类，如按照网络拓扑可以分为星形拓扑、环形拓扑、树状拓扑、总线型拓扑等。日常生活中，一般按照网络的规模和使用的技术将计算机网络划分成以下几类。

- 局域网。局域网的范围一般在10km以内，例如一栋办公大楼、一个校园园区。最常见的局域网是公司局域网和家庭局域网。局域网分布距离近、范围小、用户相对较少，因此有传输速率快、组建费用低、维护方便、易于实现等优点，是最常见的一种网络类型。
- 城域网。如某公司在本地有多家分公司、连锁餐饮集团在本地有多家门店、某学校在本地有多个校区，把这些单位连接起来就叫作城域网。城域网的范围在10km ～100km，主要的传输介质为光纤，其相比于局域网传输距离更长、范围更广、规模更大。其使用的技术和局域网类似，但费用较高，有些需要运营商的支持。
- 广域网。广域网的范围通常在几十至几千千米，可以连接多个城市或国家。通过海底光缆的架设，它可以跨几个洲，形成洲际型网络。广域网所采用的技术包括分组交换、卫星通信等。广域网是现在覆盖最广、通信距离最长、技术最复杂、建设费用也最高的网络。我们日常接触的Internet就是广域网的一种。

12.2 组建办公局域网络

经过多年的发展，局域网技术已经非常成熟和简单，普通用户经过简单培训就可以组建局域网。身在网络时代，学习局域网的组建和维护是非常必要的。

12.2.1 办公室局域网的组建

办公室局域网的组建相对来说比较简单，主要是设备的购买和设备的配置与连接。下面介绍办公室局域网的组建。

办公室局域网的拓扑图如图12-1所示。

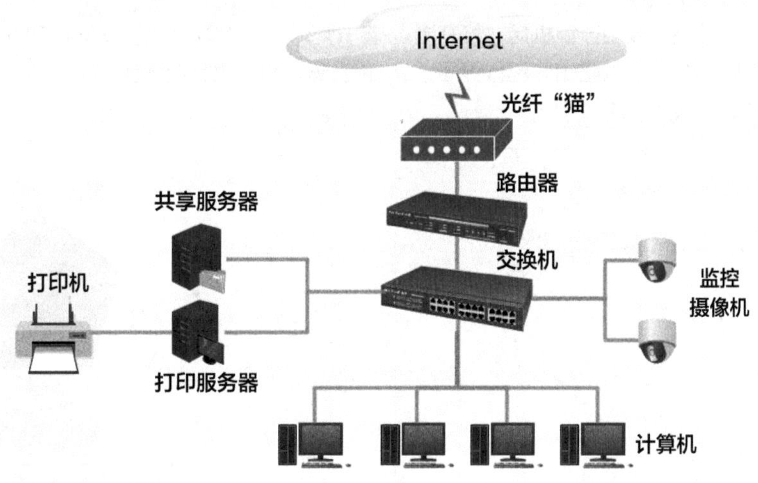

图12-1

一般运营商会引入光纤到公司机房中，并将其接入光纤“猫”中。光纤“猫”通过网线连接路由器的WAN口，路由器通过运营商给定的用户名和密码进行拨号设置和连接。路由器的LAN口通过网线连接中心交换机，中心交换机再通过网线连接设备或者信息点。这就是最简单的办公室局域网的组建和设备连接。

12.2.2 办公室无线局域网的组建

12.1.2小节介绍的主要是有线局域网的组建。用户如果要使用无线局域网，只要将路由器改为无线路由器即可。如果公司的无线设备过多，则需要采用专业的无线设备来组建无线局域网，例如常见的MESH组网、无线AP、无线摄像机、无线控制器、POE交换机等。常见的无线局域网的拓扑图如图12-2所示。

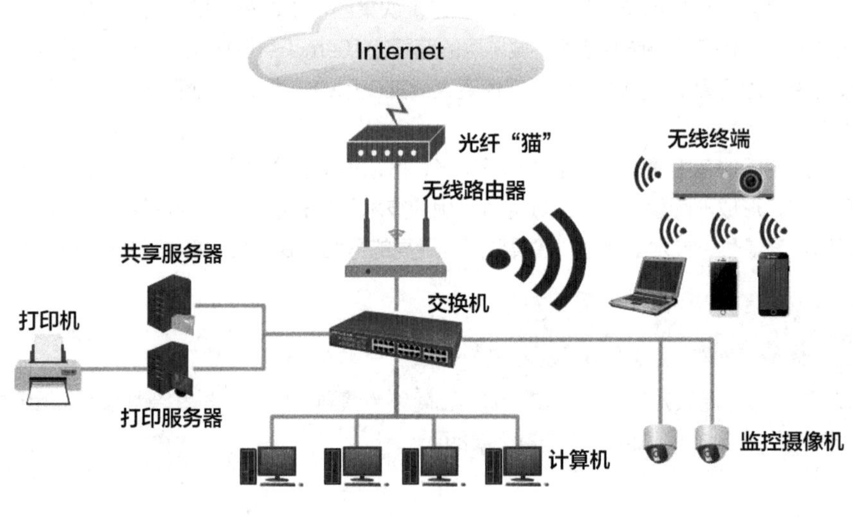

图12-2

12.2.3 无线路由器的配置

一般来说，办公室网络所使用的设备都属于即插即用类型，通常需要配置的就是无线路由器。下面简单介绍无线路由器的主要参数的配置。

STEP 1 使用网线连接路由器和计算机后，打开浏览器，输入“192.168.1.1”，进入路由器配置界面，设置管理员的账户和密码，如图 12-3 所示。

图12-3

STEP 2 设置路由器 WAN 口的连接方式、用户名和密码，如图 12-4 所示。

图12-4

STEP 3 设置无线网络的名称和密码，如图 12-5 所示。

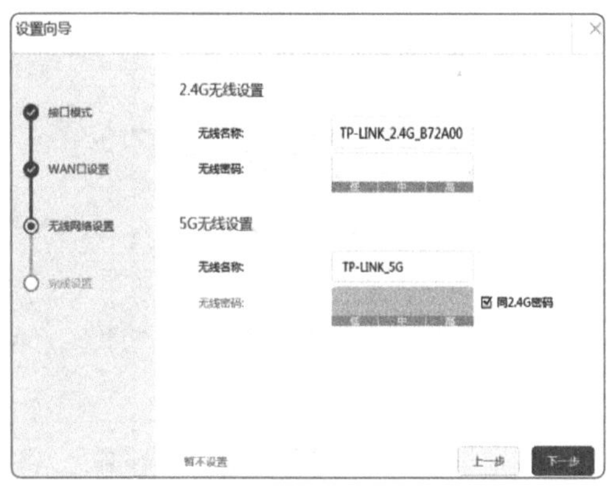

图12-5

STEP 4 完成配置后，重启路由器，配置界面如图 12-6 所示。用户可以继续进行其他高级设置。

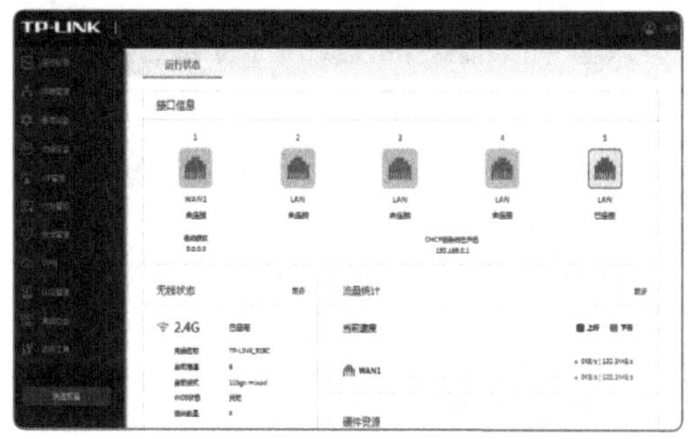

图12-6

12.3 共享网络资源

在局域网中办公，最常使用的功能就是网络资源的共享，将自己计算机上的文件夹共享给其他用户或者访问其他用户共享的资源，也可以设置共享服务器来收集所有员工的工作成果或者下发工作内容等。以上的需求，局域网共享都可以满足且实现起来非常简单。下面介绍局域网共享的配置方法。

12.3.1 高级共享的配置

微课视频

很多共享无法成功访问或者访问需要用户名和密码进行验证，就是因为高级共享没有正确配置。下面详细介绍具体的高级共享配置步骤。

STEP 1 在计算机桌面右下角的“网络”图标上单击鼠标右键，在弹出的快捷菜单中选择“打开‘网络和 Internet’设置”命令，如图 12-7 所示。在打开的窗口中，单击“网络和共享中心”按钮，如图 12-8 所示。

图12-7

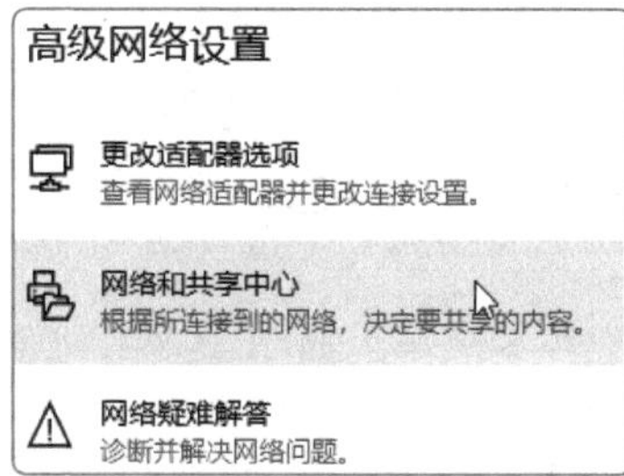

图12-8

STEP 2 在打开的窗口中单击“更改高级共享设置”链接，如图 12-9 所示，在“专用”及“来宾或公共（当前配置文件）”区域，分别单击“启用网络发现”及“启用文件和打印机共享”单选按钮，如图 12-10 所示。

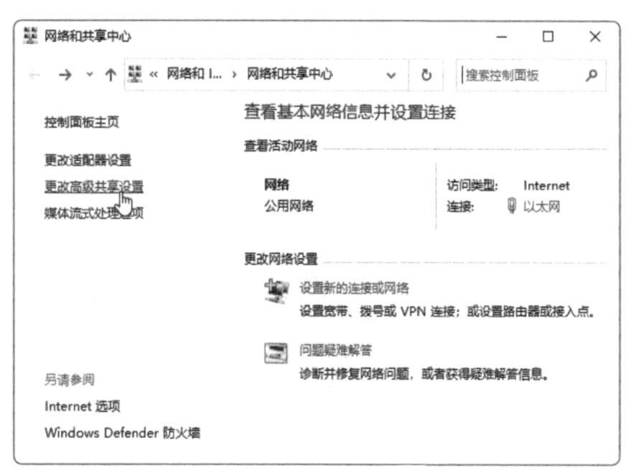

图12-9

STEP 3 展开“所有网络”，同样启动共享，并在“密码保护的共享”区域单击“无密码保护的共享”单选按钮，完成后单击“保存更改”按钮，如图 12-11 所示。

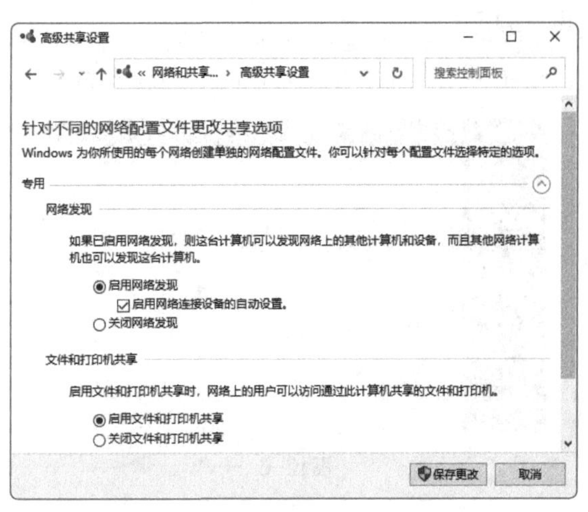

图12-10

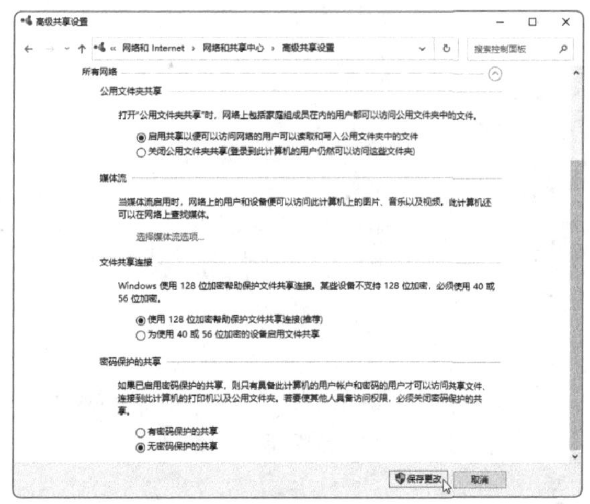

图12-11

12.3.2 文件夹的共享配置

完成高级共享的配置后，就可以配置用来共享的文件夹了，具体步骤如下。

STEP 1 找到需要共享的文件夹，在其上单击鼠标右键，在弹出的快捷菜单中选择“属性”命令，如图 12-12 所示。

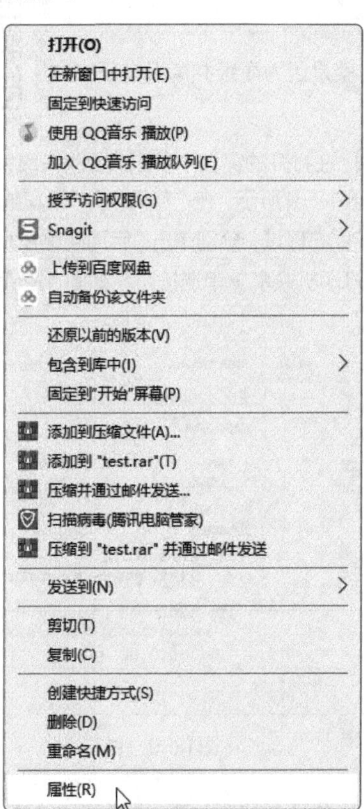

图12-12

STEP 2 在打开的对话框中切换到“共享”选项卡，单击“共享”按钮，如图 12-13 所示。

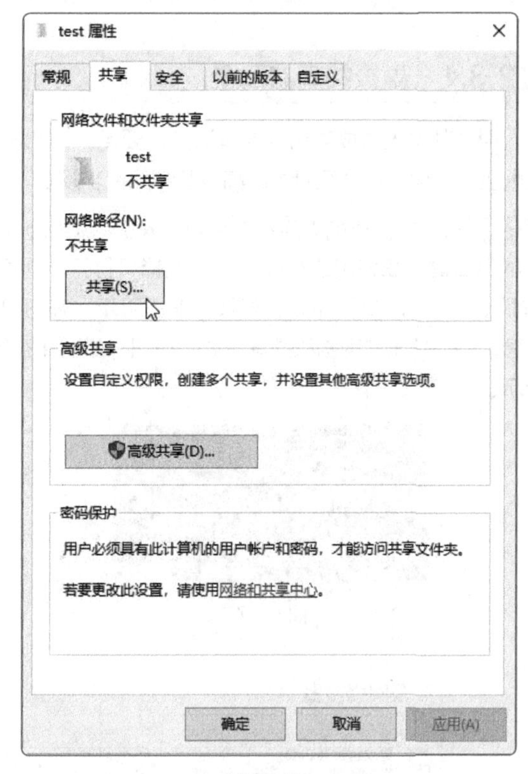

图12-13

STEP 3 在文本框中输入“Everyone”，单击“添加”按钮，单击“Everyone”后面的“读取”下拉按钮，在下拉列表中选择“读取 / 写入”选项，如图 12-14 所示，单击“共享”按钮完成共享配置。

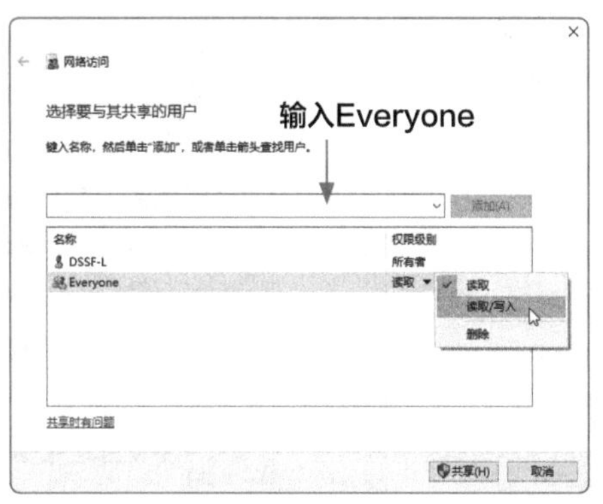

图12-14

12.3.3 访问共享内容的方法

访问共享内容的方法有很多种，具体步骤如下。

STEP 1 按【Win+R】组合键打开“运行”对话框，在“打开”文本框中输入共享主机的IP地址，单击“确定”按钮，如图12-15所示。

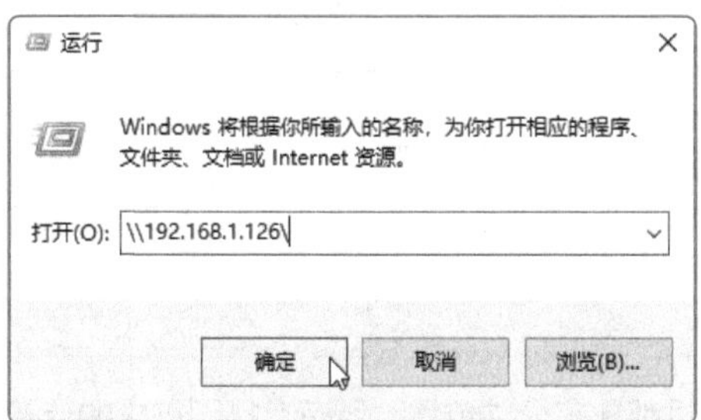

图12-15

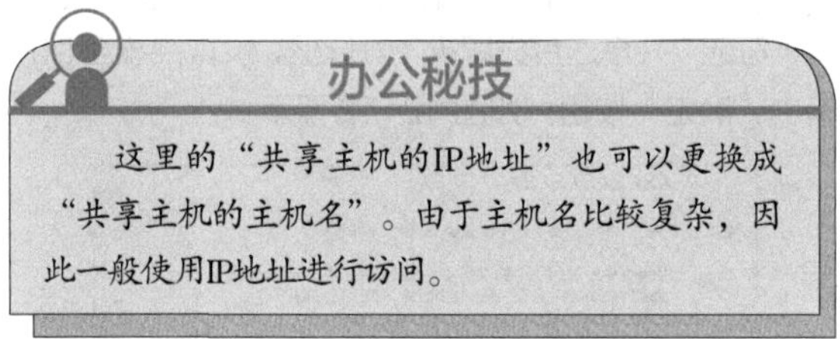

这里的“共享主机的IP地址”也可以更换成“共享主机的主机名”。由于主机名比较复杂，因此一般使用IP地址进行访问。

STEP 2 系统会自动启动资源管理器并显示相应的共享内容及计算机内自带的共享内容，如图12-16所示。

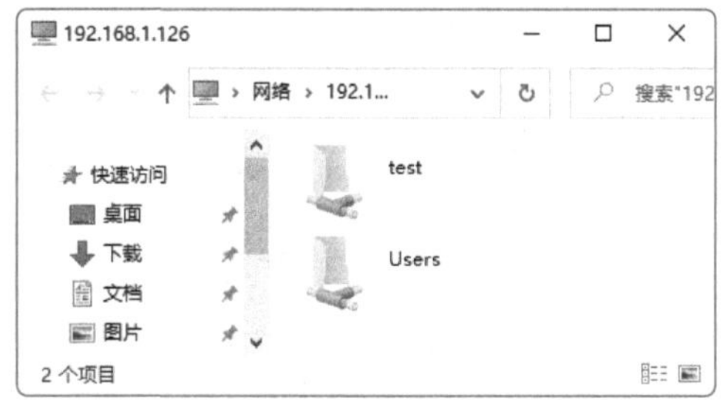

图12-16

办公秘技

查看主机IP地址的方法有很多，最简单的是在命令提示符窗口中输入命令“ipconfig”来查看主机的IP地址，如图12-17所示。用户也可以通过网络或网卡属性界面查看IP地址。在进行共享访问时一定要确保两主机之间的互通性，此时可以通过“Ping”命令查看。

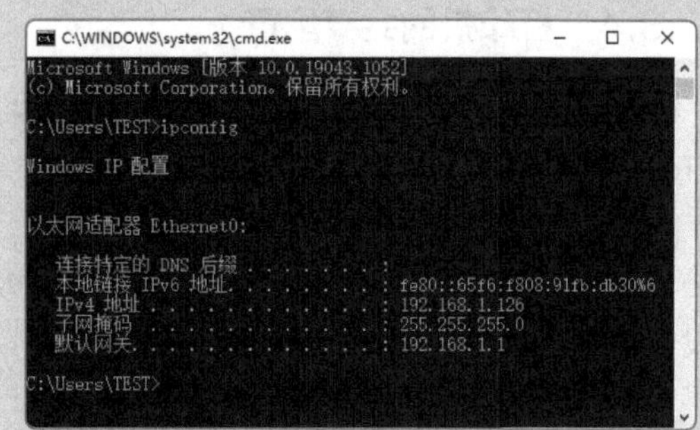

图12-17

用户也可以在资源管理器的地址栏中输入共享主机的IP地址，按【Enter】键后就可以访问了，如图12-18所示。

图12-18

STEP 3 用户可以在“网络”中，根据主机名找到对应的主机，如图 12-19 所示。双击后就可以访问了。

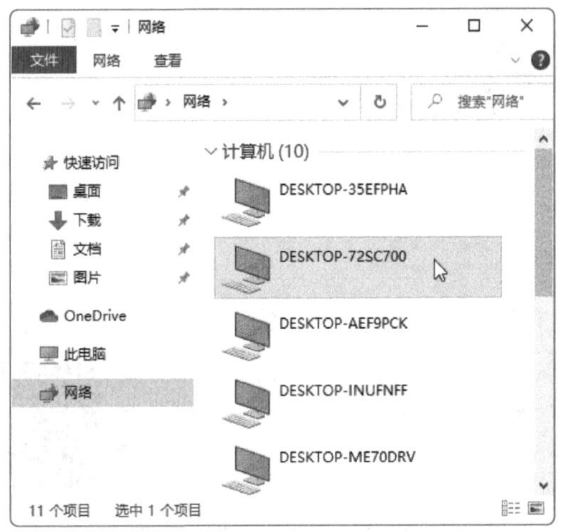

图12-19

办公秘技

如果“网络”中无法显示其他的计算机，可以通过搜索“启动或关闭Windows功能”，打开相应窗口并勾选“SMB 1.0/CIFS文件共享支持”复选框，如图12-20所示，单击“确定”按钮，系统会安装该服务。重启计算机后就可以在“网络”中查看到其他计算机了。

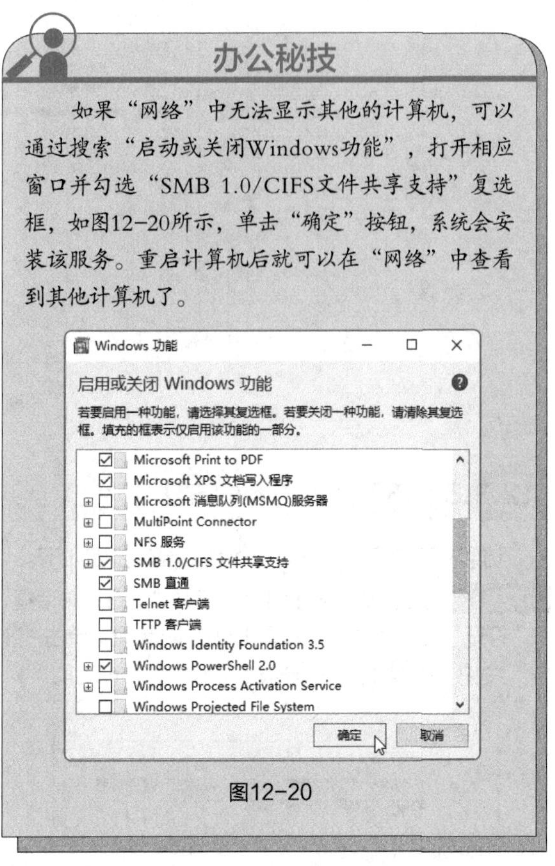

图12-20

12.3.4 打印机的共享配置

在局域网中，打印机是经常使用的设备。一般来说，打印机都放在公共位置，所有有打印需求的计算机发送打印请求就可以执行打印操作。这也是在网络中共享硬件的一种常见方法。下面介绍打印机的共享配置。

STEP 1 将打印机连接到计算机上，安装驱动后，计算机就能识别到打印机。用户通过控制面板进入“设备和打印机”界面中，可以看到添加的打印机，在其上单击鼠标右键，在弹出的快捷菜单中选择“打印机属性”命令，如图 12-21 所示。

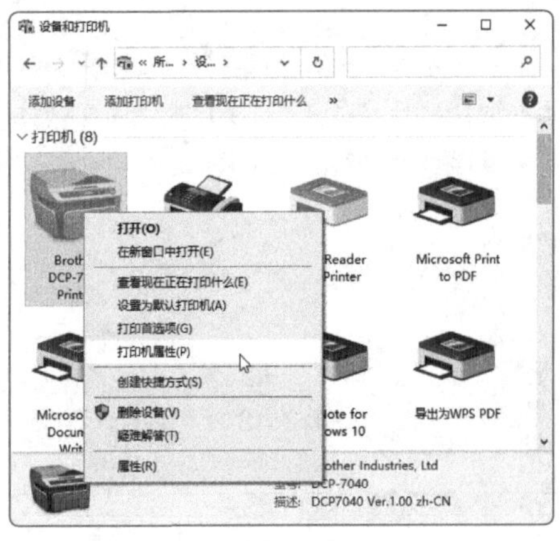

图12-21

STEP 2 在打开的对话框中，切换到“共享”选项卡，勾选“共享这台打印机”复选框，设置共享名称，单击“确定”按钮，如图 12-22 所示。

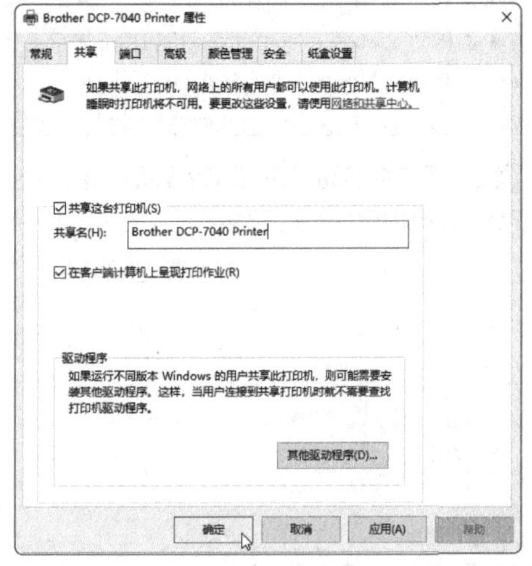

图12-22

STEP 3 在需要访问及使用共享打印机的设备上，进入“打印机和扫描仪”界面，单击“添加打印机或扫描仪”按钮，系统会自动搜索局域网中共享的打印机并将其添加到系统中，如图 12-23 所示，这样就完成了共享打印机的添加。在需要打印的文档的“打印”界面中，选择添加的打印机就可以执行打印操作了，如图 12-24 所示。

图12-23

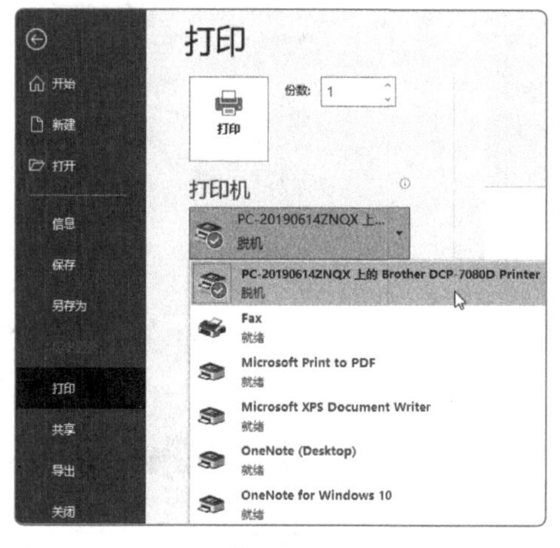

图12-24

新手误区

在进行打印机的共享配置前，一定要按照前面介绍的步骤配置好系统的高级共享，这样才能顺利访问到该共享。

12.4 常见网络办公操作

在日常办公中，会使用网络来搜索和下载资源、发送及接收文件、发布及下载网盘资源、远程办公和使用微信公众号发布各种信息。下面详细介绍这些常见应用的操作步骤。

12.4.1 搜索和下载资源

合理使用网络可以帮助办公人员更有效率地完成工作，最常见的网络应用就是搜索和下载资源了。下面以搜索并下载XMind为例，向读者介绍搜索与下载的步骤。

STEP 1 打开百度搜索界面，输入关键字“XMind官网”搜索软件的官网地址，找到并单击网站链接，如图 12-25 所示。

图12-25

STEP 2 启动迅雷下载软件，单击“免费下载”按钮，如图 12-26 所示。

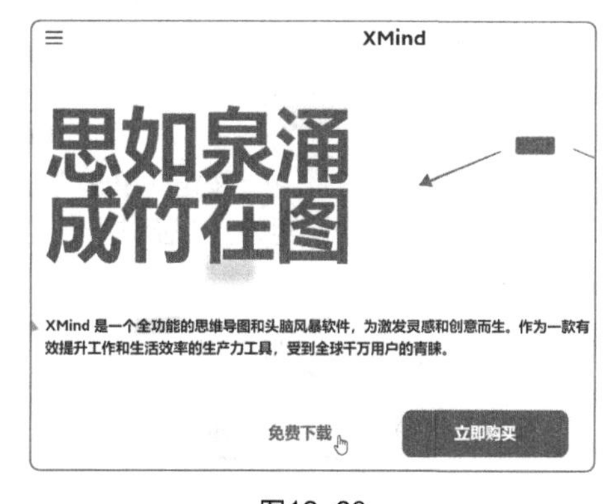

图12-26

STEP 3 在打开的对话框中选择下载位置后，单击“立即下载”按钮启动下载，如图 12-27 所示。

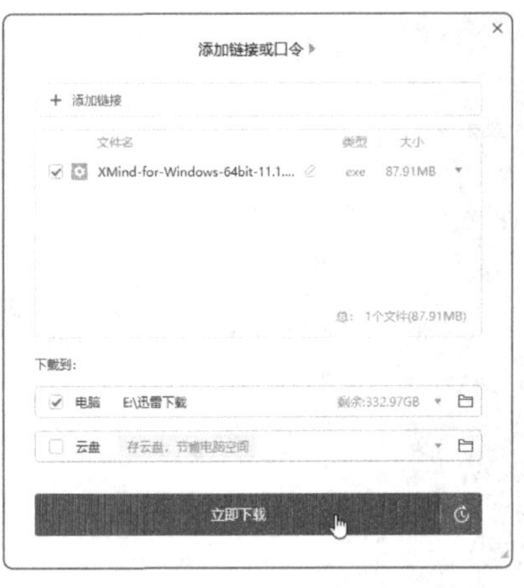

图12-27

办公秘技

如果下载的是百度网盘资源，则需要启动百度网盘客户端。在网页的资源页面中，勾选资源并单击“下载”按钮，如图12-28所示。

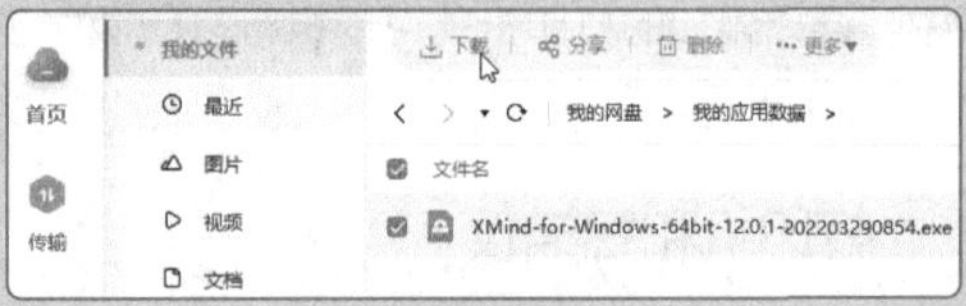

图12-28

12.4.2 使用 QQ 进行信息交流及文件传输

如今办公中常使用的即时在线交流软件有QQ和微信。下面以QQ为例，介绍信息的交流和文件的传输。

STEP 1 启动 QQ 后，双击好友头像，进入对话模式，就可以开始交流。输入文字后，QQ 还会提供相应的表情图片，单击表情图片后再单击“发送”按钮就可以发送表情了，如图 12-29 所示。

图12-29

STEP 2 单击右上角的“…”按钮并单击“分享”按钮，可以分享当前屏幕给对方，以便进行各种演示操作，如图 12-30 所示。

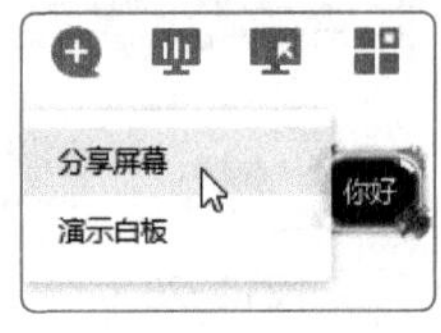

图12-30

STEP 3 如果要传递文件，用户可以将文件或文件夹直接拖曳到聊天窗口中并单击“发送”按钮，如图 12-31 所示。

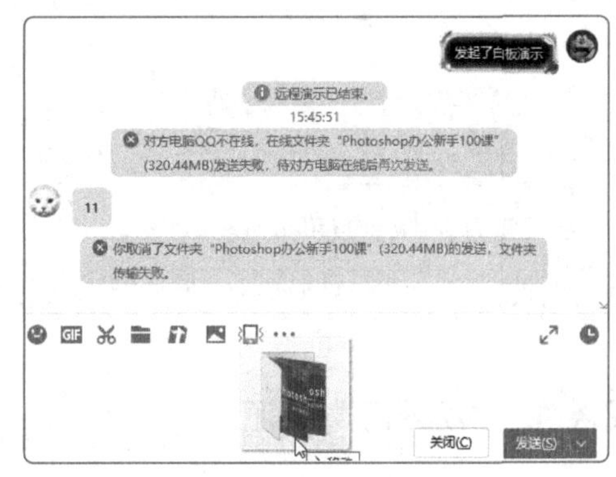

图12-31

STEP 4 接收文件时，用户可以直接单击“接收”链接，也可以单击“另存为”链接，选择好保存位置再接收，如图 12-32 所示。

图12-32

新手误区

发送文件夹时接收方一定要是在线状态，建议先互发信息确认对方在线后再传输文件夹。发送文件可以选择在线传输或者发送离线文件。

12.4.3 使用百度网盘存储及分享文件

百度网盘是经常被使用的存储和分享工具。下面介绍使用它存储和分享文件的步骤。

STEP 1 启动并进入百度网盘客户端，找到上传的文件夹，选择需要上传的文件并使用拖曳的方式将文件拖动到客户端界面中，启动传输，如图 12-33 所示。

图12-33

STEP 2 选中要下载的文件①，单击"下载"按钮，在打开的对话框中选择下载到的位置②，单击"下载"按钮③，启动下载，如图 12-34 所示。

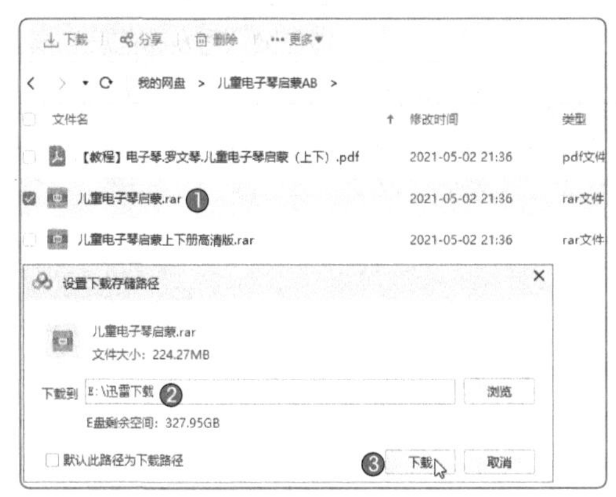

图12-34

STEP 3 选中需要分享的文件，单击"分享"按钮，如图 12-35 所示。

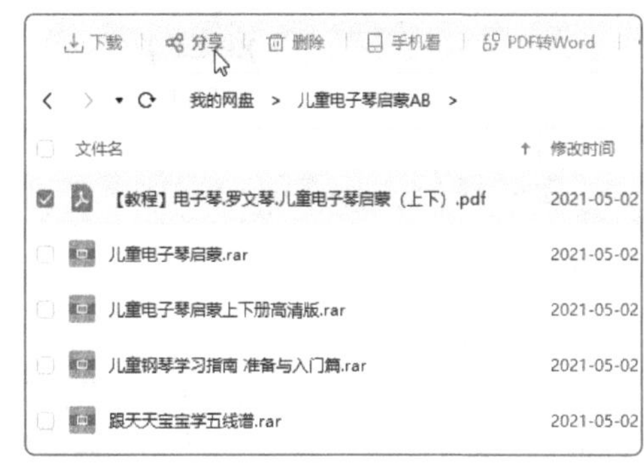

图12-35

STEP 4 在打开的对话框中设置提取码、访问人数和有效期后，单击"创建链接"按钮，如图 12-36 所示。

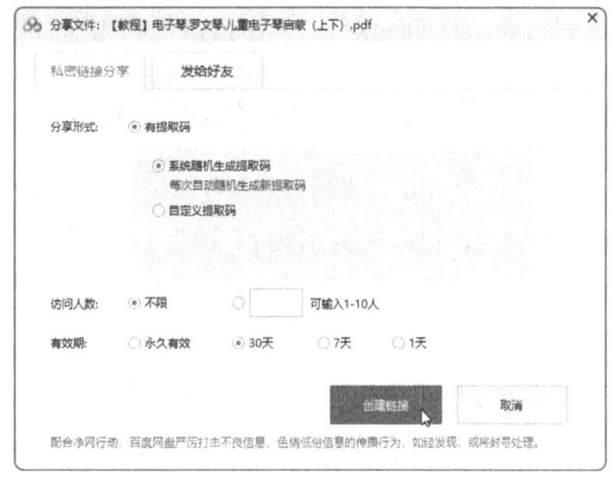

图12-36

办公秘技

在百度网盘中可以添加好友，因此，将链接直接发送给好友，对方也可以直接下载。

12.4.4 使用 ToDesk 远程桌面软件远程办公

当需要在另外一台计算机中调出指定的文件或开启某个应用软件时，用户可以使用远程桌面软件进行远程操控。下面以ToDesk软件为例，介绍远程办公的具体操作。

STEP 1 分别在两台计算机上安装 ToDesk 软件，并将其设置为随系统启动。注册 ToDesk 账户并在两台计算机上登录，将计算机加入设备列表中，如图 12-37 所示。

图12-37

STEP 2 当两台计算机都启动后，使用任何一台计算机进入设备列表中，双击另一台计算机的名称，就可以启动远程桌面并控制另一台计算机了，如图 12-38 所示。

如果临时需要别人协助，用户可以将首页中的“设备代码”和“临时密码”告诉对方，如图12-39所示，对方启动ToDesk后，通过设备代码和临时密码就可以和对应计算机进行连接。反过来，如果知道对方的设备代码和临时密码，就可以连接对方计算机。

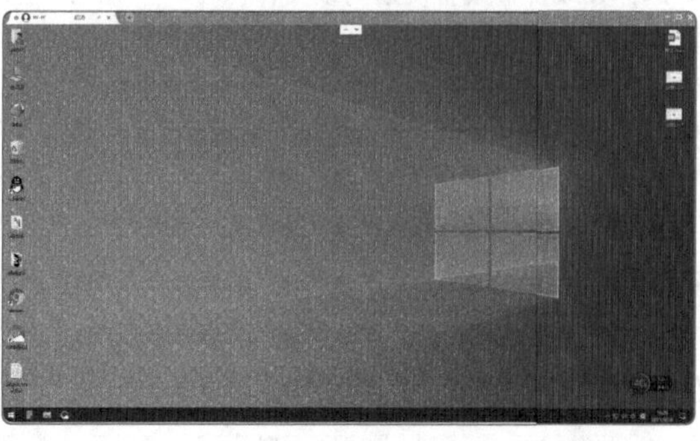

图12-38

图12-39

12.4.5 使用微信公众号发布信息

微信公众号是指开发者或商家在微信公众平台上所申请的应用账号，该账号与QQ账号互通。用户在此平台上能实现与特定群体以文字、图片、语音、视频等全方位方式沟通，这也形成了一种主流的线上线下微信互动营销方式。随着网络的发展，新媒体层出不穷，微信公众号就是其中之一。下面介绍使用微信公众号发布信息的操作。

STEP 1 打开并进入“微信公众平台”界面，登录后在主界面单击“草稿箱”按钮，进入“草稿箱”界面后单击“+”按钮，从列表中选择“写新图文”选项，如图 12-40 所示。

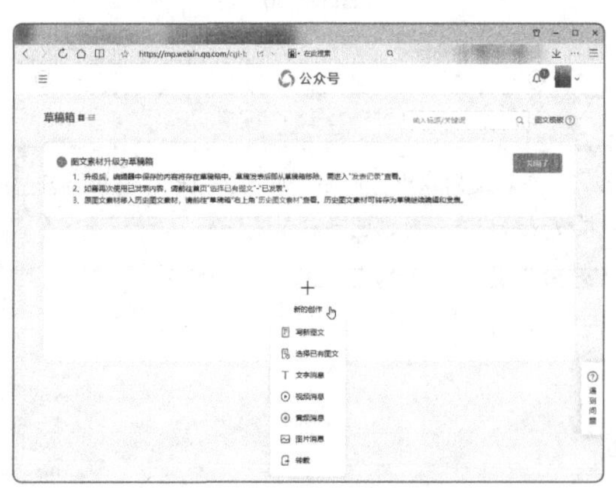

图12-40

STEP 2 在弹出的界面中，根据提示设置标题、作者、正文等内容，完成后就可以发布了，如图 12-41 所示。

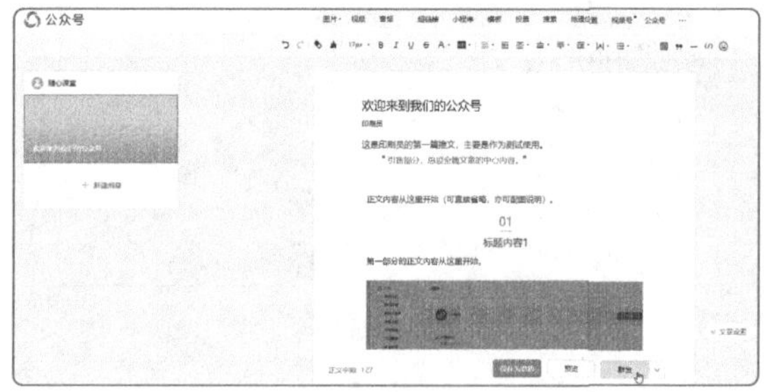

图12-41

12.5 上机演练

通过本章的学习，相信读者对网络及网络办公方面的知识有了一定的了解。下面通过两个案例，帮助读者巩固所学知识。

12.5.1 使用微云存储资料及分享文件

微课视频

微云因为与QQ相关联，所以使用起来比百度网盘更加方便，更加适合办公资料的分享。

STEP 1 在 QQ 面板中，单击“微云”按钮，启动微云，如图 12-42 所示。

图12-42

STEP 2 在主界面找到需要上传的文件夹，使用拖曳的方式完成文件的上传，如图 12-43 所示。

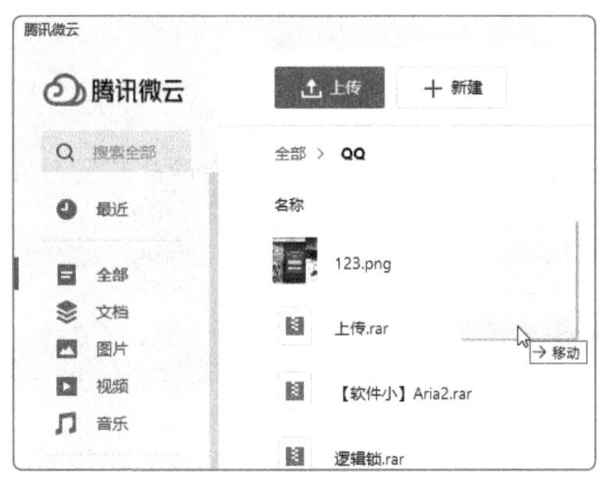

图12-43

STEP 3 选中文件并单击“下载”按钮，选择下载位置后就可以下载了，如图 12-44 所示。

图12-44

STEP 4 选中要分享的文件，单击“分享”按钮，可以通过链接、QQ、QQ 空间、右击操作和二维码的方式将文件分享给别人，也可以添加访问密码进行限制，如图 12-45 所示。

图12-45

12.5.2 在网络中学习 Excel 课程

在网络中学习各种在线课程是很多读者都非常喜欢的学习方式。作为办公人群，需要不断学习一些工具软件的使用方法。接下来向读者介绍如何在线学习Excel课程。

STEP 1 打开浏览器进入学习网站中，找到并选择想要学习的课程，如图 12-46 所示。

STEP 2 在打开的界面中，可以查看课程的详细介绍和观看方法，如图 12-47 所示。

STEP 3 进入“课时列表”中，可以查看课程目录，单击“免费观看”按钮，可以试看课程，如图 12-48 所示。

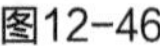

图12-46

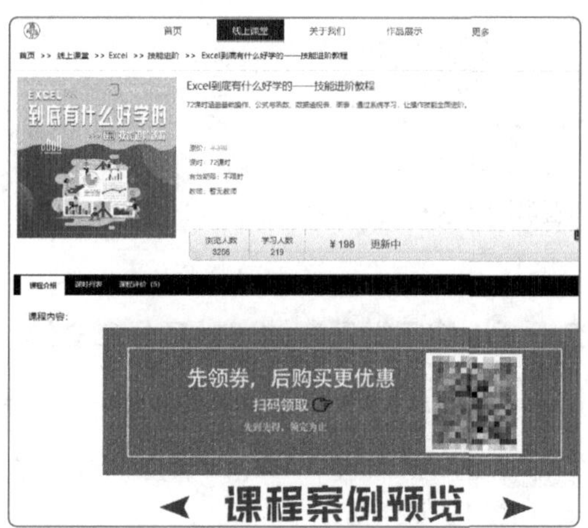

图12-47

图12-48

12.6 课后作业

本章介绍了网络办公的一些基本操作。为了让读者能熟练应用相关知识点，下面需要读者进行文件共享及远程修改文件的操作，以便加深学习印象。

12.6.1 共享文件夹并在局域网中访问

1．项目需求

在使用局域网办公时，经常需要和其他同事传输文件。这时除了使用QQ和微信外，还可以使用共享文件夹的方式，这种方式在没有外网的情况下也可以传输文件。

2．项目分析

设置共享文件夹涉及高级共享的设置、共享文件夹的设置、访问共享文件夹的方法等。用户先设置好高级共享的参数，尤其是要设置无密码访问，然后将需要共享的文件夹共享出去，再通过资源管理器就可以访问到相应共享文件夹并进行上传与下载了。

3．项目效果

共享设置效果如图12-49～图12-51所示。

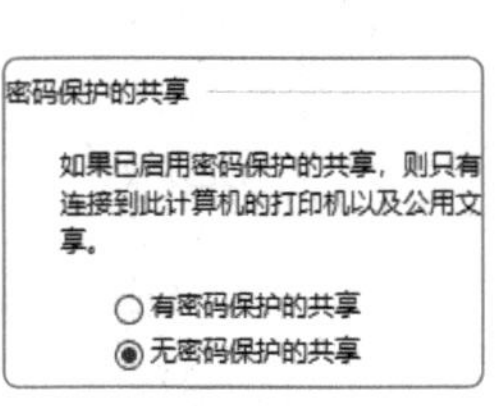

图12-49

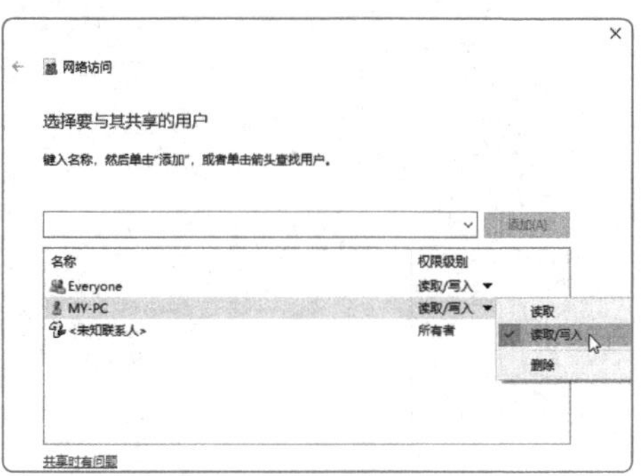

图12-50

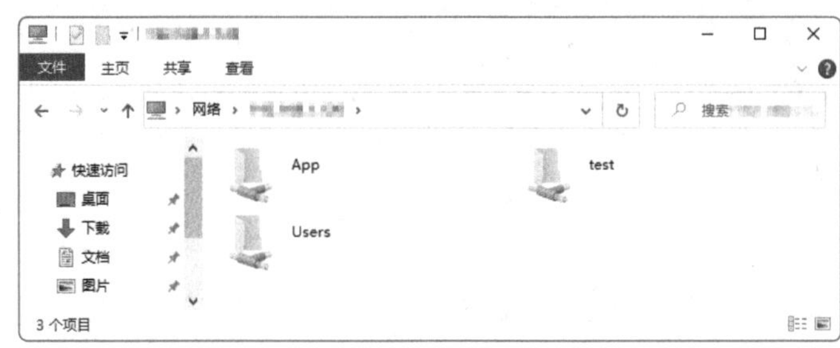

图12-51

12.6.2 使用 ToDesk 远程修改 Word 文档

微课视频

1. 项目需求

在日常办公中，经常遇到资料在远程计算机上的情况。这时可以使用ToDesk远程操作计算机进行文档的编辑工作。如果本地计算机不能满足当前使用要求，用户也可以远程操作高性能计算机完成各种办公任务。

2. 项目分析

本案例涉及ToDesk的连接、使用和远程操作计算机。在本地和远程都启动计算机（计算机上必须已经安装了ToDesk软件，且都可以联网），打开ToDesk客户端，输入远程计算机的ID，单击“连接”按钮，接着按照提示输入临时密码，连接后远程启动Word软件就可以处理文档了。

3. 项目效果

远程连接设置效果如图12-52、图12-53所示。

图12-52

图12-53

第 13 章

信息安全与系统优化

在日常办公中，信息安全是永远要放到首位的。在现在的网络大环境下，信息安全可能会受到很多威胁，包括计算机病毒、系统漏洞等。对办公人员来说，了解并掌握一定的安全知识及一些必要的安全手段是十分必要的。办公人员还应掌握简单的系统优化设置方法，使系统保持良好的运行状态，从而更利于高效地完成各种办公任务。

13.1 了解信息安全的重要性

“硬盘有价，数据无价”就是指硬盘中存储的数据是十分重要的。但现在的网络环境中，充斥着各种威胁信息安全的因素。

13.1.1 信息安全面临的威胁

信息安全面临的威胁主要包括以下几种。

1. 钓鱼威胁

通过伪造正常的网站，骗取用户的信息、账号、密码等。

2. 数据泄露

黑客入侵或企业内部员工的非法操作，大量的用户数据被用于非法用途。

3. 局域网威胁

计算机病毒的传播造成数据损坏、数据泄露或计算机被远程控制等。

13.1.2 信息安全的常见保护手段

普通用户对信息安全可采取的常见保护手段如下。

1. 安装杀毒软件

通过杀毒软件来查杀病毒，通过实时防御系统来抵御各种网络攻击。

2. 增强网络安全意识

增强网络安全意识，从自身做起：不随便进入不安全的网站，学习识别真假网站，不随便在网页上提交个人信息。

3. 安全使用软件

办公人员会经常使用各种软件，从安全性出发，应使用正版软件，并到官网下载。不下载、安装和使用非法软件、破解软件，以防范恶意软件的攻击。

4. 加密数据

对于一些敏感数据，我们应使用第三方安全的加密软件对数据进行加密后再传输，以防止数据被恶意获取或者篡改。

13.2 计算机病毒及木马

严格来说，病毒和木马是两种不同的程序。随着网络时代的到来，两者的界线越来越不明显。

13.2.1 计算机病毒及木马简介

计算机病毒是在计算机程序中加入的破坏计算机功能或数据、影响计算机正常使用并能自我复制的一组计算机指令。而木马是一种后门程序，常被黑客用来作为远程控制计算机的工具。

现在的计算机病毒和木马被合并起来，通过木马控制对方主机，再通过计算机病毒破坏数据。随着智能手机的应用，计算机病毒和木马正在向手机端蔓延。

13.2.2 计算机感染病毒后的常见表现

计算机感染病毒后，有一些常见的表现，读者可以结合自己计算机的表象来综合判断。

计算机感染病毒后，一般会表现为无法启动、无法引导、开机时间变长、开机出现乱码、运行速度突然变慢、无故宕机、蓝屏、重启、报错、网页自动跳转、弹出非法窗口、磁盘与文件变为不可读写、容量变为“0”、CPU占用率飙升到100%、文件图标改变、快捷方式异常、文件变大、文件名被更改、文件变成其他状态、杀毒软件失去响应或者失效等。

13.2.3 常见的防毒杀毒手段及注意事项

常见的防毒杀毒手段就是安装杀毒软件。其实Windows 10自带防毒杀毒程序，而且使用非常方便，其杀毒效果也不错。当然也可以使用第三方的防毒杀毒程序，如卡巴斯基、火绒、腾讯电脑管家等。

建议定期查杀病毒，日常查杀关键区域即可。全盘查杀不需要经常做，并且建议先进入安全模式再进行查杀。

办公秘技

安全模式是Windows系列操作系统的一种特殊模式，它使用最小的程序启动系统，界面也非常简单。在这种模式下查杀病毒可以防止病毒占用系统文件而无法被杀掉或者将系统文件也删除，造成系统故障。

13.3 信息安全防护措施的实施

上面介绍了信息安全及防范等理论知识，下面重点介绍如何进行信息安全防护措施的实施，包括杀毒软件的使用、系统漏洞的修复及网页安全的防护工作。

13.3.1 杀毒软件的使用

微课视频

使用杀毒软件可以对计算机进行系统查杀工作，此处以经常使用的火绒安全软件为例进行介绍。

STEP 1 下载安装并启动火绒，单击“病毒查杀”按钮，如图 13-1 所示。

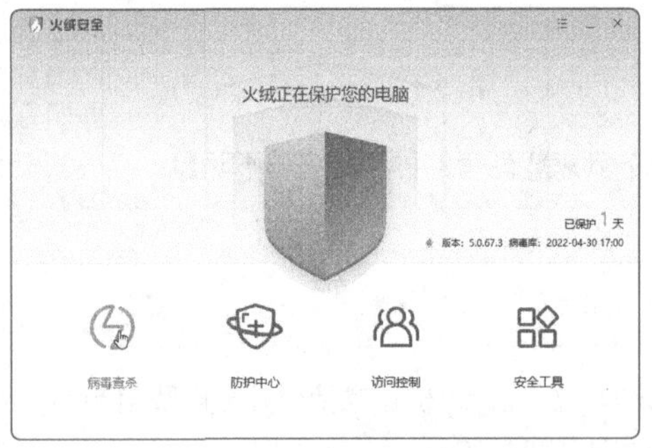

图13-1

STEP 2 在打开的界面中单击“快速查杀”按钮，如图 13-2 所示。

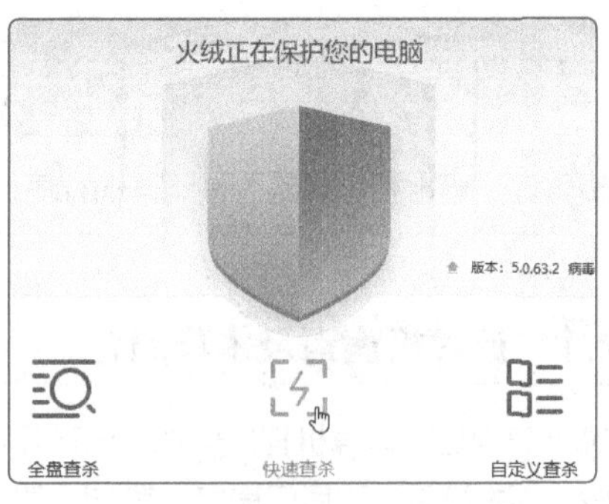

图13-2

STEP 3 软件启动查杀，并与病毒库比较，如图 13-3 所示，发现病毒则将其删除，最后完成查杀工作。

办公秘技

如果需要全盘查杀，则在图13-2中单击“全盘查杀”按钮，或者使用“自定义查杀”功能，对特定范围进行病毒查杀工作。

图13-3

13.3.2 系统漏洞的修复

系统漏洞是操作系统中存在的、可能被恶意使用并对系统造成风险的程序缺陷。Windows系统中的漏洞被发现后，微软会提供补丁程序来修复漏洞，而修补的方式就是更新系统。所以使用Windows的更新和安全功能为系统进行升级就可以修复漏洞。建议读者不要关闭系统更新程序并按时进行系统的更新操作。

STEP 1 按【Win+I】组合键打开“Windows 设置”窗口，单击“更新和安全”按钮，如图 13-4 所示。

图13-4

STEP 2 在“Windows 更新”界面中进行更新检查，如果有更新，则单击“下载并安装”链接，如图 13-5 所示。

图13-5

STEP 3 系统会自动下载并安装更新，如图 13-6 所示。完成后会在用户重启计算机时进行补丁的安装工作。

图13-6

新手误区

在系统重启并安装更新时，一定不能让计算机断电，否则可能造成系统文件损坏，从而不能启动系统。另外，因为系统都有服务时限，如Windows 7已经停止提供服务支持，新漏洞将严重影响系统安全性，建议读者使用Windows 10或Windows 11。

13.3.3 网页安全的防护

网页安全的防护主要是防止恶意插件或访问恶意网站，这些需要用户养成良好的上网习惯。而浏览器主页被篡改是经常遇到的情况，下面介绍如何设置使浏览器保持正常的默认主页。此处以腾讯电脑管家为例，在安装了该软件后，读者可以按照以下操作来设置，保护主页不被篡改。

STEP 1 启动腾讯电脑管家，从“工具箱”选项卡中选择“浏览器保护”选项，如图13-7所示。

图13-7

STEP 2 在打开的对话框中单击“🔒”按钮解除锁定状态，选择或输入网页后，再次单击该按钮锁定主页，如图13-8所示。

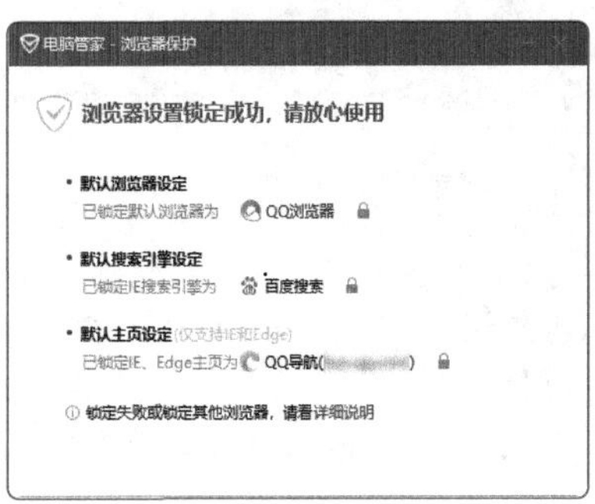

图13-8

STEP 3 在系统主页被篡改时，电脑管家会弹出警告信息。主页被恶意修改后，可以在此处进行还原。这样在打开浏览器时，系统会自动弹出设置好的主页，如图13-9所示。

图13-9

办公秘技

如果主页被篡改，并且使用此软件无法恢复，此时可以尝试卸载恶意软件程序，再尝试或者修改注册表文件以达到重新设置主页的目的。

13.4 系统优化

系统优化的目的是使系统长时间保持良好的工作状态，间接保证高效的工作状态，降低计算机产生故障而影响正常工作的风险。

13.4.1 使用AIDA64查看当前系统状态及参数

AIDA64是常用的查看当前系统参数的软件，办公人员可以通过该软件了解当前计算机的系统配置和系统状态。AIDA64有免安装版，下载后就可以直接使用。

STEP 1 启动软件后，展开左侧的“计算机”下拉按钮，选择“系统概述”选项，可以查看到当前的系统信息，如图13-10所示。用户也可以选择左侧的其他选项来查看其他硬件的详细信息。

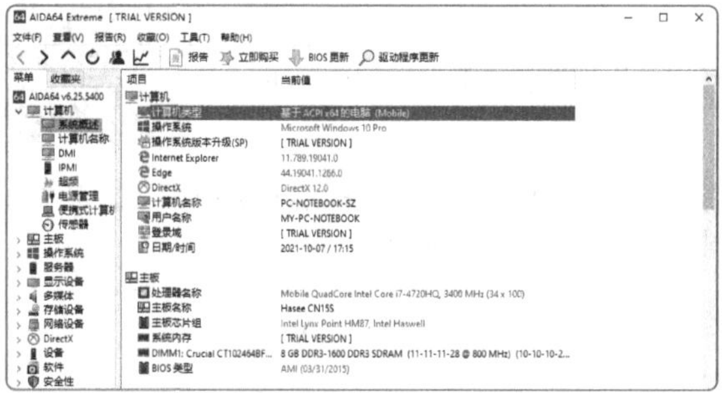

图13-10

STEP 2 在桌面中，AIDA64 还提供了系统监控功能，可以实时查看各参数，如图 13-11 所示。

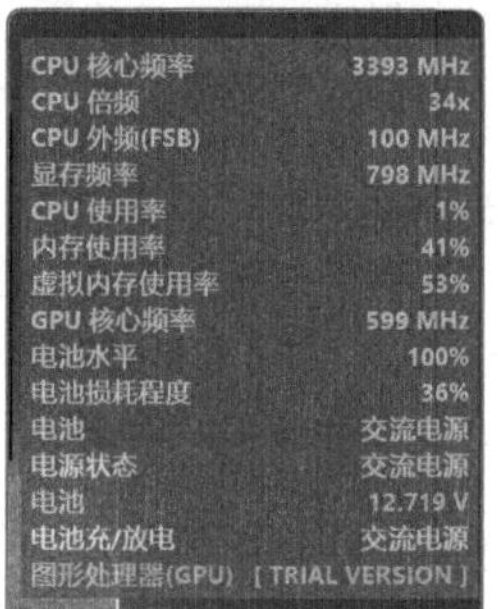

图13-11

13.4.2 常见的系统优化设置

微课视频

常见的系统优化设置有以下几种。

1. 清理系统垃圾

操作系统在运行的过程中会产生各种碎片和临时文件等垃圾文件。Windows 10可以通过系统自带的功能来清理垃圾文件，下面介绍具体的操作步骤。

STEP 1 按【Win+I】组合键，在打开的“Windows设置”窗口中单击“系统”按钮。在“系统”界面中，选择“存储”选项，单击“临时文件”按钮，如图 13-12 所示。

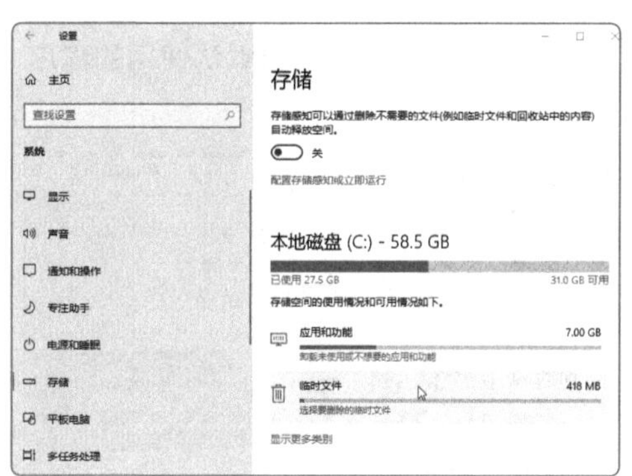

图13-12

STEP 2 在打开的界面中，勾选需要清理的文件类型，单击“删除文件”按钮，如图 13-13 所示。

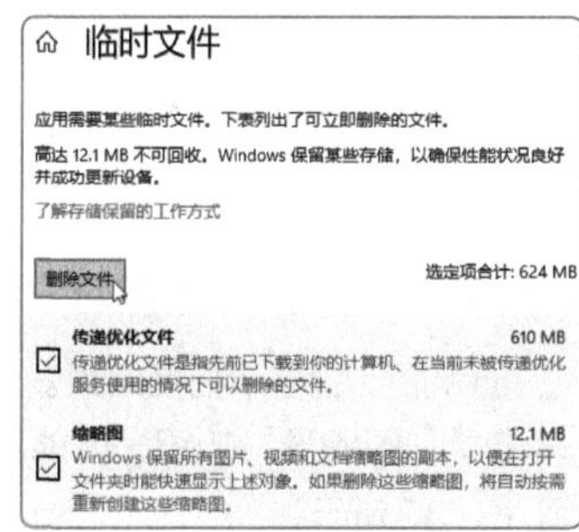

图13-13

STEP 3 除了手动清理外，也可以单击“配置存储感知或立即运行”链接，如图 13-14 所示，打开存储感知并配置好清理的频率，如图 13-15 所示，系统便可以自动清理系统垃圾。

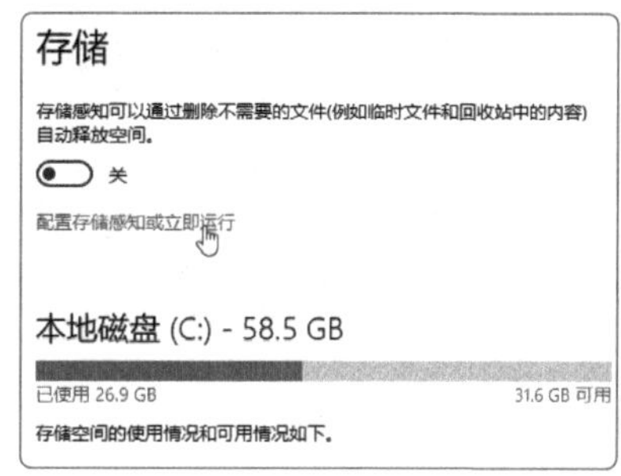

图13-14

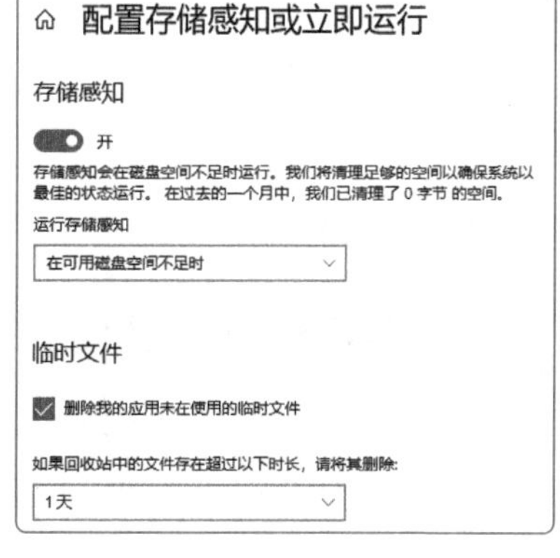

图13-15

微课视频

2. 禁用自启动软件

有些软件在开机时会自动启动，占用系统资源。用户可以禁用这些软件的自动启动功能，使其在需要时再启动，以节省资源。设置步骤如下。

STEP 1 在“Windows 设置”窗口中单击“应用”按钮，在“应用”界面中选择“启动”选项，如图 13-16 所示。

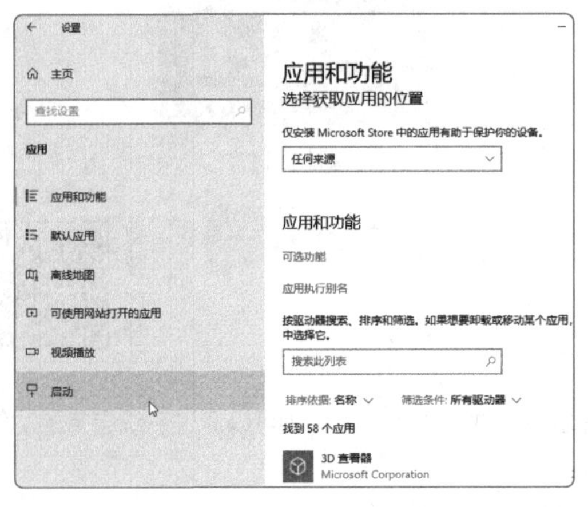

图13-16

STEP 2 从启动的列表中，关闭开机启动的软件功能按钮，如图 13-17 所示。

图13-17

3. 设置默认应用

更改系统默认文件的打开程序，可以更方便地使用计算机。在默认程序被篡改后，用户也可以用此方法修改回来。

STEP 1 在“应用”界面中选择“默认应用”选项，如图 13-18 所示。

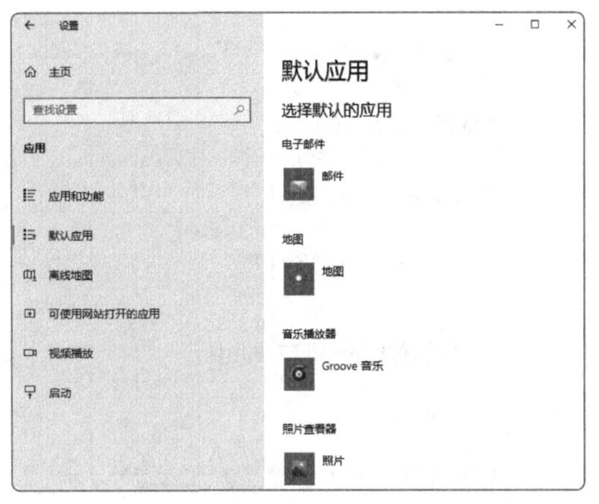

图13-18

STEP 2 选择 Web 浏览器默认使用的程序，如图 13-19 所示。

图13-19

13.4.3 使用腾讯电脑管家优化系统

用户也可以使用第三方的专业软件来对系统进行优化，如常用的腾讯电脑管家，具体操作如下。

STEP 1 下载安装并启动电脑管家后，选择“垃圾清理”选项卡，单击“扫描垃圾”按钮，如图 13-20 所示，软件会自动扫描垃圾。

STEP 2 扫描完后，会显示扫描结果。勾选需要清理的垃圾，单击“立即清理”按钮，就能自动清理垃圾文件，如图 13-21 所示。

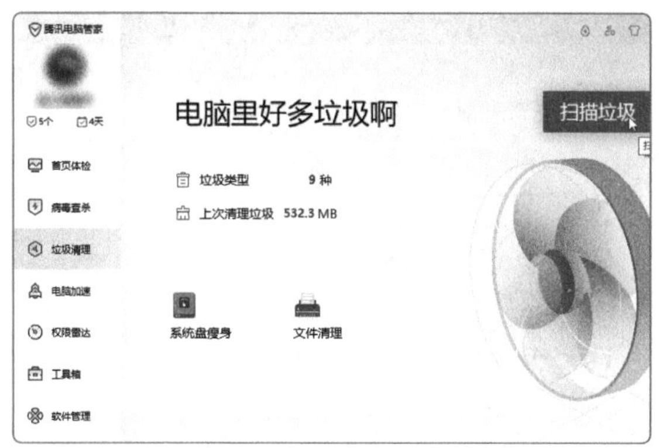

图13-20

图13-21

STEP 3 选择“电脑加速”选项卡，单击“一键扫描”按钮，如图 13-22 所示，系统会扫描出自动启动的软件和占用内存的软件。

STEP 4 勾选需要清理的程序，单击“一键加速”按钮，禁用开机启动项目或者从内存释放占用资源的程序，如图 13-23 所示。

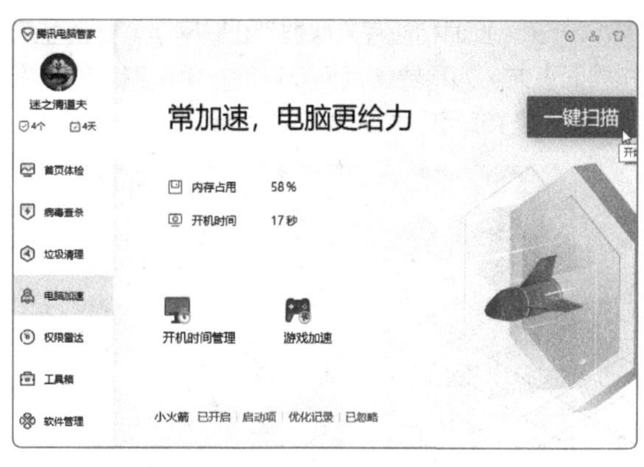

图13-22

图13-23

办公秘技

若平时感觉计算机比较卡顿，用户可以单击计算机桌面右下角的电脑管家悬浮图标，快速进行内存清理。

13.5 上机演练

通过本章的学习，相信读者对计算机病毒的查杀，以及系统的优化知识有了新的了解。下面通过两个案例，帮助读者对所学知识进行巩固。

13.5.1 禁止程序联网

如果要禁止某些应用程序联网，此时可以在腾讯电脑管家中进行设置，非常方便。其具体步骤如下。

STEP 1 安装好腾讯电脑管家后，单击桌面上的电脑管家悬浮图标右侧的网速显示状态框，如图 13-24 所示。

STEP 2 在打开的“网络优化”对话框中，选择要禁止联网的程序，单击“禁用网络”链接，如图 13-25 所示。

STEP 3 此时相应程序就被禁止联网了，并且显示在界面下方。如果要使其恢复联网，单击其后的“恢复连接”链接即可，如图 13-26 所示。

图13-24

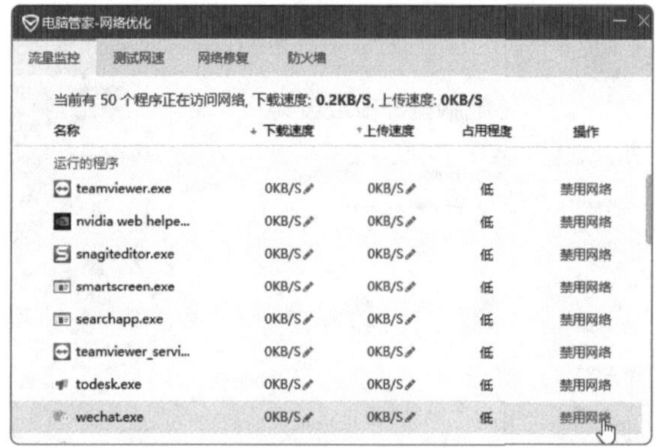

图13-25

smartscreen.exe	0KB/S	0KB/S	低	禁用网络
searchapp.exe	0KB/S	0KB/S	低	禁用网络
teamviewer_servi...	0KB/S	0KB/S	低	禁用网络
查看更多(43项)				
已限制的程序				
wechat.exe	已禁用	已禁用	无	恢复连接

图13-26

13.5.2 使用杀毒软件进行全盘查杀

下面介绍使用腾讯电脑管家进行全盘查杀的步骤，读者可以一起来为计算机做一次全面的杀毒。

STEP 1 启动电脑管家后，切换到“病毒查杀”选项卡，单击“闪电杀毒”下拉按钮，在下拉列表中选择“全盘杀毒”选项，如图 13-27 所示。

图13-27

STEP 2 查出病毒或者安全隐患后，单击“立即处理”按钮就可以自动隔离病毒或者删除病毒文件，如图 13-28 所示。

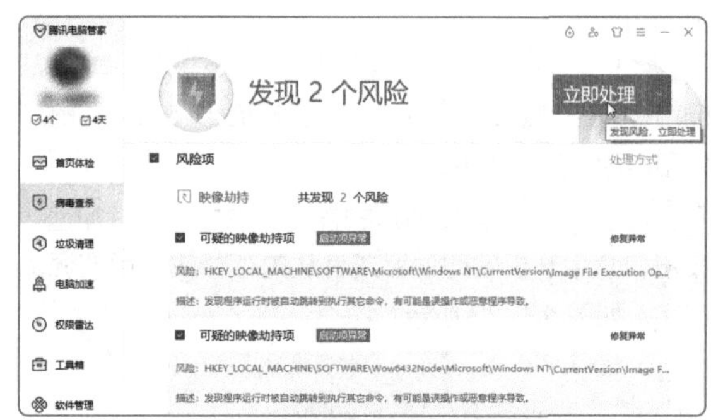

图13-28

13.6 课后作业

为了让读者熟练应用本章的相关知识点，下面将安排读者进行文件夹位置的设置及使用腾讯电脑管家进行网络弹窗广告的拦截操作，以加深学习印象。

13.6.1 设置默认文件夹的位置

1. 项目需求

在安装软件或者使用浏览器下载文件的时候，如果不做设置，系统会按照系统的默认配置将文件保存到系统文件夹或者系统盘中，这样会造成系统盘的空间不断减小。读者可以手动设置系统文件夹的默认位置到非系统盘，以此更好地对文档或软件进行管理。

2. 项目分析

本案例涉及修改系统默认存储位置的操作。从“Windows 设置”窗口中，进入“系统”界面，选择“存储”选项，单击“更改新内容的保存位置”链接。在打开的界面中，单击默认的“本地磁盘”下拉按钮，在下拉列表中选择其他分区并应用。这样，下次安装软件或者保存文档时，就可以默认存储到非系统盘。

3. 项目效果

设置及效果如图13-29、图13-30所示。

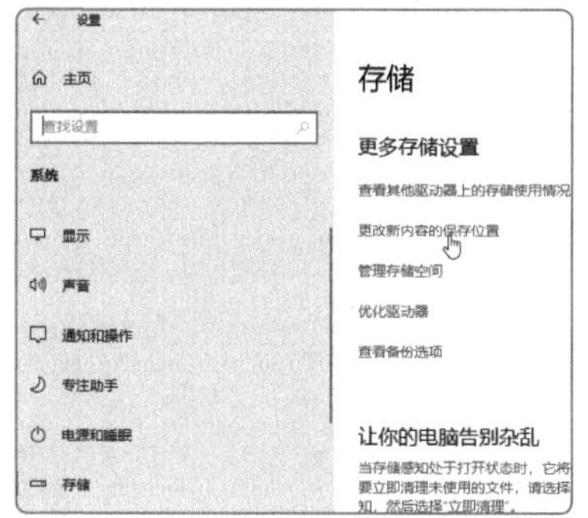

图13-29

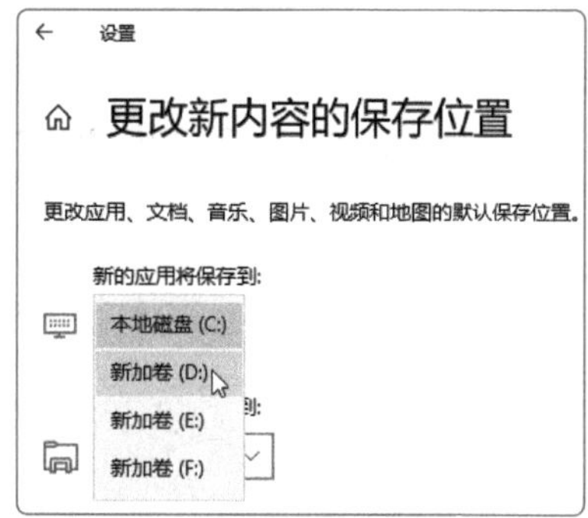

图13-30

13.6.2 使用腾讯电脑管家进行网络弹窗广告拦截

微课视频

1. 项目需求

在使用计算机的过程中，经常会遇到各种软件弹出广告或者资讯的情况，影响办公。此时可以使用腾讯电脑管家的“弹窗拦截”功能进行拦截。

2. 项目分析

本案例涉及腾讯电脑管家的“权限雷达”功能的使用。在腾讯电脑管家主界面中选择“权限雷达”选项卡，在打开的界面中单击“立即管理”按钮，扫描后，系统会列出有弹窗的软件，从中选择禁用弹窗的软件，单击“一键阻止”按钮，就可以将相应软件的弹窗屏蔽掉。

3. 项目效果

设置及效果如图13-31、图13-32所示。

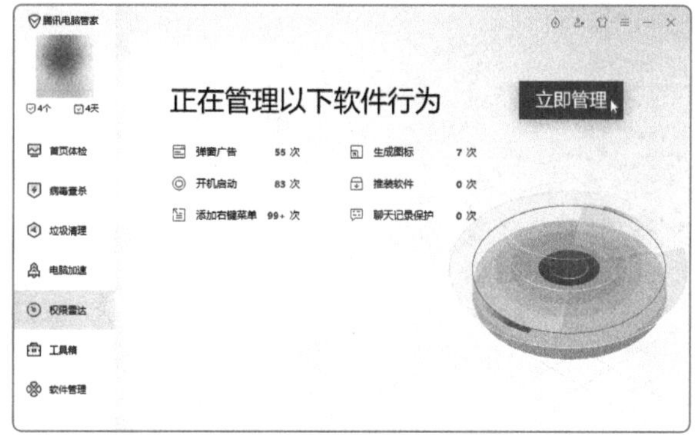

图13-31

电脑管家 - 权限雷达 1.0
已选择 2 项权限
权限视图 | 软件视图
返回
一键阻止
以下软件会弹出营销广告、内容资讯等弹窗
TeamViewer
QQ
PotPlayer
QQ浏览器
电脑管家
QQ音乐
WinRAR
营销广告
推送软件游戏等
购物推荐
推送购物广告等
以下软件可能会静默安装其他软件

图13-32

第 14 章

常见办公设备的使用

在日常办公过程中，办公人员经常接触到的办公设备包括打印机、扫描仪、投影仪、移动存储等。正确地配置和使用这些设备可以大幅提升办公效率，增强自己的综合能力和业务能力。本章将向读者介绍这些设备的基本使用方法。

14.1 常见打印设备

本节将向读者介绍打印机的类型、打印机的安装、纸张的添加、多功能一体机的使用等。

14.1.1 打印机的类型

打印机的类型主要包括以下几种。

1. 针式打印机

针式打印机的样式如图14-1所示。针式打印机能在很长的一段时间内流行不衰与它极低的打印成本、很好的易用性及单据打印的特殊用途分不开。当然，很低的打印质量、很大的工作噪声也使它无法适应高质量、高速度的商用打印场景。

2. 喷墨打印机

喷墨打印机分为黑白和彩色两种，图14-2所示为彩色喷墨打印机。喷墨打印机可以在多种材质上进行打印，如照片纸、光盘、普通纸张等。喷墨打印机的耗材为墨水，打印机本身非常便宜，但耗材比较贵。所以如果经常需要大量打印，一般都需要将其改装成外接耗材的形式。

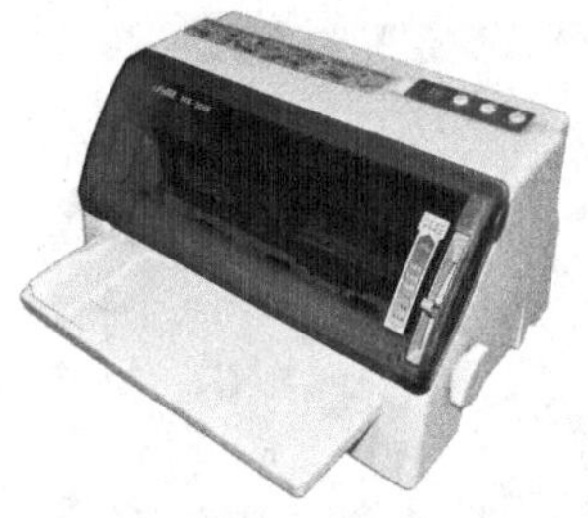

图14-1

图14-2

3. 激光打印机

激光打印机如图14-3所示。激光打印机的性价比高，其购买成本稍高，但使用成本较低，耗材为墨粉和硒鼓，图14-4所示为硒鼓。现在比较常见的打印机基本都是激光打印机。

图14-3

图14-4

14.1.2 打印机的安装

如果是无线打印机，用户可以直接在打印机上设置连接的无线名称及密码，待打印机连接到网络后，其他计算机便可以通过网络添加该打印机。如果是有线打印机，一般需要先将其连接到一台计算机中，在这里可以使用打印机专用的数据线（见图14-5），将较窄的一端连接到打印机的数据接口，将另一端连接到计算机的USB接口，如图14-6所示，然后将打印机通电并启动，计算机会自动发现打印机并安装驱动。

图14-5

图14-6

14.1.3 纸张的添加

为打印机添加纸张的方法非常简单。如果是有纸仓的打印机，拉出纸仓托盘，将打印纸整理好后，放入纸仓即可，如图14-7所示。如果打印机有进纸口的构造，则按照说明书整理好纸张后，将其放入进纸口中，如图14-8所示。

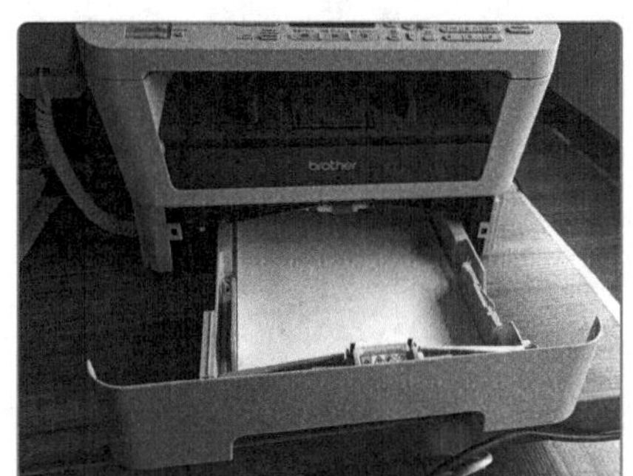

图14-7

图14-8

办公秘技

针式打印机可以将票据放入面板中，打印机会将票据卷入，打印好后将其退出。

14.1.4 多功能一体机的使用

多功能一体机是将打印、扫描、复印、传真等功能综合在一台设备中的打印机，能满足日常办公的各种需要。多功能一体机在使用前和其他的打印机一样要连接到计算机中，安装好驱动后，用户就可以在应用程序的打印功能中找到它并使用了。

下面主要介绍多功能一体机的使用注意事项。

（1）一旦出现打印机夹纸的现象，用户首先应看打印纸表面是否平整，如果发现纸张卷曲或褶皱，最好换用表面平整、光洁的纸张，并且确保打印纸表面没有类似胶类的附着物。

（2）必须确保打印纸的克重超过60，打印纸太薄将造成打印机走纸变得困难，容易出现打印机夹纸。另外，一次装入的打印纸不能太多。

（3）与普通打印机不一样的是，一体机在每次启动时都需要进行预热，如果长期频繁启动一体机，很容易影响一体机内部光学器件的寿命。为了避免这种频繁启动现象出现，用户应该尽可能地集中作业，把需要复印的材料集中起来，使用多功能一体机的连续复印功能进行批量化操作，这样不仅可以很好地延长一体机的使用寿命，还能提高复印的速度。

（4）如果要进行身份证双面复印，此时可以切换到双面复印模式，按照提示先扫描身份证的一面，再扫描另外一面，打印机会自动将身份证的正反面印到一张纸上。

（5）一体机的文档扫描入口一般在机器上方，注意参阅说明书或观察机器，将文档送入扫描入口后一体机会自动进行扫描并从出纸口输出复印的纸张。

14.2 用扫描仪扫描文件

扫描仪如图14-9所示。扫描仪是使用光学原理扫描出文档的内容、将扫描的内容存储在计算机中的设备。一体机的扫描功能还能直接将扫描的内容打印出来，如身份证复印件。接下来介绍扫描仪的相关配置和使用。

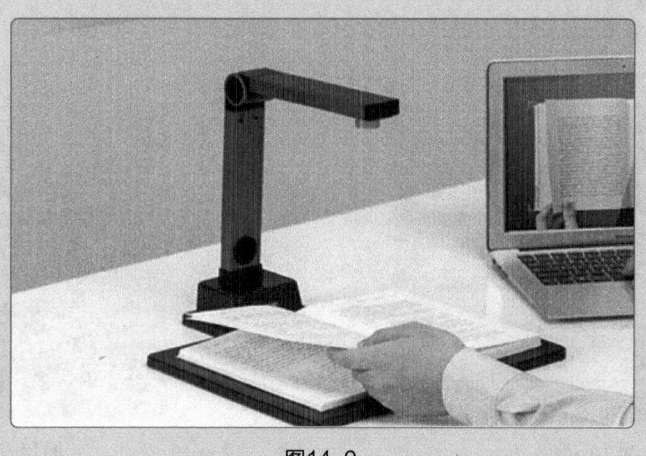

图14-9

14.2.1 扫描仪的安装和参数调节

一般扫描仪没有220V电源接口，使用计算机的USB接口即可供电和传输数据，也有供电和传输数据的线是分开的扫描仪。在连接计算机后，系统会自动安装驱动。用户也可以使用扫描仪自带的应用软件来启动扫描功能并进行参数配置。

扫描仪的参数主要包括扫描的类型，如照片、文本，用户可以根据扫描内容进行选择。扫描的颜色格式包括彩色和黑白，用户也可以根据扫描内容进行设置。扫描输出的文件类型包括JPG、BMP、PNG等。扫描的分辨率（DPI）越高，扫描速度越慢，获得的图像在放大后也会更加清楚。其他的参数包括亮度和对比度，用户可以在扫描预览时对其进行调节，以保证图像的清晰度，如图14-10所示。

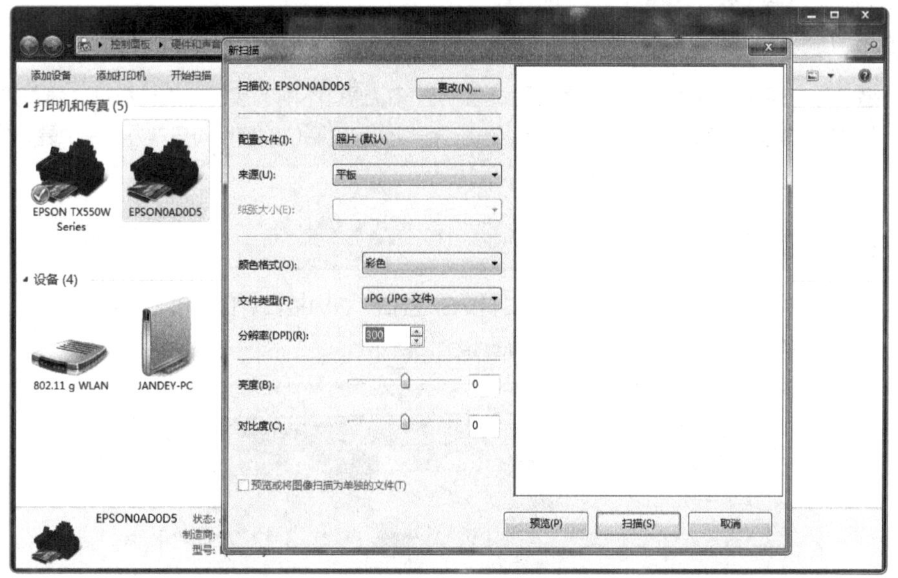

图14-10

14.2.2 扫描仪的使用

使用传统的扫描仪需要将扫描文件平铺在扫描板上，让被扫描文件的内容朝下，启动扫描，如图14-11所示。现在比较常见的高拍扫描仪，则需要按照操作板上的提示将文件放置在操作板框体内，让被扫描文件的内容朝上，启动扫描，如图14-12所示。

图14-11

图14-12

办公秘技

从原理上说，扫描仪就是一部高清摄像头。现在除非专业的领域，一般都是使用一体机进行扫描。现在的主流扫描仪还提供连续扫描、过热保护、实时投影、录像、自动纠斜、智能裁剪、图像增强、一键转Word等功能，其功能非常强大。

14.3 安装与使用投影仪

投影仪是一种将图像或视频投射到幕布上的设备，它可以通过不同的接口连接计算机。随着投影仪越来越平民化，人们在日常生活和工作中随处都可以看到它。所以学习投影仪的使用对日常办公来说是十分必要的。

14.3.1 投影仪的连接

投影仪用电源线连接电源时，视频输入线接口有VGA接口、DVI接口、DP和HDMI几种类型。其中HDMI非常常见，可以同时传输视频信号和音频信号，如图14-13所示。

图14-13

现在的投影仪很多都自带操作系统，用户可以通过操作系统来观看视频和管理文件等，而且支持手机投屏功能，如图14-14所示。

图14-14

14.3.2 使用投影仪投影文件

使用投影仪投影文件的方案有以下几种，用户可以根据实际情况来选择。

1. 使用手机投屏功能

使用手机投屏功能可以将手机显示的内容投影到投影仪中，手机展示文件，投影仪也会显示相应文件。

2. 使用计算机投影

使用数据线连接计算机与投影仪，然后在计算机上设置好显示模式，如图14-15所示，在计算机上打开文件并将其投影到投影仪中进行显示。

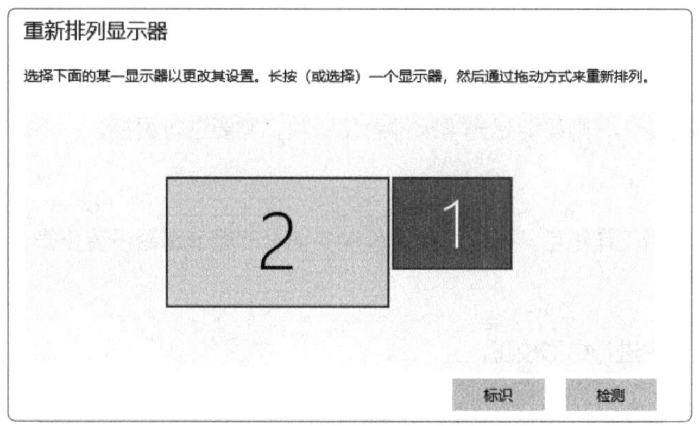

图14-15

3. 使用U盘打开并显示文档

如果投影仪支持读取U盘的内容，而且投影仪可以管理U盘的文件，则用户可以使用U盘连接到投影仪，然后打开并显示文档，如图14-16所示。

图14-16

4. 使用软件打开

现在很多文档处理软件都有投屏或投影的安卓App软件，如图14-17所示。登录后就可以查看文档，并能直接读取内容进行展示。

图14-17

14.3.3 投影仪常见故障的排除

在使用投影仪时，可能会遇到一些故障，常见的故障现象及排除方式如下。

1. 自动关机

检查投影仪是否因散热不良造成内部热保护程序启动。查看风扇是否转动，是否有大量灰尘，可以请专业人员定期清理投影仪。

2. 投影模糊

手动调焦，如果仍然无变化，则可能是光学部件老化所致，需要进行更换。

3. 无显示

先检查视频输出设备是否工作正常，再检查投影仪输入信号的频道是否设置正确，用户可以手动切换排查。

4. 投影变形

进入投影仪的设置界面中进行梯形校正。

5. 偏色

造成这种情况的原因基本有两种：一是投影仪色彩控制参数调节不当，一般在投影仪主菜单中有相关的参数设置，只要进行适当调节就可以解决；二是硬件线路故障，这就需要专业维修人员进行检修了。

6. 无法开机

有可能是内部的灯泡损坏，需要专业人员检查并更换。

14.4 用移动存储设备进行存储

移动存储设备包括了U盘和移动硬盘。U盘存储容量小但携带方便，工作时不怕震动。移动硬盘包括了传统的2.5英寸机械硬盘改造的移动硬盘及固态硬盘或NVME固态硬盘改造的移动硬盘。固态硬盘运行速度快且不怕震动，而2.5英寸机械硬盘改造的移动硬盘虽容量大但体积也大，且工作时不能震动，否则容易损坏磁头。

14.4.1 U 盘和移动硬盘的使用

U盘和移动硬盘的使用方法比较简单，将U盘直接接入计算机的USB接口中，将移动硬盘的数据线接入计算机的USB接口中即可。

需要注意的是，U盘和移动硬盘根据存取速度可以向下兼容，但存取速度也会有所下降。在购买时，要查看U盘或移动硬盘的存取速度。现在比较主流的都是USB 3.2 Gen1标准，可以直接将U盘或移动硬盘接入计算机中的USB 3.2 Gen1（蓝色USB），如图14-18所示，以此来享受高速数据传输。

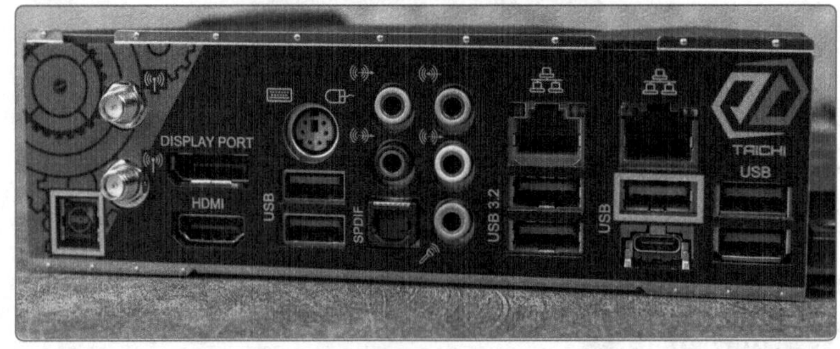

图14-18

另外，虽然U盘和移动硬盘支持热插拔，但在拔出前，尽量关闭所有正在使用U盘或移动硬盘的程序，按照正常的步骤安全退出后再拔出，如图14-19、图14-20所示。

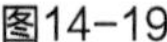

图14-19

图14-20

14.4.2 录音笔的使用

录音笔的结构很简单，如图14-21所示。一般在开会或者会谈过程中，用录音笔来记录会话过程，以便后期整理或者写会议纪要。

录音笔的使用方法根据不同的品牌而有所不同。例如，图14-22所示的录音笔，上推滑块即可录音，下推滑块即可保存，它还支持一键暂停和播放。

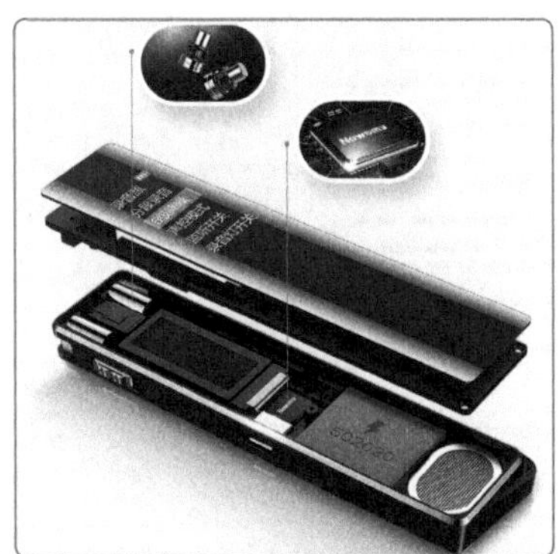

图14-21

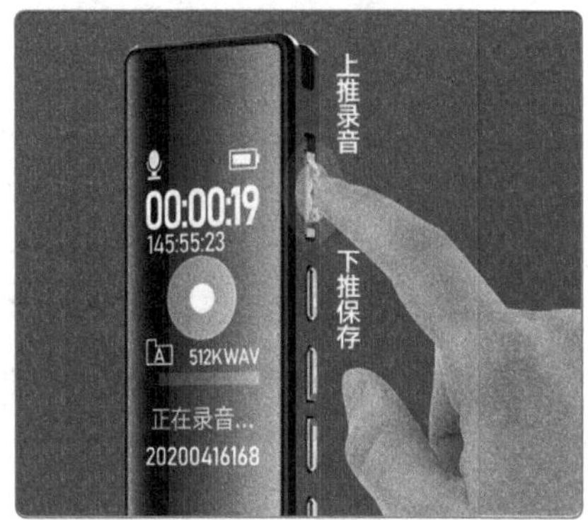

图14-22

办公秘技

有些录音笔支持通过OTG连接到手机并下载录音，还支持语音转文字功能，以及A-B复读、变速播放、声控录音、定时录音、AUX内录及低电量自动保存后关机的功能。

14.5 上机演练

通过本章的学习，相信读者对常见办公设备已有了大致了解。下面通过两个案例，帮助读者对所学知识进行巩固。

14.5.1 扫描并打印业务合同

连接扫描仪后，将业务合同放置在扫描仪的扫描板上进行文稿的扫描工作，如图14-23所示。

图14-23

扫描完成后，扫描件以图片的格式存在，此时可将其放置在Word文档中进行排版或者直接通过图片查看软件进行打印，如图14-24所示。

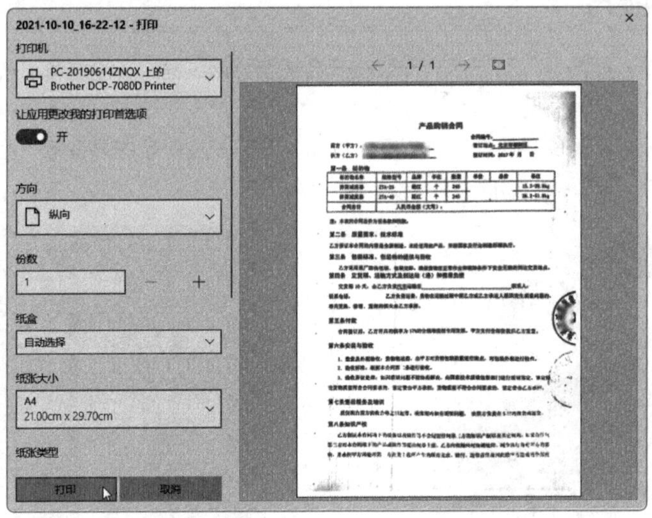

图14-24

14.5.2 使用投影仪投影演示文稿

使用投影仪投影演示文稿的方法比较多。对文档来说，最合适的就是使用WPS投影宝了。

在手机和投影仪中都安装WPS投影宝后打开程序，使用手机端扫描投影仪投影的二维码，如图14-25所示。

在手机端选择要投影的文档，如图14-26所示，投影仪自动显示文档内容，用户可以在手机端进行控制操作。

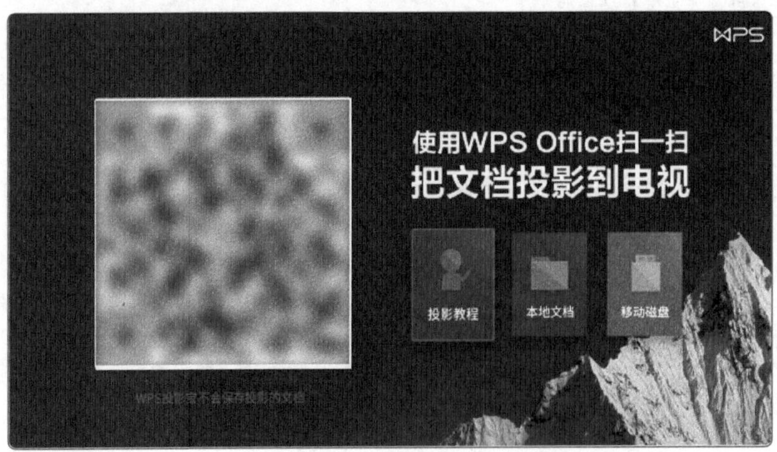

图14-25

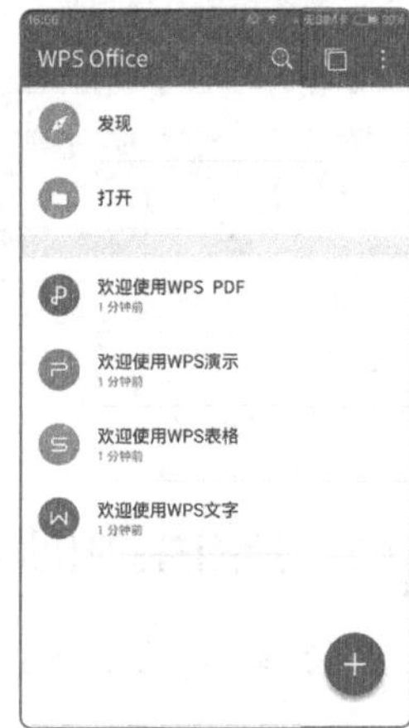

图14-26

14.6 课后作业

本章介绍了一些常见办公设备的基本应用，其中包含打印机、扫描仪、投影仪、U盘等。为了让读者能熟练应用相关知识点，下面将安排读者进行员工入职登记表的打印、U盘的查杀与格式化操作，以加深学习印象。

14.6.1 打印员工入职登记表

1. 项目需求

一般最常见的打印操作就是打印Word文档，下面以打印员工入职登记表为例，讲解相关操作。

2. 项目分析

打开Word，连接打印机，打开“打印”界面，设置好打印机和打印的份数后，单击“打印”按钮，就可以开始打印了。

3. 项目效果

打印设置效果如图14-27所示。

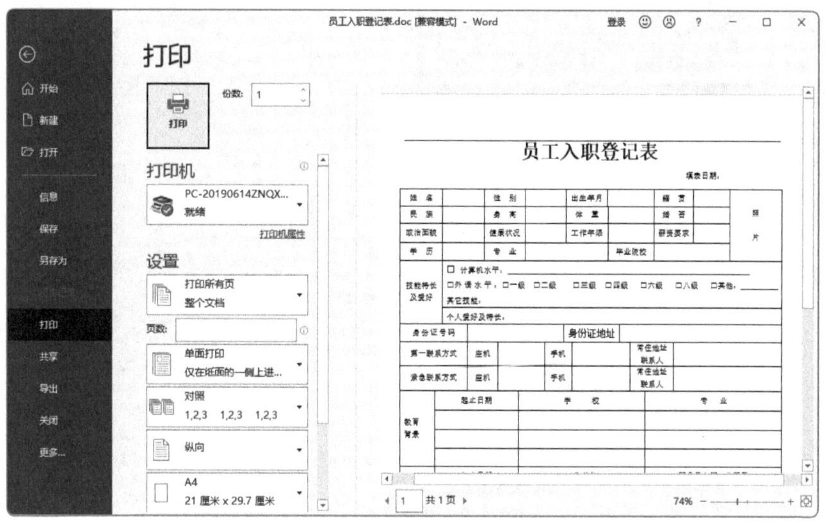

图14-27

14.6.2 对U盘进行查杀及格式化

1. 项目需求

在日常工作与生活中使用U盘时，特别要注意U盘的安全问题，用户可以使用杀毒软件对U盘进行查杀。在很多情况下，U盘会产生逻辑坏道，这时可以通过格式化解决此问题。

2. 项目分析

本案例涉及的知识点有U盘的查杀、U盘的格式化。将U盘接入计算机中，在U盘图标上右击，在弹出的快捷菜单中选择“扫描病毒（腾讯电脑管家）”命令，可启动病毒查杀程序，并只对U盘进行查杀。在U盘上右击，在弹出的快捷菜单中选择“格式化”命令，打开“格式化”对话框，保持默认设置，单击“开始”按钮，启动格式化操作。

3. 项目效果

设置如图14-28、图14-29所示。

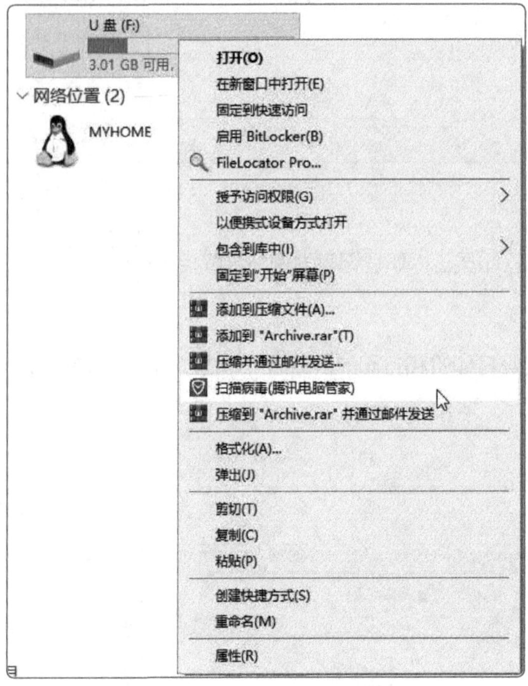

图14-28

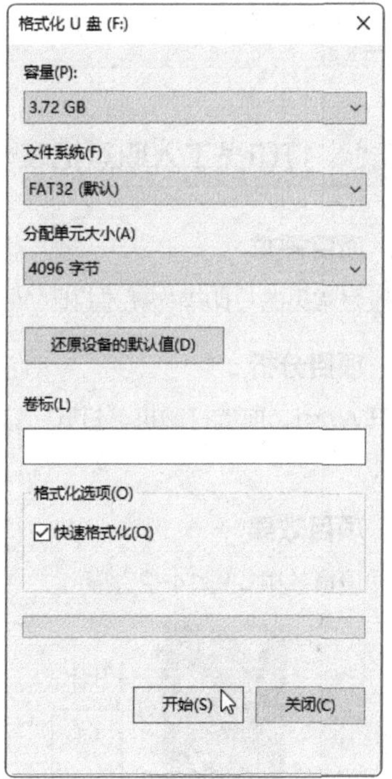

图14-29

第 15 章

综合案例——可行性研究报告的制作

本章主要以一份可行性研究报告的制作为例，讲解 Word、Excel 和 PowerPoint 在实际工作中的应用，以及其相互间的协作操作。通过学习本案例，读者能够了解项目可行性报告的制作流程，掌握使用办公软件的方法。

15.1 实例目标

本章的综合案例为制作乳业项目可行性研究报告。在制作这类报告文档前，用户需要收集报告资料，确定报告的内容和数据支持等，再使用Word、Excel和PowerPoint这3个软件进行相互协作，完成报告内容的编排。本案例的部分内容效果如图15-1～图15-3所示。

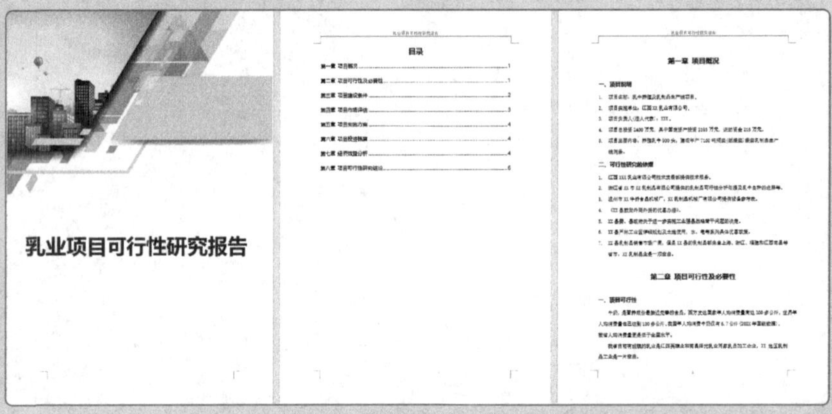

图15-1

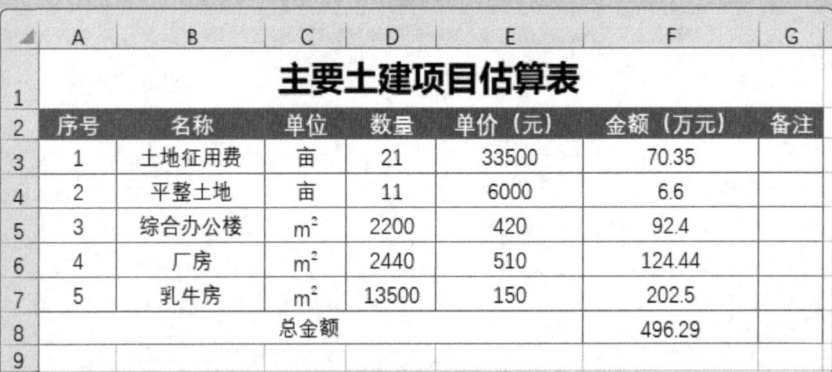

	A	B	C	D	E	F	G
1	主要土建项目估算表						
2	序号	名称	单位	数量	单价（元）	金额（万元）	备注
3	1	土地征用费	亩	21	33500	70.35	
4	2	平整土地	亩	11	6000	6.6	
5	3	综合办公楼	m^2	2200	420	92.4	
6	4	厂房	m^2	2440	510	124.44	
7	5	乳牛房	m^2	13500	150	202.5	
8	总金额					496.29	
9							

图15-2

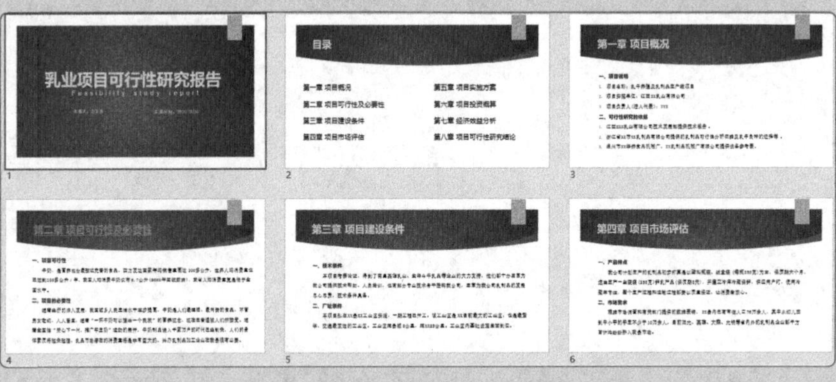

图15-3

15.2 专业背景

研究报告类文档一般被视为综合性文档。在制作此类文档时，用户需要灵活地运用Word、Excel、PowerPoint这3个组件，才能提高制作效率。例如，文档中涉及的一些数据统计信息，就可利用Excel软件来制作，再将其导入Word文档中，这样要比直接在Word中创建数据报表快速、准确得多。

15.2.1 可行性研究报告的概念

可行性研究报告是从事一种经济活动（投资）之前的调研报告，是在确定投资项目之前制作的具有决策性的报告。投资者与管理者要从经济、技术、生产、供销直到社会各种环境、法律等各种因素进行具体调研和分析，以确定有利和不利的因素、项目可行性，以及经济效益和社会效果程度，从而为投资决策提供科学依据。

15.2.2 可行性研究报告的主要内容

项目可行性研究报告的主要内容包括以下3个部分。

1. 研究报告文档

该文档中需要详细介绍项目概况、项目可行性及必要性、项目建设条件、项目市场评估、项目实施方案、项目投资概算、经济效益分析、项目可行性研究结论。

2. 各数据统计报表

数据报表主要用来估算项目投资金额，包括主要土建项目估算、总成本估算等。

3. 研究报告演示文稿

研究报告演示文稿是用于向上一级管理单位进行汇报所使用的文档。在该文稿中只需展示出关键性的内容即可。

15.3 实例分析

本案例的制作需要用到Word、Excel、PowerPoint等相关知识。其中，利用Word相关知识点，例如通过设置文档样式、添加文档页眉、添加页码、提取目录等，对项目可行性研究报告文档进行制作及编排；利用Excel相关知识点，例如使用函数计算报表数据、初步美化报表外观等，制作各类数据报表；通过利用设计主题、更改幻灯片版式、插入文本框等PowerPoint相关知识来制作该报告的演示文稿。

15.4 制作过程

了解项目可行性研究报告的主要内容及制作要用到的知识点后，就可以开始制作了。下面介绍具体的制作过程。

15.4.1 制作乳业项目可行性研究报告文档

微课视频

本案例需要先在新建的文档中输入内容，再进行相关设置，下面介绍具体的操作方法。

STEP 1 新建一个空白文档并命名为“乳业项目可行性研究报告”。打开该文档，输入内容，如图 15-4 所示。

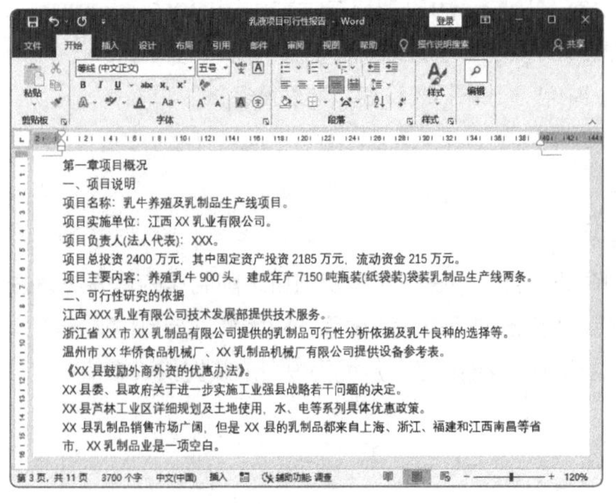

图15-4

STEP 2 设置内容的字体格式和段落格式，并添加相应的编号，如图 15-5 所示。

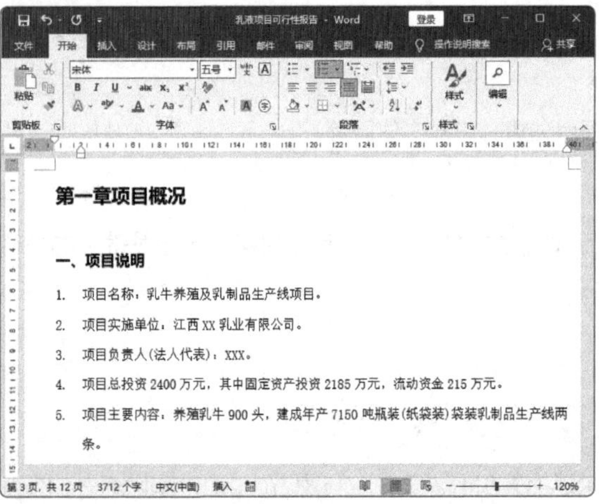

图15-5

STEP 3 选择“第一章 项目概况”标题，为其添加“标题 1”样式，如图 15-6 所示。

图15-6

STEP 4 在“开始”选项卡中将“字体”更改为“微软雅黑”，将“字号”更改为“小三”，将对齐方式更改为“居中”，如图 15-7 所示。

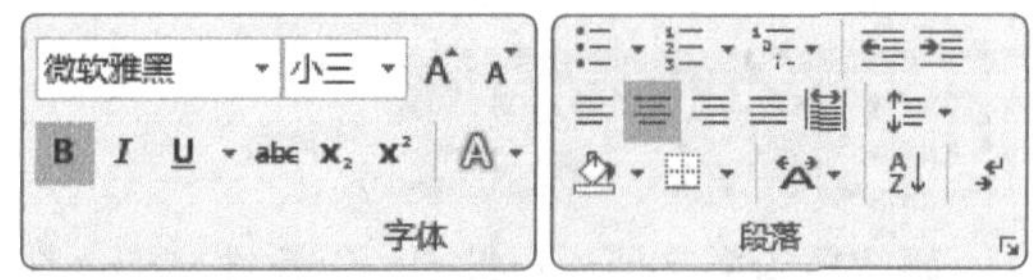

图15-7

STEP 5 使用格式刷功能，将“标题 1”样式应用至其他标题上，如图 15-8 所示。

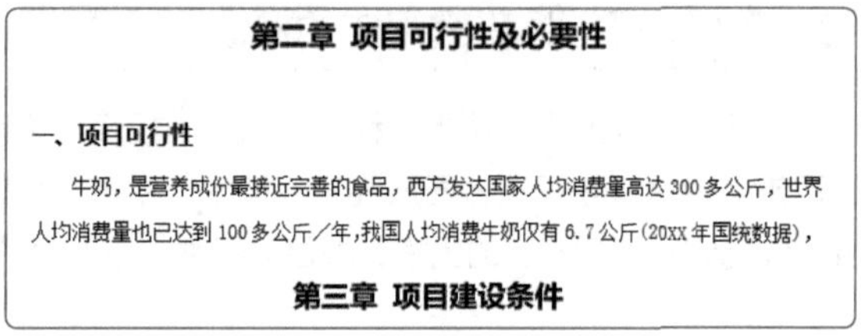

第二章 项目可行性及必要性

一、项目可行性

牛奶，是营养成份最接近完善的食品，西方发达国家人均消费量高达 300 多公斤，世界人均消费量也已达到 100 多公斤／年，我国人均消费牛奶仅有 6.7 公斤（20XX 年国统数据），

第三章 项目建设条件

图15-8

STEP 6 为文档添加页眉及页码，如图 15-9 所示。

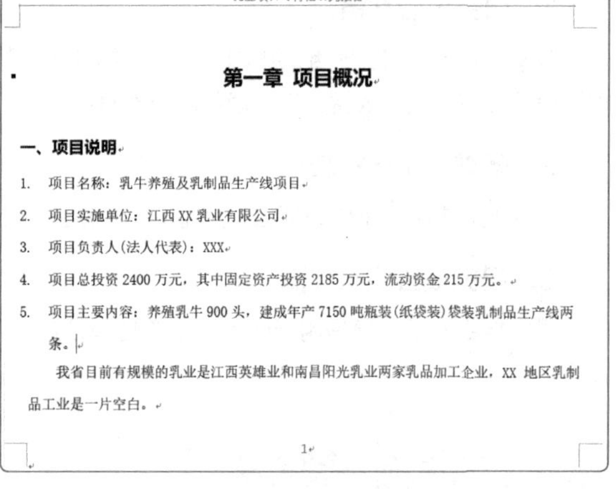

图15-9

STEP 7 将光标插入“第一章 项目概况”文本前，插入“下一页分节符”，插入一页空白页，并删除空白页中的页码，如图 15-10 所示。

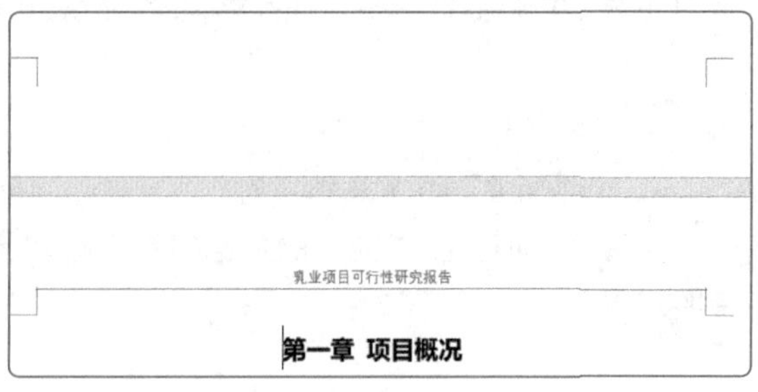

图15-10

STEP 8 在空白页中提取目录，并设置其字体格式和段落格式，如图 15-11 所示。

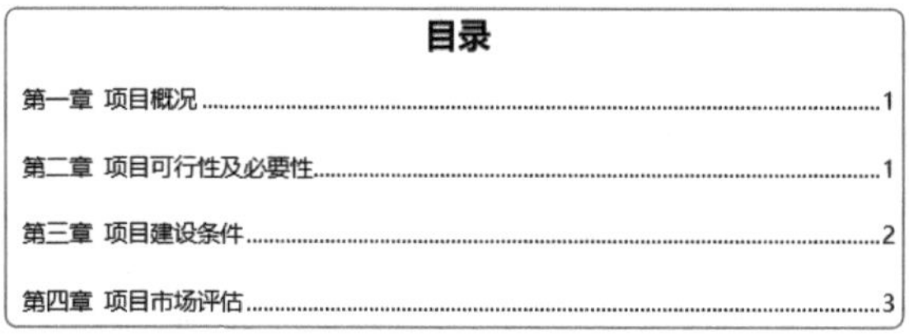

目录

图15-11

图15-12

STEP 9 插入一个封面，删除封面中不需要的元素后插入图片，输入标题“乳业项目可行性研究报告”，如图 15-12 所示，完成乳业项目可行性研究报告文档的制作。

15.4.2 制作数据报表

微课视频

在Excel中制作电子表格，不仅可以方便地输入数据，还可以对数据进行快速计算。下面介绍如何制作“主要土建项目估算表”。

STEP 1 新建一个工作簿并命名为“主要土建项目估算表”。打开该工作簿，在工作表中输入标题和表头，如图 15-13 所示。

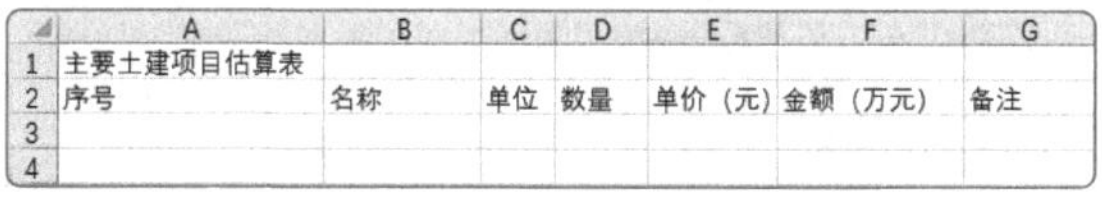

	A	B	C	D	E	F	G
1	主要土建项目估算表						
2	序号	名称	单位	数量	单价（元）	金额（万元）	备注
3							
4							

图15-13

STEP 2 分别在A3和A4单元格中输入“1”和“2”，选择 A3:A4 单元格区域，将鼠标指针移至该区域右下角，按住鼠标左键向下拖动鼠标指针填充序号，如图 15-14 所示。

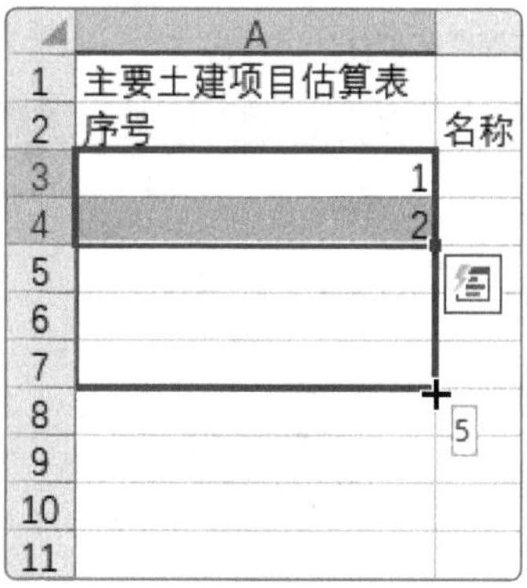

	A	
1	主要土建项目估算表	
2	序号	名称
3	1	
4	2	
5		
6		
7		
8	5	
9		
10		
11		

图15-14

STEP 3 输入剩余的数据，选择 C5 单元格中“m”后面的“2”❶，在“开始”选项卡中单击“字体”选项组的对话框启动器按钮❷，如图 15-15 所示。

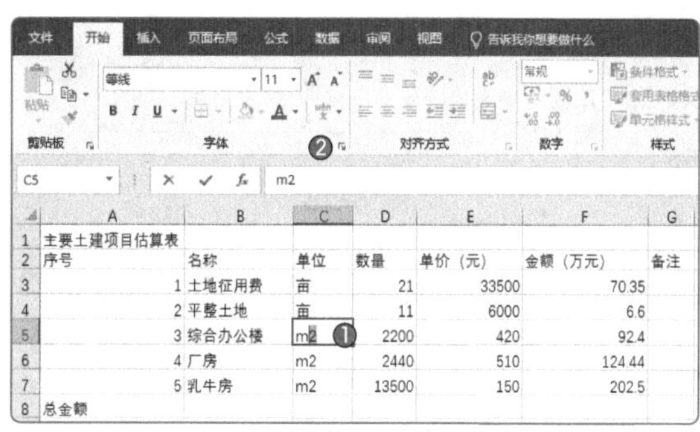

	A	B	C	D	E	F	G
1	主要土建项目估算表						
2	序号	名称	单位	数量	单价（元）	金额（万元）	备注
3	1	土地征用费	亩	21	33500	70.35	
4	2	平整土地	亩	11	6000	6.6	
5	3	综合办公楼	m2	2200	420	92.4	
6	4	厂房	m2	2440	510	124.44	
7	5	乳牛房	m2	13500	150	202.5	
8	总金额						

图15-15

STEP 4 在打开的“设置单元格格式”对话框的“字体”选项卡中勾选“上标”复选框，如图 15-16 所示，单击“确定”按钮，将所选的数字“2”设置为上标。

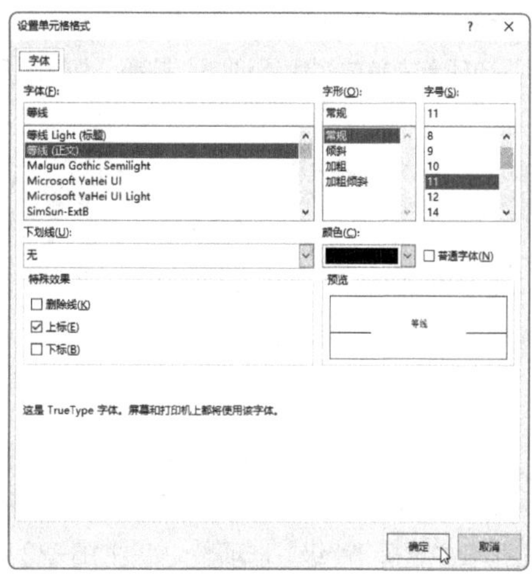

图15-16

STEP 5 按照同样的方法，为其他数据设置上标，如图 15-17 所示。

	A	B	C	D
1	主要土建项目估算表			
2	序号	名称	单位	数量
3	1	土地征用费	亩	21
4	2	平整土地	亩	11
5	3	综合办公楼	m^2	2200
6	4	厂房	m^2	2440
7	5	乳牛房	m^2	13500
8	总金额			

图15-17

STEP 6 选择 F3 单元格，输入公式“=D3*E3/10000”，按【Enter】键计算出“金额（万元）”，并将公式向下填充，如图 15-18 所示。

F3 =D3*E3/10000

	A	B	C	D	E	F	G
1	主要土建项目估算表						
2	序号	名称	单位	数量	单价（元）	金额（万元）	备注
3	1	土地征用费	亩	21	33500	70.35	
4	2	平整土地	亩	11	6000	6.6	
5	3	综合办公楼	m^2	2200	420	92.4	
6	4	厂房	m^2	2440	510	124.44	
7	5	乳牛房	m^2	13500	150	202.5	
8	总金额						

图15-18

STEP 7 选择 F8 单元格，输入公式“=SUM(F3:F7)”，按【Enter】键计算出“总金额”，如图 15-19 所示。

STEP 8 设置数据的字体格式和对齐方式，并合并单元格，如图 15-20 所示。

F8 =SUM(F3:F7)

	A	B	C	D	E	F	G
1	主要土建项目估算表						
2	序号	名称	单位	数量	单价（元）	金额（万元）	备注
3	1	土地征用费	亩	21	33500	70.35	
4	2	平整土地	亩	11	6000	6.6	
5	3	综合办公楼	m^2	2200	420	92.4	
6	4	厂房	m^2	2440	510	124.44	
7	5	乳牛房	m^2	13500	150	202.5	
8	总金额					496.29	

图15-19

	A	B	C	D	E	F	G
1	主要土建项目估算表						
2	序号	名称	单位	数量	单价（元）	金额（万元）	备注
3	1	土地征用费	亩	21	33500	70.35	
4	2	平整土地	亩	11	6000	6.6	
5	3	综合办公楼	m^2	2200	420	92.4	
6	4	厂房	m^2	2440	510	124.44	
7	5	乳牛房	m^2	13500	150	202.5	
8	总金额					496.29	

图15-20

STEP 9 为表格添加边框和底纹，完成“主要土建项目估算表”的制作，如图 15-21 所示。

	A	B	C	D	E	F	G
1	主要土建项目估算表						
2	序号	名称	单位	数量	单价（元）	金额（万元）	备注
3	1	土地征用费	亩	21	33500	70.35	
4	2	平整土地	亩	11	6000	6.6	
5	3	综合办公楼	m^2	2200	420	92.4	
6	4	厂房	m^2	2440	510	124.44	
7	5	乳牛房	m^2	13500	150	202.5	
8	总金额					496.29	

图15-21

15.4.3 制作乳业项目可行性研究报告演示文稿

微课视频

用户可以根据制作好的文档来制作项目可行性研究报告演示文稿，下面介绍具体的操作方法。

STEP 1 打开“乳业项目可行性研究报告”文档，在“视图”选项卡中单击“大纲视图”按钮，如图 15-22 所示。

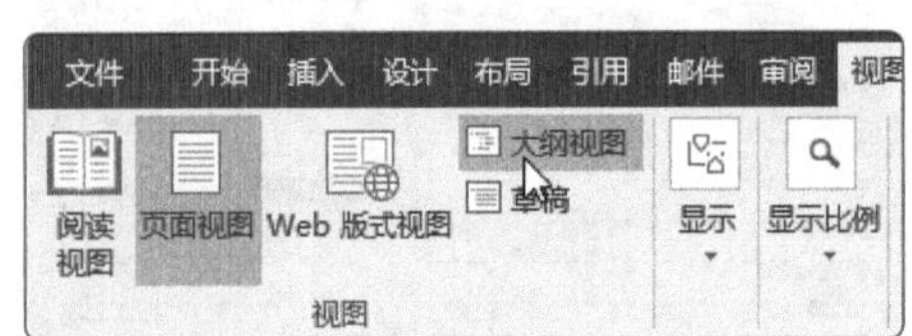

图15-22

STEP 2 在大纲视图界面中选择“目录”文本❶，在“大纲”选项卡中单击“大纲级别”下拉按钮❷，在下拉列表中选择“1 级”选项❸，如图 15-23 所示，为其设置 1 级大纲级别。

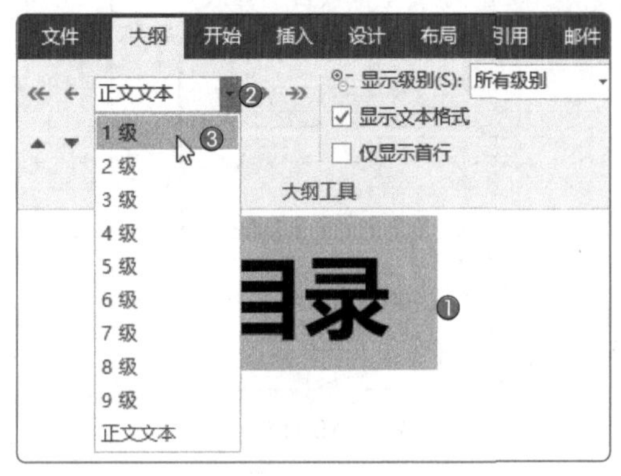

图15-23

STEP 3 选择小标题，为其设置 2 级大纲级别，如图 15-24 所示。

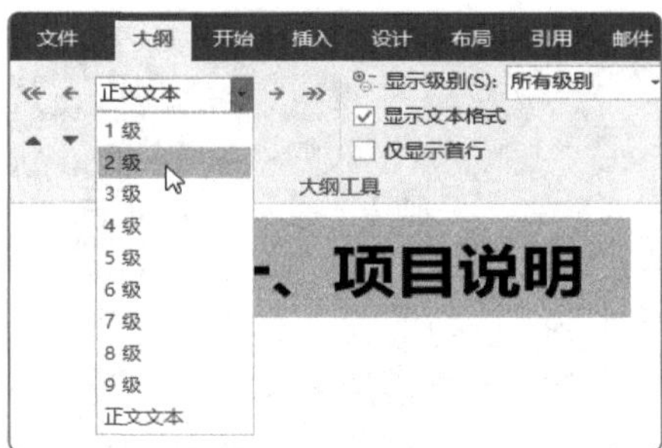

图15-24

STEP 4 按照同样的方法，为其他文本设置 2 级和 3 级大纲级别，如图 15-25 所示。

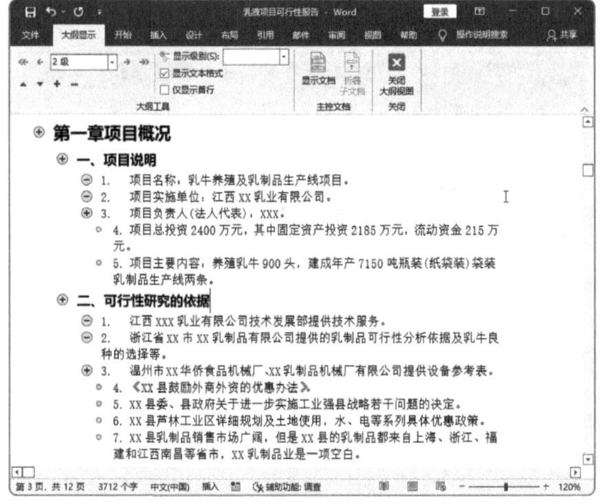

图15-25

STEP 5 单击“关闭大纲视图”按钮，退出大纲视图界面。单击“文件”菜单，选择“选项”选项，打开“Word 选项”对话框。在左侧列表框中选择“快速访问工具栏”选项❶，在“从下列位置选择命令”下拉列表中选择“不在功能区中的命令”选项❷，并在下方的列表框中选择“发送到 Microsoft PowerPoint”选项❸，单击“添加”按钮❹，将其添加到“自定义快速访问工具栏”列表框中❺，单击“确定”按钮❻，将该命令添加到自定义快速访问工具栏中，如图 15-26 所示。

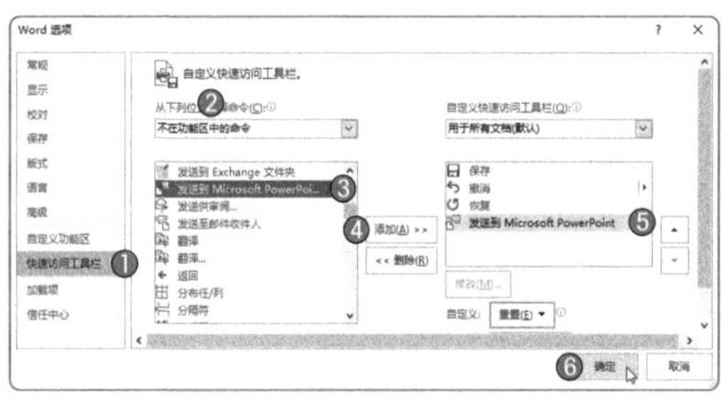

图15-26

STEP 6 在文档上方单击“发送到 Microsoft PowerPoint”按钮，创建一个演示文稿，删除多余的幻灯片，如图 15-27 所示。

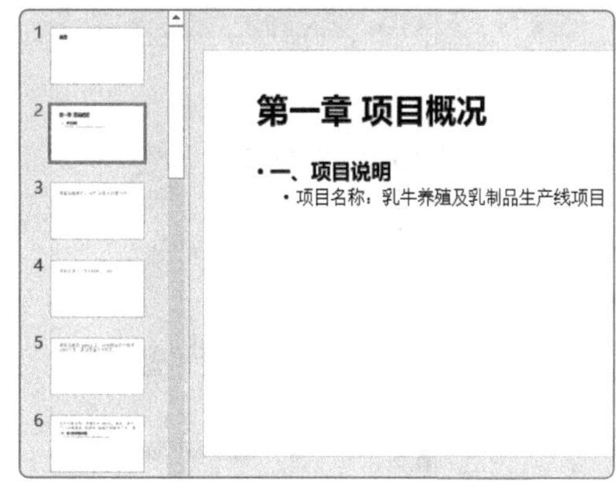

图15-27

STEP 7 在“设计”选项卡中单击“主题”选项组的“其他”下拉按钮，在下拉列表中选择“离子会议室”选项，如图 15-28 所示，为幻灯片应用主题。

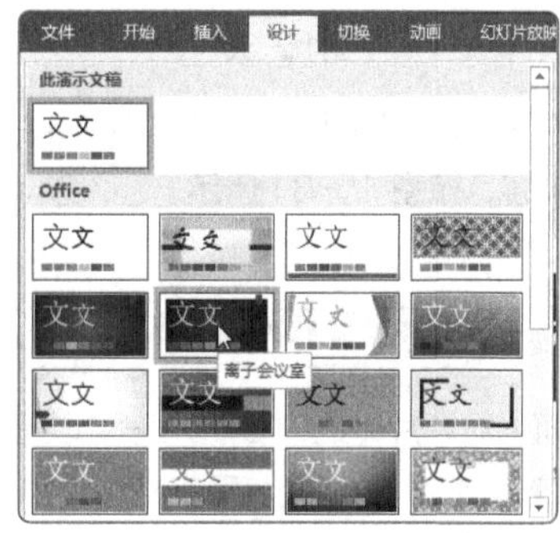

图15-28

STEP 8 单击“变体”选项组的“其他”下拉按钮，在下拉列表中选择“颜色”选项❶，并从其子列表中选择合适的颜色❷，如图 15-29 所示。

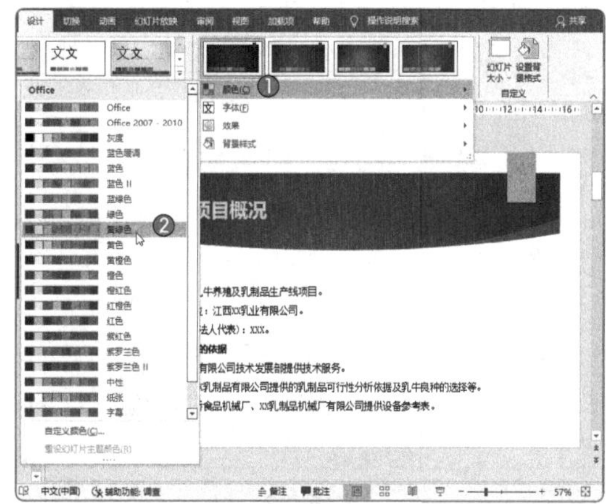

图15-29

STEP 9 选择第1张幻灯片，在“开始”选项卡中单击“新建幻灯片”下拉按钮❶，在下拉列表中选择“标题幻灯片”选项❷，如图15-30所示。

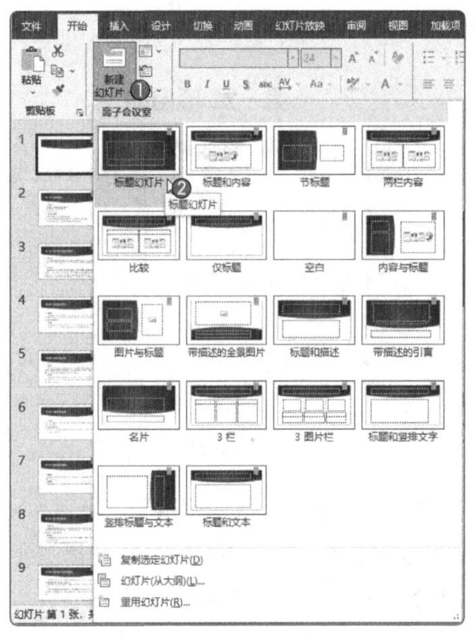

图15-30

STEP 10 删除新建的标题幻灯片中多余的文本框，输入标题内容，如图15-31所示。

图15-31

STEP 11 整理其他幻灯片的内容，并设置字体格式和段落格式，完成乳业项目可行性研究报告演示文稿的制作，如图15-32所示。

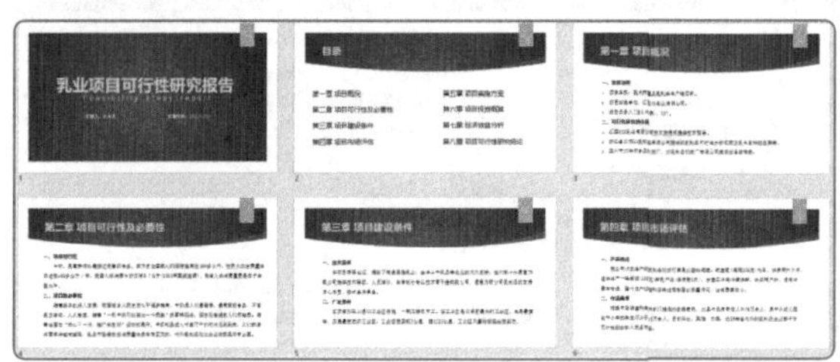

图15-32

15.4.4 在演示文稿中嵌入表格和链接文档

为了简化幻灯片中的内容，用户可以将一些制作好的表格和文档以嵌入或链接的方式显示在幻灯片中，这样在放映幻灯片时，就可以查看表格和文档中的内容。

1. 嵌入表格

下面介绍如何将前面制作的“主要土建项目估算表”嵌入“乳业项目可行性研究报告”演示文稿中。

STEP 1 在“开始”选项卡中单击“新建幻灯片”下拉按钮❶，在下拉列表中选择“空白”选项❷，如图15-33所示。

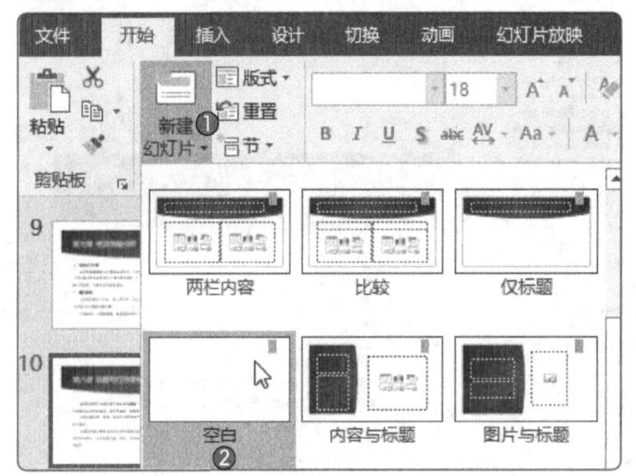

图15-33

STEP 2 新建一个空白幻灯片后，在“插入”选项卡的“文本”选项组中单击“对象”按钮，如图15-34所示。

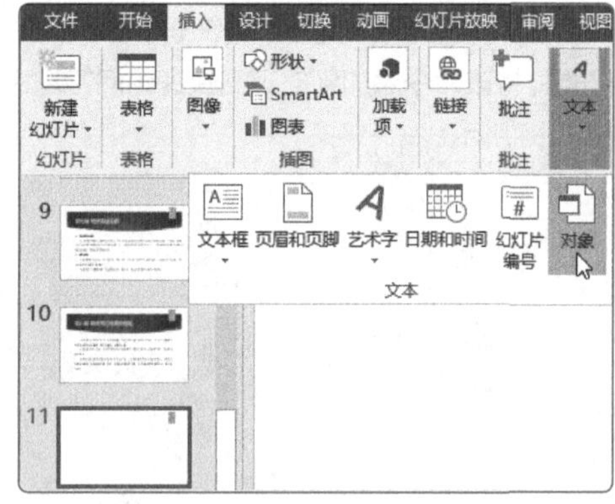

图15-34

STEP 3 在打开的“插入对象”对话框中，单击“由文件创建”单选按钮❶，单击“浏览”按钮❷，如图 15-35 所示。

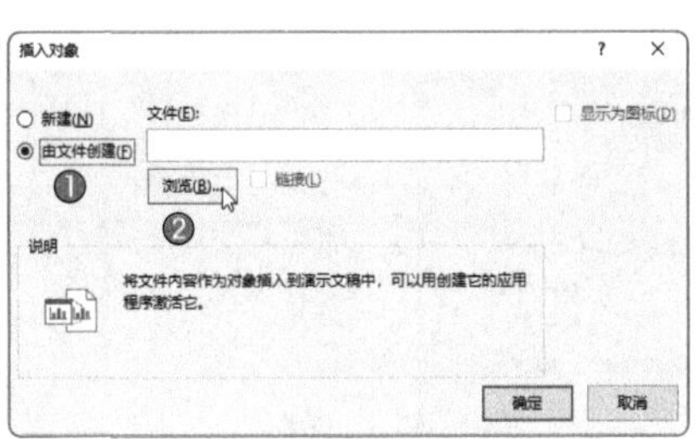

图15-35

STEP 4 在打开的“浏览”对话框中，选择创建的表格文件，单击“确定”按钮，如图 15-36 所示，返回“插入对象”对话框，勾选“链接”复选框，单击“确定”按钮。

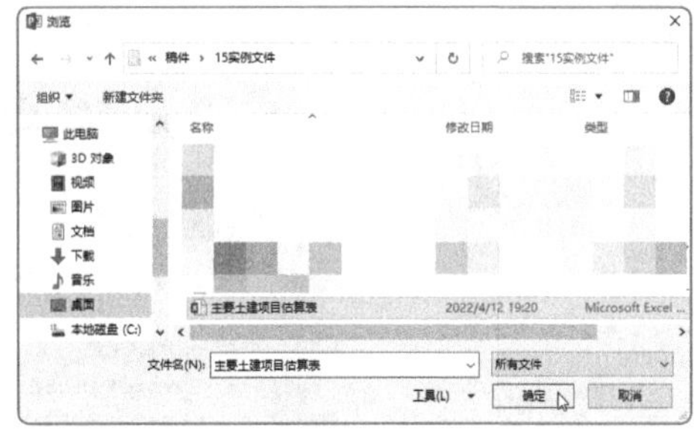

图15-36

将“主要土建项目估算表”嵌入幻灯片中的效果如图15-37所示。

主要土建项目估算表

序号	名称	单位	数量	单价（元）	金额（万元）	备注
1	土地征用费	亩	21	33500	70.35	
2	平整土地	亩	11	6000	6.6	
3	综合办公楼	m^2	2200	420	92.4	
4	厂房	m^2	2440	510	124.44	
5	乳牛房	m^2	13500	150	202.5	
总金额					496.29	

图15-37

2. 链接文档

下面介绍如何为幻灯片中的文本创建链接，并将其链接到其他文档。

STEP 1 选择第 4 张幻灯片，选择标题文本框，在“插入”选项卡的“链接”选项组中单击“超链接”按钮，如图 15-38 所示。

STEP 2 在打开的“插入超链接”对话框的“链接到”列表框中选择“现有文件或网页”选项❶，并在右侧选择“当前文件夹”选项❷，在右侧列表框中选择需要链接的文档❸，单击“确定”按钮❹，如图 15-39 所示。此时，所选文本框中的文本颜色发生改变，并添加了下画线，如图 15-40 所示。

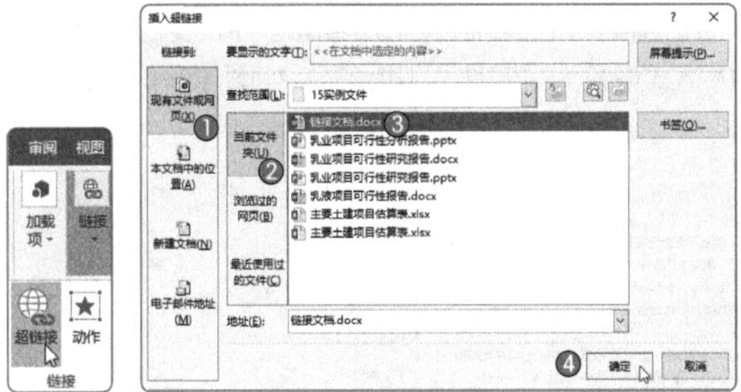

图15-38　图15-39

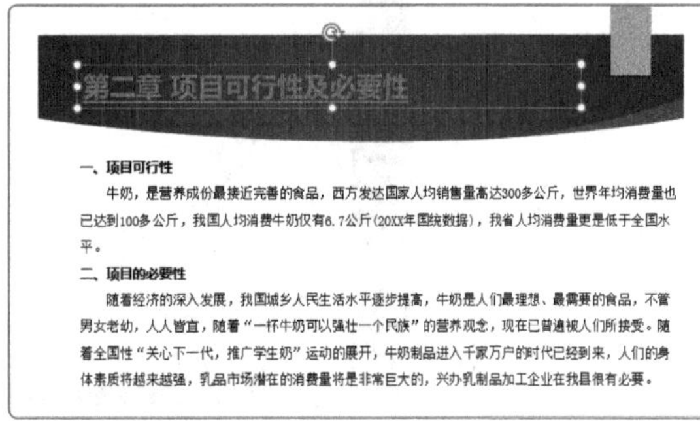

图15-40

STEP 3 按【F5】键放映幻灯片，将鼠标指针移至添加了链接的文本上方时，会出现提示信息，如图 15-41 所示。

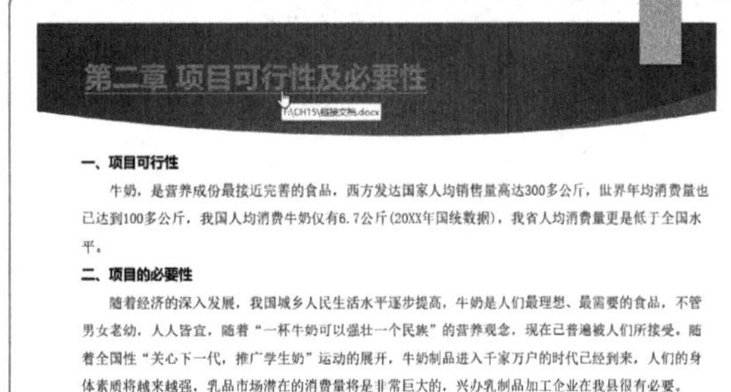

图15-41

STEP 4 单击添加了链接的文本，即可打开链接的文档，如图 15-42 所示。

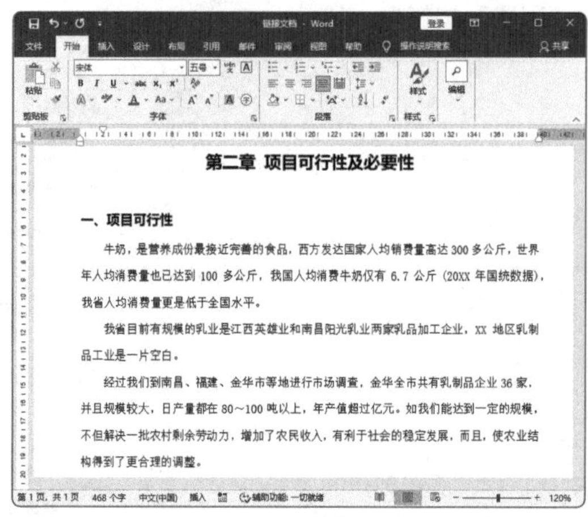

第二章 项目可行性及必要性

一、项目可行性

牛奶，是营养成份最接近完善的食品，西方发达国家人均销费量高达 300 多公斤，世界年人均消费量也已达到 100 多公斤，我国人均消费牛奶仅有 6.7 公斤（20XX 年国统数据），我省人均消费量更是低于全国水平。

我省目前有规模的乳业是江西英雄乳业和南昌阳光乳业两家乳品加工企业，XX 地区乳制品工业是一片空白。

经过我们到南昌、福建、金华市等地进行市场调查，金华全市共有乳制品企业 36 家，并且规模较大，日产量都在 80～100 吨以上，年产值超过亿元。如我们能达到一定的规模，不但解决一批农村剩余劳动力，增加了农民收入，有利于社会的稳定发展，而且，使农业结构得到了更合理的调整。

图15-42

15.4.5 利用公众号编辑器发布宣传内容

制作好项目可行性研究报告后，用户可以利用公众号编辑器发布相关内容。下面以135编辑器为例，介绍具体的操作方法。

STEP 1 使用百度搜索 135 编辑器，打开其官方网站，如图 15-43 所示。

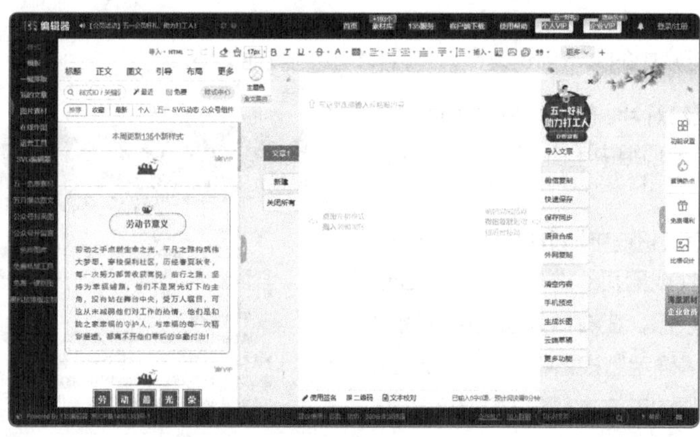

图15-43

STEP 2 打开“乳业项目可行性研究报告”文档，选择一段内容，将其复制到 135 编辑器中的空白区域，并将文本的标题格式设置为“微软雅黑，16px”，将正文字体格式设置为“宋体，14px”，如图 15-44 所示。

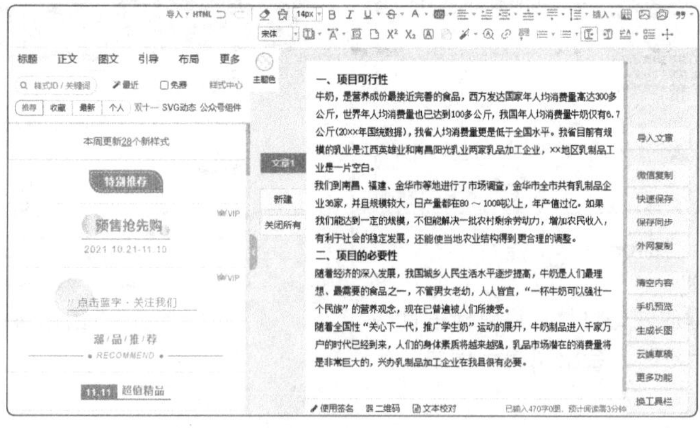

图15-44

STEP 3 选择全部内容，单击“行间距”下拉按钮❶，在弹出面板的数值框中输入“1.75”❷，如图 15-45 所示，按【Enter】键确认，将行间距设置为 1.75。

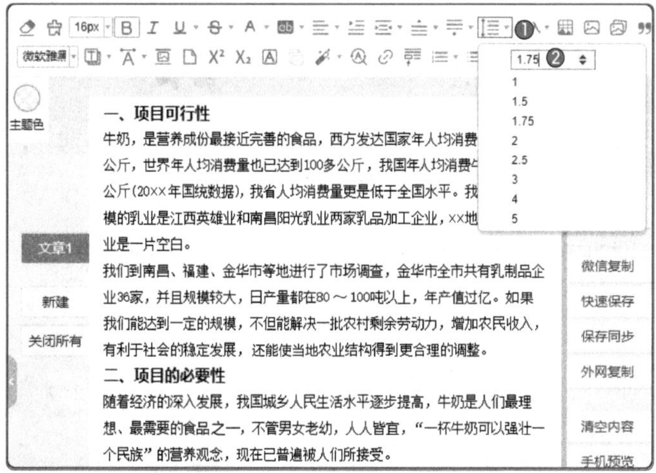

图15-45

STEP 4 选择标题文本❶，在最左侧选择“样式”选项卡❷，选择“标题”选项❸，在下方选择合适的标题样式❹应用至标题上，并进行适当修改❺，如图15-46所示。

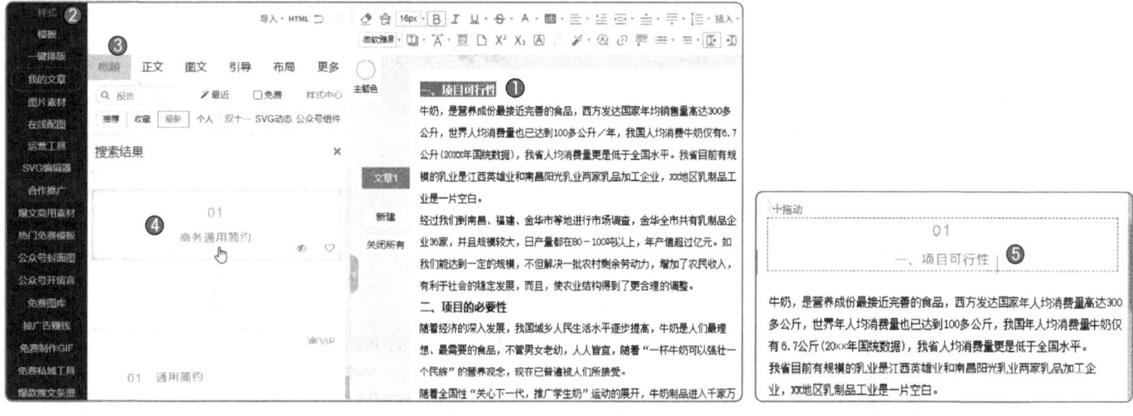

图15-46

STEP 5 按照上述方法，为其他标题应用样式。选择“01”标题，在弹出的面板中选择“前空行”选项，如图 15-47 所示，在标题的前面插入一个空行。

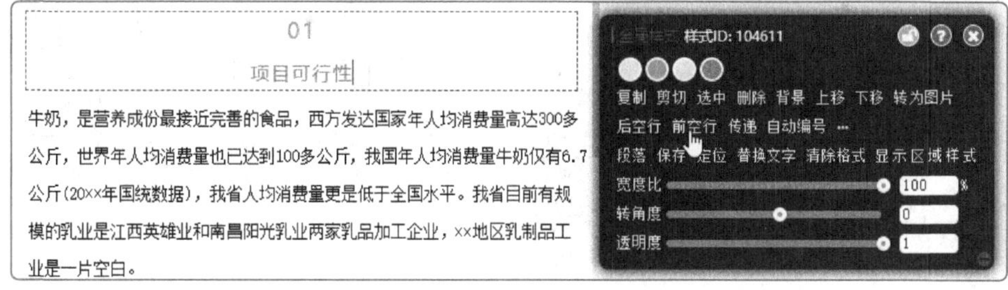

图15-47

STEP 6 在“01”标题上方插入光标，单击“单图上传”按钮，如图 15-48 所示。

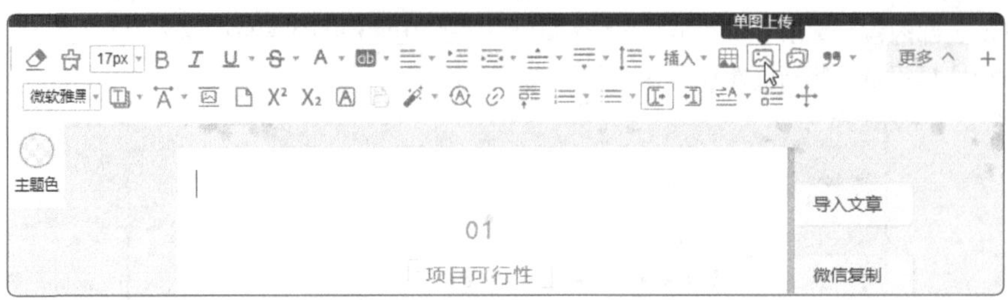

图15-48

STEP 7 在“打开”对话框中选择合适的图片，单击“打开”按钮，如图 15-49 所示。将图片插入“01”标题上方的效果如图 15-50 所示。

图15-49

01

项目可行性

图15-50

STEP 8 按照上述方法，在其他位置插入图片，如图 15-51 所示。

图15-51

STEP 9 将光标插入图片上方❶，选择“正文”选项❷，并在其下拉列表中选择“分割线”选项❸，如图 15-52 所示。

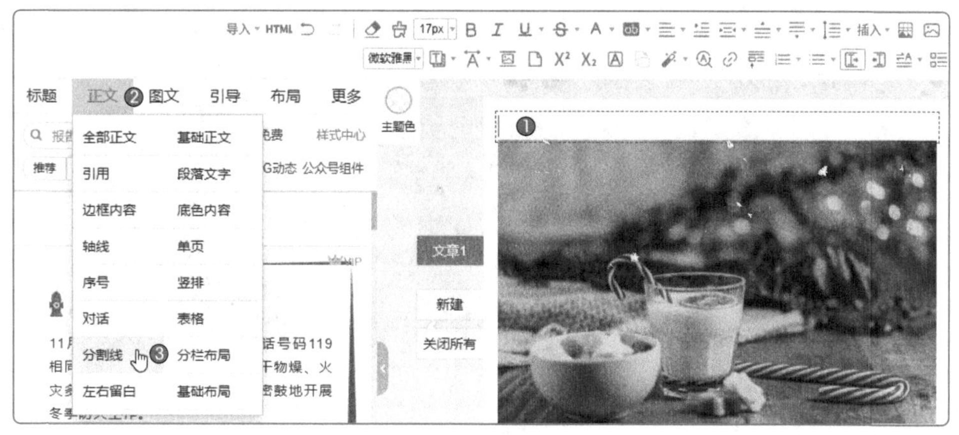

图15-52

STEP 10 在下方选择合适的分割线样式❶，在图片上方插入分割线❷，如图 15-53 所示。

图15-53

STEP 11 将光标插入最后一张图片下方❶，选择“引导”选项❷，并从其下拉列表中选择“End/ 结束”选项❸，如图 15-54 所示。

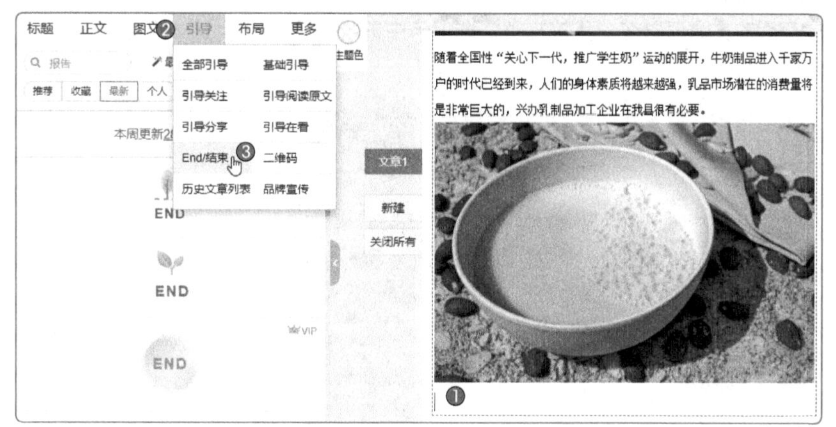

图15-54

STEP 12 在下方选择合适的结束样式❶，在图片下方插入结束样式❷，如图 15-55 所示。

图15-55

STEP 13 在图片与文本之间、标题与段落之间适当添加空行，单击“保存同步”按钮，如图 15-56 所示。

图15-56

STEP 14 在打开的“保存图文”对话框中，设置“图文标题”“封面图片”“作者”“存储选项”等，单击“保存文章”按钮，保存后的文章可以在“我的文章”选项卡中进行查看，如图 15-57 所示。

图15-57

STEP 15 单击“手机预览”按钮，可在手机上预览制作的效果，如图 15-58 所示。

图15-58